T0255319

# Aufgabensammlung Analysis 2, Funktionalanalysis und Differentialgleichungen

Hans-Jürgen Reinhardt

# Aufgabensammlung Analysis 2, Funktionalanalysis und Differentialgleichungen

mit mehr als 300 gelösten Übungsaufgaben

Hans-Jürgen Reinhardt
Department Mathematik,
Universität Siegen
Siegen, Deutschland

ISBN 978-3-662-52953-9 ISBN 978-3-662-52954-6 (eBook)
DOI 10.1007/978-3-662-52954-6

Die Deutsche Nationalbibliothek verzeichnet diese Publikation in der Deutschen Nationalbibliografie; detaillierte bibliografische Daten sind im Internet über http://dnb.d-nb.de abrufbar.

Springer Spektrum


Gedruckt auf säurefreiem und chlorfrei gebleichtem Papier.

Springer Spektrum ist Teil von Springer Nature
Die eingetragene Gesellschaft ist Springer-Verlag GmbH Germany
Die Anschrift der Gesellschaft ist: Heidelberger Platz 3, 14197 Berlin, Germany

# Vorwort

Die vorliegende Aufgabensammlung entstand während der entsprechenden Vorlesungen des Autors an der Univ. Siegen in den Jahren 1993 bis 2013. Es sind Aufgaben mit ausgearbeiteten Lösungen zu allen Themen der Analysis 2, d. h. der mehrdimensionalen Analysis, zur Funktionalanalysis sowie zur Theorie gewöhnlicher und partieller Differentialgleichungen zusammengestellt. Die Aufgaben sind von 1 bis 186 nummeriert. Da aber die Aufgaben meist noch unterteilt sind, finden sich hier insgesamt ca. 315 gelöste Aufgaben. Jede Aufgabe hat mit Stichworten eine Art Überschrift. Diese Stichworte sind im Index zusammengefasst. Somit kann man zu einem Stichwort über den Index zugehörige Aufgaben finden.

Die Reihenfolge der Themen orientiert sich in etwa am Verlauf entsprechender Vorlesung zur Analysis 2 bzw. zur Funktionalanalysis für Studierende der Mathematik, Physik, Informatik und des gymnasialen Lehramts Mathematik im zweiten Semester bzw. im Hauptstudium. Die vom Autor gehaltenen Funktionalanalysis-Vorlesungen waren angewandt ausgerichtet. Eine Reihe von Aufgaben zur Analysis 2 können auch in einer Funktionalanalysis gestellt werden und umgekehrt. Im Kapitel zur Funktionalanalysis sind auch Aufgaben zu Inversen Problemen enthalten, welche in einer gesonderten Vorlesung behandelt werden können. Die Aufgaben zu Differentialgleichungen sind vom Autor bei Numerik-Vorlesungen zu den entsprechenden Themen in kompakter Form vorangestellt worden, damit die Studierenden auch einen Überblick über die Möglichkeiten der Bestimmung von exakten analytischen Lösungen gewinnen können; die Beispiele sind überwiegend der theoretischen Physik aber auch den Wirtschaftwissenschaften entnommen.

Wenn Hilfsergebnisse für die Aufgaben verwendet werden, ist dies mit entsprechenden Literaturhinweisen angegeben. Zu zahlreichen Aufgaben sind vorab Lösungshinweise gegeben. Aus einigen Lösungshinweisen könnten auch eigenständige Aufgaben formuliert werden. Je nach Kenntnisstand der Hörer/Innen können diese weggelassen oder ergänzt werden. Neben den Literaturhinweisen ist am Ende auch eine Liste mit Symbolen und Abkürzungen zusammengestellt. Die Bezeichnungen sind allerdings nicht immer einheitlich, was auch in der Symbolliste berücksichtigt ist. Es ist aber aus dem Zusammenhang heraus ersichtlich, was jeweils gemeint ist.

Eine Zielgruppe für diese Aufgabensammlung könnten Kollegen sein, die als Dozenten ausgearbeitete Beispiele für ihre Vorlesungen suchen und diese vorstellen wollen. Natürlich eignen sich die ausgearbeiteten Übungsaufgaben auch für Übungen und Tutorien und – die einfachen Aufgaben – auch für Klausuren. Eine weitere Zielgruppe sind Studierende, für die die hier vorgelegte Aufgabensammlung eine Quelle für Eigenstudium, für häusliche Nacharbeitung des Vorlesungsstoffes und insbesondere für Klausurvorbereitungen ist.

Parallel zu dieser Aufgabensammlung werden noch zwei Aufgabensammlungen von jeweils vergleichbarem Umfang erstellt, und zwar zur eindimensionalen Analysis (s. [14]) sowie zur Numerik. Bei mehreren Aufgaben dieser Sammlung werden Ergebnisse aus [14] verwendet. Die Thematik einiger Aufgaben könnte auch zu einer Numerik-Vorlesung passen.

Sicherlich finden sich Aufgaben aus der vorliegenden Sammlung auch in Lehrbüchern, im Internet oder in anderen Aufgabensammlungen. Die Standard-Lehrbücher zu den genannten Gebieten und Beispiele anderer Aufgabensammlungen sind im Literaturverzeichnis aufgeführt. Die Aufgaben dieser Sammlung sind im Laufe des genannten Zeitraums von 20 Jahren gestellt worden, und vor allem gibt es zu allen Aufgaben ausführliche Lösungen – bei einigen Aufgaben auch alternative Lösungsvorschläge.

Bei der Auswahl, Zusammenstellung und Ausarbeitung und dem TEXen der Übungsaufgaben sowie der Erstellung der Grafiken haben in den genannten Jahren meine Mitarbeiter Frank Seiffarth, Mathias Charton, Reinhard Ansorge, Thorsten Raasch, Ivan Cherlenyak, Stefan Schuss und Timo Dornhöfer mitgewirkt, denen ich dafür besonders dankbar bin. Mein Dank gilt auch – und vor allem – meinen beiden Sekretärinnen, Margot Beier und Kornelia Mielke. Sie haben sich um das TEXen der Aufgaben von einer ersten Aufgabensammlung im Jahre 1994 bis zu dieser Zusammenstellung verdient gemacht.

Diese Aufgabensammlung ist mehrfach sorgfältig durchgesehen worden. Vermutlich gibt es aber kein Skript oder Buch, das völlig fehlerfrei ist. Dies gilt sicher auch für diese Aufgabensammlung. Falls Sie Fehler finden, lassen Sie es mich bitte wissen (reinhardt@mathematik.uni-siegen.de).

Siegen, 2016 Hans-Jürgen Reinhardt

# Inhaltsverzeichnis

# Analysis mehrdimensional 1

## 1.1 Topologische und metrische Räume

### Aufgabe 1

► **Chaotische Topologie**

Sei $X \neq \{\}$ eine beliebige Menge. Zeigen Sie:

a) $\mathcal{T}_c := \{\{\}, X\}$ ist eine Topologie auf $X$.
b) Es handelt sich um die gröbste Topologie auf $X$.

*Hinweise:*
- Diese Topologie wird auch *chaotische* bzw. *indiskrete Topologie* genannt.
- Eine Topologie $\mathcal{T}_1$ heißt *feiner* als $\mathcal{T}_2$ (und $\mathcal{T}_2$ *gröber* als $\mathcal{T}_1$), wenn $\mathcal{T}_2 \subset \mathcal{T}_1$.
- Zum Nachweis einer Topologie müssen die folgenden Bedingungen gezeigt werden (vgl. z. B. Werner [20], B.2):
  1. $\{\}, X \in \mathcal{T}$.
  2. Der Durchschnitt endlicher vieler Mengen aus $\mathcal{T}$ liegt in $\mathcal{T}$.
  3. Die Vereinigung beliebiger vieler Mengen aus $\mathcal{T}$ liegt in $\mathcal{T}$.

  Die Menge $\mathcal{T}$ kennzeichnet die *Menge offener Mengen* in der Toplogie.

**Lösung**

a) 1. Nach Definition der Topologie $\mathcal{T}_c$ gilt bereits $\{\}, X \in \mathcal{T}_c$.
   2. Offensichtlich gilt für alle möglichen Kombinationen von Schnittmengen

$$X \cap X = X, \; X \cap \{\} = \{\} \cap X = \{\} \cap \{\} = \{\} \in \mathcal{T}_c.$$



H.-J. Reinhardt, *Aufgabensammlung Analysis 2, Funktionalanalysis und Differentialgleichungen*, DOI 10.1007/978-3-662-52954-6_1

3. Sei nun $V := \bigcup_{i \in I} X_i,\ X_i \in \mathcal{T}_c$ für eine beliebige Indexmenge $I$. Nach Definition von $\mathcal{T}_c$ hat man entweder $X_i = X$ oder $X_i = \{\}$. Ist ein $X_i = X$, dann gilt $V = X \in \mathcal{T}_c$. Sind alle $X_i = \{\}$, dann ist $V = \{\} \in \mathcal{T}_c$.

Somit sind alle drei Eigenschaften für eine Topologie erfüllt.

b) Es ist zu zeigen, dass $\mathcal{T}_c \subset \mathcal{T}$ für jede beliebige Topologie $\mathcal{T}$ auf $X$ gilt. Sei nun $\mathcal{T}$ beliebig. Nach Definition der Topologie gilt $\{\}, X \in \mathcal{T}$, also auch $\{\{\}, X\} =: \mathcal{T}_c \subset \mathcal{T}$.

## Aufgabe 2

► **Französische Eisenbahnmetrik**

a) Sei $d_2(\cdot,\cdot)$ die euklidische Metrik in $\mathbb{R}^2$. Zeigen Sie, dass auf $\mathbb{R}^2$ durch

$$d : \mathbb{R}^2 \times \mathbb{R}^2 \to \mathbb{R},\ d(x,y) = \left\{ \begin{array}{ll} d_2(x,y), & \exists\, t \in \mathbb{R} : y = tx \\ d_2(x,0) + d_2(0,y), & \text{sonst} \end{array} \right\}$$

eine Metrik definiert wird (*französische Eisenbahnmetrik*).

b) Bestimmen Sie für $x \in \mathbb{R}^2$ und $\varepsilon > 0$ die $\varepsilon$-Umgebung $U_\varepsilon(x) := \{y \in \mathbb{R}^2 \mid d(x,y) < \varepsilon\}$.

**Lösung**

a) 1) **Definitheit:** Es ist $d(x,y) = 0 \Leftrightarrow x = y$ im Fall $y = tx$. Andernfalls (d. h. $y \neq tx\ \forall t$) sei $d_2(x,0) + d_2(0,y) = 0$, d. h. $x = y = 0$. Dies steht im Widerspruch zur Definition von $d$ und dem betrachteten Fall, der damit nicht vorkommen kann. Also gilt $d(x,y) = 0 \Leftrightarrow x = y$.

2) **Symmetrie:**
Die Symmetrie ergibt sich direkt aus der Symmetrie von $d_2(\cdot,\cdot)$:

$$\begin{aligned} d(x,y) &= \left\{ \begin{array}{ll} d_2(x,y), & \exists\, t \in \mathbb{R} : y = tx \\ d_2(x,0) + d_2(0,y), & \text{sonst} \end{array} \right\} \\ &= \left\{ \begin{array}{ll} d_2(y,x), & \exists\, t \in \mathbb{R} : y = tx \\ d_2(y,0) + d_2(0,x), & \text{sonst} \end{array} \right\} = d(y,x). \end{aligned}$$

3) **Dreiecksungleichung:**
Unter Zuhilfenahme der Dreiecksungleichung von $d_2(\cdot,\cdot)$ erhält man:
**Fall 1:** $x$ und $y$ liegen auf einer Geraden durch den Ursprung:
**Fall 1.1:** $z$ liegt auch auf dieser Geraden:

$$d(x,y) = d_2(x,y) \leq d_2(x,z) + d_2(z,y) = d(x,z) + d(z,y);$$

**Fall 1.2:** $z$ liegt nicht auf dieser Geraden:

$$\begin{aligned} d(x,y) &= d_2(x,y) \leq d_2(x,0) + d_2(0,y) \\ &\leq (d_2(x,0) + d_2(0,z)) + (d_2(z,0) + d_2(0,y)) \\ &= d(x,z) + d(z,y); \end{aligned}$$

**Fall 2:** $x$ und $y$ liegen nicht auf einer Geraden durch den Ursprung:

**Fall 2.1:** $z$ liegt weder mit $x$ noch mit $y$ auf einer Geraden durch den Ursprung:

$$\begin{aligned} d(x,y) &= d_2(x,0) + d_2(0,y) \\ &\leq (d_2(x,0) + d_2(0,z)) + (d_2(z,0) + d_2(0,y)) \\ &= d(x,z) + d(z,y); \end{aligned}$$

**Fall 2.2:** $z$ liegt mit $x$ auf einer Geraden durch den Ursprung:

$$\begin{aligned} d(x,y) &= d_2(x,0) + d_2(0,y) \leq d_2(x,z) + (d_2(z,0) + d_2(0,y)) \\ &= d(x,z) + d(z,y); \end{aligned}$$

**Fall 2.3:** $z$ liegt mit $y$ auf einer Geraden durch den Ursprung:

$$\begin{aligned} d(x,y) &= d_2(x,0) + d_2(0,y) \leq (d_2(x,0) + d_2(0,z)) + d_2(z,y) \\ &= d(x,z) + d(z,y). \end{aligned}$$

b) Für die Umgebungen ergeben sich die folgenden drei Fälle:
**Fall 1:** $x = 0$:

$$d(x,y) < \varepsilon \Leftrightarrow d_2(0,y) < \varepsilon.$$

**Fall 2:** $x \neq 0,\ d_2(x,0) > \varepsilon$:

$$\begin{aligned} & d(x,y) < \varepsilon \\ & \Leftrightarrow d_2(x,y) < \varepsilon \quad \text{falls ein } t \in \mathbb{R} \text{ existiert:} \\ & \quad\ y = tx \vee d_2(x,0) + d_2(0,y) < \varepsilon \quad \text{sonst} \\ & \overset{(+)}{\Leftrightarrow} d_2(x,tx) < \varepsilon \wedge y = tx \overset{(*)}{\Leftrightarrow} |1-t| d_2(x,0) < \varepsilon \wedge y = tx \\ & \Leftrightarrow |1-t| < \frac{\varepsilon}{d_2(x,0)} \wedge y = tx \\ & \Leftrightarrow y = tx \wedge t \in \left(1 - \frac{\varepsilon}{d_2(x,0)},\ 1 + \frac{\varepsilon}{d_2(x,0)}\right). \end{aligned}$$

Zu (+): Die zweite Relation davor kann nicht vorkommen, da hier der Fall $d_2(x,0) > \varepsilon$ betrachtet wird.

Zu ($*$): Die Beziehung gilt, weil

$$\begin{aligned} d_2(x,tx) &= \sqrt{|x_1 - tx_1|^2 + |x_2 - tx_2|^2} = \sqrt{x_1^2|1-t|^2 + x_2^2|1-t|^2} \\ &= |1-t| d_2(x,0) \end{aligned}$$

für $0 \neq x = (x_1, x_2) \in \mathbb{R}^2$.

**Fall 3:** $x \neq 0,\ \varepsilon \geq d_2(x,0) > 0$:

$$\begin{aligned} & d(x,y) < \varepsilon \\ \Leftrightarrow\ & d_2(x,y) < \varepsilon \quad \text{falls ein } t \in \mathbb{R} \text{ existiert:} \quad y = tx \\ & \qquad \vee\ d_2(x,0) + d_2(0,y) < \varepsilon \quad \text{sonst} \\ \Leftrightarrow\ & y = tx\ \wedge\ t \in \left(1 - \frac{\varepsilon}{d_2(x,0)},\ 1 + \frac{\varepsilon}{d_2(x,0)}\right) \quad \text{(s. } (*) \text{ in Fall 2)} \\ & \qquad \vee\ d_2(0,y) < \varepsilon - d_2(x,0). \end{aligned}$$

## Aufgabe 3

### ▶ Metriken auf $\mathbb{R}$

Entscheiden Sie, ob eine Metrik auf $\mathbb{R}$ vorliegt:

a) $d(x,y) := |x-y|^{1/2}, \quad x, y \in \mathbb{R}.$

b) $d(x,y) := |x-2y|, \quad x, y \in \mathbb{R}.$

**Lösung**

a) 1) **Definitheit:**

$$d(x,y) = |x-y|^{1/2} = 0 \Leftrightarrow x = y$$

2) **Symmetrie:**

$$d(x,y) = |x-y|^{1/2} = |y-x|^{1/2} = d(y,x)$$

3) **Dreiecksungleichung:**
Für positive Zahlen $a, b \in \mathbb{R}$ gilt:

$$\left(\sqrt{a} + \sqrt{b}\right)^2 = a + b + 2\sqrt{ab} \geq a + b \Rightarrow \sqrt{a+b} \leq \sqrt{a} + \sqrt{b}.$$

Damit gelten nun für $x, y, z \in \mathbb{R}$ die Beziehungen

$$\begin{aligned} d(x,z) &= \sqrt{|x-z|} \leq \sqrt{|x-y| + |y-z|} \\ &\leq \sqrt{|x-y|} + \sqrt{|y-z|} = d(x,y) + d(y,z). \end{aligned}$$

Damit liegt in a) eine Metrik vor.

b) Die so definierte Funktion ist keine Metrik, weil z. B. die Eigenschaft der Definitheit nicht gegeben ist:

$$d(x, y) = 0 \Leftrightarrow x = 2y \not\Rightarrow x = y.$$

## Aufgabe 4

### ► Topologie in metrischen Räumen

Sei $(X, d)$ metrischer Raum, $\mathcal{P}(X)$ die Potenzmenge von $X$, und sei

$$\mathcal{T}_d := \{A \in \mathcal{P}(X) \mid \forall x \in A\, \exists \varepsilon > 0 : K_d(x, \varepsilon) \subset A\}.$$

Zeigen Sie: $(X, \mathcal{T}_d)$ ist ein topologischer Raum.

*Hinweis:* Die Bedingungen zum Nachweis einer Topologie sind in Aufg. 1 aufgeführt.

**Lösung**

Es soll hier gezeigt werden, dass jede Metrik auf natürliche Weise eine Topologie definiert.

1. Trivialerweise sind $\emptyset, X \in \mathcal{T}_d$.
2. Sei $A_\lambda \in \mathcal{T}_d, \lambda \in \Lambda$, ein System beliebig vieler Mengen aus $\mathcal{T}_d$ ; $\Lambda$ bezeichne eine beliebige Indexmenge. Es ist zu zeigen, dass die Vereinigung dieser beliebig vielen Mengen wieder in $\mathcal{T}_d$ liegt, d. h., dass gilt

   $$A := \bigcup_{\lambda \in \Lambda} A_\lambda \in \mathcal{T}_d .$$

   Sicherlich ist $A \subset \mathcal{P}(X)$. Sei $x \in A$ ein beliebiges Element der Vereinigung. Dann existiert ein $\lambda \in \Lambda$, so dass $x \in A_\lambda$, und es gilt, da $A_\lambda$ in $\mathcal{T}_d$ enthalten ist:

   $$\exists\, \varepsilon = \varepsilon(x, \lambda) > 0 : K_d(x, \varepsilon) \subset A_\lambda \subset A.$$

   Also liegt auch $A$ in $\mathcal{T}_d$.
3. Wir betrachten zwei Mengen $A, B \in \mathcal{T}_d$. Es ist zu zeigen, dass auch der Durchschnitt von $A$ und $B$ wieder in $\mathcal{T}_d$ liegt. Es gilt $A \cap B \in \mathcal{P}(X)$.
   Betrachten wir ein beliebiges $x \in A \cap B$. Da $x$ sowohl in $A$ als auch in $B$ liegt, gilt nach Definition von $\mathcal{T}_d$:

   $$(\exists\, \varepsilon_A > 0 : K_d(x, \varepsilon_A) \subset A) \quad \text{und} \quad (\exists\, \varepsilon_B > 0 : K_d(x, \varepsilon_B) \subset B).$$

Wähle $\varepsilon := \min(\varepsilon_A, \varepsilon_B)$. Dann gilt

$$K_d(x,\varepsilon) \subset A \ \wedge \ K_d(x,\varepsilon) \subset B$$

und damit auch

$$K_d(x,\varepsilon) \subset A \cap B.$$

Also gilt auch $A \cap B \in \mathcal{T}_d$.

## Aufgabe 5

### ► Konvergenz in metrischen Räumen

Sei $(X, d)$ ein metrischer Raum, $\mathcal{T}_d$ die durch $d$ auf $X$ erzeugte Topologie und $(x_n)_{n\in\mathbb{N}}$ eine Folge in $X$. Zeigen Sie, dass dann folgende Aussagen äquivalent sind:

(a) $x_n \to x \ (n \to \infty)$ in $\mathcal{T}_d$
(b) $\forall \varepsilon > 0 \, \exists N \in \mathbb{N} \, \forall n \geq N \ \Rightarrow \ d(x_n, x) < \varepsilon$

*Hinweise:*

1) Sei $(X, \mathcal{T})$ ein topologischer Raum. Eine Folge $(x_n)_{n\in\mathbb{N}}$ in $X$ konvergiert gegen $x \in X$, wenn für alle Umgebungen $U(x)$ ein $N \in \mathbb{N}$ existiert, sodass für alle $n \geq N$ gilt $x_n \in U(x)$ (*Schreibweise:* $x_n \to x \ (n \to \infty)$, und für den Limes $x = \lim\limits_{n\in\mathbb{N}} x_n$ oder $x = \lim\limits_{n\to\infty} x_n$).
2) Eine *Umgebung* $U \subset X$ von $x$ in einem topologischen Raum $X$ liegt vor, wenn es eine offene Menge $A \subset X$ gibt mit $x \in A \subset U$ (vgl. z. B. Heuser [8], 152). Als *Umgebungsfilter* $\mathcal{U}(x)$ bezeichnet man die Menge der Umgebungen von $x$. In einem metrischen Raum $(X, d)$ sind die offenen Kugeln um $x$ Umgebungen, $U_\varepsilon(x)$ $(= K_d(x,\varepsilon)) := \{z \in X \,|\, d(z,x) < \varepsilon\}$.

**Lösung**

Zeige (a)$\Longrightarrow$(b): Es gelte (a), d. h.

$$\forall\, U \in \mathcal{U}(x) \, \exists\, N \in \mathbb{N} \, \forall n \geq N \ \Rightarrow \ x_n \in U.$$

Sei $\varepsilon > 0$ beliebig. Dann ist $K_d(x,\varepsilon) \in \mathcal{T}_d$ und $K_d(x,\varepsilon) \in \mathcal{U}(x)$ (vgl. Hinweis). Das führt aber nach Voraussetzung dazu, dass

$$\exists\, N \in \mathbb{N} \, \forall\, n \geq N \ \Rightarrow \ x_n \in K_d(x,\varepsilon).$$

Beachtet man nun noch $x_n \in K_d(x,\varepsilon)$, d. h. $d(x, x_n) < \varepsilon$, so folgt unmittelbar (b).

Zeige nun (b)$\Longrightarrow$(a): Es gelte (b), d. h.

$$\forall \varepsilon > 0 \, \exists N \in \mathbb{N} \, \forall n \geq N \;\Rightarrow\; d(x_n, x) < \varepsilon.$$

Sei nun $U \in \mathcal{U}(x)$ beliebig. Es folgt, dass eine Menge $O \in \mathcal{T}_d$ mit $x \in O \subset U$ existiert. Nach Definition der offenen Mengen bezüglich $\mathcal{T}_d$ gilt dann:

$$\forall\, y \in O \, \exists\, \varepsilon > 0 : K_d(y, \varepsilon) \subset O.$$

Folglich existiert auch zu $x \in O$ ein $\varepsilon > 0$, so dass $x \in K_d(x, \varepsilon) \subset O$ gilt. Weiter gibt es nach Voraussetzung zu diesem $\varepsilon$ ein $N \in \mathbb{N}$, so dass für alle $n \geq N$ gilt $d(x, x_n) < \varepsilon$. Mit anderen Worten gilt

$$x_n \in K_d(x, \varepsilon) \subset O \subset U \;\forall\, n \geq N,$$

woraus unmittelbar (a) folgt.

## Aufgabe 6

► **Metrik als stetige Abbildung**

Sei $(X, d)$ ein metrischer Raum und $\mathcal{T}_d$ die durch $d$ auf $X$ erzeugte Topologie.

a) Beweisen Sie

$$|d(a, b) - d(c, d)| \leq d(a, c) + d(b, d) \;\forall\, a, b, c, d \in X.$$

b) Für $x, y, x_n, y_n \in X$, $n \in \mathbb{N}$ gelte $x_n \to x$, $y_n \to y$ $(n \to \infty)$ in $\mathcal{T}_d$.
Beweisen Sie:

$$d(x_n, y_n) \to d(x, y) \; (n \to \infty),$$

das heißt, die Metrik ist eine stetige Abbildung bezüglich der durch sie induzierten Topologie.

*Hinweis:* Verwenden Sie für b) die Ergebnisse von Teil a) sowie Aufgabe 5.

**Lösung**

a) Zweifache Anwendung der Dreiecksungleichung und Ausnutzung der Symmetrie liefert:

$$\begin{aligned} d(a, b) &\leq d(a, c) + d(c, b) \leq d(a, c) + d(c, d) + d(d, b) \\ &= d(a, c) + d(c, d) + d(b, d) \end{aligned}$$

Daraus folgt durch Subtraktion von $d(c,d)$:

$$d(a,b) - d(c,d) \leq d(a,c) + d(b,d).$$

Analog hat man:

$$\begin{aligned} d(c,d) &\leq d(c,a) + d(a,d) \leq d(c,a) + d(a,b) + d(b,d) \\ &= d(a,c) + d(a,b) + d(b,d) \end{aligned}$$

Man subtrahiert $d(a,b)$ und gewinnt

$$d(c,d) - d(a,b) \leq d(a,c) + d(b,d)\ ,$$

insgesamt also die Behauptung (Man beachte: $|x| \leq y \iff x \leq y \wedge -x \leq y$ für alle $x, y \in \mathbb{R}$).

*Alternative Lösung:* Seien $a, b, c, d \in X$. Wir unterscheiden zwei Fälle:
**1. Fall:** $d(a,b) \geq d(c,d)$. In diesem Fall gilt

$$\begin{aligned} 0 \leq d(a,b) - d(c,d) &\overset{\Delta\text{-Ungl.}}{\leq} d(a,c) + d(c,b) - d(c,d) \\ &\overset{\Delta\text{-Ungl.}}{\leq} d(a,c) + d(c,d) + d(d,b) - d(c,d) \\ &= d(a,c) + d(d,b) \end{aligned}$$

**2. Fall:** Andernfalls vertauschen wir im ersten Fall $a$ mit $c$ und $b$ mit $d$ und nutzen die Symmetrieeigenschaft der Metrik aus.

b) Es ist zu zeigen:

$$\forall\, \varepsilon > 0\, \exists\, N \in \mathbb{N}\, \forall\, n \geq N \;\Rightarrow\; |d(x_n, y_n) - d(x,y)| < \varepsilon.$$

Nach Voraussetzung und unter Verwendung von Aufgabe 5 erhält man Indizes $N_1, N_2 \in \mathbb{N}$, so dass für $n \geq N_1$ stets $d(x_n, x) < \frac{\varepsilon}{2}$ und für $n \geq N_2$ stets $d(y_n, y) < \frac{\varepsilon}{2}$ ausfällt. Für $n \geq N := \max(N_1, N_2)$ folgt dann

$$|d(x_n, y_n) - d(x,y)| \overset{\text{a)}}{\leq} d(x_n, x) + d(y_n, y) \leq \frac{\varepsilon}{2} + \frac{\varepsilon}{2} = \varepsilon.$$

## Aufgabe 7

► **Konvergenz in topologischen Räumen, Hausdorffscher Raum**

a) Sei $(X, \mathcal{T})$ ein topologischer und Hausdorffscher Raum. Zeigen Sie, dass jede konvergente Folge genau einen Grenzwert besitzt.
b) Zeigen Sie, dass in dem topologischen Raum $(X, \mathcal{T}_g)$ mit $\#X \geq 2$, wobei $\mathcal{T}_g$ die gröbste Topologie bezeichnet, konvergente Folgen mit mehr als einem Grenzwert existieren können.

*Hinweise:*
Die Konvergenz in topologischen Räumen ist im Hinweis zur Aufg. 4 erklärt.
Ein topologischer Raum $(X, \mathcal{T})$ heißt *Hausdorffsch* (oder *separiert*), wenn gilt:

$$\forall x, y \in X, x \neq y \, \exists U \in \mathcal{U}(x) \, \exists V \in \mathcal{U}(y) \; : U \cap V = \{\}.$$

In b) ist $\mathcal{T}_g$ die in Aufgabe 1 definierte chaotische (od. indiskrete) Topologie $\mathcal{T}_c$.

*Bemerkung:* Jeder metrische Raum ist ein Hausdorff-Raum (vgl. z. B. [8], 154.2).

**Lösung**

a) Sei $(x_n)_{n\in\mathbb{N}}$ eine konvergente Folge im Hausdorffschen Raum $(X, \mathcal{T})$, dann besitzt sie mindestens einen Grenzwert.
**Annahme:** Die Folge besitzt mehrere Grenzwerte, u. a. $\tilde{x}$, $\hat{x}$, $\tilde{x} \neq \hat{x}$.
Da $\tilde{x}$ und $\hat{x}$ Grenzwerte der Folge sind, gilt:
Für alle Umgebungen $U(\tilde{x})$ von $\tilde{x}$ $\exists \tilde{N} \in \mathbb{N} \; \forall n \geq \tilde{N} : \; x_n \in U(\tilde{x})$, für alle Umgebungen $U(\hat{x})$ von $\hat{x}$ $\exists \hat{N} \in \mathbb{N} \; \forall n \geq \hat{N} : \; x_n \in U(\hat{x})$. Da $X$ Hausdorffsch ist, gibt es also eine Umgebung $U_1(\tilde{x})$ von $\tilde{x}$ und eine Umgebung $U_2(\hat{x})$ von $\hat{x}$ mit $U_1(\tilde{x}) \cap U_2(\hat{x}) = \{\}$. Es gilt jedoch auch:

$$\exists \tilde{N}_1 \in \mathbb{N} \; \forall n \geq \tilde{N}_1 : \; x_n \in U_1(\tilde{x}) \; \wedge \; \exists \hat{N}_2 \in \mathbb{N} \; \forall n \geq \hat{N}_2 : \; x_n \in U_2(\hat{x}).$$

Somit liegt $x_{N_3}$ in $U_1(\tilde{x})$ und in $U_2(\hat{x})$ mit $N_3 := \max\{\tilde{N}_1, \hat{N}_2\}$. Dies ist aber ein Widerspruch zu

$$U_1(\tilde{x}) \cap U_2(\hat{x}) = \{\}.$$

b) Sei $X = \{x, y\}$, $x \neq y$. Sei $(x_n)_{n\in\mathbb{N}}$ definiert durch $x_n = x \; \forall n \in \mathbb{N}$. Dann konvergiert die Folge offensichtlich gegen $x$. Sie konvergiert jedoch auch gegen $y$. Da die einzige offene, nichtleere Menge in $X$ (bzgl. $\mathcal{T}_g$) $X$ selbst ist, gibt es nur eine Umgebung von $y$, nämlich $U(y) = X$. Somit liegen alle Folgeglieder in $U(y)$, d. h. es gilt auch $x_n \to y \; (n \to \infty)$.

## Aufgabe 8

### ▶ Konvergenz und Kompaktheit von Folgen

Sei $(u_j)_{j\in\mathbb{N}}$ eine Folge und $u$ ein Element eines metrischen Raumes $(X, d)$. Beweisen Sie: Dann und nur dann ist die Folge $(u_j)_{j\in\mathbb{N}}$ konvergent und $\lim\limits_{j\in\mathbb{N}} u_j = u$, wenn die Folge $(u_j)_{j\in\mathbb{N}}$ kompakt ist und für jede konvergente Teilfolge $(u_j)_{j\in\mathbb{N}'}$, $\mathbb{N}' \subset \mathbb{N}$, gilt $\lim\limits_{j\in\mathbb{N}'} u_j = u$.

*Hinweis:* Eine Folge $(u_j)_{j\in\mathbb{N}}$ ist *kompakt*, wenn jede Teilfolge eine konvergente Teilfolge enthält.

**Lösung**

Wir zeigen:

$$(u_j)_{j\in\mathbb{N}} \text{ konvergiert und } \lim_{j\in\mathbb{N}} = u$$

$$\iff (1)\ (u_j)_{j\in\mathbb{N}} \text{ kompakt}$$

und

(2) für jede Teilfolge $\mathbb{N}' \subset \mathbb{N}$ und jede konvergente Teilfolge $(u_j)_{j\in\mathbb{N}'}$

gilt $\lim_{j\in\mathbb{N}'} u_j = u$

„$\Longrightarrow$" Zu (1): Sei $(u_j)_{j\in\mathbb{N}'}, \mathbb{N}' \subset \mathbb{N}$ eine beliebige Teilfolge von $(u_j)_{j\in\mathbb{N}}$. Bekanntlich konvergiert dann $(u_j)_{j\in\mathbb{N}'}$ gegen $u$ (vgl. z. B. Walter [18], 1.6). Wählt man nun $\mathbb{N}'' := \mathbb{N}'$, so ist $(u_j)_{j\in\mathbb{N}''}$ die gesuchte konvergente Teilfolge von $(u_j)_{j\in\mathbb{N}'}$.

Zu (2): Wie in (1) gesehen konvergiert jede Teilfolge von $(u_j)_{j\in\mathbb{N}}$ gegen $u$, was (2) beweist.

„$\Longleftarrow$" Zu zeigen: $\forall \varepsilon > 0\ \exists N \in \mathbb{N}\ \forall n \geq N : d(u_n, u) < \varepsilon$.
Der Beweis wird indirekt geführt:
Annahme: $\exists \varepsilon > 0\ \forall N \in \mathbb{N}\ \exists n(N) > N : d(u_{n(N)}, u) \geq \varepsilon$.
Wähle nun aus der laut Annahme nichtleeren Menge

$$M(N) := \{k > N \mid d(u_k, u) \geq \varepsilon\} \subset \mathbb{N}$$

jeweils das kleinste Element $n(N)$ aus und definiere dann induktiv

$$k_1 := n(1) > 1,$$
$$k_{l+1} := n(k_l) > k_l.$$

Dann ist $(u_{k_l})_{l\in\mathbb{N}}$ eine Teilfolge von $(u_j)_{j\in\mathbb{N}}$, die keine Teilfolge enthält, die gegen $u$ konvergiert und damit nach (2) auch nicht gegen irgendein anderes Element konvergieren kann. Dies bedeutet jedoch einen Widerspruch zur Kompaktheit.

## Aufgabe 9

### ► Cauchy-Folgen in metrischen Räumen

Sei $(X, d)$ ein metrischer Raum und $(x_n)_{n\in\mathbb{N}}$ eine Cauchy-Folge in $X$. Weiter seien zwei Teilfolgen $(x_{m_k})_{k\in\mathbb{N}}$ und $(x_{n_k})_{k\in\mathbb{N}}$ von $(x_n)_{n\in\mathbb{N}}$ mit

$$x_{m_k} \to x^{(1)}, x_{n_k} \to x^{(2)} \quad (k \to \infty)$$

gegeben. Zeigen Sie, dass dann $x^{(1)} = x^{(2)}$ folgt. Mit anderen Worten: Es gibt maximal einen Limes in $X$, gegen den Teilfolgen einer Cauchy-Folge konvergieren können.

**Lösung**

Die Konvergenzbedingung für die beiden Teilfolgen liefert:

$$\forall\, \varepsilon > 0\, \exists\, K_1 \in \mathbb{N}\, \forall\, k \geq K_1 \quad d(x_{m_k}, x^{(1)}) < \frac{\varepsilon}{3},$$

und

$$\forall\, \varepsilon > 0\, \exists\, K_2 \in \mathbb{N}\, \forall\, k \geq K_2 \quad d(x_{n_k}, x^{(2)}) < \frac{\varepsilon}{3}.$$

Weiter folgt aus der Cauchyfolgeneigenschaft:

$$\forall\, \varepsilon > 0\, \exists\, N \in \mathbb{N}\, \forall\, n, m \geq N \quad d(x_n, x_m) < \frac{\varepsilon}{3}.$$

Sei nun $\varepsilon > 0$ beliebig. Wähle $K := \max(K_1, K_2, N)$. Dann folgt für $k \geq K$ zunächst $m_k \geq K$, $n_k \geq K$ und somit insgesamt:

$$d(x^{(1)}, x^{(2)}) \leq \underbrace{d(x^{(1)}, x_{m_k})}_{<\frac{\varepsilon}{3}} + \underbrace{d(x_{m_k}, x_{n_k})}_{<\frac{\varepsilon}{3}} + \underbrace{d(x_{n_k}, x^{(2)})}_{<\frac{\varepsilon}{3}} < \varepsilon$$

Da $\varepsilon$ beliebig klein gewählt werden kann, folgt $d(x^{(1)}, x^{(2)}) = 0$, also $x^{(1)} = x^{(2)}$, und damit die Behauptung.

## Aufgabe 10

### ► Diskrete Metrik

Seien $(X, d), (Y, \tilde{d})$ metrische Räume, wobei $d$ die diskrete Metrik und $\tilde{d}$ eine beliebige Metrik sei. Beweisen Sie, dass dann jede Abbildung

$$f : X \to Y$$

stetig ist.

*Hinweis:*
Die *diskrete Metrik* ist erklärt durch $d(x, y) = 1$ für $x \neq y$ und $d(x, y) = 0$ für $x = y$.

**Lösung**

Zu zeigen ist:

$$\forall\, x \in X\, \forall\, \varepsilon > 0\, \exists\, \delta > 0\, \forall\, y \in X : d(x, y) \leq \delta \Longrightarrow \tilde{d}(f(x), f(y)) < \varepsilon.$$

Seien also $x \in X$, $\varepsilon > 0$ beliebig. Setze etwa $\delta = \frac{1}{2}$, wobei auch jede beliebige andere positive Zahl kleiner als 1 anstelle von $\frac{1}{2}$ möglich ist. Dann folgt aus $d(x, y) < \delta$ schon

$d(x, y) = 0$ und damit $x = y$, da es sich bei $d$ um die diskrete Metrik handelt. Das hat aber $\tilde{d}(f(x), f(y)) = 0 < \varepsilon$ zur Folge, und damit ist die Behauptung der Aufgabe bewiesen.

## Aufgabe 11

### ► Induzierte Topologie

Sei $(X, \mathcal{T})$ ein topologischer Raum. Sei $Y \subset X,\ Y \neq \emptyset$. Zeigen Sie, dass durch

$$\mathcal{T}_Y := \{B \subset Y \mid \exists\, A \in \mathcal{T} : B = Y \cap A\}$$

eine Topologie auf $Y$ erzeugt wird (die durch $\mathcal{T}$ auf $Y$ *induzierte Topologie*).

*Hinweis:* Vgl. den Hinweis zu Aufg. 1.

**Lösung**

1.
$$X \in \mathcal{T} \Rightarrow B = X \cap Y = Y \in \mathcal{T}_Y; \quad \emptyset \in \mathcal{T} \Rightarrow B = \emptyset \cap Y = \emptyset \in \mathcal{T}_Y\,.$$

2. Seien $B_1, B_2 \in \mathcal{T}_Y$ beliebig. Dann existieren $A_1, A_2 \in \mathcal{T} :\ B_1 = A_1 \cap Y,\ B_2 = A_2 \cap Y$. Weiterhin gilt, da $\mathcal{T}$ eine Topologie ist, $A_1 \cap A_2 = A \in \mathcal{T}$. Dies liefert dann
$$B = B_1 \cap B_2 = (A_1 \cap Y) \cap (A_2 \cap Y) = (A_1 \cap A_2) \cap Y = A \cap Y \in \mathcal{T}_Y\,.$$

3. Seien $B_i \in \mathcal{T}_Y,\ i \in I$, beliebig ($I$ beliebige Indexmenge). Dann existieren $A_i,\ i \in I$, mit $B_i = A_i \cap Y,\ i \in I$. Weiterhin gilt, da $\mathcal{T}$ eine Topologie ist, $A = \bigcup\limits_{i \in I} A_i \in \mathcal{T}$. Dies liefert schließlich
$$B = \bigcup_{i \in I} B_i = \bigcup_{i \in I} (A_i \cap Y) = \left(\bigcup_{i \in I} A_i\right) \cap Y = A \cap Y \in \mathcal{T}_Y\,.$$

## Aufgabe 12

### ► Offene Mengen im $\mathbb{R}^2$

Sei $X = \mathbb{R}^2$ mit der euklidischen Metrik $d_2$ versehen. Zeigen Sie, dass das Intervall $(0, 1)$ offen in $\mathbb{R}$ ist, aber nicht in $\mathbb{R}^2$.

**Lösung**

Sei $x \in (0,1)$ beliebig. Wähle $\varepsilon(x) = \min\{x, 1-x\}$, dann gilt offensichtlich

$$K_\varepsilon(x) \subset (0,1).$$

Somit ist jeder Punkt $x$ innerer Punkt von $(0,1)$, also ist $(0,1)$ offen in $\mathbb{R}$.

Wähle $x = \left(\frac{1}{2}, 0\right)$. Sei $\varepsilon > 0$ beliebig. Dann gilt:

$$\hat{x}(\varepsilon) := \left(\tfrac{1}{2}, \tfrac{1}{2}\varepsilon\right) \in K_\varepsilon(x) \ \wedge \ \hat{x}(\varepsilon) \notin (0,1) \times \{0\}.$$

Somit liegt in jeder offenen Kugel um $x$ ein Element, das nicht in der Menge $(0,1)\times\{0\}$ liegt. Daher kann der Punkt $x$ kein innerer Punkt dieser Menge sein, also ist $(0,1)\times\{0\}$ nicht offen in $\mathbb{R}^2$.

## Aufgabe 13

**► Produkttopologie, Hausdorffscher Raum**

Seien $(X, \mathcal{T}_X)$, $(Y, \mathcal{T}_Y)$ topologische Räume.

Zeigen Sie:

a) Durch

$$\mathcal{T}_{X\times Y} := \left\{ S \subset X \times Y \;\middle|\; \begin{array}{l} \text{Es existiert Indexmenge } I, \text{ und} \\ \text{es existieren } A_i \in \mathcal{T}_X,\ B_i \in \mathcal{T}_Y, \\ i \in I, \text{ mit } S = \bigcup\limits_{i\in I} A_i \times B_i \end{array} \right\}$$

wird eine Topologie auf $X \times Y$ erklärt (*Produkttopologie*).

b) $(X, \mathcal{T}_X)$ ist Hausdorffsch genau dann, wenn

$$\Delta(X) := \{(x,x) \in X \times X | x \in X\} \quad (\textit{Diagonale von } X)$$

abgeschlossen bzgl. der Produkttopologie $\mathcal{T}_{X\times X}$ ist.

*Hinweis:* Die Definition eines Hausdorffschen Raums findet sich in Aufg. 7.

**Lösung**

a) 1. $X \times Y \in \mathcal{T}_{X\times Y}$ und $\emptyset \in \mathcal{T}_{X\times Y}$ sind trivial.

2. Seien $S_k \in \mathcal{T}_{X\times Y}$, $k \in K$, mit einer Indexmenge $K$. Dann lässt sich $S_k$ schreiben als

$$S_k = \bigcup_{i\in I_k} A_i^{(k)} \times B_i^{(k)}$$

mit einer Indexmenge $I_k$ und $A_i^{(k)} \in \mathcal{T}_X$, $B_i^{(k)} \in \mathcal{T}_Y$. Setze

$$I = \bigcup_{k \in K} I_k$$

und für $k \in K, i \in I$

$$\tilde{A}_i^{(k)} = \begin{cases} A_i^{(k)} & , i \in I_k \\ \emptyset & , i \notin I_k \end{cases}$$

$$\tilde{B}_i^{(k)} = \begin{cases} B_i^{(k)} & , i \in I_k \\ \emptyset & , i \notin I_k \end{cases} .$$

Für alle $k \in K$ und $i \in I$ ist dann $\tilde{A}_i^{(k)} \in \mathcal{T}_X$ und $\tilde{B}_i^{(k)} \in \mathcal{T}_Y$, und es gilt:

$$S_k = \bigcup_{i \in I} \tilde{A}_i^{(k)} \times \tilde{B}_i^{(k)}.$$

Weil $\mathcal{T}_X$ und $\mathcal{T}_Y$ Topologien sind, gilt

$$\forall i \in I : \bigcup_{k \in K} \tilde{A}_i^{(k)} \in \mathcal{T}_X$$

und

$$\forall i \in I : \bigcup_{k \in K} \tilde{B}_i^{(k)} \in \mathcal{T}_Y.$$

Also folgt für die Vereinigung der $S_k$

$$\begin{aligned} \bigcup_{k \in K} S_k &= \bigcup_{k \in K} \left( \bigcup_{i \in I_k} A_i^{(k)} \times B_i^{(k)} \right) \\ &= \bigcup_{k \in K} \left( \bigcup_{i \in I} \tilde{A}_i^{(k)} \times \tilde{B}_i^{(k)} \right) \\ &= \bigcup_{i \in I} \left( \bigcup_{k \in K} \tilde{A}_i^{(k)} \times \tilde{B}_i^{(k)} \right) \\ &= \bigcup_{i \in I} \left( \bigcup_{k \in K} \tilde{A}_i^{(k)} \times \bigcup_{k \in K} \tilde{B}_i^{(k)} \right). \\ \Rightarrow \bigcup_{k \in K} S_k &\in \mathcal{T}_{X \times Y}. \end{aligned}$$

3. Seien $U, V \in \mathcal{T}_{X\times Y}$. Dann gelten die Dastellungen

$$U = \bigcup_{i\in I_U} A_i \times B_i$$

und

$$V = \bigcup_{i\in I_V} C_i \times D_i$$

mit $A_i \in \mathcal{T}_X, B_i \in \mathcal{T}_Y,\ i \in I_U$ und $C_i \in \mathcal{T}_X, D_i \in \mathcal{T}_Y,\ i \in I_V$. Wir bilden wieder $I = I_U \cup I_V$ und analog zum ersten Teil der Aufgabe die Mengen $\tilde{A}_i$, $\tilde{B}_i$, $\tilde{C}_i$ und $\tilde{D}_i$. Dann sind $\tilde{A}_i \in \mathcal{T}_X, \tilde{B}_i \in \mathcal{T}_Y,\ i \in I$ und $\tilde{C}_i \in \mathcal{T}_X, \tilde{D}_i \in \mathcal{T}_Y,\ i \in I$, und es gilt

$$\begin{aligned} \tilde{A}_i \cap \tilde{C}_i &\in \mathcal{T}_X,\ i \in I, \\ \tilde{B}_i \cap \tilde{D}_i &\in \mathcal{T}_Y,\ i \in I, \end{aligned}$$

da $\mathcal{T}_X$ und $\mathcal{T}_Y$ Topologien sind. Also folgt

$$U \cap V = \bigcup_{i\in I} \left(\tilde{A}_i \cap \tilde{C}_i\right) \times \left(\tilde{B}_i \cap \tilde{D}_i\right) \in \mathcal{T}_{X\times Y}$$

b) Sei zunächst $(X, \mathcal{T}_X)$ Hausdorffsch. Dann existieren zu verschiedenen Punkten $x, y \in X, x \neq y$, disjunkte Umgebungen $U(x)$, $V(y)$, d.h. zu $(x, y) \in (X \times X)\backslash\triangle(X)$ gibt es eine offene Umgebung $W = U(x) \times V(y)$, die ganz in $(X \times X)\backslash\triangle(X)$ liegt. Somit muss $(X \times X)\backslash\triangle(X)$ offen und damit $\triangle(X)$ abgeschlossen sein.
Für die Umkehrung sei nun $\triangle(X)$ abgeschlossen in $(X \times X)$, und sei $x \neq y$. Dann ist $(X \times X)\backslash\triangle(X)$ offen, und zu $(x, y)$ gibt es eine offene Umgebung $W(x, y)$ mit $W(x, y) \subset (X \times X)\backslash\triangle(X)$. Schreiben wir nun

$$W(x, y) = \bigcup_{i\in I} A_i \times B_i,$$

dann existiert ein $i \in I : (x, y) \in A_i \times B_i$. Damit ist $A_i \times B_i \cap \triangle(X) = \emptyset$. Also müssen $A_i$ und $B_i$ disjunkt sein. Wegen $A_i \in \mathcal{T}_X$, $B_i \in \mathcal{T}_Y$ ist die Umkehrung bewiesen.

## Aufgabe 14

### ▶ Offene und abgeschlossene Mengen im $\mathbb{R}^n$

Untersuchen Sie, ob die folgenden Mengen offen bzw. abgeschlossen in $\mathbb{R}^n$ sind:

1) $\mathbb{Z}^n$;
2) $\mathbb{Q}^n$;
3) $\mathbb{R}^n \setminus \mathbb{Q}^n$.

*Bem.:* Hier sei $\mathbb{R}^n$ z. B. mit der euklidischen Metrik versehen.

**Lösung**

1) $\mathbb{Z}^n$ ist nicht offen, da $\mathbb{R}^n \setminus \mathbb{Z}^n$ nicht abgeschlossen ist. Betrachte, um dies einzusehen, z. B. die Folge

$$\mathbb{R}^n \setminus \mathbb{Z}^n \ni \left(\frac{1}{n}, \dots, \frac{1}{n}\right) \to 0 \in \mathbb{Z}^n.$$

1′) $\mathbb{Z}^n$ ist abgeschlossen in $\mathbb{R}^n$, da $\mathbb{R}^n \setminus \mathbb{Z}^n$ offen in $\mathbb{R}^n$ ist. Um das zu zeigen, sei $x = (x_1, \dots, x_n) \in \mathbb{R}^n \setminus \mathbb{Z}^n$ mit

$$x_i = \lfloor x_i \rfloor + (x_i - \lfloor x_i \rfloor) = z_i + r_i,\ z_i \in \mathbb{Z},\ r_i \in \mathbb{R} \setminus \mathbb{Z},\ i \in 1, \dots, n.$$

(Dabei bezeichnet $\lfloor \cdot \rfloor$ die Gauß-Klammer.) Dann liegt $z = (z_1, \dots, z_n) \in \mathbb{Z}^n$ und $x$ in dem Würfel mit den Ecken $z \pm e_i, i = 1, \dots, n$, wobei $e_i, i = 1, \dots, n$, die kanonischen Einheitsvektoren sind. Da nun $x \in \mathbb{R}^n \setminus \mathbb{Z}^n$ ist, gilt (mit $e_0 := 0$):

$$r_0 := \min_{i=0,\dots,n} \|x - (z \pm e_i)\| > 0.$$

Dann gilt für alle $y \in K_{\|\cdot\|}(x, r_0/2)$ und alle $\tilde{z} \in \{z \pm e_i | i = 0, \dots, n\}$:

$$\begin{aligned} & r_0 \leq \|x - \tilde{z}\| \leq \|x - y\| + \|y - \tilde{z}\| \leq r_0/2 + \|y - \tilde{z}\| \\ \Rightarrow\ & \|y - \tilde{z}\| \geq r_0/2 > 0 \\ \Rightarrow\ & K_{\|\cdot\|}(x, r_0/2) \subset \mathbb{R}^n \setminus \mathbb{Q}^n \subset \mathbb{R}^n \setminus \mathbb{Z}^n. \end{aligned}$$

2) $\mathbb{Q}^n$ ist nicht abgeschlossen in $\mathbb{R}^n$. Um dies einzusehen, betrachtet man z. B. die Folge

$$\mathbb{Q} \ni q_\ell := \sum_{k=0}^{\ell} \frac{1}{k!} \overset{\ell \to \infty}{\to} e \notin \mathbb{Q},$$

für $n = 1$ oder allgemeiner

$$\mathbb{Q}^n \ni (q_\ell, \ldots, q_\ell) \to (e, \ldots, e) \in \mathbb{R}^n \setminus \mathbb{Q}^n \ (\ell \to \infty).$$

Hierbei ist $e \notin \mathbb{Q}$ (vgl. dazu z. B. [14], Aufg. 128 b)).
Wenn $\mathbb{Q}^n$ nicht abgeschlossen ist, kann $\mathbb{R}^n \setminus \mathbb{Q}^n$ aber auch nicht offen sein.

3) $\mathbb{R}^n \setminus \mathbb{Q}^n$ ist aber auch nicht abgeschlossen in $\mathbb{R}^n$, da z. B.

$$\mathbb{R}^n \setminus \mathbb{Q}^n \ni \left( \frac{\sqrt{2}}{n}, \ldots, \frac{\sqrt{2}}{n} \right) \to 0 \in \mathbb{Q}.$$

Also ist $\mathbb{Q}^n$ nicht offen in $\mathbb{R}^n$.

## Aufgabe 15

► **Kanonische Projektion, Produkttopologie**

Seien $(X, \mathcal{T}_X)$, $(Y, \mathcal{T}_Y)$, $(Z, \mathcal{T}_Z)$, topologische Räume und sei $X \times Y$ versehen mit der Produkttopologie $\mathcal{T}_{X \times Y}$. Die Abbildungen

$$p_X : X \times Y \ni (x, y) \mapsto x \in X, \ p_Y : X \times Y \ni (x, y) \mapsto y \in Y$$

heißen *kanonische Projektionen*. Zeigen Sie:

a) $p_X, p_Y$ sind stetig;
b) $p_X, p_Y$ sind offene Abbildungen, d. h. $p_X(S) \in \mathcal{T}_X, \ p_Y(S) \in \mathcal{T}_Y$ für alle $S \in \mathcal{T}_{X \times Y}$.

*Hinweise:* Für a) können Sie benutzen, dass die Stetigkeit in topologischen Räumen äquivalent dazu ist, dass das Urbild offener Mengen immer offen ist (s. z. B. [8], 158.). Sie können für b) die Ergebnisse zur Produkttopologie von Aufg. 13 verwenden.

**Lösung**

a) Für alle $U \in \mathcal{T}_X$ bzw. $V \in \mathcal{T}_Y$ gilt für die Urbildmengen unter $p_X$ bzw. $p_Y$

$$p_X^{-1}(U) = U \times Y \in \mathcal{T}_{X \times Y},$$
$$p_Y^{-1}(V) = X \times V \in \mathcal{T}_{X \times Y}.$$

Damit ist das Urbild jeder offenen Menge unter $p_X$ bzw. $p_Y$ offen, d. h. beide Abbildungen sind stetig (s. Hinweis).

b) Sei $S \in \mathcal{T}_{X \times Y}$. Nach Aufgabe 13 lässt sich $S$ schreiben als

$$S = \bigcup_{i \in I} A_i \times B_i$$

mit $A_i \in \mathcal{T}_X$ und $B_i \in \mathcal{T}_Y$ für $i \in I$ und $I$ eine Indexmenge. Also folgt

$$p_X(S) = \bigcup_{i \in I} A_i \in \mathcal{T}_X,$$
$$p_Y(S) = \bigcup_{i \in I} B_i \in \mathcal{T}_Y.$$

## 1.2 Quotientenräume

### Aufgabe 16

**Quotiententopologie**

Sei $(X, \mathcal{T}_X)$ topologischer Raum und sei $\sim$ eine Äquivalenzrelation auf $X$.

Wir setzen:

$$[x] =: \{u \in X \mid u \sim x\}, \ x \in X, \quad X/\sim := \{[x] \mid x \in X\} \quad (\textit{Quotientenraum}).$$

Sei $\pi : X \ni x \mapsto [x] \in X/\sim$ die kanonische Abbildung.

Zeigen Sie, dass durch

$$\mathcal{T}_{X/\sim} := \{S \subset X/\sim \mid \pi^{-1}(S) \in \mathcal{T}_X\}$$

eine Topologie auf $X/\sim$ definiert wird (*Quotiententopologie*).

*Hinweis:* Sie können die Ergebnisse aus [14], Aufgabe 8a), verwenden, die für Abbildungen zwischen Mengen und auch für die Vereinigung und den Durchschnitt beliebig vieler Mengen gilt:

$$f^{-1}(C \cup D) = f^{-1}(C) \cup f^{-1}(D)$$
$$f^{-1}(C \cap D) = f^{-1}(C) \cap f^{-1}(D)$$

**Lösung**

1. $\pi^{-1}(X/\sim) = X \in \mathcal{T}_X \Rightarrow (X/\sim) \in \mathcal{T}_{X/\sim}$.
   $\pi^{-1}(\emptyset) = \emptyset \in \mathcal{T}_X \Rightarrow \emptyset \in \mathcal{T}_{X/\sim}$.
2. Seien $S_1, S_2 \in \mathcal{T}_{X/\sim}$. Dann gilt

$$\pi^{-1}(S_i) \in \mathcal{T}_X, i = 1,2$$
$$\Rightarrow \pi^{-1}(S_1 \cap S_2) \overset{\text{Hinweis:}}{=} \pi^{-1}(S_1) \cap \pi^{-1}(S_2) \in \mathcal{T}_X$$
$$\Rightarrow S_1 \cap S_2 \in \mathcal{T}_{X/\sim}.$$

3. Seien $S_k \in \mathcal{T}_{X/\sim}$, $k \in K$, $K$ eine Indexmenge $\Rightarrow \pi^{-1}(S_k) \in \mathcal{T}_X \; \forall k \in K$.

$$\Rightarrow \pi^{-1}\left(\bigcup_{k \in K} S_k\right) = \bigcup_{k \in K} \pi^{-1}(S_k) \in \mathcal{T}_X.$$

Die Gleichheit gilt nach dem Hinweis. Als Vereinigung (beliebig vieler) offener Mengen ist also auch diese Menge ein Element aus $\mathcal{T}_X$ und damit

$$\bigcup_{k \in K} S_k \in \mathcal{T}_{X/\sim}.$$

## Aufgabe 17

### ▶ Zweidimensionaler Torus

Mit den Bezeichnungen aus Aufgabe 16 sei nun $X := \mathbb{R}^2$ (versehen mit der euklidischen Metrik).

a) Zeigen Sie, dass durch

$$(x_1, x_2) \sim (y_1, y_2) :\Longleftrightarrow x_1 - y_1 \in \mathbb{Z}, \quad x_2 - y_2 \in \mathbb{Z}$$

eine Äquivalenzrelation auf $X$ erklärt wird.

b) Die Gleichung für die Oberfläche des „Fahrradschlauches“ oder, mathematisch gesprochen, für den *Torus* in $\mathbb{R}^3$ lautet

$$\left(x^2 + y^2\right) - 2\left(x^2 + y^2\right)\left(R^2 + r^2 - z^2\right) + \left(R^2 - r^2 + z^2\right) = 0 \text{ (wobei } R > r > 0).$$

Durch die Zuordnung

$$\mathbb{R}^2 \ni (\varphi, \theta) \mapsto ((R + r\cos 2\pi\theta)\cos 2\pi\varphi, (R + r\cos 2\pi\theta)\sin 2\pi\varphi, r\sin 2\pi\theta)$$

wird bekanntlich eine surjektive (aber nicht injektive) Abbildung von $\mathbb{R}^2$ auf den „Fahrradschlauch“ definiert. Mit Hilfe dieser Abbildung wird eine Abbildung von $X/\sim$ auf den „Fahrradschlauch“ wie folgt konstruiert: Sei

$$[\varphi, \theta] := \left\{(\varphi', \theta') \mid (\varphi', \theta') \sim (\varphi, \theta)\right\}$$

ein Element aus $X/\sim$ mit der Äquivalenzrelation $\sim$ aus Teil a), also eine beliebige Äquivalenzklasse mit den Repräsentanten $\varphi$ und $\theta$. Eine Abbildung $\iota : X/\sim \to \mathbb{R}^3$ wird dann durch

$$t : [\varphi, \theta] \mapsto ((R + r\cos 2\pi\theta)\cos 2\pi\varphi, (R + r\cos 2\pi\theta)\sin 2\pi\varphi, r\sin 2\pi\theta).$$

definiert. Zeigen Sie, dass $t$ eine bijektive Abbildung von $X/\sim$ auf den Torus darstellt.
*Hinweis:* $X/\sim$ wird als der *zweidimensionale Torus* bezeichnet und wird meist mit $T^2$ abgekürzt (s. Abb. 1.1).

**Lösung**

a) 1. **Reflexivität:** $(x_1, y_1) \sim (x_1, y_1)$, da $0 \in \mathbb{Z}$.
   2. **Symmetrie:** Wegen $x - y \in \mathbb{Z} \iff y - x \in \mathbb{Z},\ x, y \in \mathbb{R}$, ist die Symmetrie klar.
   3. **Transitivität:** Ist $x-y \in \mathbb{Z}$ und $y-z \in \mathbb{Z}$, so folgt $x-z = (x-y)+(y-z) \in \mathbb{Z}$. Hieraus folgt sofort die Transitivität.

b) Wir zeigen zuerst, dass die Abbildung $t$ wohldefiniert ist, d. h. unabhängig von der Wahl der Repräsentanten der Äquivalenzklasse, denn für Repräsentanten $(\varphi', \theta') \in [\varphi, \theta]$ mit $\varphi' = \varphi + k, \theta' = \theta + \ell,\ k, \ell \in \mathbb{Z}$, erhält man

$$\begin{aligned} t([\varphi', \theta']) &= \big((R + r\cos 2\pi\theta')\cos 2\pi\varphi', (R + r\cos 2\pi\theta')\sin 2\pi\varphi', r\sin 2\pi\theta'\big) \\ &= ((R + r\cos 2\pi\theta)\cos 2\pi\varphi, (R + r\cos 2\pi\theta)\sin 2\pi\varphi, r\sin 2\pi\theta) \\ &= t([\varphi, \theta]), \end{aligned}$$

da sin und cos $2\pi$-periodische Funktionen sind.

Diese Abbildung ist surjektiv und injektiv, also bijektiv. Dazu setzen wir $t([\varphi, \theta]) = (x, y, z)$ mit $x = (R + r\cos u)\cos v,\ y = (R + r\cos u)\sin v,\ z = r\sin u$, wobei $u = 2\pi\theta,\ v = 2\pi\varphi$. Um die Surjektivität zu zeigen, muss man nachweisen, dass man zu gegebenen $(x,\ y,\ z) \in T^2$ immer $u,\ v$ findet, so dass die obigen Beziehungen gelten. Dies ist für

$$u = \arcsin\left(\frac{z}{r}\right),\quad v = \arccos\left(\frac{x}{R + r\cos u}\right)$$

erfüllt. Für die Injektivität der Abbildung muss man zeigen, dass $t([\tilde{\varphi}, \tilde{\theta}]) = t([\hat{\varphi}, \hat{\theta}])$ impliziert: $[\tilde{\varphi}, \tilde{\theta}] = [\hat{\varphi}, \hat{\theta}]$. Dies erhält man dadurch, dass man die Werte

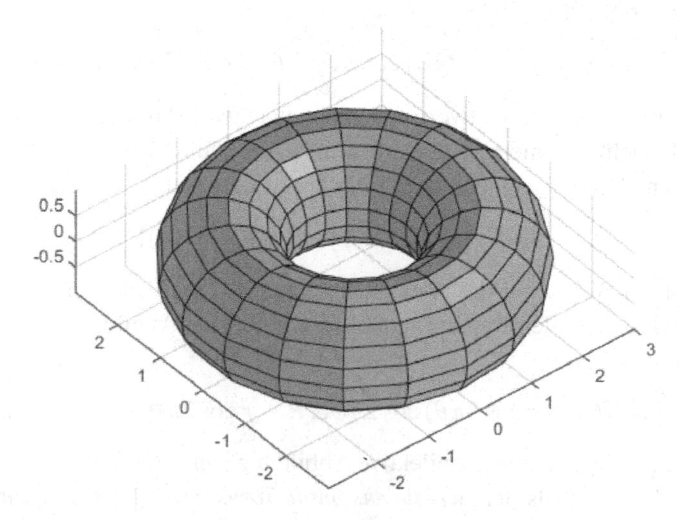


**Abb. 1.1** Ein Torus mit Radius $r = 1$ und $R = 2$ (Aufg. 17, Teil b)

von $\varphi$ und $\theta$, für die die Abbildung gleiche Werte annimmt, zu Äquivalenzklassen zusammenfaßt und damit identifiziert. Ist nämlich $\tilde{z} := \sin\tilde{u} = \hat{z} := \sin\hat{u}$ mit $\tilde{u} = 2\pi\tilde{\theta},\ \tilde{v} = 2\pi\tilde{\varphi}$, entspr. für $\hat{u},\ \hat{v}$, dann muss $\tilde{u} = \hat{u}+2\pi\ell,\ \ell \in \mathbb{Z}$, sein. Ist weiter $\tilde{y} := (R + r\cos\tilde{u})\sin\tilde{v} = \hat{y} := (R + r\cos\hat{u})\sin\hat{v}$ mit $\tilde{u} = \hat{u} + 2\pi\ell,\ \ell \in \mathbb{Z}$, dann ist

$$\overbrace{(R + r\cos\tilde{u})\sin\tilde{v}}^{=\tilde{y}} = \overbrace{(R + r\cos\hat{u})\sin\hat{v}}^{=\hat{y}} = (R + r\cos\tilde{u})\sin\hat{v}$$
$$\Longrightarrow\ \tilde{v} = \hat{v} + 2\pi\tilde{\ell} \text{ mit } \tilde{\ell} \in \mathbb{Z}\,.$$

Also gilt $[(\tilde{\varphi},\tilde{\theta})] = [(\hat{\varphi},\hat{\theta})]$.

## Aufgabe 18

### ► Äquivalenzrelation, Quotientenraum

Sei $(X,\ \|\cdot\|)$ ein normierter Vektorraum und $Z$ ein abgeschlossener linearer Teilraum von $X$. Zeigen Sie:

a) Durch
$$x \sim y :\Leftrightarrow x - y \in Z$$
wird auf $X$ eine Äquivalenzrelation definiert.

b) Durch $\|\cdot\|_\sim : X/\sim\ \ni [x] \mapsto \inf\left\{\|x + z\| \,\middle|\, z \in Z\right\} \in \mathbb{R}$ wird eine Norm auf $X/\sim$ definiert.

c) Die Quotiententopologie auf $X/\sim$ stimmt mit der Topologie, definiert durch $d := d_{\|\cdot\|_\sim}$, überein.

*Hinweis:* Der durch $Z$ erzeugte Quotientenraum wird auch mit $X/Z$ bezeichnet.

**Lösung**

a) 1. **Reflexivität:**
$$x \sim x \iff x - x = 0 \in Z \text{ (da } Z \text{ ein linearer Teilraum)}$$

2. **Symmetrie:**
$$x \sim y \iff x - y \in Z \overset{Z\text{ Teilraum}}{\Longrightarrow} y - x \in Z$$
$$\iff y \sim x.$$

3. **Transitivität:**
$$x \sim y,\ y \sim z \iff x - y =: z_1 \in Z,\ y - z =: z_2 \in Z$$
$$\Longrightarrow x - z = (x - y) + (y - z) = z_1 + z_2 \in Z$$
$$\iff x \sim z.$$

b) Zu zeigen ist:
1. $X/\sim$ ist ein Vektorraum.
2. Die Abbildung $\|\cdot\|_\sim : X/\sim \to \mathbb{R}$ ist wohldefiniert.
3. $\|\cdot\|_\sim$ definiert eine Norm auf $X/\sim$.

**Zu 1.:** $X/\sim$ ist ein Vektorraum bzgl. der Addition

$$+ : [x] + [y] := [x + y]$$

und der skalaren Multiplikation

$$\cdot : \alpha \cdot [x] := [\alpha \cdot x].$$

Die Wohldefiniertheit dieser Abbildungen ist gegeben, da für beliebige $z \in Z$ gilt: $[x + z] = [x]$.
Die Vektorraumgesetze verifiziert man anhand der Gültigkeit der Gesetze auf dem Vektorraum $X$. Es ist

$$\begin{aligned} [0] &\quad \text{das Neutralelement,} \\ [-x] &\quad \text{das inverse Element zu } [x]. \end{aligned}$$

**Zu 2.:** Sei $x' \sim x$, d. h. $\exists \tilde{z} \in Z : x' - x = \tilde{z}$. Damit gilt:

$$\begin{aligned} \|[x']\|_\sim &= \inf\{\|x' + z\| \,|\, z \in Z\} \\ &= \inf\{\|x + \tilde{z} + z\| \,|\, z \in Z\} \\ &\overset{Z \text{ linear}}{=} \inf\{\|x + w\| \,|\, w \in Z\} \\ &= \|[x]\|_\sim. \end{aligned}$$

**Zu 3.:**
**Definitheit:**

$$\begin{aligned} &\|[x]\|_\sim \geq 0 \\ &\|[0]\|_\sim = \inf\{\|z\| \,|\, z \in Z\} = 0, \text{ da } 0 \in Z. \end{aligned}$$

Sei nun $[x] \in X/\sim$ mit $\|[x]\|_\sim = 0$. Dann gilt:

$$\begin{aligned} &\inf\{\|x + z\| \,|\, z \in Z\} = 0 \\ \Rightarrow &\quad \exists \{z_n\}_{n\in\mathbb{N}} \subset Z : \|x - (-z_n)\| \to 0 \ (n \to \infty) \\ \Longleftrightarrow &\quad \exists \{z_n\}_{n\in\mathbb{N}} \subset Z : \lim_{n\to\infty}(-z_n) = x \\ \overset{Z \text{ abgeschl.}}{\Rightarrow} &\quad x \in Z \Rightarrow [x] = [0]. \end{aligned}$$

**Homogenität:** Sei $\alpha \neq 0$.

$$\begin{aligned}\|[\alpha x]\|_\sim &= \inf\{\|\alpha x + z\| \,|\, z \in Z\} \\ &= \inf\left\{\left\|\alpha\left(x + \frac{z}{\alpha}\right)\right\| \,|\, z \in Z\right\} \\ &= |\alpha| \inf\{\|x + \tilde{z}\| \,|\, \tilde{z} \in Z\} \\ &= |\alpha| \|[x]\|_\sim.\end{aligned}$$

**Dreiecksungleichung:** Seien $x, y \in X$. Nach der Definition des Infimums existieren zu beliebig vorgegebenem $\varepsilon > 0$ Elemente $z_1^\varepsilon, z_2^\varepsilon \in Z$ mit:

$$\|x + z_1^\varepsilon\| \leq \|[x]\|_\sim + \frac{\varepsilon}{2} \quad \text{und} \quad \|y + z_2^\varepsilon\| \leq \|[y]\|_\sim + \frac{\varepsilon}{2}.$$

Damit erhält man die Abschätzung

$$\begin{aligned}\|[x] + [y]\|_\sim = \|[x + y]\|_\sim &= \inf\{\|x + y + z\| \,|\, z \in Z\} \\ &\leq \|x + y + z_1^\varepsilon + z_2^\varepsilon\| \leq \|x + z_1^\varepsilon\| + \|y + z_2^\varepsilon\| \\ &\leq \|[x]\|_\sim + \|[y]\|_\sim + \varepsilon.\end{aligned}$$

Da $\varepsilon$ beliebig gewählt war, folgt die Behauptung.

c) Nach Definition gilt für die Quotiententopologie (vgl. Aufg. 16)

$$\begin{aligned}\mathcal{T}_{X/\sim} &= \left\{S \subset X/\sim \,\middle|\, \pi^{-1}(S) \in \mathcal{T}_X\right\} \\ &= \left\{S \subset X/\sim \,\middle|\, \forall x \in \pi^{-1}(S) \exists \delta > 0 : K_{d_X}(x, \delta) \subset \pi^{-1}(S)\right\} \\ &= \left\{S \subset X/\sim \,\middle|\, \forall [x] \in S \exists \delta > 0 : \pi\left(K_{d_X}(x, \delta)\right) \subset S\right\}\end{aligned}$$

und für die Normtopologie

$$\mathcal{T}_{\|\cdot\|_\sim} = \left\{S \subset X/\sim \,\middle|\, \forall [x] \in S \exists \delta > 0 : K_{d_{X/\sim}}([x], \delta) \subset S\right\}.$$

Es gilt zunächst, dass

$$\pi\left(K_{d_X}(x, \delta)\right) = \left\{[y] \in X/\sim \,\middle|\, \exists \hat{y} \in [y] : \|\hat{y} - x\| < \delta\right\}.$$

Wir zeigen:

$$\pi\left(K_{d_X}(x, \delta)\right) = K_{d_{X/\sim}}([x], \delta).$$

„$\subset$“: Sei $[y] \in X/\sim$ mit der Eigenschaft, dass ein $\hat{y} \in [y]$ existiert mit $\|\hat{y} - x\| < \delta$. Dann gilt:

$$\begin{aligned}&\|[y] - [x]\|_\sim = \|[\hat{y}] - [x]\|_\sim = \|[\hat{y} - x]\|_\sim \leq \|\hat{y} - x\| < \delta \\ \Rightarrow \quad &[y] \in K_{d_{X/\sim}}([x], \delta).\end{aligned}$$

„$\supset$“: Sei $[y] \in X/\sim$ mit $\|[y]-[x]\|_\sim = \|[y-x]\|_\sim < \delta$. Dann existiert zu jedem $\varepsilon > 0$ ein $z \in Z$ mit $\|y-x+z\| < \|[y]-[x]\|_\sim + \varepsilon$. Wir wählen $\varepsilon$ so, dass $\|[y]-[x]\|_\sim + \varepsilon < \delta$. Setzen wir nun $\hat{y} := y+z$, so ist $\hat{y} \in [y]$, und es gilt:

$$\begin{aligned} &\|\hat{y}-x\| = \|y-x+z\| < \|[y]-[x]\|_\sim + \varepsilon < \delta \\ \Rightarrow \quad &[y] \in \pi\big(K_{d_X}(x,\delta)\big). \end{aligned}$$

## Aufgabe 19

► **Vollständigkeit von Quotientenräumen**

Zeigen Sie mit den Bezeichnungen aus Aufgabe 18:

Ist $(X, \|\cdot\|)$ ein Banachraum, so ist auch $(X/\sim, \|\cdot\|_\sim)$ ein Banachraum.

**Lösung**

Hier ist $[x] = \{u \in X | u - x \in Z\} = \{u \in X | \exists z \in Z : u = x + z\}$. Wir beweisen zunächst drei Behauptungen, die wir für den Beweis benötigen.

**Beh. 1:** Zu $[x], [y] \in X/\sim$ und $x \in [x]$ existiert ein $\tilde{y} \in [y]$ mit

$$\|x - \tilde{y}\| \leq 2\|[x]-[y]\|_\sim.$$

**Beweis:** Nach Definition des Infimums gilt:

$$\forall \varepsilon > 0 \, \forall x, y \in X \, \exists z \in Z : \|x - y + z\| \leq \|[x]-[y]\|_\sim + \varepsilon.$$

Zu $x \in X$ setze $\tilde{y} := y - z$, dann ist $\tilde{y} \in [y]$ (da $\tilde{y} - y = -z \in Z$). Falls $\|[x]-[y]\|_\sim > 0$, wähle $\varepsilon = \|[x]-[y]\|_\sim$; falls $\|[x]-[y]\|_\sim = 0$, dann ist $[x] = [y]$ und man kann $\tilde{y} = x \in [y] = [x]$ wählen.

**Beh. 2:** Sei $\{y_n\}_{n\in\mathbb{N}}$ eine Cauchy-Folge in einem normierten Raum $Y$, dann existiert eine Teilfolge $\mathbb{N}' = \{n_k\}_{k\in\mathbb{N}}$ mit

$$\sum_{k=1}^{\infty} \left\| y_{n_k} - y_{n_{k+1}} \right\| < \infty.$$

**Beweis:** Da $\{y_n\}_{n\in\mathbb{N}}$ eine Cauchy-Folge ist, hat man Folgendes:

$$\forall k \in \mathbb{N} \, \exists N_k \, \forall m, n \geq N_k : \|y_m - y_n\| \leq \frac{1}{2^k}.$$

Wähle $n_1 = N_1, n_2 = \max\{N_2, n_1 + 1\}, \dots, n_{k+1} = \max\{N_{k+1}, n_k + 1\}$; dann ist $n_{k+1} > n_k$ und $\|y_{n_k} - y_{n_{k+1}}\| \le \frac{1}{2^k}$. Nach dem Majorantenkriterium konvergiert

$$\sum_{k=1}^{\infty} \|y_{n_k} - y_{n_{k+1}}\|.$$

**Beh. 3:** Ist $\{[x_n]\}_{n\in\mathbb{N}}$ eine Cauchy-Folge in $X/\sim$ mit $\sum_{n=1}^{\infty} \|[x_n] - [x_{n+1}]\|_\sim < \infty$, dann existiert ein Limes $[x_0]$ in $X/\sim$, d. h. $\|[x_n] - [x_0]\|_\sim \to 0$ $(n \to \infty)$.

**Beweis:** Sei $x_1$ beliebig aus $[x_1]$, dann gibt es nach Beh. 1 ein $x_2 \in [x_2]$ mit $\|x_1 - x_2\| \le 2\|[x_1] - [x_2]\|_\sim$; für beliebiges $n \in \mathbb{N}$ gilt:

$$\exists x_{n+1} \in [x_{n+1}] : \|x_n - x_{n+1}\| \le 2\|[x_n] - [x_{n+1}]\|_\sim, n \in \mathbb{N}.$$

Dann konvergiert auch $\sum_{n=1}^{\infty} \|x_n - x_{n+1}\|$, und nach dem Cauchyschen Konvergenzkriterium gilt

$$\forall \varepsilon > 0 \, \exists N \in \mathbb{N} \, \forall n, m \ge N, m > n : \sum_{k=m}^{m-1} \|x_k - x_{k+1}\| < \varepsilon.$$

Damit ist $\{x_n\}_{n\in\mathbb{N}}$ eine Cauchy-Folge in $X$, da

$$\|x_n - x_m\| \le \sum_{k=n}^{m-1} \|x_k - x_{k+1}\|, \; m > n.$$

Da $X$ ein Banachraum ist, konvergiert die Folge der $\{x_n\}_{n\in\mathbb{N}}$ gegen den Grenzwert $x_0$, und für die zugehörige Äquivalenzklasse $[x_0]$ folgt:

$$\|[x_n] - [x_0]\|_\sim = \|[x_n - x_0]\|_\sim \le \|x_n - x_0\| \to 0 \; (n \to \infty).$$

Nach diesen Vorarbeiten kommen wir nun zum Beweis der **Behauptung**, dass auch $X/\sim$ ein Banachraum ist.

Sei dazu $\{[x_n]\}_{n\in\mathbb{N}}$ eine Cauchy-Folge in $X/\sim$. Dann existiert (nach Beh. 2) eine Teilfolge $\mathbb{N}' = \{n_k\}_{k\in\mathbb{N}}$ von $\mathbb{N}$ mit der Eigenschaft, dass $\{[x_{n_k}]\}_{k\in\mathbb{N}}$ eine Cauchy-Folge ist, und dass $\sum_{k=1}^{\infty} \|[x_{n_k}] - [x_{n_{k+1}}]\|_\sim < \infty$.

$$\overset{\text{Beh. 3}}{\Rightarrow} \quad \exists [x_0] \in X/\sim : \|[x_{n_k}] - [x_0]\|_\sim \to 0 \; (k \to \infty)$$

$$\Rightarrow \quad \|[x_n] - [x_0]\|_\sim \le \|[x_n] - [x_{n_k}]\|_\sim + \|[x_{n_k}] - [x_0]\|_\sim \to 0 \begin{pmatrix} n \to \infty, \\ k \to \infty \end{pmatrix}.$$

Damit ist gezeigt, dass die Folge $\{[x_n]\}_{n\in\mathbb{N}}$ gegen den (eindeutigen) Limes $[x_0]$ konvergiert.

## 1.3 Abschluss, Inneres, Rand

### Aufgabe 20

► **Abschluss in topologischen Räumen**

Sei $(X, \mathcal{T})$ ein topologischer Raum und $A \subset Z \subset X$, $Z$ abgeschlossen. Zeigen Sie, dass dann

$$\mathrm{cl}(A) \subset Z$$

gilt.

*Hinweis:* Die *abgeschlossene Hülle* (oder der *Abschluss*) einer Teilmenge $A$ eines topologischen Raumes ist durch $\mathrm{cl}(A) := \bigcap \{B \mid A \subset B,\ B \text{ abgeschlossen}\}$ erklärt.

**Lösung**

Sei $x \in \mathrm{cl}(A)$ beliebig. Nach Definition des Abschlusses liegt $x$ also in jeder abgeschlossenen Menge $B$, die $A$ enthält. Da es sich bei $Z$ um eine solche Menge handelt, folgt $x \in Z$, womit alles bewiesen ist.

### Aufgabe 21

► **Abschluss von Mengen in metrischen Räumen**

Sei $(X, d)$ ein metrischer Raum. Sei $A \subset X$. Zeigen Sie, dass gilt:

$$\mathrm{cl}(A) = \overline{A} := \{x \in X \mid \exists\, (x_n)_{n \in \mathbb{N}} \quad \text{mit} \quad x_n \in A\ \forall\, n \in \mathbb{N},\ x_n \to x\ (n \to \infty)\}.$$

*Hinweise:*
1) Die Definition der abgeschlossenen Hülle $\mathrm{cl}(A)$ finden Sie in Aufgabe 20.
2) Die Definition einer konvergenten Folge und eine $\varepsilon$-$\delta$-Charakterisierung findet man in Aufg. 5.
3) Sie können benutzen, dass in einem metrischen Raum $X$ eine Menge $Z \subset X$ genau dann abgeschlossen ist, wenn gilt: $\forall x \in X\ \forall x_n \in Z,\ n \in \mathbb{N} : x_n \longrightarrow x\ (n \to \infty)$ folgt: $x \in Z$.

**Lösung**

Offenbar ist immer $A \subset \overline{A}$ und $\overline{A} \subset \overline{B}$, wenn $A \subset B$ ist. Weiter ist $B = \overline{B}$ für jede abgeschlossene Menge $B$. Wegen $B \subset \overline{B}$ muss nämlich nur gezeigt werden, dass $\overline{B} \subset B$. Dies ist für abgeschlossenes $B$ richtig, weil für beliebiges $z \in \overline{B}$ eine Folge $z_n \in B, n \in \mathbb{N}$ existiert mit $z_n \to z\ (n \to \infty)$, und nach Hinweis 3 damit $z \in B$ folgt.

Wir zeigen als nächstes, dass $\overline{A}$ immer abgeschlossen ist. Sei $y \in X$ beliebig und $y_n \in \overline{A}$, $n \in \mathbb{N}$, eine beliebige Folge mit $y_n \to y\ (n \to \infty)$. Nach Definition von $\overline{A}$ gibt es zu jedem $y_n \in \overline{A}$ ein $x_n \in A$ mit $d(x_n, y_n) < 1/n$, $n \in \mathbb{N}$. Also konvergiert

$$x_n = (x_n - y_n) + y_n \to y\ (n \to \infty) .$$

Nach Hinweis 3 ist damit $y \in \overline{A}$, also $\overline{A}$ abgeschlossen.

Wir kommen nun zum Beweis der eigentlichen Behauptung. Zunächst ist $\mathrm{cl}(A) \subset \overline{A}$, da $A \subset \overline{A}$, $\overline{A}$ abgeschlossen und Aufg. 20 mit $Z = \overline{A}$ zur Anwendung kommt. Die umgekehrte Inklusion $\overline{A} \subset \mathrm{cl}(A)$ wird indirekt bewiesen. Angenommen es gibt ein $x \in \overline{A}$ mit $x \notin \mathrm{cl}(A)$. Nach Definition von $\mathrm{cl}(A)$ (s. Aufg. 20) existiert also eine abgeschlossene Menge $B$ mit $A \subset B$ und $x \notin B$. Damit existiert ein $\varepsilon_0 > 0$, so dass für alle $z \in B$ gilt: $d(x,z) > \varepsilon_0$. Andernfalls existierte nämlich eine Folge $z_n \in B$, $n \in \mathbb{N}$, mit $z_n \to x\ (n \to \infty)$, so dass $x \in \overline{B}$, und, da $\overline{B} = B$, ergibt sich ein Widerspruch zu $x \notin B$. Da ja laut Annahme auch $x \in \overline{A}$ ist, folgt

$$\exists x_n \in A,\ n \in \mathbb{N} :\ x_n \to x\ (n \to \infty)$$
$$\Longrightarrow\ (\text{wegen } A \subset B) \exists x_n \in B,\ n \in \mathbb{N} :\ x_n \to x\ (n \to \infty) .$$

Damit ist $x \in \overline{B} = B$, was im Widerspruch zu $d(x,z) > \varepsilon_0\ \forall z \in B$ steht. Dies beweist die zweite Inklusion.

## Aufgabe 22

### ▶ Abschluss in metrischen Räumen

Beweisen Sie die folgende Charakterisierung des Abschlusses einer Menge $A \subset X$, wobei $(X, d)$ ein metrischer Raum sei:

$$\mathrm{cl}(A) = \{x \in X \mid \mathrm{dist}(x, A) = 0\}$$

*Hinweise:* Nach Definition ist $\mathrm{dist}(x, A) := \inf\{d(x,z) \mid z \in A\}$. Sie können das Ergebnis von Aufgabe 21 verwenden. (Bez. auch: $\mathrm{dist}(x, A) = |x, A|$)

**Lösung**

Wir zeigen „$\subset$“ und „$\supset$“.

„$\subset$“ Sei $x \in \mathrm{cl}(A)$ beliebig. Nach Aufgabe 21 existiert dann eine Folge $(x_n)_{n\in\mathbb{N}}$, $x_n \in A\ \forall n \in \mathbb{N}$ mit $x_n \to x\ (n \to \infty)$, das heißt

$$\forall \varepsilon > 0\, \exists N = N(\varepsilon) \in \mathbb{N}\ \forall n \geq N :\ d(x, x_n) < \varepsilon .$$

Wir führen den weiteren Beweis indirekt und nehmen an:

$$\operatorname{dist}(x, A) = \varepsilon_0 > 0$$

Dies führt aber sofort auf

$$\forall\, a \in A : d(x,a) \geq \varepsilon_0$$

im Widerspruch zu

$$d(x, x_n) < \varepsilon_0$$

für beliebiges $n \geq N(\varepsilon_0)$; beachte $x_n \in A$. Folglich gilt $\operatorname{dist}(x, A) = 0$ und die Teilmengenrelation $\operatorname{cl}(A) \subset \{x \mid \operatorname{dist}(x, A) = 0\}$ ist damit gezeigt.

„$\supset$" Sei nun umgekehrt $x \in X$ mit $\operatorname{dist}(x, A) = \inf\{d(x, z) \mid z \in A\} = 0$ gegeben. Nach der Charakterisierung eines Infimums gilt dann:

$$\forall\, \varepsilon > 0\, \exists z \in A : d(x,z) < \varepsilon.$$

Wähle $\varepsilon_n := \frac{1}{n}$. Dann erhält man eine Folge $(z_n)_{n\in\mathbb{N}}$, $z_n \in A\, \forall\, n \in \mathbb{N}$ mit $d(x, z_n) < \frac{1}{n} \to 0\ (n \to \infty)$. Es gilt also $A \ni z_n \to x\ (n \to \infty)$ und damit nach Aufgabe 21 $x \in \operatorname{cl}(A)$, womit alles bewiesen ist.

## Aufgabe 23

### ► Normale Räume, Tietz'sches Trennungsaxiom

Sei $(X, d)$ ein metrischer Raum. Zeigen Sie:
Sind $A, B \subset X$ abgeschlossen und disjunkt ($A \cap B = \emptyset$), so gibt es offene Mengen $U, V \subset X$ mit: $A \subset U,\ B \subset V,\ U \cap V = \emptyset$.

*Hinweis:* Betrachten Sie die Distanzfunktion von $A$ und $B$.

**Lösung**

Zunächst gilt für jede Teilmenge $C$ eines metrischen Raumes $X$, dass (s. Aufgabe 22)

$$x \in \operatorname{cl}(C) \Longleftrightarrow \operatorname{dist}(x, C) = 0.$$

Seien nun $A, B$ zwei abgeschlossene disjunkte Mengen eines metrischen Raumes $X$ mit Metrik $d$. Ist $x \in A$, so ist wegen $x \notin B = \operatorname{cl}(B) : \operatorname{dist}(x, B) > 0$; ebenso ist für jedes $y \in B$ auch $\operatorname{dist}(y, A) > 0$. Wir können daher zu jedem $x \in A$ bzw. $y \in B$ eine Zahl $\varepsilon(x)$ bzw. $\varepsilon'(y)$ mit

$$0 < \varepsilon(x) \leq \frac{1}{2} \operatorname{dist}(x, B) \text{ bzw. } 0 < \varepsilon'(y) \leq \frac{1}{2} \operatorname{dist}(y, A)$$

wählen. Die Mengen

$$U := \bigcup_{x \in A} K_d(x, \varepsilon(x)) \text{ bzw. } V := \bigcup_{y \in B} K_d(y, \varepsilon'(y))$$

sind offen, und es gilt offenbar $A \subset U$ bzw. $B \subset V$.

Wir haben nun noch zu zeigen, dass $U \cap V = \emptyset$. Nehmen wir an, es gäbe einen gemeinsamen Punkt $z$ von $U$ und $V$. Dann gäbe es Punkte $x \in A$ und $y \in B$ mit

$$\begin{aligned} & z \in K_d(x, \varepsilon(x)) \cap K_d(y, \varepsilon'(y)) \\ \Rightarrow \quad & \operatorname{dist}(x, B) \leq d(x, y) \leq d(x, z) + d(z, y) \\ & \qquad < \varepsilon(x) + \varepsilon'(y) \leq \tfrac{1}{2}(\operatorname{dist}(x, B) + \operatorname{dist}(y, A)), \end{aligned}$$

und analog

$$\operatorname{dist}(y, A) < \frac{1}{2}(\operatorname{dist}(x, B) + \operatorname{dist}(y, A)).$$

Addition der beiden letzten Ungleichungen führt auf den Widerspruch

$$\operatorname{dist}(x, B) + \operatorname{dist}(y, A) < \operatorname{dist}(x, B) + \operatorname{dist}(y, A),$$

womit die Behauptung bewiesen ist.

*Bem.:* Die Aussage dieser Aufgabe heißt auch das *Tietz'sche Trennungsaxiom*. Topologische Räume, in denen das Tietz'sche Trennungsaxiom gilt und in denen jede endliche Menge abgeschlossen ist, heißen *normal*. Teilräume eines normalen topologischen Raumes sind im Allgemeinen nicht wieder normal. Ist dies jedoch der Fall, so heißt der Raum *vollständig normal*. Im obigen Beweis haben wir gezeigt, dass jeder metrische Raum vollständig normal ist. (**Lit.**: W. Rinow, Die innere Geometrie der metrischen Räume, Springer, 1961.)

## Aufgabe 24

### ► Häufungspunkte, innere Punkte

Sei $(X, \mathcal{T})$ ein topologischer Raum und $A \subset X$. Ein Punkt $x \in X$ heißt *Häufungspunkt* von $A$, genau dann, wenn

$$\forall\, U \in \mathcal{U}(x)\, \exists\, a \in A \cap U : a \neq x$$

gilt. Ein Punkt $x \in X$ heißt *innerer Punkt* von $A$, genau dann, wenn

$$\exists\, U \in \mathcal{U}(x) : \quad U \subset A.$$

Beweisen Sie:

a) $\mathrm{cl}(A) = A \cup \{x \in X \mid x \text{ ist Häufungspunkt von } A\}$
b) $\mathrm{int}(A) = \{x \in X \mid x \text{ ist innerer Punkt von } A\}$

*Hinweis:* Die Definition von $\mathrm{cl}(A)$ finden Sie in Aufgabe 20. Der *offene Kern* (oder das *Innere*) von $A$ ist definiert durch $\mathrm{int}(A) := \cup\{B | B \subset A,\ B \text{ offen}\}$. (Bez. auch: $\mathrm{int}(A) = A^\circ$)

**Lösung**

a) Wir zeigen zuerst „$\subset$". Sei

$$x \in \mathrm{cl}(A) = \bigcap_{\substack{A \subset B \\ \text{B abgeschl.}}} B$$

beliebig. Also gilt

$$\forall B \supset A,\ B \text{ abgeschlossen} \Longrightarrow x \in B \tag{1.1}$$

Wir unterscheiden nun zwei Fälle:
**1.Fall:** $x \in A$
In diesem Fall ist nichts weiter zu zeigen.
**2.Fall:** $x \notin A$
Wir haben in diesem Fall zu zeigen, dass $x$ ein Häufungspunkt von $A$ ist, das heißt:

$$\forall\, U \in \mathcal{U}(x)\, \exists a \in A \cap U, \quad a \neq x.$$

Sei also $U$ eine beliebige Umgebung von $x$. Nach Definition des Umgebungsbegriffs bedeutet dies:

$$\exists\, O \in \mathcal{T} \,:\, x \in O \subset U.$$

Wir führen nun den Beweis indirekt und nehmen an, es gelte $U \cap A = \emptyset$. Daraus folgt (wegen $O \subset U$), dass $O \cap A = \emptyset$ gelten müsste. Damit wäre aber $A$ Teilmenge der abgeschlossenen Menge $X \setminus O$ und somit nach (1.1) $x \in X \setminus O$ im Widerspruch zu $x \in O$. Folglich ist die Annahme falsch, das heißt:

$$U \cap A \neq \emptyset \Longrightarrow \exists a \in U \cap A.$$

Weiter muss wegen $x \notin A$ auch $a \neq x$ gelten, was die erste Teilmengenrelation „$\subset$" der Behauptung beweist.
Zum Nachweis von „$\supset$" sei nun $x \in A \cup \{x \in X \mid x \text{ ist Häufungspunkt von A}\}$. Wir haben in diesem Fall $x \in \mathrm{cl}(A)$ zu zeigen, was gleichbedeutend ist mit

$$\forall\, B \supset A,\ B \text{ abgeschlossen} \Longrightarrow x \in B.$$

Wir unterscheiden wieder zwei Fälle:
**1.Fall:** $x \in A$
Sei $B \supset A$ beliebig, $B$ abgeschlossen. Dann folgt sofort aus $x \in A$ sofort $x \in B$, und es ist nichts weiter zu zeigen.
**2.Fall:** $x$ ist ein Häufungspunkt von $A$, das heißt:

$$\forall\, U \in \mathcal{U}(x)\, \exists\, a \in A \cap U, \quad a \neq x. \tag{1.2}$$

Sei wie im ersten Fall $B \supset A$ beliebig, $B$ abgeschlossen. Nimmt man nun an, $x$ läge in der offenen Menge $X \setminus B$, so folgt daraus, weil eine offene Menge Umgebung jedes ihrer Punkte ist, mit Hilfe von (1.2)

$$\exists\, a \in (X \setminus B) \cap A, \quad a \neq x.$$

Andererseit folgt aus $A \subset B$ aber $(X \setminus B) \cap A = \emptyset$, also ein Widerspruch. Damit muss aber gelten $x \in B$, und somit folgt auch die Behauptung über die zweite Mengeninklusion „$\supset$“, so dass alles bewiesen ist.

b) Sei

$$x \in \operatorname{int}(A) = \bigcup_{\substack{B \subset A \\ B \text{ offen}}} B$$

beliebig. Es folgt

$$\exists\, B \subset A,\ B \text{ offen}, \quad \text{mit } x \in B.$$

Für jede offene Menge $B$ mit $x \in B$ gilt $B \in \mathcal{U}(x)$, und damit ist $B$ die gesuchte Umgebung von $x$, die in $A$ enthalten ist.
Sei umgekehrt $x$ ein innerer Punkt von $A$. Dann existiert nach Definition eine Umgebung $U \in \mathcal{U}(x)$ mit $U \subset A$. Nach Definition des Umgebungsbegriffs gibt es daher eine offene Menge $B$ mit $x \in B \subset U \subset A$. Es folgt

$$x \in \bigcup_{\substack{B \subset A \\ B \text{ offen}}} B = \operatorname{int}(A),$$

womit der Beweis abgeschlossen ist.

## Aufgabe 25

### ▶ Rechenregeln für Inneres und Abschluss

Sei $(X, \mathcal{T})$ topologischer Raum. Wir verwenden folgende Bezeichnungen ($A \subset X$) (vgl. Aufg. 20 und Aufg. 24):

$$\operatorname{int}(A) := \bigcup \{B \mid B \subset A,\ B \text{ offen}\},$$
$$\operatorname{cl}(A) := \bigcap \{B \mid A \subset B,\ B \text{ abgeschlossen}\}.$$

Zeigen Sie für $A, B \subset X$:

a) $A \subset B \Longrightarrow \mathrm{int}(A) \subset \mathrm{int}(B)$.
b) $\mathrm{cl}(A) \cup \mathrm{cl}(B) = \mathrm{cl}(A \cup B)$.

**Lösung**

a) Jede offene Teilmenge $C$ von $A$ ist auch eine offene Teilmenge von $B$, da $A \subset B$. Also kommt jede Menge $C$ aus der Darstellung

$$\mathrm{int}(A) = \bigcup \{C | C \subset A, C \text{ offen}\}$$

auch in

$$\mathrm{int}(B) = \bigcup \{C | C \subset B, C \text{ offen}\}$$

vor und damit ist $\mathrm{int}(A) \subset \mathrm{int}(B)$.

b) Es gilt

$$\mathrm{cl}(A) \cup \mathrm{cl}(B) = \bigcap \{C \cup D | A \subset C, B \subset D, C, D \text{ abgeschlossen}\}$$

$$\mathrm{cl}(A \cup B) = \bigcap \{E | (A \cup B) \subset E, E \text{ abgeschlossen}\}$$

Setze

$$\mathcal{H} := \{C \cup D | A \subset C, B \subset D, C, D \text{ abgeschlossen}\}$$

$$\mathcal{K} := \{E | (A \cup B) \subset E, E \text{ abgeschlossen}\}$$

Dann gilt:

$$\mathrm{cl}(A) \cup \mathrm{cl}(B) = \bigcap_{H \in \mathcal{H}} H,$$

$$\mathrm{cl}(A \cup B) = \bigcap_{K \in \mathcal{K}} K.$$

Sind nun $C, D$ abgeschlossene Mengen mit $A \subset C, B \subset D$, also $H := C \cup D \in \mathcal{H}$, so folgt sofort, dass $(A \cup B) \subset C \cup D = H$ ist, also $H \in \mathcal{K}$ (da $H$ wieder abgeschlossen ist).

Ist andererseits $K \in \mathcal{K}$, also $K$ eine abgeschlossene Menge mit $(A \cup B) \subset K$, so gilt mit $C := D := K$ gerade $A \subset C$ und $B \subset D$. Somit ist $C \cup D = K \in \mathcal{H}$.

Wir haben damit gezeigt, dass $\mathcal{H} = \mathcal{K}$. Dann sind aber die Durchschnitte über beide Systeme ebenfalls gleich.

## Aufgabe 26

### ► Charakterisierung und Rechenregel für den Rand

Der *Rand* bd(A) einer Teilmenge $A$ eines topologischen Raumes $(X, \mathcal{T})$ ist definiert durch

$$\mathrm{bd}(A) := \mathrm{cl}(A) \cap \mathrm{cl}(X \setminus A).$$

Zeigen Sie:

a) $x \in \mathrm{bd}(A) \iff \forall U \in \mathcal{U}(x) \; : \; U \cap A \neq \emptyset \wedge U \cap (X \setminus A) \neq \emptyset \,.$

b) $\mathrm{bd}(\mathrm{bd}(A)) \subset \mathrm{bd}(A) \,.$

**Lösung**

a)

$$\begin{aligned} x \notin \mathrm{bd}(A) &\overset{\text{Def.}}{\iff} x \notin \mathrm{cl}(A) \vee x \notin \mathrm{cl}(X \setminus A) \\ &\iff (\exists B \text{ abgeschl.}, A \subset B : x \notin B) \vee (\exists B \text{ abgeschl.}, X \setminus A \subset B : x \notin B) \\ &\iff (\exists U \text{ offen}, U \cap A = \emptyset : x \in U) \vee (\exists U \text{ offen}, U \cap X \setminus A = \emptyset : x \in U) \\ &\iff \exists U \in \mathcal{U}(x) : U \cap A = \emptyset \vee U \cap (X \setminus A) = \emptyset \\ &\iff \neg(\forall U \in \mathcal{U}(x) : U \cap A \neq \emptyset \wedge U \cap (X \setminus A) \neq \emptyset); \end{aligned}$$

Hierbei benutzt man, dass $X \setminus A \supset X \setminus B$, falls $A \subset B$, und dass $U = X \setminus B$ offen ist, falls $B$ abgeschlossen ist.

b)

$$x \in \mathrm{bd}(\mathrm{bd}(A)) \iff x \in \mathrm{cl}(\mathrm{bd}(A)) \wedge x \in \mathrm{cl}(X \setminus \mathrm{bd}(A)) \Rightarrow x \in \mathrm{bd}(A),$$

denn, da $\mathrm{bd}(A)$ abgeschlossen ist, gilt $\mathrm{cl}(\mathrm{bd}(A)) = \mathrm{bd}(A)$.

## Aufgabe 27

### ► Inneres und Rand von Mengen in $\mathbb{R}$

Sei $X = \mathbb{R}$ mit der euklidischen Metrik $d_2$ versehen. Bestimmen Sie das Innere $\mathrm{int}(M_i) = M_i^\circ$ und den Rand $\partial M_i$, $i = 1, 2$, für $M_1 := \mathbb{R} \setminus \mathbb{Z}$ und $M_2 := \mathbb{R} \setminus \mathbb{Q}$.

*Hinweis:*
Der *Rand* $\partial M$ (Bez. auch: $\mathrm{bd}(M)$) einer Menge $M \subset X$ ist die Menge aller Punkte $x \in X$, für die gilt (vgl. Aufg. 26, a)): In jeder Umgebung des Punktes $x$ liegt mindestens ein Punkt aus $M$ und ein Punkt aus $X \setminus M$.

**Lösung**

1) Die Menge $M_1$ ist offen in $\mathbb{R}$. Sei $x \in \mathbb{R} \setminus \mathbb{Z}$ beliebig. Setze $\varepsilon := \min\{x - [x], 1 + [x] - x\}$, dann gilt $K_\varepsilon(x) = \{y \in \mathbb{R} \mid |x - y| < \varepsilon\} \subset M_1$, d. h. jedes $x \in \mathbb{R} \setminus \mathbb{Z}$ ist innerer Punkt. Also erhält man $M_1^\circ = \mathbb{R} \setminus \mathbb{Z}$.
   Es gilt
$$\forall\, z \in \mathbb{Z}\ \forall\, \varepsilon > 0 : \ K_\varepsilon(z) \cap M_1 \neq \{\},$$
   da es immer eine irrationale Zahl gibt, die beliebig nahe an $z \in \mathbb{Z}$ liegt (vgl. $(x_n)_{n\in\mathbb{N}}$ mit $x_n := z + \frac{\pi}{n} \in \mathbb{R} \setminus \mathbb{Z}$, $n \in \mathbb{N}$, $\lim\limits_{n\to\infty} x_n = z$). Somit hat man $\partial M_1 = \mathbb{Z}$, da alle anderen Punkte nach obigen Ausführungen innere Punkte sind.
2) $\mathbb{Q}$ liegt dicht in $\mathbb{R}$, also gilt:
$$\forall\, x \in M_2\ \forall\, \varepsilon > 0 : \ K_\varepsilon(x) \cap \mathbb{Q} \neq \{\}.$$
   (Für die Definition einer dichten Menge vgl. Aufg. 28.) Damit hat $M_2$ keine inneren Punkte, also $M_2^\circ = \{\}$. Da in jeder Umgebung von $x \in \mathbb{R}$ sowohl ein Punkt aus $\mathbb{Q}$ und einer aus $\mathbb{R} \setminus \mathbb{Q}$ liegt, ist jedes $x \in \mathbb{R}$ ein Randpunkt von $M_2$, also $\partial M_2 = \mathbb{R}$.

## Aufgabe 28

### ► Dichte und nirgendsdichte Mengen

Sei $(X, d)$ metrischer Raum und $D$, $X_0$ Teilmengen von $X$.
Zeigen Sie die Äquivalenzen[1]

a) *D dicht* in $X_0$
$$\begin{aligned} &:\overset{\text{Def.}}{\Longleftrightarrow} \forall\, x \in X_0\, \forall\, \varepsilon > 0\, \exists\, z \in D : d(x, z) < \varepsilon \\ &\Longleftrightarrow \operatorname{cl}(D) \supset X_0 \end{aligned}$$

b) *A nirgendsdicht* in $X$
$$\begin{aligned} :\overset{\text{Def.}}{\Longleftrightarrow}\ & \forall\, x \in X\ \ \forall\, \varepsilon > 0\ \exists\, x_1 \in X\quad \exists\, \varepsilon_1 : 0 < \varepsilon_1 < \varepsilon, K_{\varepsilon_1}(x_1) \subset K_\varepsilon(x) \\ & \text{mit } A \cap K_{\varepsilon_1}(x_1) = \emptyset \\ \Longleftrightarrow\ & \operatorname{int}\big(\operatorname{cl}(A)\big) = \emptyset \end{aligned}$$

[1] $\operatorname{cl}(D) = \overline{D} =$ *Abschluss von* $D = \big\{x \in X : |x, D| = 0\big\}$, $K_\rho(x) = \{z \in X : d(z, x) < \rho\}$ *offene Kugel.*

*Hinweis:* Für den Abschluss (oder abgeschlossene Hülle) $\mathrm{cl}(D)$ und das Innere $\mathrm{int}(N)$ sei auf die Aufgaben 20 bis 24 verwiesen.

**Lösung**

a) „$\Longrightarrow$“: Sei $D$ dicht in $X_0 \subset X$. Zu zeigen ist dann: $X_0 \subset \mathrm{cl}(D)$.
Sei also $x \in X_0$ beliebig. Es folgt aus der Dichtheit, dass

$$\forall\, \varepsilon > 0\, \exists\, z \in D \,:\, d(x,z) < \varepsilon.$$

Wir wählen sukzessive $\varepsilon_n := \frac{1}{n}, n \in \mathbb{N}$, und erhalten eine Folge von Punkten $z_n \in D, n \in \mathbb{N}$ mit $d(x,z_n) < \varepsilon_n = \frac{1}{n} \to 0\ (n \to \infty)$, mit anderen Worten gilt also $\lim\limits_{n\to\infty} z_n = x$, woraus $x \in \mathrm{cl}(D)$ folgt (vgl. Aufg. 21).

„$\Longleftarrow$“: Sei umgekehrt $X_0 \subset \mathrm{cl}(D)$ und $x \in X_0$ beliebig. Dann folgt sofort $x \in \mathrm{cl}(D)$ und somit die Existenz einer Folge $z_n \in D$ mit $\lim\limits_{n\to\infty} z_n = x$, was nichts anderes als

$$\forall\, \varepsilon > 0\, \exists\, N \in \mathbb{N}\, \forall n \geq N \,: d(x,z_n) \leq \varepsilon$$

bedeutet. Insbesondere folgt (setze etwa $z = z_N$)

$$\forall\, \varepsilon > 0\, \exists\, z \in D \,: d(x,z) < \varepsilon,$$

woraus dann die Dichtheit folgt.

b) Es gelten die folgenden Äquivalenzen:

$$\begin{aligned}
&\mathrm{int}\big(\mathrm{cl}(A)\big) = \emptyset \\
&\Longleftrightarrow \forall\, x \in X\ \forall\, \varepsilon > 0 : \quad K_\varepsilon(x) \not\subset \mathrm{cl}(A) \text{ (vgl. Aufg. 24)} \\
&\overset{\text{a)}}{\Longleftrightarrow} \text{Für jede Kugel } K_\varepsilon(x) \text{ in } X \text{ gilt: } A \text{ liegt nicht dicht in } K_\varepsilon(x) \\
&\Longleftrightarrow \forall\, x \in X\ \forall\, \varepsilon > 0\, \exists\, x_1 \in X\, \exists\, \varepsilon_1 \,: 0 < \varepsilon_1 < \varepsilon, K_{\varepsilon_1}(x_1) \subset K_\varepsilon(x) : \\
&\qquad A \cap K_{\varepsilon_1}(x_1) = \emptyset \\
&\Longleftrightarrow A \text{ nirgendsdicht in } X.
\end{aligned}$$

## 1.4 Kompakte Mengen

### Aufgabe 29

► **Totalbeschränktheit**

Sei $(X, d)$ ein metrischer Raum, und sei $A \subset X$. Zeigen Sie, dass aus der Totalbeschränktheit von $A$ auch die Totalbeschränktheit der abgeschlossenen Hülle $\text{cl}(A) = \overline{A}$ folgt.

*Hinweis:* Eine Teilmenge $A$ eines metrischen Raumes $X$ heißt *totalbeschränkt*, wenn Folgendes gilt (vgl. z. B. Kantorowitsch–Akilow [10], XI.4.6):

$$\forall \varepsilon > 0 \, \exists m \in \mathbb{N} \, \exists x_1, \ldots, x_m \in X \, : \, A \subset \bigcup_{j=1}^{m} K_d\left(x_j, \varepsilon\right)$$

**Lösung**

Sei $A \subset X$ totalbeschränkt. Nach Definition gilt somit

$$\forall \, \varepsilon > 0 \, \exists \, x_1, \ldots, x_m \, : \, A \subset \bigcup_{j=1}^{m} K_d\left(x_j, \frac{\varepsilon}{2}\right).$$

Sei $x \in \overline{A}$ beliebig. Nach Aufgabe 21 gilt:

$$\exists \, (y_n)_{n \in \mathbb{N}} \quad \text{mit} \quad y_n \in A \, \forall \, n \in \mathbb{N}, \; y_n \to x \; (n \to \infty),$$

d. h.:

$$\forall \, \varepsilon > 0 \, \exists \, N \in \mathbb{N} \, \forall \, n \geq N \, : \, d(y_n, x) < \frac{\varepsilon}{2}.$$

Seien nun $\varepsilon > 0$ und $n_0 \geq N$ beliebig. Dann existiert nach Definition der Totalbeschränktheit ein Index $j_0$ mit $y_{n_0} \in K_d\left(x_{j_0}, \frac{\varepsilon}{2}\right)$, und es ergibt sich schließlich

$$d(x, x_{j_0}) \leq d(x, y_{n_0}) + d(y_{n_0}, x_{j_0}) < \frac{\varepsilon}{2} + \frac{\varepsilon}{2} = \varepsilon;$$

also gilt $x \in K_d(x_{j_0}, \varepsilon)$. Damit ist auch $\overline{A}$ totalbeschränkt.

### Aufgabe 30

► **Präkompaktheit in metrischen Räumen**

Eine Teilmenge $K$ eines metrischen Raumes $(M, d)$ heißt *präkompakt*, wenn es zu jedem $\varepsilon > 0$ eine endliche Menge $N \subset M$ gibt, so dass $\inf_{y \in N} d(x, y) \leq \varepsilon \; \forall x \in K$ ($N$ heißt *$\varepsilon$-Netz für $K$*).

Zeigen Sie, dass für die Präkompaktheit einer Menge $K$ in einem metrischen Raum $M$ schon hinreichend ist, dass es zu jedem $\varepsilon > 0$ ein präkompaktes (nicht notwendig endliches) $\varepsilon$-Netz $N_1$ für $K$ gibt.

**Lösung**

Sei $N_1$ ein präkompaktes (nicht notwendig endliches) $\varepsilon$-Netz für $K$. Dann findet man wegen der Präkompaktheit von $N_1$ definitionsgemäß zu beliebigem $\varepsilon > 0$ eine endliche Menge $N_2 \subset M$ mit

$$\inf_{y_2 \in N_2} d(y_1, y_2) \leq \varepsilon \quad \forall\, y_1 \in N_1 . \tag{1.3}$$

Außerdem liefert die Netzeigenschaft von $N_1$:

$$\inf_{y_1 \in N_1} d(x, y_1) \leq \varepsilon \quad \forall\, x \in K. \tag{1.4}$$

Wir zeigen, dass $N_2$ ein endliches $2\varepsilon$-Netz für $K$ darstellt.

Wäre dies nicht der Fall, so existierte ein $x_0 \in K$ mit

$$\begin{aligned} &\inf_{y_2 \in N_2} d(x_0, y_2) > 2\varepsilon \\ &\Longrightarrow \exists\, \delta_0 > 0\ \forall\, y_2 \in N_2 : d(x_0, y_2) > 2\varepsilon + \delta_0. \end{aligned}$$

Andererseits folgt aus (1.4) die Existenz eines $y_1 \in N_1$ mit

$$d(x_0, y_1) \leq \varepsilon + \delta_0 , \tag{1.5}$$

und nach (1.3) erhält man dazu ein $y_2 \in N_2$ mit (beachte: $N_2$ ist endlich)

$$d(y_1, y_2) \leq \varepsilon. \tag{1.6}$$

Aus (1.5) und (1.6) schlussfolgert man

$$d(x_0, y_2) \leq d(x_0, y_1) + d(y_1, y_2) \leq 2\varepsilon + \delta_0$$

im Widerspruch zur obigen Annahme.

## Aufgabe 31

### ► Trennung von kompakten Mengen

Sei $(X, \mathcal{T})$ ein Hausdorffscher topologischer Raum und $M, N \subset X$ kompakte Teilmengen in $X$ mit $M \cap N = \emptyset$. Beweisen Sie: Es existieren zwei offene Mengen $O, P$ mit $M \subset O$, $N \subset P$ und $O \cap P = \emptyset$.

**Lösung**

Wir zeigen zunächst, dass es zu jedem $m \in M$ offene Mengen $O_m, P_m$ mit

$$m \in O_m, N \subset P_m, O_m \cap P_m = \emptyset$$

gibt. Sei also $m \in M$. Da $X$ Hausdorffsch und $m \notin N$ ist, gilt:

$$\forall n \in N \, \exists U_n \in \mathcal{U}(m), V_n \in \mathcal{U}(n): \quad U_n \cap V_n = \emptyset.$$

Nach Definition des Umgebungsbegriffs folgt:

$$\exists P_n, W_n \in \mathcal{T}: \quad m \in W_n \subset U_n, n \in P_n \subset V_n.$$

Offenbar ist dann

$$\bigcup_{n \in N} P_n$$

eine offene Überdeckung von $N$. Wegen der Kompaktheit von $N$ enthält sie eine endliche Teilüberdeckung, das heißt:

$$\exists n_1, \ldots, n_\nu \quad \bigcup_{k=1}^{\nu} P_{n_k} =: P_m \quad \text{ist eine offene Überdeckung von } N.$$

Definiere

$$O_m := \bigcap_{k=1}^{\nu} W_{n_k}.$$

Dann ist $O_m$ als Durchschnitt von endlich vielen offenen Mengen wieder offen und es folgt mittels $(O_m \cap P_{n_k}) \subset (W_{n_k} \cap P_{n_k}) \subset (U_{n_k} \cap V_{n_k}) = \emptyset$, $k = 1, \ldots, \nu$:

$$O_m \cap P_m = O_m \cap \bigcup_{k=1}^{\nu} P_{n_k} = (O_m \cap P_{n_1}) \cup \ldots \cup (O_m \cap P_{n_\nu}) = \emptyset.$$

Dies zeigt die Hilfsbehauptung.

Anwendung dieser Behauptung auf alle $m \in M$ liefert

$$\bigcup_{m \in M} O_m$$

als offene Überdeckung von $M$ sowie zugehörige offene Mengen $P_m \supset N$ mit $O_m \cap P_m = \emptyset$. Da $M$ kompakt ist, enthält diese Überdeckung eine endliche Teilüberdeckung, das heißt:

$$\exists m_1, \ldots, m_\mu \quad \bigcup_{k=1}^{\mu} O_{m_k} =: O \quad \text{ist eine offene Überdeckung von } M.$$

Definiere

$$P := \bigcap_{k=1}^{\mu} P_{m_k}.$$

Dann ist $P$ als endlicher Schnitt offener Mengen offen, es gilt $P \supset N$ (da $P_m \supset N \; \forall\, m \in M$), und es folgt:

$$\begin{aligned} O \cap P &= P \cap \bigcup_{k=1}^{\mu} O_{m_k} \\ &= (P \cap O_{m_1}) \cup \ldots \cup (P \cap O_{m_\mu}) \subset (P_{m_1} \cap O_{m_1}) \cup \ldots \cup (P_{m_\mu} \cap O_{m_\mu}) \\ &= \emptyset \end{aligned}$$

Die Mengen $O$ und $P$ haben also offenbar die geforderten Eigenschaften, so dass der Beweis damit abgeschlossen ist.

## Aufgabe 32

► **Beispiele totalbeschränkter und kompakter Mengen**

a) Die Menge $X := \{1, 2, 3\}$ sei mit der chaotischen Topologie $\mathcal{T}_c = \{X, \emptyset\}$ versehen. Geben sie eine Menge $A \subset X$ an, die zwar kompakt, aber nicht abgeschlossen ist. (*Bemerkung:* Dies zeigt, dass Satz 157.4 in [8] nicht in beliebigen topologischen Räumen gilt.)
b) Sei $\mathbb{R}$ mit der (euklidischen) Metrik $d : d(x, y) = |x - y|,\; x, y \in \mathbb{R}$, versehen. Geben Sie ein Beispiel für eine Menge reeller Zahlen an, die zwar totalbeschränkt, jedoch nicht kompakt ist. (*Bemerkung:* Dies zeigt, dass die Rückrichtung von „kompakt $\Longrightarrow$ totalbeschränkt" i. A. nicht gilt).

**Lösung**

a) Jede einelementige Menge, wie zum Beispiel die Menge $M := \{1\}$ ist bezüglich $\mathcal{T}_c$ kompakt, aber nicht abgeschlossen, denn für jede offene Überdeckung

$$\bigcup_{i \in I} O_i,\; O_i \in \mathcal{T}_c, i \in I,$$

gilt

$$\exists\, i_0 \in I \,:\, O_{i_0} = X.$$

Damit ist aber $O_{i_0}$ eine aus einer einzelnen offenen Menge bestehende endliche Teilüberdeckung von $M$, und daher ist $M$ kompakt (die Separiertheit ist bei einelementigen Mengen trivialerweise immer erfüllt). Anderseits ist $M$ nicht abgeschlossen, denn $X \setminus M = \{2, 3\} \notin \{X, \emptyset\}$ ist nicht offen bezüglich $\mathcal{T}_c$.

b) Jedes offene oder halboffene Intervall, wie zum Beispiel $I := (0,1)$ ist offenbar total beschränkt, da zu beliebigem $\varepsilon$ in $0 < \varepsilon < \frac{1}{2}$ endlich viele Punkte

$$x_j = j\varepsilon,\ j = 1, \dots m := \left\lfloor \frac{1}{\varepsilon} \right\rfloor$$

existieren, so dass $(0,1) \subset \bigcup_{j=1}^{m} K_d(x_j, \varepsilon)$ gilt; im Fall $\varepsilon \geq \frac{1}{2}$ ist trivialerweise $(0,1) \subset K_d\left(\frac{1}{2}, \varepsilon\right)$. Andererseits ist $I$ nicht kompakt, denn die offene Überdeckung

$$\bigcup_{n \geq 3} \underbrace{K_d\left(\frac{1}{2}, \frac{1}{2} - \frac{1}{n}\right)}_{O_n :=}$$

von $I$ enthält keine endliche Teilüberdeckung. Gäbe es nämlich eine solche, so gäbe es ein $N$, so dass für alle $n \geq N$ die offene Menge $O_n$ nicht in dieser endlichen Teilüberdeckung enthalten wäre. Dann wäre aber auch jede Zahl $x$ mit $x \leq \frac{1}{N}$ nicht in dieser Überdeckung enthalten, so dass es sich gar nicht um eine vollständige Überdeckung handeln kann. Widerspruch!

## Aufgabe 33

### ► Endliche und beschränkte Mengen in $\mathbb{R}$

Sei $X := \mathbb{R}$ versehen mit der „euklidischen Metrik" $d := |.|$. Zeigen Sie:

a) Ist $A \subset X$, $\#A < \infty$ (d. h. $A$ hat nur endlich viele Elemente), so ist $A$ kompakt.
b) Ist $A \subset X$ nach oben beschränkt und $A \neq \emptyset$, so gilt: $\sup A \in \mathrm{cl}(A)$.

**Lösung**

a) Da $A$ nur endlich viele Elemente enthält, kann man $A$ schreiben als

$$A = \{a_1, \dots, a_n\}, \quad \text{mit } n := \#A.$$

Sei nun $\{U_\lambda\}_{\lambda \in \Lambda}$ eine beliebige offene Überdeckung von $A$. Dann existiert zu jedem $a_j$, $j = 1, \dots, n$, ein $\lambda_j \in \Lambda$ mit der Eigenschaft $a_j \in U_{\lambda_j}$ und somit gilt

$$A = \bigcup_{j=1}^{n} U_{\lambda_j}.$$

Also ist $\{U_{\lambda_j}\}_{j=1,\dots,n}$ eine endliche offene Überdeckung von $A$. Damit ist gezeigt, dass $A$ eine kompakte Menge ist, da sich aus jeder offenen Überdeckung eine endliche offene Überdeckung auswählen lässt.

b) $\text{cl}(A)$ ist nach Definition abgeschlossen, so dass für jede konvergente Folge in $\text{cl}(A)$ auch der Grenzwert in $\text{cl}(A)$ liegt (vgl. Aufg. 21).
Da $A$ beschränkt ist, existiert eine reelle Zahl $c$ mit $c = \sup A$. Nach Definition des Supremums gibt es dann eine Folge $\{x_n\} \subset A$ mit $x_n \to \sup A$. Also gilt $\sup A \in \text{cl}(A)$.

## Aufgabe 34

► **Diskrete Mengen**

Eine abgeschlossene Teilmenge $M$ von $\mathbb{R}^n$ heißt *diskret*, wenn gilt:

$$\forall x \in M \ \exists r > 0 \ : \ K(x,r) \cap M = \{x\}.$$

Zeigen Sie: Ist $M$ diskret und beschränkt, so ist $M$ eine endliche Menge.

*Bem.:* Hier sei $\mathbb{R}^n$ z. B. mit der euklidischen Norm versehen.

**Lösung**

Angenommen $M$ ist nicht endlich. Dann existiert eine Folge $\{x_n\}_{n\in\mathbb{N}} \subset M$ mit $x_{n+1} \notin \{x_j, j = 1,\ldots,n\} \ \forall n \in \mathbb{N}$. Da $M$ abgeschlossen und beschränkt ist, ist $M$ als Teilmenge des $\mathbb{R}^n$ auch kompakt. Es existiert also eine konvergente Teilfolge $\{x_{n'}\}_{n'\in\mathbb{N}'}$, $\mathbb{N}' \subset \mathbb{N}$, mit Grenzwert $x \in M$. Dann muss aber gelten:

$$\forall r > 0 \, \exists N' \in \mathbb{N}' \, \forall n' \geq N' : \|x - x_{n'}\| < r, x_{n'} \neq x,$$

was im Widerspruch zur Voraussetzung „$M$ ist diskret" steht, da in jeder Umgebung von $x$ noch ein Element $x_{n'} \in M, x_{n'} \neq x$ liegt. $M$ muss also endlich sein.

## 1.5 Vollständige normierte Räume

## Aufgabe 35

► **Banachraum $c_0$**

Die Menge aller reellen Nullfolgen $c_0$ ist definiert durch

$$c_0 := \{(a_n)_{n\in\mathbb{N}} \mid a_n \in \mathbb{R}, \ n \in \mathbb{N}, \ a_n \to 0 \ (n \to \infty)\}.$$

Beweisen Sie:

a) Durch $c_0 \ni a \mapsto \|a\|_\infty := \sup_{n\in\mathbb{N}} |a_n|$ wird eine Norm auf $c_0$ erklärt.
b) $(c_0, \|\cdot\|_\infty)$ ist ein Banachraum.

**Lösung**

a) 1) **Definitheit:**

$$\|a\|_\infty = 0 \Leftrightarrow \sup_{n\in\mathbb{N}} |a_n| = 0 \Leftrightarrow |a_n| = 0 \;\forall\, n \in \mathbb{N} \Leftrightarrow a_n = 0 \;\forall\, n \in \mathbb{N},$$

d. h. alle Folgeglieder müssen null sein.

2) **Homogenität:** Für $\alpha \in \mathbb{R}$ gilt

$$\|\alpha a\|_\infty = \sup_{n\in\mathbb{N}} |(\alpha a)_n| = \sup_{n\in\mathbb{N}} |\alpha a_n| = \sup_{n\in\mathbb{N}} |\alpha||a_n| = |\alpha| \sup_{n\in\mathbb{N}} |a_n| = |\alpha|\|a\|_\infty.$$

3) **Dreiecksungleichung:**

$$\begin{aligned}\|a+b\|_\infty &= \sup_{n\in\mathbb{N}} |(a_n+b_n)| = \sup_{n\in\mathbb{N}} |a_n+b_n| \\ &\le \sup_{n\in\mathbb{N}}(|a_n|+|b_n|) \le \sup_{n\in\mathbb{N}} |a_n| + \sup_{n\in\mathbb{N}} |b_n| = \|a\|_\infty + \|b\|_\infty.\end{aligned}$$

b) Damit $c_0$ mit dieser Norm ein Banachraum ist, muss $c_0$ vollständig sein, d. h. bzgl. der Norm $\|\cdot\|_\infty$ muss jede Cauchy-Folge in $c_0$ konvergieren. Sei also $\left(a^{(k)}\right)_{k\in\mathbb{N}}$ eine beliebige Cauchy-Folge in $c_0$, dann gilt:

$$\begin{aligned}&\forall \varepsilon > 0 \,\exists\, K_0(\varepsilon) \in \mathbb{N} \;\forall\, k,l \ge K_0(\varepsilon) : \left\|a^{(k)} - a^{(l)}\right\|_\infty < \frac{\varepsilon}{2} \\ \Leftrightarrow\; &\forall\, \varepsilon > 0 \,\exists\, K_0(\varepsilon) \in \mathbb{N} \;\forall\, k,l \ge K_0(\varepsilon) : \sup_{n\in\mathbb{N}} \left|a_n^{(k)} - a_n^{(l)}\right| < \frac{\varepsilon}{2} \\ \Leftrightarrow\; &\forall \varepsilon > 0 \,\exists\, K_0(\varepsilon) \in \mathbb{N} \;\forall\, k,l \ge K_0(\varepsilon) \;\forall n \in \mathbb{N} : \left|a_n^{(k)} - a_n^{(l)}\right| < \frac{\varepsilon}{2}\end{aligned}$$

Somit ist jede der Folgen $\left(a_n^{(k)}\right)_{k\in\mathbb{N}}$, $n \in \mathbb{N}$, eine reelle Cauchy-Folge, die wegen der Vollständigkeit von $\mathbb{R}$ konvergiert. Setzt man

$$a_n := \lim_{k\to\infty} a_n^{(k)}, \; n \in \mathbb{N},$$

so ist noch zu zeigen, dass gilt:

$$\lim_{k\to\infty} a^{(k)} = a := (a_n)_{n\in\mathbb{N}}.$$

Angenommen, dies würde nicht gelten, dann folgt

$$\exists\, \varepsilon > 0 \;\forall\, K_1 \in \mathbb{N} \,\exists\, k \ge K_1 \,\exists\, n \in \mathbb{N} : \left|a_n - a_n^{(k)}\right| \ge \varepsilon.$$

Mit $K_1 = K_0(\varepsilon)$ erhält man somit für beliebiges $l \ge K_1$:

$$\varepsilon \le \left|a_n - a_n^{(k)}\right| \le \left|a_n - a_n^{(l)}\right| + \left|a_n^{(l)} - a_n^{(k)}\right| < \left|a_n - a_n^{(l)}\right| + \frac{\varepsilon}{2},$$

d. h. man hat

$$\left|a_n - a_n^{(l)}\right| > \frac{\varepsilon}{2} \; \forall \, l \geq K_1,$$

was ein Widerspruch zu $\lim\limits_{l \to \infty} a_n^{(l)} = a_n$ ist. Also gilt

$$\forall \, \varepsilon > 0 \; \exists \, K_1 \in \mathbb{N} \; \forall \, k \geq K_1 \; \forall \, n \in \mathbb{N} : \left|a_n - a_n^{(k)}\right| < \varepsilon.$$

Zudem gilt $a \in c_0$, d. h. $\lim\limits_{n \to \infty} a_n = 0$. Sei dazu $\varepsilon > 0$ und $k \geq K_1(\frac{\varepsilon}{2})$ beliebig. Da $\left(a_n^{(k)}\right)_{n \in \mathbb{N}} \in c_0$, existiert ein $N \in \mathbb{N}$, so dass für alle $n \geq N$ $\left|a_n^{(k)}\right| < \frac{\varepsilon}{2}$ gilt. Insgesamt erhält man daher

$$|a_n| \leq \left|a_n - a_n^{(k)}\right| + \left|a_n^{(k)}\right| < \frac{\varepsilon}{2} + \frac{\varepsilon}{2} = \varepsilon \; \forall \, n \geq N.$$

## Aufgabe 36

### ► $\ell^p$-Räume

Sei $\ell^p(\mathbb{C}) := \left\{\{x_n\}_{n \in \mathbb{N}} \,\middle|\, x_n \in \mathbb{C} \; \forall n \in \mathbb{N}, \; \sum_{n \in \mathbb{N}} |x_n|^p < \infty\right\}$, $1 \leq p < \infty$.
Zeigen Sie für $p \in [1, \infty)$:

a) $\ell^p(\mathbb{C})$ ist Vektorraum über $\mathbb{C}$.
b) Durch $\|\cdot\|_p : \ell^p(\mathbb{C}) \ni \{x_n\}_{n \in \mathbb{N}} \mapsto \left(\sum_{n \in \mathbb{N}} |x_n|^p\right)^{1/p} \in \mathbb{R}$ wird eine Norm auf $\ell^p(\mathbb{C})$ definiert.
c) $(\ell^p(\mathbb{C}), \; \|\cdot\|_p)$ ist Banachraum.

**Lösung**

a) Wir definieren zunächst eine Addition auf $\ell^p(\mathbb{C}) \times \ell^p(\mathbb{C})$ und eine skalare Multiplikation auf $\mathbb{C} \times \ell^p(\mathbb{C})$.
Seien dazu $x = \{x_n\}_{n \in \mathbb{N}}, y = \{y_n\}_{n \in \mathbb{N}} \in \ell^p(\mathbb{C})$ und $\alpha \in \mathbb{C}$. Wir definieren

$$\begin{aligned} + \quad &: \quad x + y := \{x_n + y_n\}_{n \in \mathbb{N}}, \\ \cdot \quad &: \quad \alpha \cdot x := \{\alpha x_n\}_{n \in \mathbb{N}}. \end{aligned}$$

Wir zeigen zunächst, dass $\ell^p(\mathbb{C})$ bezüglich der so definierten Operationen abgeschlossen ist, d. h., dass $x + y, \alpha x \in \ell^p(\mathbb{C})$.

$$x, y \in \ell^p(\mathbb{C}) \Rightarrow \|x + y\|_p \leq \|x\|_p + \|y\|_p \Rightarrow x + y \in \ell^p(\mathbb{C})$$

(siehe nächster Aufgabenteil). Ebenso gilt

$$x \in \ell^p(\mathbb{C}), \alpha \in \mathbb{C} \Rightarrow \|\alpha x\|_p = |\alpha| \|x\|_p \Rightarrow \alpha x \in \ell^p(\mathbb{C}).$$

Man rechnet nun leicht nach, dass $\ell^p(\mathbb{C})$ mit den so definierten Operationen einen $\mathbb{C}$-Vektorraum bildet.

Das neutrale Element ist $0 = \{0\}_{i\in\mathbb{N}_0}$. Das inverse Element zu $x = \{x_i\}_{i\in\mathbb{N}_0}$ ist $-x := \{-x_i\}_{i\in\mathbb{N}_0}$. Kommutativ-, Assoziativ- und Distributivgesetze und $1 \cdot x = x$, $x \in \ell^p(\mathbb{C})$ gelten aufgrund der entsprechenden Gesetze für komplexe Zahlen, und weil die Verknüpfungen auf Folgen gliedweise definiert sind.

b) 1) **Definitheit:** $\|x\|_p \geq 0$ ist klar.

$$x = 0 \Rightarrow \|x\|_p = \left(\sum_{i=0}^{\infty} |x_i|^p\right)^{1/p} = 0$$

$$\|x\|_p = 0 \Rightarrow \sum_{i=0}^{\infty} |x_i|^p = 0 \quad \Rightarrow \quad x_i = 0, \ \forall i \in \mathbb{N}_0.$$

2) **Homogenität:**

$$\|\alpha x\|_p = \left(\sum_{i=0}^{\infty} |\alpha x_i|^p\right)^{1/p} = |\alpha| \left(\sum_{i=0}^{\infty} |x_i|^p\right)^{1/p}$$
$$= |\alpha| \, \|x\|_p, \ \alpha \in \mathbb{C}, \ x \in \ell^p(\mathbb{C}).$$

3) **Dreiecksungleichung:**
Für $x, y \in \ell^p(\mathbb{C})$ gilt mit der Minkowskischen Ungleichung (vgl. z. B. Walter [17], 11.24):

$$\left(\sum_{i=0}^{n} |x_i + y_i|^p\right)^{1/p} \leq \left(\sum_{i=0}^{n} |x_i|^p\right)^{1/p} + \left(\sum_{i=0}^{n} |y_i|^p\right)^{1/p} \leq \|x\|_p + \|y\|_p.$$

Da die rechte Seite der Gleichung unabhängig von $n$ ist, bleibt die Ungleichung richtig, wenn wir links zum Grenzwert $n \to \infty$ übergehen. Damit erhalten wir

$$\|x + y\|_p \leq \|x\|_p + \|y\|_p.$$

Damit ist gezeigt, dass $\|\cdot\|_p$ eine Norm auf $\ell^p(\mathbb{C})$ definiert.

c) Wir haben bereits gezeigt, dass $\left(\ell^p(\mathbb{C}), \|\cdot\|_p\right)$ ein normierter Raum ist. Es bleibt also nur noch die Vollständigkeit nachzuweisen. Sei dazu $\left\{x^{(n)}\right\}_{n\in\mathbb{N}}$ eine Cauchy-Folge in $\ell^p(\mathbb{C})$, d. h. zu jedem $\varepsilon > 0$ existiert ein $N \in \mathbb{N}$ mit

$$\left\|x^{(m)} - x^{(n)}\right\|_p = \left(\sum_{i=0}^{\infty} \left|x_i^{(m)} - x_i^{(n)}\right|^p\right)^{1/p} < \varepsilon, \ \forall m, n \geq N.$$

Für festes $i \in \mathbb{N}_0$ gilt also

$$\left|x_i^{(m)} - x_i^{(n)}\right| < \varepsilon, \ \forall m, n \geq N.$$

Also ist für jedes $i \in \mathbb{N}_0$ die Folge $\left\{x_i^{(n)}\right\}_{n\in\mathbb{N}}$ eine Cauchy-Folge komplexer Zahlen und konvergiert somit gegen ein $x_i \in \mathbb{C}$. Die Folge $\{x^{(n)}\}_{n\in\mathbb{N}}$ konvergiert also komponentenweise gegen eine komplexe Zahlenfolge $x = \{x_i\}_{i\in\mathbb{N}_0}$. Bleibt noch zu zeigen, dass $\left\|x - x^{(n)}\right\|_p \to 0$ $(n \to \infty)$ gilt.
Für beliebiges $M \in \mathbb{N}$ haben wir

$$\left(\sum_{i=0}^{M} \left|x_i^{(m)} - x_i^{(n)}\right|^p\right)^{1/p} \leq \varepsilon,\ m,n \geq N.$$

Gehen wir in dieser Ungleichung zum Grenzwert $(m \to \infty)$ über, so ergibt sich

$$\left(\sum_{i=0}^{M} \left|x_i - x_i^{(n)}\right|^p\right)^{1/p} \leq \varepsilon,\ n \geq N.$$

Da dies für beliebiges $M \in \mathbb{N}$ richtig ist, folgt

$$\left(\sum_{i=0}^{\infty} \left|x_i - x_i^{(n)}\right|^p\right)^{1/p} \leq \varepsilon,\ n \geq N.$$

Wir sehen, dass die Folge $\{x^{(n)}\}_{n\in\mathbb{N}}$ in der $\ell^p(\mathbb{C})$-Norm gegen den Grenzwert $x$ konvergiert. Außerdem ist $x - x^{(n)} \in \ell^p(\mathbb{C})$ und $x^{(n)} \in \ell^p(\mathbb{C})$. Da $\ell^p(\mathbb{C})$ ein Vektorraum ist, folgt $x \in \ell^p(\mathbb{C})$ und damit die Behauptung.

## Aufgabe 37

### ► Funktionen von beschränkter Variation

Gegeben seien Abbildungen

$$\begin{aligned} \|\cdot\| &: BV[a,b] \ni f \mapsto \|f\| = |f(a)| + V_a^b(f) \\ \|\cdot\|^* &: BV[a,b] \ni f \mapsto \|f\|^* = \|f\|_\infty + V_a^b(f), \end{aligned}$$

wobei $V_a^b(f) := \sup_{Z\in\mathcal{Z}[a,b]} \operatorname{var}(Z; f)$ die *Totalvariation*,

$$\operatorname{var}(Z; f) := \sum_{i=1}^{p} \left|f(t_i) - f(t_{i-1})\right|$$

und $\mathcal{Z}[a,b]$ die Menge der Zerlegungen $Z : a = t_0 < \ldots < t_p = b$ bezeichnen. $BV[a,b]$ bezeichnet die Menge der Funktionen von beschränkter Variation, d. h. $V_a^b(f) < \infty$ (vgl. z. B. [7], 91., [18], 5.20).

Zeigen Sie:

a) Durch $\|\cdot\|$ und $\|\cdot\|^*$ wird jeweils eine Norm auf $BV[a,b]$ erklärt.
b) $\|\cdot\|$ und $\|\cdot\|^*$ sind äquivalente Normen.

**Lösung**

a) Zu Beginn bemerken wir, dass beide Abbildungen auf $BV[a,b]$ wohldefiniert und offenbar nichtnegativ sind. Wir weisen nun die drei Normeigenschaften für $\|\cdot\|$ nach. Seien dazu $f, g \in BV[a,b]$, $\lambda \in \mathbb{R}$.

1) **Definitheit:** Es gilt

$$\begin{aligned}
\|f\| = 0 &\iff |f(a)| + V_a^b(f) = 0 \\
&\iff \underbrace{|f(a)|}_{\geq 0} + \sup_{Z \in \mathcal{Z}[a,b]} \underbrace{\mathrm{var}(Z; f)}_{\geq 0} = 0 \\
&\iff f(a) = 0 \wedge \forall\, Z \in \mathcal{Z}[a,b] : \mathrm{var}(Z; f) = 0 \\
&\iff f(a) = 0 \wedge \forall\, Z \in \mathcal{Z}[a,b], Z : a = t_0 < t_1 < \ldots < t_p = b : \\
&\qquad\qquad \sum_{i=1}^{p} |f(t_i) - f(t_{i-1})| = 0 \\
&\iff f \equiv 0
\end{aligned}$$

Die letzte Äquivalenz bzw. „$\Longrightarrow$" überlegt man sich leicht indirekt.

2) **Homogenität:** $V_a^b(.)$ ist offenbar homogen, denn:

$$\begin{aligned}
V_a^b(\lambda f) &= \sup_{\mathcal{Z}[a,b] \ni Z : a = t_0 < t_1 < \ldots < t_p = b} \sum_{i=1}^{p} |(\lambda f)(t_i) - (\lambda f)(t_{i-1})| \\
&= \sup_{\mathcal{Z}[a,b] \ni Z : a = t_0 < t_1 < \ldots < t_p = b} \sum_{i=1}^{p} |\lambda| \cdot |f(t_i) - f(t_{i-1})| \\
&= \sup_{\mathcal{Z}[a,b] \ni Z : a = t_0 < t_1 < \ldots < t_p = b} |\lambda| \sum_{i=1}^{p} |f(t_i) - f(t_{i-1})| \\
&= |\lambda| \cdot \sup_{\mathcal{Z}[a,b] \ni Z : a = t_0 < t_1 < \ldots < t_p = b} \sum_{i=1}^{p} |f(t_i) - f(t_{i-1})| \\
&= |\lambda| \cdot V_a^b(f)
\end{aligned}$$

Damit gilt dann:

$$\begin{aligned}
\|\lambda f\| &= |(\lambda f)(a)| + V_a^b(\lambda f) \\
&= |\lambda| \cdot |f(a)| + |\lambda| \cdot V_a^b(f) \\
&= |\lambda| \cdot (|f(a)| + V_a^b(f)) \\
&= |\lambda| \|f\|
\end{aligned}$$

3) **Dreiecksungleichung:** Offenbar genügt $V_a^b(.)$ der Dreiecksungleichung, denn wegen der Dreiecksungleichung für $|\cdot|$ in $\mathbb{R}$ erhält man

$$
\begin{aligned}
&V_a^b(f+g)\\
&= \sup_{Z[a,b]\ni Z:a=t_0<t_1<\ldots<t_p=b} \sum_{i=1}^{p} |(f+g)(t_i)-(f+g)(t_{i-1})|\\
&= \sup_{Z[a,b]\ni Z:a=t_0<t_1<\ldots<t_p=b} \sum_{i=1}^{p} |(f(t_i)-f(t_{i-1}))+(g(t_i)-g(t_{i-1}))|\\
&\le \sup_{Z[a,b]\ni Z:a=t_0<t_1<\ldots<t_p=b} \sum_{i=1}^{p} (|f(t_i)-f(t_{i-1})|+|g(t_i)-g(t_{i-1})|)\\
&\le \sup_{Z[a,b]\ni Z:a=t_0<t_1<\ldots<t_p=b} \sum_{i=1}^{p} |f(t_i)-f(t_{i-1})|\\
&\quad + \sup_{Z[a,b]\ni Z:a=t_0<t_1<\ldots<t_p=b} \sum_{i=1}^{p} |g(t_i)-g(t_{i-1})|\\
&= V_a^b(f)+V_a^b(g)
\end{aligned}
$$

Dies nutzt man aus und erhält:

$$
\begin{aligned}
\|f+g\| &= |(f+g)(a)| + V_a^b(f+g)\\
&\le |f(a)|+|g(a)|+V_a^b(f)+V_a^b(g)\\
&= \|f\|+\|g\|
\end{aligned}
$$

In analoger Weise überprüft man die Normeigenschaften für $\|\cdot\|^*$:

1) **Definitheit:** Man hat

$$
\begin{aligned}
\|f\|^* = 0 &\Longleftrightarrow \underbrace{\|f\|_\infty}_{\ge 0} + \underbrace{V_a^b(f)}_{\ge 0} = 0\\
&\Longleftrightarrow \|f\|_\infty = 0 \wedge V_a^b(f) = 0\\
&\Longleftrightarrow f \equiv 0
\end{aligned}
$$

2) Zum Beweis der **Homogenität** von $\|\cdot\|^*$ nutzt man die oben gezeigte Homogenität von $V_a^b(.)$ sowie die Homogenität von $\|\cdot\|_\infty$ aus:

$$
\begin{aligned}
\|\lambda f\|^* &= \|\lambda f\|_\infty + V_a^b(\lambda f)\\
&= |\lambda|\cdot(\|f\|_\infty + V_a^b(f)) \;=\; |\lambda\|\cdot\|f\|^*
\end{aligned}
$$

3) **Dreiecksungleichung** (unter Verwendung der oben bewiesenen Dreiecksungleichung für $V_a^b(.)$ sowie der Dreiecksungleichung für $\|\cdot\|_\infty$):

$$\begin{aligned}\|f+g\|^* &= \|f+g\|_\infty + V_a^b(f+g) \\ &\leq \|f\|_\infty + \|g\|_\infty + V_a^b(f) + V_a^b(g) \;=\; \|f\|^* + \|g\|^*\end{aligned}$$

b) Gesucht sind Konstanten $\alpha, \beta > 0$, so dass

$$\alpha\|f\| \leq \|f\|^* \leq \beta\|f\| \quad \forall\, f \in BV[a,b].$$

Für die Konstante $\alpha$ findet man wegen

$$\|f\| = |f(a)| + V_a^b(f) \leq \sup_{x\in[a,b]} |f(x)| + V_a^b(f) = \|f\|_\infty + V_a^b(f) = \|f\|^*$$

den Wert $\alpha = 1$.
Zur Bestimmung von $\beta$ folgen zunächst zwei Vorüberlegungen:
(1) Wie man sich leicht klarmacht, gilt

$$|f(x_0) - f(a)| \leq V_a^b(f)\ \forall\, x_0 \in [a,b],$$

denn im Fall $x_0 = a$ ist wegen $V_a^b(f) \geq 0$ nichts weiter zu zeigen, und im Fall $x_0 \neq a$ hat man eine Zerlegung $Z : a = t_0 < t_1 = x_0 < t_2 = b$ bzw. (im Fall $x_0 = b$) eine Zerlegung $Z : a = t_0 < t_1 = x_0 = b$, mit der dann gilt:

$$|f(x_0) - f(a)| \leq \operatorname{var}(Z; f) \leq V_a^b(f).$$

(2) Aus (1) folgt für beliebiges $\varepsilon > 0$ unter Ausnutzung der Charakterisierung eines Supremums die Existenz eines $x_0 \in [a,b]$ mit

$$\begin{aligned}\|f\|_\infty &= \sup_{x\in[a,b]} |f(x)| \\ &= |f(x_0)| + \varepsilon = |f(a)| + |f(x_0)| - |f(a)| + \varepsilon \\ &\overset{\Delta\text{-Ungl.}}{\leq} |f(a)| + |f(x_0) - f(a)| + \varepsilon \overset{(1)}{\leq} |f(a)| + V_a^b(f) + \varepsilon\end{aligned}$$

und daraus, weil $\varepsilon > 0$ beliebig gewählt war:

$$\|f\|_\infty \leq |f(a)| + V_a^b(f).$$

Insgesamt folgt die Behauptung wegen der folgenden Abschätzung:

$$\|f\|^* = \|f\|_\infty + V_a^b(f) \overset{(2)}{\leq} |f(a)| + 2V_a^b(f) \leq 2\cdot(|f(a)| + V_a^b(f)) = 2\cdot\|f\|$$

Es kann also $\beta = 2$ gewählt werden.

## Aufgabe 38

### ▶ Banachraum $BV[a,b]$

Zeigen Sie mit den Bezeichnungen der Aufgabe 37: Sowohl $(BV[a,b], \|\cdot\|)$ als auch $(BV[a,b], \|\cdot\|^*)$ sind Banachräume.

**Lösung**

1) Wir zeigen zunächst, dass $(BV[a,b], \|\cdot\|^*)$ ein Banachraum ist. Sei also $(f_k)_{k\in\mathbb{N}}$ eine Cauchy-Folge in $(BV[a,b], \|\cdot\|^*)$, das heißt:

$$\begin{aligned}
&\forall\, \varepsilon > 0 \,\exists\, K_1 \in \mathbb{N}\, \forall\, k,l \geq K_1 : \quad \|f_k - f_l\|^* < \tfrac{\varepsilon}{2} \\
\Longrightarrow\; &\forall\, \varepsilon > 0 \,\exists\, K_1 \in \mathbb{N}\, \forall\, k,l \geq K_1 : \quad \|f_k - f_l\|_\infty < \tfrac{\varepsilon}{2} \\
\Longrightarrow\; &\forall\, \varepsilon > 0 \,\exists\, K_1 \in \mathbb{N}\, \forall\, k,l \geq K_1\, \forall t \in [a,b] : \quad |f_k(t) - f_l(t)| < \tfrac{\varepsilon}{2}
\end{aligned}$$

Folglich ist $(f_k(t))_{k\in\mathbb{N}}$ für jedes $t \in [a,b]$ eine Cauchy-Folge, und wegen der Vollständigkeit von $\mathbb{R}$ existiert $f(t) = \lim_{k\to\infty} f_k(t)$. Dies bedeutet

$$\forall\, \varepsilon > 0 \,\exists\, K_2 \in \mathbb{N}\, \forall\, k \geq K_2 : \quad |f_k(t) - f(t)| < \frac{\varepsilon}{2}.$$

Wir zeigen weiter $\|f_k - f\|_\infty \to 0\, (k \to \infty)$ (mit anderen Worten: $f_k$ konvergiert gleichmäßig gegen $f$). Dazu reicht es offenbar, zu beweisen, dass

$$\forall\, \varepsilon > 0 \,\exists\, K \in \mathbb{N}\, \forall\, k \geq K\, \forall\, t \in [a,b] : \quad |f_k(t) - f(t)| < \varepsilon$$

richtig ist. Die Annahme des Gegenteils bedeutet:

$$\exists\, \varepsilon > 0\, \forall\, K \in \mathbb{N}\, \exists\, k \geq K\, \exists\, t \in [a,b] : \quad |f_k(t) - f(t)| \geq \varepsilon.$$

Wähle nun $K \geq \max(K_1, K_2)$ und $l \geq K$ beliebig. Dann existiert nach obiger Annahme ein $k \geq K$, mit dem man auf den Widerspruch

$$\varepsilon \leq |f_k(t) - f(t)| \leq |f_k(t) - f_l(t)| + |f_l(t) - f(t)| < \frac{\varepsilon}{2} + \frac{\varepsilon}{2} = \varepsilon$$

geführt wird.
Um den Beweis von $\|f_k - f\|^* \to 0\, (k \to \infty)$ zu Ende zu führen, bleibt noch zu zeigen, dass

$$V_a^b(f_k - f) \to 0\, (k \to \infty).$$

Sei dazu $\varepsilon > 0$ beliebig. Dann existiert nach der Voraussetzung, dass es sich bei $(f_k)_{k\in\mathbb{N}}$ um eine Cauchy-Folge handelt, ein $K_1 \in \mathbb{N}$, so dass für alle $k, l \geq K_1$

$$\begin{aligned}
\|f_k - f_l\|^* < \frac{\varepsilon}{2} &\Longrightarrow V_a^b(f_k - f_l) < \frac{\varepsilon}{2} \\
&\Longrightarrow \forall Z \in \mathcal{Z}[a,b] \text{ gilt: } \operatorname{var}(Z; f_k - f_l) < \frac{\varepsilon}{2}.
\end{aligned}$$

Sei nun $Z : a = t_0 < t_1 < \ldots < t_p = b$ eine beliebige Zerlegung von $[a, b]$ und $k \geq K_1$ beliebig. Dann folgt (unter Ausnutzung der für eine beliebige konvergente Folge $(a_n)_{n\in\mathbb{N}}$ gültigen Regel $\lim\limits_{n\to\infty} a_n = a \implies \lim\limits_{n\to\infty} |a_n| = |a|$):

$$\begin{aligned}
\mathrm{var}(Z; f_k - f) &= \sum_{i=1}^{p} |(f_k - f)(t_i) - (f_k - f)(t_{i-1})| \\
&= \sum_{i=1}^{p} \left| f_k(t_i) - \lim_{l\to\infty} f_l(t_i) - f_k(t_{i-1}) + \lim_{l\to\infty} f_l(t_{i-1}) \right| \\
&= \sum_{i=1}^{p} \left| \lim_{l\to\infty} (f_k(t_i) - f_l(t_i) - f_k(t_{i-1}) + f_l(t_{i-1})) \right| \\
&= \sum_{i=1}^{p} \lim_{l\to\infty} |(f_k - f_l)(t_i) - (f_k - f_l)(t_{i-1})| \\
&= \lim_{l\to\infty} \sum_{i=1}^{p} |(f_k - f_l)(t_i) - (f_k - f_l)(t_{i-1})| \\
&= \lim_{l\to\infty} \underbrace{\mathrm{var}(Z; f_k - f_l)}_{<\frac{\varepsilon}{2},\ \text{falls } l\geq K_1} \leq \frac{\varepsilon}{2}.
\end{aligned}$$

Es folgt $V_a^b(f_k - f) \leq \frac{\varepsilon}{2}$ für $k \geq K_1$ und somit $V_a^b(f_k - f) \to 0\ (k \to \infty)$. Es ist darüberhinaus $f = \underbrace{f_k}_{\in BV[a,b]} - \underbrace{(f_k - f)}_{\in BV[a,b]} \in BV[a, b]$ für $k \geq K_1$.

Da somit insgesamt beide Summanden der Norm $\|f_k - f\|^*$ für $k \to \infty$ gegen 0 konvergieren, gilt $f_k \to f$ in $(BV[a, b], \|\cdot\|^*)$.

2) Um die Banachraumeigenschaft von $(BV[a, b], \|\cdot\|)$ einzusehen, beweisen wir ganz allgemein folgenden

**Hilfssatz:**

Sei $(X, \|\cdot\|^*)$ ein Banachraum und $\|\cdot\|$ eine zu $\|\cdot\|^*$ äquivalente Norm (also $\alpha\|x\| \leq \|x\|^* \leq \beta\|x\|\ \forall x \in X$ mit Konstanten $\alpha, \beta > 0$). Dann ist auch $(X, \|\cdot\|)$ ein Banachraum.

**Beweis:**

Es genügt, einzusehen, dass eine Folge genau dann eine Cauchy-Folge (konvergente Folge) bezüglich $\|\cdot\|$ ist, wenn sie eine Cauchy-Folge (konvergente Folge) bezüglich der äquivalenten Norm $\|\cdot\|^*$ ist.

Es ist $(x_n)_{n\in\mathbb{N}}$ eine Cauchy-Folge in $(X, \|\cdot\|)$, genau dann wenn

$$\begin{aligned}
&\forall \varepsilon > 0\, \exists N \in \mathbb{N}\, \forall m, n \geq N : \quad \|x_n - x_m\| < \varepsilon \\
\iff &\forall \varepsilon > 0\, \exists N \in \mathbb{N}\, \forall m, n \geq N : \quad \|x_n - x_m\|^* \leq \beta\|x_n - x_m\| < \beta\varepsilon \\
\iff &\forall \varepsilon > 0\, \exists K = N\left(\frac{\varepsilon}{\beta}\right) \in \mathbb{N}\, \forall m, n \geq K : \quad \|x_n - x_m\|^* < \varepsilon,
\end{aligned}$$

also genau dann, wenn $(x_n)_{n\in\mathbb{N}}$ eine Cauchy-Folge in $(X, \|\cdot\|^*)$ ist.

Es ist $(x_n)_{n\in\mathbb{N}}$ konvergent bezüglich $\|\cdot\|$ gegen $x \in X$ genau dann, wenn

$$\begin{aligned}
&\forall\, \varepsilon > 0\, \exists\, N \in \mathbb{N}\, \forall\, n \geq N : \quad \|x_n - x\| < \varepsilon \\
\Longleftrightarrow\; &\forall\, \varepsilon > 0\, \exists\, N \in \mathbb{N}\, \forall\, n \geq N : \quad \|x_n - x\|^* \leq \beta\|x_n - x\| < \beta\varepsilon \\
\Longleftrightarrow\; &\forall\, \varepsilon > 0\, \exists\, K = N\left(\frac{\varepsilon}{\beta}\right) \in \mathbb{N}\, \forall\, n \geq K : \quad \|x_n - x\|^* < \varepsilon,
\end{aligned}$$

also genau dann, wenn $(x_n)_{n\in\mathbb{N}}$ konvergent bezüglich $\|\cdot\|^*$ gegen $x$ ist.
Damit folgt nun:

$$\begin{aligned}
&(x_n)_{n\in\mathbb{N}} \text{ Cauchy-Folge in } (X, \|\cdot\|) \\
&\Longrightarrow \quad (x_n)_{n\in\mathbb{N}} \text{ Cauchy-Folge in } (X, \|\cdot\|^*) \\
&\overset{(X,\|\cdot\|^*)\text{Banachraum}}{\Longrightarrow} \quad (x_n)_{n\in\mathbb{N}} \text{ konvergiert in } (X, \|\cdot\|^*) \text{ gegen } x \in X \\
&\Longrightarrow \quad (x_n)_{n\in\mathbb{N}} \text{ konvergiert in } (X, \|\cdot\|) \text{ gegen } x \in X;
\end{aligned}$$

also ist auch $(X, \|\cdot\|)$ ein Banachraum und der Beweis des Hilfssatzes abgeschlossen.
Wir wenden nun den Hilfssatz an und erhalten mit Hilfe der Aufgabe 37, die die Äquivalenz der beiden betrachteten Normen sichert, unmittelbar die Tatsache, dass auch $(BV[a,b], \|\cdot\|)$ ein Banachraum ist.

## Aufgabe 39

### ▶ Vektorraum der Monome

Sei $m_n : \mathbb{R} \ni t \mapsto t^n \in \mathbb{R}$ das Monom $n$-ten Grades, $n \in \mathbb{N}_0$, sei $\mathcal{P}_n$ der Vektorraum über $\mathbb{R}$, der von $m_0, \ldots, m_n$ aufgespannt wird, $n \in \mathbb{N}_0$, und sei $X := \bigcup_{n\in\mathbb{N}_0} \mathcal{P}_n$. Zeigen Sie:

$X$ ist Vektorraum über $\mathbb{R}$ und durch

$$\|p\| := \max_{0\leq i\leq n} |a_i|, \quad \text{falls } p(t) = \sum_{i=0}^{n} a_i t^i, \quad t \in \mathbb{R},$$

wird eine Norm auf $X$ definiert.

*Bemerkung:* Da $\mathbb{R}$ vollständig ist, ist auch $(X, \|\cdot\|)$ vollständig.

**Lösung**

a) $X$ ist ein Vektorraum über $\mathbb{R}$. (Nachrechnen!)
Man nutzt hier aus, dass zu $p \in X$ bzw. zu $p, q \in X$ ein $m \in \mathbb{N}_0$ existiert, so dass $p \in \mathcal{P}_m$ bzw. $p, q \in \mathcal{P}_m$ und dass $\mathcal{P}_m$ ein $\mathbb{R}$-Vektorraum ist.

b) Die Abbildung $\|\cdot\|$ definiert eine Norm auf $X$. Wir prüfen die Normeigenschaften nach:

1) **Definitheit:** Sei $p \in X$. Es gilt sicherlich:

$$\|p\| = \max_{0 \leq i \leq n} |a_i| \geq 0.$$

Außerdem erhält man

$$\|p\| = 0 \Leftrightarrow \max_{0 \leq i \leq n} |a_i| = 0 \Leftrightarrow a_i = 0,\ i = 1, \ldots, n \Leftrightarrow p = 0.$$

2) **Homogenität:** Sei $p \in X, \alpha \in \mathbb{R}$. Dann ist:

$$\|\alpha p\| = \max_{0 \leq i \leq n} |\alpha a_i| = |\alpha| \|p\|.$$

3) **Dreiecksungleichung:** Seien $p, q \in X$. Es ist:

$$\begin{aligned}
\|p + q\| &= \max_{0 \leq i \leq n} |a_i + b_i| \leq \max_{0 \leq i \leq n} (|a_i| + |b_i|) \\
&\leq \max_{0 \leq i \leq n} |a_i| + \max_{0 \leq j \leq n} |b_j| \\
&= \|p\| + \|q\|.
\end{aligned}$$

## 1.6 Stetige Funktionen und Abbildungen, Satz von Arzelà-Ascoli

### Aufgabe 40

► **Eine bijektive Abbildung auf dem Vektorraum der Monome mit unbeschränkter Inverser**

Zeigen Sie mit den Bezeichnungen aus Aufgabe 39:

a) Die Abbildung

$$\begin{aligned}
&T : X \longrightarrow X, \\
&(Tp)(t) := a_0 + \sum_{i=1}^{n} \frac{a_i}{i} t^i, \quad \text{falls } p(t) = \sum_{i=0}^{n} a_i t^i,
\end{aligned}$$

ist linear und stetig.

b) $T$ ist bijektiv.

c) $T^{-1} : X \longrightarrow X$ ist nicht stetig.

*Hinweis:* Sie können in b) benutzen, dass $\{1, t, \ldots, t^n\}$ ein System linear unabhängiger Funktionen ist.

**Lösung**

a) **Linearität:** Es gilt für $p, q \in X, \alpha, \beta \in \mathbb{R}$:

$$\begin{aligned} T(\alpha p + \beta q) &= (\alpha a_0 + \beta b_0) m_0 + \sum_{i=1}^{n} \frac{\alpha a_i + \beta b_i}{i} m_i \\ &= \alpha \left( a_0 m_0 + \sum_{i=1}^{n} \frac{a_i}{i} m_i \right) + \beta \left( b_0 m_0 + \sum_{i=1}^{n} \frac{b_i}{i} m_i \right) \\ &= \alpha T p + \beta T q. \end{aligned}$$

**Stetigkeit:** Es ist

$$\begin{aligned} \|Tp - Tq\| &= \max \left\{ |a_0 - b_0|, \left| \frac{a_i - b_i}{i} \right|, i = 1, \ldots, n \right\} \\ &\leq \max_{0 \leq i \leq n} |a_i - b_i| = \|p - q\|. \end{aligned}$$

Daraus folgt sofort die Stetigkeit von $T$.

b) Wir zeigen nun, dass $T$ bijektiv ist.

**Injektivität:** Da $T$ linear ist, genügt es zu zeigen, dass $Tp = 0$ bereits $p = 0$ impliziert. Sei also $p \in X$ mit $Tp = 0$ vorgegeben, d. h.

$$a_0 m_0 + \sum_{i=1}^{n} \frac{a_i}{i} m_i = 0.$$

Aus der linearen Unabhängigkeit der Monome $m_i, i = 0, \ldots, n$, folgt für die Koeffizienten

$$a_0 = 0, \quad \frac{a_i}{i} = 0, i = 1, \ldots, n \Rightarrow a_i = 0, i = 0, \ldots, n.$$

Dann ist aber auch $p = 0$.

**Surjektivität:** Sei $p \in X$ vorgegeben. Gesucht ist ein $q \in X$ mit $Tq = p$. Wählen wir

$$q = a_0 m_0 + \sum_{i=1}^{n} i a_i m_i,$$

dann ist $Tq = p$.

c) Da $T$ bijektiv ist, existiert $T^{-1}$. Nach b) gilt:

$$T^{-1} p = a_0 m_0 + \sum_{i=1}^{n} i a_i m_i.$$

Wir wählen nun die Monome als Folge von Polynomen

$$p_n = m_n.$$

Dann gilt $\|p_n\| = 1$ für alle $n \in \mathbb{N}$, aber:

$$\left\|T^{-1} p_n\right\| = n .$$

$T^{-1}$ ist also unbeschränkt und somit nicht stetig.

*Alternativer Lösungsvorschlag:*
Nach der $\varepsilon$-$\delta$-Definition der Stetigkeit ist zu zeigen, dass gilt:

$$\begin{aligned}&\exists p_0 \in X\, \exists \varepsilon > 0\, \forall n \in \mathbb{N}\, \exists p_n \in X :\\&\|p_0 - p_n\| < \frac{1}{n} \wedge \left\|T^{-1} p_0 - T^{-1} p_n\right\| \geq \varepsilon.\end{aligned}$$

Wir wählen $p_0 = 0$, $\varepsilon = 1/4$ und $p_n = \frac{1}{n+1} m_n$. Dann ist

$$\|p_n\| = \frac{1}{n+1} < \frac{1}{n},$$

aber aus $T^{-1} p_n = \frac{n}{n+1} m_n$ folgt

$$\left\|T^{-1} p_n\right\| = \frac{n}{n+1} \geq \frac{1}{2} > \frac{1}{4}.$$

## Aufgabe 41

► **Stetigkeit einer Funktion auf $\mathbb{R}^2$**

Zeigen Sie, dass die Funktion

$$f : \mathbb{R}^2 \ni (x, y) \longmapsto \begin{cases} \dfrac{x^3}{x^2 + y^2} & , (x, y) \neq (0, 0) \\ 0 & , (x, y) = (0, 0) \end{cases}$$

bei allen $(x, y) \in \mathbb{R}^2$ stetig ist.

*Hinweis:* Der Nullpunkt ist gesondert zu behandeln.

**Lösung**

Für $x \neq 0$ ist $|f(x, y)| = \left|\dfrac{x}{1 + (y/x)^2}\right| \leq |x|$; für $x = 0$ ist $f(0, y) = 0$. Also gilt $|f(x, y)| \leq |x|$ für alle $(x, y) \in \mathbb{R}^2$, und daraus folgt, dass $f$ im Nullpunkt stetig ist.

Für $(x, y) \neq (0, 0)$ ist die Stetigkeit trivialerweise gegeben, da im Zähler und Nenner Polynome stehen.

## Aufgabe 42

### ▶ Stetigkeit von Funktionen auf topologischen Räumen

Gegeben seien die folgenden drei topologischen Räume:

$X_1 = \mathbb{R}$ mit der diskreten Topologie $\mathcal{T}_f$;

$X_2 = \mathbb{R}$ mit der durch die euklidische Metrik $d_2$ erzeugten Topologie $\mathcal{T}_2$;

$X_3 = \mathbb{R}$ mit der indiskreten Topologie $\mathcal{T}_g$.

a) Wie sehen die konvergenten Folgen in $X_1, X_2$ und $X_3$ aus?

b) Betrachten Sie Funktionen $f : X_i \to X_j$ mit $i, j \in \{1, 2, 3\}$. Zeigen Sie, dass für
   1) $i = 1$ oder $j = 3$ alle Funktionen stetig sind;
   2) $i = 2,\ j = 1;\ i = 3,\ j = 1;\ i = 3,\ j = 2$ nur die konstanten Funktionen stetig sind;
   3) $i, j = 2$ die übliche $\varepsilon$-$\delta$-Definition der Stetigkeit aus Analysis 1 erfüllt ist.

*Hinweise:*

1. Sie können in b) die Definition der Stetigkeit mit Hilfe offener Mengen benutzen (vgl. z. B. den Hinweis zu Aufg. 15 a).
2. In der feinsten Topologie $\mathcal{T}_f$ (auch *diskrete Topologie*) sind alle Mengen offen, d. h. $\mathcal{T}_f = \mathcal{P}(X)$. $\mathcal{T}_g$ ist die in Aufgabe 1 definierte chaotische (od. indiskrete) Topologie $\mathcal{T}_c$.
3. Die Definitionen einer feineren bzw. gröberen Topologie finden sich in den Hinweisen von Aufg. 1.

**Lösung**

a) $X_1$: Da bzgl. der feinsten Topologie $\mathcal{T}_f$ alle Mengen $\{x\}$, $x \in \mathbb{R}$, offen sind, muss die Folge $(x_n)_{n\in\mathbb{N}}$ ab einem gewissen $n_0 \in \mathbb{N}$ konstant gleich $x$ sein, damit sie gegen $x$ konvergieren kann. Also konvergieren nur die Folgen, die ab einem gewissen Index konstant sind.

$X_2$: Die konvergenten Folgen bzgl. der Topologie $\mathcal{T}_2$ sind die konvergenten Folgen aus Analysis 1.

$X_3$: Da die einzige Umgebung eines beliebigen Punktes $x \in \mathbb{R}$ bzgl. der Topologie $\mathcal{T}_g$ die Menge $\mathbb{R}$ selber ist, konvergiert jede Folge in diesem Fall gegen jeden beliebigen Wert in $\mathbb{R}$ (vgl. auch Aufgabe 7b).

b) 1) Da im Fall $i = 1$ jede beliebige Menge offen im Urbildraum $X_1$ ist, gilt dies somit offensichtlich auch für die Urbilder aller offenen Mengen in $X_j$, $j \in \{1, 2, 3\}$. Somit sind in diesem Fall alle Funktionen stetig.

Im Fall $j = 3$ gibt es nur die zwei offenen Mengen $\mathbb{R}$ und $\{\}$. Deren Urbilder sind $\mathbb{R}$ und $\{\}$, die unabhängig von der jeweiligen Topologie immer offen sind, also sind auch hier alle Funktionen stetig.

2) Im Fall $i = 3,\ j = 1$ muss das Urbild jeder offenen Menge in $X_1$ offen in $X_3$ sein, also muss dies auch für alle Mengen $\{x\},\ x \in \mathbb{R}$, gelten. Da in $X_3$ die einzigen offenen Mengen $\mathbb{R}$ und $\{\}$ sind, muss die Funktion $f$ konstant sein.
Im Fall $i = 3,\ j = 2$ muss das Urbild jeder offenen Menge in $X_2$ entweder $\mathbb{R}$ und $\{\}$ sein. Dazu muss aber $\mathbb{R}$ in jede noch so kleine offene Menge in $X_2$ abgebildet werden, was aber nur für konstante Funktionen $f$ möglich ist.
Im Fall $i = 2,\ j = 1$ betrachten wir also Funktionen $f : X_2 = (\mathbb{R}, \mathcal{T}_2) \to (\mathbb{R}, \mathcal{T}_f) = X_1$ und unterscheiden zwei Fälle:
**$f$ konstant**, d. h. $\exists c \in \mathbb{R} : f(x) = c\ \forall x \in \mathbb{R}$. Dann ist $f^{-1}(c) = \mathbb{R}$. Für die Stetigkeit von $f$ ist zu zeigen, dass $\forall Y \in \mathcal{T}_f : f^{-1}(Y) \in \mathcal{T}_2$. Entweder ist $c \in Y$, dann ist $f^{-1}(Y) = \mathbb{R}$ offen. Oder $c \notin Y$, dann ist $f^{-1}(Y) = \{\}$ und damit auch offen.
Im zweiten Fall sei **$f$ nicht konstant** (und stetig); dann existieren $x_1, x_2 \in X_2$ mit $y_1 := f(x_1) \neq f(x_2) =: y_2$. Die Mengen $\{y_1\}$ und $\mathbb{R} \setminus \{y_1\}$ sind offen in $X_1$; also müssen wegen der vorausgesetzten Stetigkeit von $f$ auch $f^{-1}(\{y_1\})$ und $f^{-1}(\mathbb{R} \setminus \{y_1\})$ offen in $X_2$ sein. Beide letztgenannten Mengen sind außerdem nichtleer, da

$$x_1 \in f^{-1}(\{y_1\}) \quad \text{und} \quad x_2 \in \{x \mid f(x) \neq y_1\} = f^{-1}(\mathbb{R} \setminus \{y_1\}),$$

und es gilt

$$f^{-1}(\mathbb{R} \setminus \{y_1\}) \cap f^{-1}(\{y_1\}) = \{\} \ \wedge\ f^{-1}(\mathbb{R} \setminus \{y_1\}) \cup f^{-1}(\{y_1\}) = \mathbb{R}.$$

Die erste Gleichheit in der letzten Formelzeile ist richtig, da andernfalls $\exists \hat{x} : f(\hat{x}) = y_1 \wedge f(\hat{x}) \neq y_1$; die zweite Gleichheit ist offensichtlich. Eine der beiden nichtleeren Mengen müsste daher in $X_2$ abgeschlossen sein, was einen Widerspruch liefert – nur $\mathbb{R}$ und $\{\}$ sind in $X_2$ abgeschlossen.
3) In diesem Fall liegt die übliche Stetigkeit aus Analysis 1 vor. Sei $\varepsilon > 0$ beliebig. Dann existiert zu jeder offenen Umgebung $K_\varepsilon(f(x)) \in U(f(x))$ genau dann eine offene Umgebung $K_\delta(x) \in U(x)$ mit $f(K_\delta(x)) \subset K_\varepsilon(f(x))$, wenn die Funktion $f$ die $\varepsilon$-$\delta$-Definition der Stetigkeit erfüllt.

## Aufgabe 43

### ▶ Stetigkeit in topologischen Räumen

Seien $(X, \mathcal{T}_X)$, $(Y, \mathcal{T}_Y)$ topologische Räume, und sei $f : X \to Y$. Zeigen Sie die Äquivalenz der folgenden drei Bedingungen (Bez.: $\mathcal{P}(Y)$ = Potenzmenge von $Y$):

(a) $f$ ist stetig.
(b) $\forall A \in \mathcal{T}_Y : f^{-1}(Y \setminus A)$ abgeschlossen.
(c) $\forall B \in \mathcal{P}(Y) : \operatorname{cl}\left(f^{-1}(B)\right) \subset f^{-1}(\operatorname{cl}(B))$.

**Lösung**

(a) $\Longleftrightarrow$ (b): Sei $A \in \mathcal{T}_Y$, d. h. $A$ offen. $f$ ist genau dann stetig, wenn das Urbild jeder offenen Menge wieder offen ist. Wegen

$$f^{-1}(A) \text{ offen} \iff X\backslash f^{-1}(A) = f^{-1}(Y\backslash A) \text{ abgeschlossen}$$

folgt die Äquivalenz von (a) und (b). [Für die Komplemente gilt nämlich $f^{-1}(A') = \big(f^{-1}(A)\big)'$, vgl. z. B. [14], Aufg. 8a.]

(b) $\Rightarrow$ (c): Sei $B \in \mathcal{P}(Y)$. Setze nun $A := Y\backslash \mathrm{cl}(B)$. Dann ist $A \in \mathcal{T}_Y$ und $\mathrm{cl}(B) = Y\backslash A$. Wegen (b) ist also $f^{-1}(\mathrm{cl}(B))$ abgeschlossen. Weiter gilt wegen $B \subset \mathrm{cl}(B)$ auch

$$f^{-1}(B) \subset f^{-1}(\mathrm{cl}(B))$$

und wegen Aufg. 20

$$\mathrm{cl}\big(f^{-1}(B)\big) \subset f^{-1}(\mathrm{cl}(B)).$$

(c) $\Rightarrow$ (b): Sei $A \in \mathcal{T}_Y$. Dann ist $B = Y\backslash A$ abgeschlossen und somit $\mathrm{cl}(B) = B$. Nach (c) folgt dann mit $B \in \mathcal{P}(Y)$, dass

$$f^{-1}(B) \subset \mathrm{cl}\big(f^{-1}(B)\big) \overset{(c)}{\subset} f^{-1}(\mathrm{cl}(B)) = f^{-1}(B).$$

Somit ist $f^{-1}(Y\backslash A) = f^{-1}(B) = \mathrm{cl}\big(f^{-1}(B)\big)$ abgeschlossen.

## Aufgabe 44

▶ **Lemma von Tikhonov**

Seien $X, Y$ metrische Räume, sei $X$ kompakt, und sei $f : X \to Y$ stetig und bijektiv. Dann ist $f^{-1} : Y \to X$ stetig.

*Bemerkung:* In Hofmann [9], 2.3.3, wird dies auch als „Satz von Tichonov" bezeichnet. Dort wird allerdings die Vollständigkeit der Räume vorausgesetzt, was offenbar nicht nötig ist.

**Lösung**

Z. z.: $y_n \longrightarrow y \implies f^{-1}(y_n) \longrightarrow f^{-1}(y)\ (n \to \infty)$

Sei also $y_n \longrightarrow y\ (n \to \infty)$ für beliebige $y, y_n \in Y, n \in \mathbb{N}$. Setze $x := f^{-1}(y)$, $x_n := f^{-1}(y_n)$, $n \in \mathbb{N}$. Da $X$ nach Voraussetzung kompakt ist, hat man

$$\forall \mathbb{N}' \subset \mathbb{N}\ \exists \mathbb{N}'' \subset \mathbb{N}' \quad \text{und} \quad \exists \tilde{x} \in X : x_n \longrightarrow \tilde{x}\ (n \to \infty, n \in \mathbb{N}'').$$

Wegen der Stetigkeit von $f$ konvergiert $f(x_n) \longrightarrow f(\tilde{x})$ $(n \to \infty,\ n \in \mathbb{N}'')$. Wegen der Eindeutigkeit von Limites muss $f(\tilde{x}) = y = f(x)$ sein. Also ist $\tilde{x} = x$. Dies gilt für jede Teilfolge $\mathbb{N}' \subset \mathbb{N}$, so dass die gesamte Folge $(x_n)_{n\in\mathbb{N}}$ gegen $x$ konvergiert,

$$f^{-1}(y_n) = x_n \longrightarrow x = f^{-1}(y)\ (n \to \infty).$$

## Aufgabe 45

► **Stetige und gleichmäßig stetige Abbildungen auf metrischen Räumen, Lemma von Tikhonov**

Seien $X, Y, Z$ metrische Räume, und sei $Y$ kompakt. Sei $f : X \to Y,\ g \in C(Y, Z),\ g$ injektiv. Zeigen Sie:

a) Ist $g \circ f$ stetig, so ist $f$ stetig.
b) Ist $g \circ f$ gleichmäßig stetig, so ist $f$ gleichmäßig stetig.

*Hinweis:* Benutzen Sie das Lemma von Tikhonov (s. Aufg. 44) sowie die Tatsache, dass eine stetige Funktion auf einem kompakten metrischen Raum gleichmäßig stetig ist.

**Lösung**

Nach dem Lemma von Tikhonov ist die Funktion $g^{-1} : g(Y) \to Y$ stetig. Auf Grund der Stetigkeit von $g$ ist der Definitionsbereich $g(Y)$ von $g^{-1}$ kompakt, da auch $Y$ kompakt ist. Dann ist $g^{-1}$ aber sogar gleichmäßig stetig (s. Hinweis). Hieraus folgt:

a) Ist $g \circ f$ stetig, so ist auch $f = g^{-1} \circ (g \circ f)$ stetig, da die Komposition stetiger Funktionen wieder stetig ist.
b) Ist $g \circ f$ gleichmäßig stetig, so ist auch $f = g^{-1} \circ (g \circ f)$ gleichmäßig stetig, da die Komposition gleichmäßig stetiger Funktionen wieder gleichmäßig stetig ist.

## Aufgabe 46

► **Stetige Abbildung, Niveaumenge**

Seien $X$ und $Y$ metrische Räume, sei $f : X \to Y$ eine stetige Abbildung, $c \in Y$ und

$$M := \{x \in X \mid f(x) = c\}.$$

Zeigen Sie, dass $M$ abgeschlossen ist. Ist $M$ auch immer kompakt?

**Lösung**

Sei $x \in X$ beliebig und $(x_n)_{n\in\mathbb{N}}$ eine beliebige Folge mit

$$x_n \in M \;\forall\, n \in \mathbb{N}, \;\lim_{n\to\infty} = x,$$

dann folgt mit Hilfe der Stetigkeit von $f$ direkt

$$f(x) = f(\lim_{n\to\infty} x_n) = \lim_{n\to\infty} f(x_n) = \lim_{n\to\infty} c = c,$$

d. h. $x \in M$. Anwendung z. B. von Aufgabe 21 zeigt $M = \overline{M}$, also ist $M$ abgeschlossen.

Die Menge $M$ ist in der Regel nicht kompakt. Seien dazu $X = Y = \mathbb{R}$ mit der euklidischen Metrik $d_2$. Ist $f \equiv 0$, dann gilt

$$M = \mathbb{R}.$$

Da $M$ aber offensichtlich nicht beschränkt ist, ist $M$ auch nicht kompakt.

## Aufgabe 47

**Gleichmäßige Konvergenz auf kompakten metrischen Räumen**

Sei $(X, d)$ ein kompakter metrischer Raum, und $f_n \in C(X, \mathbb{R})$, $n \in \mathbb{N}$. Weiterhin konvergiere $f_n(x)$ monoton wachsend gegen $f(x)$ (für $n \to \infty$) für alle $x \in X$, und $f$ sei stetig. Zeigen Sie, dass $(f_n)_{n\in\mathbb{N}}$ gleichmäßig gegen die Funktion $f$ konvergiert.

*Hinweis:* Benutzen Sie den Satz von Dini in der Form von [18], 2.16.

**Lösung**

Betrachte die Folge $(F_n)_{n\in\mathbb{N}}$ mit

$$F_n(x) := f(x) - f_n(x), \quad n \in \mathbb{N}.$$

Dann konvergiert die Folge nach Voraussetzung punktweise monoton fallend gegen die Nullfunktion, und die $F_n$, $n \in \mathbb{N}$, sind stetig. Nach dem Satz von Dini konvergiert die Folge dann auch gleichmäßig gegen die Nullfunktion, d. h. es gilt:

$$\begin{aligned}
&\forall\, \varepsilon > 0\, \exists\, N \in \mathbb{N}\; \forall\, n \geq N\; \forall\, x \in X : |F_n(x) - 0| < \varepsilon \\
\Leftrightarrow\; &\forall\, \varepsilon > 0\, \exists\, N \in \mathbb{N}\; \forall\, n \geq N\; \forall\, x \in X : |f_n(x) - f(x)| < \varepsilon;
\end{aligned}$$

also konvergiert die Folge $(f_n)_{n\in\mathbb{N}}$ gleichmäßig gegen $f$.

## Aufgabe 48

▶ **Satz von Arzelà-Ascoli**

Sei $(f_n)_{n\in\mathbb{N}}$ eine Folge in $C^1([-1,1],\mathbb{R})$. Weiterhin gelte:

$$\exists\, c_1 \geq 0\ \forall\, t \in [-1,1]\ \forall\, n \in \mathbb{N} : |f_n(t)| \leq c_1.$$

a) Es gelte zusätzlich:

$$\exists\, c_2 \geq 0\ \forall\, t \in (-1,1)\ \forall\, n \in \mathbb{N} : |f_n'(t)| \leq c_2.$$

Zeigen Sie, dass dann die Folge $(f_n)_{n\in\mathbb{N}}$ eine gleichmäßig konvergente Teilfolge enthält.

b) Die Folge $(F_n)_{n\in\mathbb{N}}$ sei definiert durch

$$F_n(t) := \int_{-1}^{t} f_n(s)ds,\ t \in [-1,1],\ n \in \mathbb{N}.$$

Zeigen Sie, dass auch die Folge $(F_n)_{n\in\mathbb{N}}$ eine gleichmäßig konvergente Teilfolge enthält.

*Hinweis:* Verwenden Sie den Satz von Arzelà-Ascoli (vgl. z. B. [7], 106, oder [10], I.3, Satz 3).

**Lösung**

Die Voraussetzungen des Satzes von Arzelà-Ascoli sind erfüllt, denn es gilt:

1. $X = [-1,1]$ ist ein kompakter metrischer Raum mit der Metrik $d_X(x,x') = |x-x'|$;
2. $Y = \mathbb{R}$ ist ein vollständig metrischer Raum mit der Metrik $d_Y(y,y') = |y-y'|$.

a) Sei $f_n$, $n \in \mathbb{N}$ wie in a) gegeben und $\mathcal{F}_1$ definiert durch

$$\mathcal{F}_1 := \{f_n,\ n \in \mathbb{N}\} \subset C([-1,1],\mathbb{R}).$$

Sei $\varepsilon > 0$ beliebig. Setze $\delta := \frac{\varepsilon}{c_2}$. Dann gilt mit Hilfe des MWS für alle $x, x' \in [-1,1]$ mit $|x-x'| < \delta$ und für alle $n \in \mathbb{N}$:

$$|f_n(x) - f_n(x')| = |f'(\alpha)||x-x'| < c_2\delta = \varepsilon,$$

wobei $\alpha \in (\min\{x,x'\}, \max\{x,x'\})$ ist für $x \neq x'$. Also ist die Menge $\mathcal{F}_1$ gleichgradig stetig. Die einzelnen Funktionen sind zudem Lipschitz-stetig mit Lipschitzkonstante $c_2$.

Da in $\mathbb{R}$ jede beschränkte Menge relativ kompakt ist, reicht es für die Anwendung des Satzes von Arzelà-Ascoli aus, zu zeigen, dass die Mengen $\mathcal{F}_1$ punktweise beschränkt sind. Nach Voraussetzung gilt dieses offensichtlich wegen

$$|f_n(x)| \leq c_1 \; \forall\, n \in \mathbb{N}, \quad \forall\, x \in [-1, 1].$$

Mit Hilfe des Satzes von Arzelà-Ascoli folgt nun, dass $\mathcal{F}_1$ relativ kompakte Teilmenge in $(C([-1,1],\mathbb{R}), \|\cdot\|_\infty)$ ist, d. h. der Abschluß von $\mathcal{F}_1$ ist kompakt. Somit ist $\operatorname{cl}(\mathcal{F}_1)$ folgenkompakt, und jede Folge in $\operatorname{cl}(\mathcal{F}_1)$, also auch $\mathcal{F}_1$ selbst, enthält eine konvergente Teilfolge. Da die Konvergenz bzgl. der Supremumsnorm stattfindet, ist diese damit auch gleichmäßig.

b) Definiere $\mathcal{F}_2$ durch

$$\mathcal{F}_2 := \{F_n,\, n \in \mathbb{N}\} \subset C([-1,1],\mathbb{R}).$$

Für alle $n \in \mathbb{N}$ und für $t \in [-1, 1]$ gilt:

$$|F_n(t)| = \left| \int_{-1}^{t} f_n(s)ds \right| \leq 2 \max_{s \in [-1,1]} |f_n(s)| \leq 2c_1 =: \tilde{c}_1 .$$

Weiterhin sind die Funktionen $F_n$, $n \in \mathbb{N}$, alle stetig differenzierbar in $(-1, 1)$, da die Funktionen $f_n$, $n \in \mathbb{N}$, stetig sind, und es gilt

$$|F_n'(t)| = |f_n(t)| \leq c_1 =: \tilde{c}_2 .$$

Somit erfüllt die Folge $(F_n)_{n\in\mathbb{N}}$ dieselben Abschätzungen wie die Folge $(f_n)_{n\in\mathbb{N}}$ mit den Konstanten $\tilde{c}_1$ und $\tilde{c}_2$ anstelle von $c_1$ und $c_2$. Mit derselben Argumentation wie in Teil a) ergibt sich nun sofort, dass $\mathcal{F}_2$ eine konvergente Teilfolge enthält.

## Aufgabe 49

### ► Norm in $C^1[0,1]$, relativ kompakte Teilmenge in $C[0,1]$

Sei $X := C^1([0,1],\mathbb{R}) := \{f : [0,1] \to \mathbb{R} \mid f \text{ stetig differenzierbar}\}$, und sei $|||\cdot|||_1 : X \ni f \mapsto |f(0)| + \sup_{t\in[0,1]} |f'(t)| \in \mathbb{R}$ .

a) Verifizieren Sie, dass $|||\cdot|||_1$ eine Norm auf $X$ ist.
b) Zeigen Sie: $(X, |||\cdot|||_1)$ ist ein Banachraum.
c) Sei $A := \left\{f \in X \,\middle|\, |||f|||_1 \leq 1\right\}$. Zeigen Sie: $A$ ist eine relativ kompakte Teilmenge von $(C([0,1],\mathbb{R}),\ \|\cdot\|_\infty)$.

*Hinweis:* In c) ist wieder der Satz von Arzelà-Ascoli oder das Ergebnis von Aufgabe 48 zu benutzen.

**Lösung**

Die Menge $X = C^1([0,1],\mathbb{R})$ der stetig differenzierbaren Funktionen ist ein linearer Unterraum von $C([0,1],\mathbb{R})$, dem Raum der stetigen Funktionen. Der wesentliche Grund hierfür ist Tatsache, dass die Summe zweier stetig differenzierbarer Funktionen bzw. das skalare Vielfache einer stetig differenzierbaren Funktion wieder stetig differenzierbar sind.

a) Wir beweisen nun, dass die Abbildung $|||\cdot|||_1$ eine Norm auf $X$ definiert. Dabei nutzen wir beim Beweis der Homogenität und der Dreiecksungleichung wesentlich aus, dass die Ableitung eine lineare Abbildung von $X$ nach $C([0,1],\mathbb{R})$ ist.
   1) **Definitheit:** $|||f|||_1 \geq 0$ sowie $f = 0 \Rightarrow |||f|||_1 = 0$ ist klar.

$$\begin{aligned} |||f|||_1 = 0 &\Rightarrow |f(0)| + \sup_{t\in[0,1]} |f'(t)| = 0 \\ &\Rightarrow f(0) = 0 \wedge f'(t) = 0 \; \forall t \in [0,1] \\ &\Rightarrow f(t) = \underbrace{f(0)}_{=0} + \int_0^t \underbrace{f(s)}_{=0} \, ds = 0 \; \forall t \in [0,1] \\ &\Rightarrow f \equiv 0 \end{aligned}$$

   2) **Homogenität:** $|||\alpha f|||_1 = |\alpha| \, |||f|||_1$ ist klar.
   3) **Dreiecksungleichung:**

$$\begin{aligned} |||f+g|||_1 &= |f(0)+g(0)| + \sup_{t\in[0,1]} |f'(t)+g'(t)| \\ &\leq |f(0)| + |g(0)| + \sup_{t\in[0,1]} |f'(t)| + \sup_{t\in[0,1]} |g'(t)| \\ &= |||f|||_1 + |||g|||_1 \end{aligned}$$

b) Sei $(f_n)_{n\in\mathbb{N}}$ eine Cauchy-Folge in $(X, |||\cdot|||_1)$.

$$\Rightarrow \forall \varepsilon > 0 \exists N \in \mathbb{N} \forall m,n \geq N :$$
$$|||f_m - f_n|||_1 = |f_m(0) - f_n(0)| + \|f_m' - f_n'\|_\infty < \varepsilon$$

Hieraus folgt sofort, dass sowohl $(f_n(0))_{n\in\mathbb{N}}$ eine Cauchy-Folge im vollständigen Raum $(\mathbb{R}, |\cdot|)$ als auch $\{f_n'\}_{n\in\mathbb{N}}$ eine Cauchy-Folge im vollständigen Raum $(C([0,1],\mathbb{R}), \|\cdot\|_\infty)$ bildet. Da in vollständigen Räumen jede Cauchy-Folge konvergiert, gilt also:

$$\exists c \in \mathbb{R} : \lim_{n\to\infty} f_n(0) = c \quad \text{und} \quad \exists g \in C([0,1],\mathbb{R}) : \lim_{n\to\infty} f_n' = g.$$

Die Konvergenz ist dabei im Sinne der jeweiligen Norm auf den betrachteten Räumen zu verstehen.

Setze nun

$$f(t) := c + \int_0^t g(s)\,ds,\ t \in [0,1].$$

Dann ist nach dem Hauptsatz der Differential- und Integralrechnung $f \in X$ mit $f(0) = c$ und $f' = g$, und es gilt

$$\begin{aligned}|||f - f_n|||_1 &= |f(0) - f_n(0)| + \sup_{t\in[0,1]} |f'(t) - f_n'(t)| \\ &= \underbrace{|c - f_n(0)|}_{\to 0} + \underbrace{\|g - f_n'\|_\infty}_{\to 0} \to 0\ (n \to \infty).\end{aligned}$$

Also konvergiert die Cauchy-Folge $(f_n)_{n\in\mathbb{N}}$ in $(X, |||\cdot|||_1)$ gegen $f \in X$. Somit ist $(X, |||\cdot|||_1)$ ein Banachraum.

c) Sei $(f_n)_{n\in\mathbb{N}}$ eine Folge mit $|||f_n|||_1 \le 1$, $\forall n \in \mathbb{N}$. Dann gilt

$$\begin{aligned}\|f_n\|_\infty &= \left\| f_n(0) + \int_0^\cdot f_n'(s)\,ds \right\|_\infty \le \|f_n(0)\|_\infty + \left\| \int_0^\cdot f_n'(s)\,ds \right\|_\infty \\ &\le |f_n(0)| + \sup_{t\in[0,1]} |f_n'(t)| \le 1.\end{aligned}$$

Die Folgen $(f_n(0))_{n\in\mathbb{N}}$ und $(f_n')_{n\in\mathbb{N}}$ sind also beschränkt. Mit dem Satz von Bolzano–Weierstraß bzw. Aufgabe 48 folgt, dass beide konvergente Teilfolgen besitzen. Also gibt es auch eine konvergente Teilfolge von $(f_n)$.

Eine **andere Möglichkeit des Beweises** besteht darin, den Satz von Arzelà-Ascoli direkt anzuwenden. Es ist

(a) $X' = [0,1]$ kompakter metrischer Raum mit Metrik $d_{X'}(x,x') = |x - x'|$,
(b) $Y = \mathbb{R}$ vollständiger metrischer Raum mit Metrik $d_Y(y,y') = |y - y'|$,
(c) $\mathcal{F} := A = \{f \in X \mid |||f|||_1 \le 1\} \subset C([0,1],\mathbb{R})$.

Wir beweisen nun:

1) $A$ ist gleichgradig gleichmäßig stetig.
2) $A(x) := \{f(x) | f \in A\}$, $x \in X'$, sind relativ kompakte Teilmengen in $(\mathbb{R}, |.|)$.

**Zu 1):** Sei $\varepsilon > 0$ vorgegeben. Wähle $\delta := \varepsilon$. Dann gilt nach dem MWS für alle $f \in A$ und alle $x, x' \in [0,1]$ mit $|x - x'| < \delta$:

$$|f(x) - f(x')| \le |f'(\xi)|\,|x - x'| < |||f|||_1\,\delta \le \varepsilon.$$

$A$ ist also gleichgradig gleichmäßig stetig.

**Zu 2):** Wir zeigen wieder, dass $A(x)\ \forall x \in [0,1]$ beschränkt ist. Für $f \in A$ gilt:

$$\begin{aligned}|f(x)| &= \left| f(0) + \int_0^x f'(s)\,ds \right| \le |f(0)| + x \sup_{s\in[0,1]} |f'(s)| \\ &\le |f(0)| + \|f'\|_\infty = |||f|||_1 \le 1.\end{aligned}$$

Damit ist gezeigt, dass $A(x)$ für jedes $x \in X$ beschränkte und somit relativ kompakte Teilmenge in $\mathbb{R}$ ist.

$$\overset{\text{A.-A.}}{\Longrightarrow} A \text{ ist relativ kompakte Teilmenge von } (C([0,1],\mathbb{R}), \|\cdot\|_\infty).$$

## Aufgabe 50

### ▶ Stetige Integralabbildung

Sei $X$ normierter Raum und sei $f : [a,b] \times X \longrightarrow \mathbb{R}^m$ stetig ($[a,b] \times X$ ist metrischer Raum bzgl. $d((t,x),(s,u)) := |t-s| + \|x-u\|_X$).
Zeigen Sie: Die Abbildung

$$g : X \ni x \longmapsto \int\limits_a^b f(t,x)\,dt \in \mathbb{R}^m$$

ist stetig.

*Hinweis:* Sie können benutzen, dass für vektorwertige integrierbare Funktionen $F : [a,b] \longrightarrow \mathbb{R}^m$ auch $\|F(\cdot)\| : [a,b] \longrightarrow \mathbb{R}$ für jede Norm $\|\cdot\|$ auf dem $\mathbb{R}^m$ integrierbar ist, und die Abschätzung gilt

$$\left\| \int\limits_a^b F(t)\,dt \right\| \leq \int\limits_a^b \|F(t)\|\,dt.$$

**Lösung**

Wir betrachten zunächst ein festes $x \in X$. Da $f$ stetig ist, ist auch die Funktion

$$h : [a,b] \ni t \mapsto f(t,x) \in \mathbb{R}^m$$

stetig und damit integrierbar. Die Definition von $g$ ist also sinnvoll.

Sei $x_0 \in X$, und $\varepsilon > 0$ sei beliebig vorgegeben. Für ein beliebiges $t_0 \in [a,b]$ folgt dann aus der Stetigkeit von $f$:

$$\begin{aligned} &\exists \delta = \delta(\varepsilon, t_0, x_0) > 0\, \forall (t,x) \in [a,b] \times X : d((t,x),(t_0,x_0)) < \delta \\ &\Rightarrow \|f(t,x) - f(t_0,x_0)\|_{\mathbb{R}^m} < \frac{\varepsilon}{2(b-a)}. \end{aligned} \qquad (*)$$

Mit diesen $\delta_0 = \delta(\varepsilon, t_0, x_0)$ erhalten wir eine offene Überdeckung des kompakten Intervalls $[a,b]$ mit Kugeln $K_{\delta_0/2}(t_0), t_0 \in [a,b]$,

$$[a,b] = \bigcup_{t_0 \in [a,b]} K_{\delta_0/2}(t_0) \cap [a,b]$$

aus der sich eine endliche offene Überdeckung des Intervalls auswählen lässt mit

$$[a,b] = \bigcup_{j=1}^{n} K_{\delta_j/2}(t_j) \cap [a,b], \quad \delta_j = \delta(t_j).$$

Wählen wir nun

$$\delta(\varepsilon, x_0) := \min_{j=1,\dots,n} \{\delta_j/2\},$$

dann hängt dieses $\delta := \delta(\varepsilon, x_0)$ nur von $\varepsilon$ und $x_0$ ab, und es gilt für alle $x \in X$ mit $\|x - x_0\|_X < \delta$ und für alle $t \in [a,b]$:

$$\|f(t,x) - f(t,x_0)\|_{\mathbb{R}^m} < \frac{\varepsilon}{(b-a)}.$$

Denn zu jedem $t \in [a,b]$ existiert ein $t_j$, $j \in \{1,\dots,n\}$ mit $|t - t_j| < \delta_j/2$, und somit gilt:

$$\begin{aligned}\|f(t,x) - f(t,x_0)\|_{\mathbb{R}^m} &\le \|f(t,x) - f(t_j,x_0)\|_{\mathbb{R}^m} + \|f(t_j,x_0) - f(t,x_0)\|_{\mathbb{R}^m} \\ &< 2 \cdot \frac{\varepsilon}{2(b-a)} = \frac{\varepsilon}{(b-a)}.\end{aligned}$$

Die zweite Ungleichung folgt aus der Stetigkeit von $f$ (Gl. $(*)$ mit $t_j$ statt $t_0$) und gilt, da

$$d((t,x),(t_j,x_0)) = |t - t_j| + \|x - x_0\|_X < \frac{\delta_j}{2} + \frac{\delta(x_0)}{2} \le \delta_j$$

und

$$d((t_j,x_0),(t,x_0)) = |t_j - t| < \delta_j/2 < \delta_j.$$

Damit erhalten wir nun

$$\begin{aligned}\|g(x) - g(x_0)\|_{\mathbb{R}^m} &= \left\| \int_a^b f(t,x)\,dt - \int_a^b f(t,x_0)\,dt \right\|_{\mathbb{R}^m} \\ &= \left\| \int_a^b f(t,x) - f(t,x_0)\,dt \right\|_{\mathbb{R}^m} \\ &\overset{\text{Hinweis:}}{\le} \int_a^b \|f(t,x) - f(t,x_0)\|_{\mathbb{R}^m}\,dt \\ &\le \frac{\varepsilon}{(b-a)} \int_a^b dt = \varepsilon\end{aligned}$$

und somit die Stetigkeit von $g$ in $x_0$.

## 1.7 Kurven im $\mathbb{R}^n$

### Aufgabe 51

► **Weglänge mit Polarkoordinaten**

Sei $f : [\alpha, \beta] \to \mathbb{R}^+ \cup \{0\}$ stetig differenzierbar. Dann wird durch $r = f(\vartheta)$, $\vartheta \in [\alpha, \beta]$, ein Weg $\varphi : [\alpha, \beta] \ni \vartheta \mapsto (r\cos(\vartheta), r\sin(\vartheta)) \in \mathbb{R}^2$ in Polarkoordinaten definiert. Zeigen Sie, dass die zugehörige Weglänge $L$ durch

$$L = \int_\alpha^\beta \sqrt{(f(\vartheta))^2 + (f'(\vartheta))^2}\, d\vartheta$$

gegeben ist.

*Hinweis:* Sie können [8], 177.5, benutzen.

**Lösung**

Für die kartesischen Koordinaten des gegebenen Weges

$$\begin{aligned}\varphi_1(\vartheta) &= x = r\cos(\vartheta) = f(\vartheta)\cos(\vartheta)\\ \varphi_2(\vartheta) &= y = r\sin(\vartheta) = f(\vartheta)\sin(\vartheta)\end{aligned}$$

erhält man offenbar

$$\dot{\varphi} = (f'\cos(\vartheta) - f\sin(\vartheta), f'\sin(\vartheta) + f\cos(\vartheta)),$$

und folglich

$$\begin{aligned}\|\dot{\varphi}\|_2 &= \big((f')^2\cos^2(\vartheta) - 2ff'\cos(\vartheta)\sin(\vartheta) + f^2\sin^2(\vartheta)\\ &\quad + (f')^2\sin^2(\vartheta) + 2ff'\sin(\vartheta)\cos(\vartheta) + f^2\cos^2(\vartheta)\big)^{\frac{1}{2}}\\ &= \sqrt{f'(\vartheta)^2 + f(\vartheta)^2}\end{aligned}$$

Nach [8], Satz 177.5, gilt dann

$$L = \int_\alpha^\beta \|\dot{\varphi}\|_2\, d\vartheta = \int_\alpha^\beta \sqrt{f'(\vartheta)^2 + f^2(\vartheta)^2}\, d\vartheta,$$

also die Behauptung.

## Aufgabe 52

### ► Weglängenberechnung

Berechnen Sie die Länge der folgenden in Polardarstellung gegebenen Wege:

a) $r = \sin(\vartheta), \vartheta \in [0, \pi]$;
b) $r = \vartheta^2, \vartheta \in [0, 2\pi]$.

*Hinweis:* Sie können das Ergebnis von Aufgabe 51 benutzen.

**Lösung**

a) Mit Hilfe der Aufgabe 51 berechnet man:

$$L = \int_0^\pi \sqrt{\cos^2(\vartheta) + \sin^2(\vartheta)}\, d\vartheta = \pi$$

b) Durch analoges Vorgehen wie in a) errechnet man:

$$\begin{aligned} L &= \int_0^{2\pi} \sqrt{4\vartheta^2 + \vartheta^4}\, d\vartheta = \frac{1}{2}\int_0^{2\pi} 2\vartheta\sqrt{\vartheta^2 + 4}\, d\vartheta = \frac{1}{2}\int_4^{4\pi^2+4} \sqrt{z}\, dz \\ &= \frac{1}{2}\left[\frac{2}{3} \cdot z^{\frac{3}{2}}\right]_4^{4\pi^2+4} = \frac{1}{2}\left(\frac{2}{3} \cdot 8 \cdot \left(\sqrt{\pi^2 + 1}\right)^3 - \frac{2}{3} \cdot 8\right) \\ &= \frac{8}{3}\left(\left(\sqrt{\pi^2 + 1}\right)^3 - 1\right) \end{aligned}$$

## Aufgabe 53

### ► Weglänge, Krümmung

a) Stellen Sie die Kreislinie

$$\varphi(t) = (r\cos(t), r\sin(t)),\ t \in [0, 2\pi],$$

mit Hilfe der Weglänge

$$s = s_\varphi = rt$$

als Parameter dar, d. h. geben Sie eine stetige Funktion $\psi = \psi(s)$ an, so dass für die zugehörige Kurve $\Gamma_\varphi = \Gamma_\psi$ gilt.

b) Berechnen Sie für den Kreis aus Aufgabenteil a)

$$\|\dot{\varphi}(t)\|_2, \quad \int_0^t \|\dot{\varphi}(\tau)\| d\tau, \quad \|\dot{\psi}(s)\|_2$$

sowie die *Krümmung* $\|\ddot{\psi}(s)\|$ und den *Krümmungsmittelpunkt*

$$\mu(s) := \psi(s) + \frac{\ddot{\psi}(s)}{\|\ddot{\psi}(s)\|_2^2}.$$

*Bemerkung:* Die Kreislinie ist für $t \in [0, 2\pi]$ ein geschlossener Jordan-Weg (s. Aufg. 66a).

**Lösung**

a) Für die Weglänge gilt hier

$$s = rt \Leftrightarrow t = \frac{s}{r}$$

und somit

$$\psi(s) = \left(r\cos\left(\frac{s}{r}\right), r\sin\left(\frac{s}{r}\right)\right), \quad s \in [0, 2\pi r].$$

b)

$$\|\dot{\varphi}(t)\|_2 = \|(-r\sin(t), r\cos(t))\|_2 = \sqrt{r^2\sin^2(t) + r^2\cos^2(t)} = \sqrt{r^2} = r;$$

$$\int_0^t \|\dot{\varphi}(\tau)\|_2 d\tau = \int_0^t r\,d\tau = rt;$$

$$\begin{aligned}
\|\dot{\psi}(s)\|_2 &= \left\|\left(-r\frac{1}{r}\sin\left(\frac{s}{r}\right), r\frac{1}{r}\cos\left(\frac{s}{r}\right)\right)\right\|_2 \\
&= \sqrt{\sin^2\left(\frac{s}{r}\right) + \cos^2\left(\frac{s}{r}\right)} = 1; \\
\|\ddot{\psi}(s)\|_2 &= \left\|\left(-r\frac{1}{r^2}\cos\left(\frac{s}{r}\right), -r\frac{1}{r^2}\sin\left(\frac{s}{r}\right)\right)\right\|_2 \\
&= \sqrt{r^{-2}\sin^2\left(\frac{s}{r}\right) + r^{-2}\cos^2\left(\frac{s}{r}\right)} = \frac{1}{r}; \\
\mu(s) &= \psi(s) + \frac{\ddot{\psi}(s)}{\|\ddot{\psi}(s)\|_2^2} \\
&= \left(r\cos\left(\frac{s}{r}\right),\ r\sin\left(\frac{s}{r}\right)\right) + r\left(-\cos\left(\frac{s}{r}\right),\ -\sin\left(\frac{s}{r}\right)\right) = (0, 0).
\end{aligned}$$

## Aufgabe 54

► **Jordan-Wege: Schraubenlinie, Archimedische Spirale, Kardioid**

Prüfen Sie, ob es sich bei den folgenden Wegen um Jordan-Wege handelt:

a) $\varphi : [0, 4\pi] \ni t \mapsto (r\cos(t), r\sin(t), ct) \in \mathbb{R}^3, r > 0,\ c > 0$
(*Schraubenlinie*, Abb. 1.2)
b) $\varphi : [0, \infty) \ni t \mapsto (at\cos(t), at\sin(t)) \in \mathbb{R}^2, a > 0$
(*Archimedische Spirale*, Abb. 1.3)
c) $\varphi : [0, 2\pi] \ni t \mapsto (a(1 + \cos(2t))\cos(2t), a(1 + \cos(2t))\sin(2t)) \in \mathbb{R}^2, a > 0$
(*Kardioid*, Abb. 1.4)

**Lösung**

a) Für $\varphi(t) = (\varphi_1(t), \varphi_2(t), \varphi_3(t)))$ folgt aus $\varphi(t_1) = \varphi(t_2)$, dass $ct_1 = \varphi_3(t_1) = \varphi_3(t_2) = ct_2$ und daraus, wegen $c > 0$, $t_1 = t_2$. Es handelt sich also um einen Jordan-Weg.
b) Wenn die beiden Punkte $\varphi(t_1)$ und $\varphi(t_2)$ die gleichen kartesischen Koordinaten haben, so besitzen sie auch gleiche Polarkoordinaten. Die kartesischen Koordinaten lassen sich in Polarkoordinaten umrechnen nach den Formeln:

$$r = (r(x, y)) =) \sqrt{x^2 + y^2}, \quad \vartheta = \arctan\left(\frac{y}{x}\right)$$

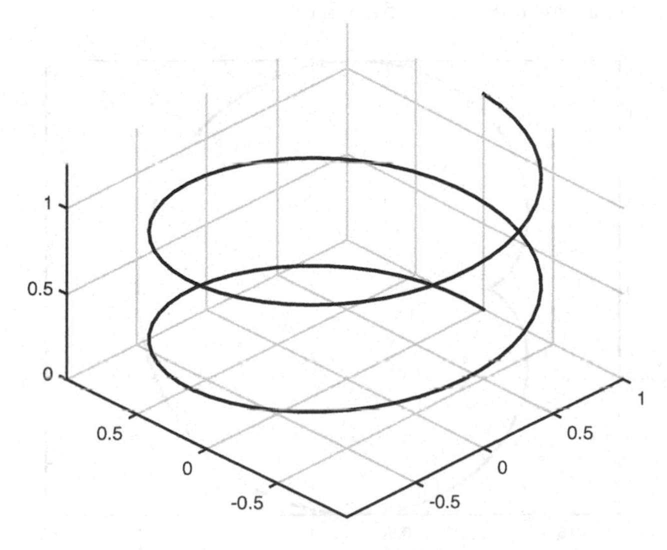


**Abb. 1.2** Schraubenlinie mit $r = 1$, $c = 0,1$ (Aufg. 54, Teil a)

Es folgt:

$$\begin{aligned} at_1 &= \sqrt{(at_1\cos(t_1))^2 + (at_1\sin(t_1))^2} = r(\varphi(t_1)) \\ &= r(\varphi(t_2)) = \sqrt{(at_2\cos(t_2))^2 + (at_2\sin(t_2))^2} = at_2\,, \end{aligned}$$

also $t_1 = t_2$. Folglich handelt es sich auch hier um einen Jordan-Weg.

c) Wegen $\varphi(0) = (2a, 0) = \varphi(\pi)$ handelt es sich nicht um einen Jordan-Weg. *Bemerkung:* $(2a, 0)$ heißt auch *Scheitelpunkt*.

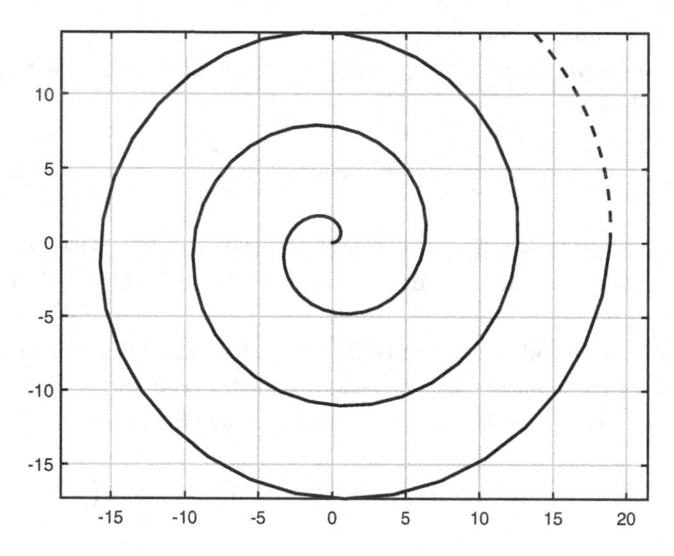


**Abb. 1.3** Archim. Spirale mit $a = 1$ (Aufg. 54, Teil b)

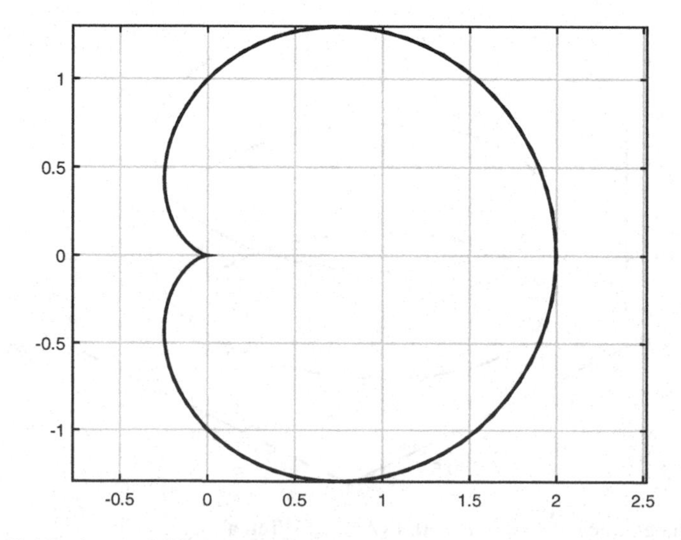


**Abb. 1.4** Kardioid mit $a = 1$ (Aufg. 54, Teil c)

## Aufgabe 55

▶ **Weglängen: Neil'sche Parabel, Schraubenlinie, Kardioid**

Berechnen Sie die Weglängen der folgenden Kurven:

a) $\varphi_1 : \left[0, \frac{1}{2}\right] \ni t \mapsto (4t^2, 8t^3) \in \mathbb{R}^2$ (*Neil'sche Parabel*, Abb. 1.5);
b) $\varphi_2 : [0, 4\pi] \ni t \mapsto (r\cos(t), r\sin(t), ct) \in \mathbb{R}^3$, wobei $c > 0$ (*Schraubenlinie*);
c) $\varphi_3 : [0, 2\pi] \ni t \mapsto (a(1+\cos(2t))\cos(2t), a(1+\cos(2t))\sin(2t)) \in \mathbb{R}^2$, wobei $a > 0$ (*Kardioid*).

**Lösung**

a)

$$L_1 := \int_0^{0,5} \|\dot{\varphi}_1(t)\|_2 dt = \int_0^{0,5} \sqrt{(8t)^2 + (24t^2)^2} dt = \int_0^{0,5} 8t\sqrt{1+9t^2} dt$$

$$= \frac{8}{27}(1+9t^2)^{3/2}\Big|_0^{0,5} = \frac{8}{27}\left(\left(1+\frac{9}{4}\right)^{3/2} - 1\right);$$

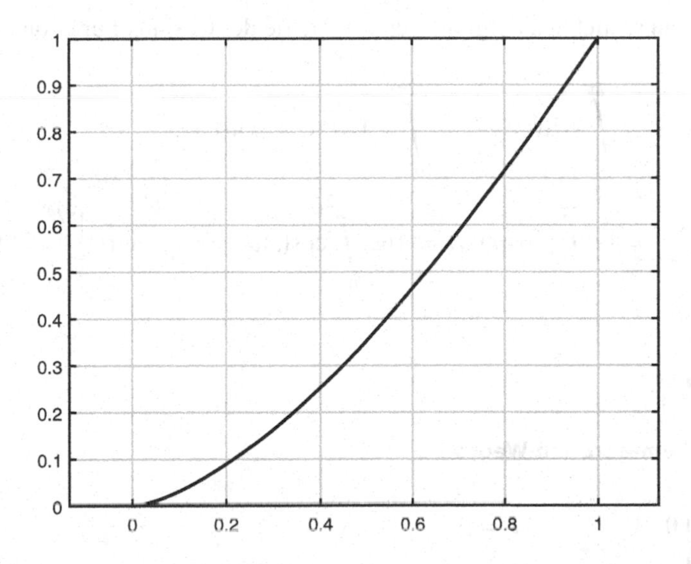


**Abb. 1.5** Neil'sche Parabel (Aufg. 55, Teil a)

b)

$$L_2 := \int_0^{4\pi} \|\dot\varphi_2(t)\|_2 dt = \int_0^{4\pi} \sqrt{(-r\sin(t))^2 + (r\cos(t))^2 + c^2} dt = \int_0^{4\pi} \sqrt{r^2 + c^2} dt$$
$$= \sqrt{r^2 + c^2} t \Big|_0^{4\pi} = 4\pi\sqrt{r^2 + c^2};$$

c) Mit Hilfe von

$$\begin{aligned}\|\dot\varphi_3(t)\|_2^2 &= (a((1+\cos(2t))(-2\sin(2t)) - 2\sin(2t)\cos(2t)))^2\\ &\quad + (a((1+\cos(2t))(2\cos(2t)) - 2\sin(2t)\sin(2t)))^2\\ &= 4a^2((1+\cos(2t))^2\sin^2(2t) + \sin^2(2t)\cos^2(2t)\\ &\quad + 2(1+\cos(2t))\sin^2(2t)\cos(2t))\\ &\quad + 4a^2((1+\cos(2t))^2\cos^2(2t) + \sin^4(2t)\\ &\quad - 2(1+\cos(2t))\sin^2(2t)\cos(2t))\\ &= 4a^2((1+\cos(2t))^2 + \sin^2(2t))\\ &= 4a^2(1 + 2\cos(2t) + \cos^2(2t) + \sin^2(2t))\\ &= 8a^2(1 + (1 - 2\sin^2(t))) = 16a^2\cos^2(t)\end{aligned}$$

erhält man schließlich aufgrund der Symmetrie der Cosinus-Funktion und $a > 0$

$$L_3 := \int_0^{2\pi} \|\dot\varphi_3(t)\|_2 dt = \int_0^{2\pi} \sqrt{16a^2\cos^2(t)} dt$$
$$= 4a \int_0^{2\pi} |\cos(t)| dt = 16a \int_0^{\pi/2} \cos(t) dt = 16a \sin(t)\Big|_0^{\pi/2} = 16a.$$

## Aufgabe 56

► **Beispiel eines Jordan-Weges**

Sei $f(t) := \begin{cases} 0, & t = 0 \\ t^2\cos\left(\frac{\pi}{t^2}\right), & 0 < t \le 1 \end{cases}$.

Zeigen Sie:

a) Durch $\varphi : [0,1] \ni t \mapsto (t, f(t))$ wird ein Weg in $\mathbb{R}^2$ erklärt.
b) $\varphi$ ist ein Jordan-Weg.

**Lösung**

a) Es ist hier die Stetigkeit von $\varphi$ zu beweisen. Dazu reicht es offenbar, die Stetigkeit von $f$ im Nullpunkt zu zeigen. Wegen

$$\left|t^2 \cos\left(\frac{\pi}{t^2}\right)\right| \leq \left|t^2\right| \to 0 \quad (t \to 0)$$

ist dies offensichtlich.

b) Aus $\varphi(t_1) = \varphi(t_2)$ folgt unmittelbar durch Betrachtung der ersten Komponente, dass $t_1 = t_2$.

## Aufgabe 57

### ► Rektifizierbarkeit

Beweisen Sie, dass der in der Aufgabe 56 definierte Weg $\varphi$ nicht rektifizierbar ist.

*Hinweis:* Betrachten Sie für $n \in \mathbb{N}$ die Zerlegung

$$Z : 0 < \frac{1}{\sqrt{n}} < \frac{1}{\sqrt{n-1}} < \frac{1}{\sqrt{n-2}} < \ldots < \frac{1}{\sqrt{2}} < 1.$$

**Lösung**

Wir zeigen, dass die zweite Koordinatenfunktion (also $f$) nicht von beschränkter Variation ist; nach Satz 117.1 in [8] ist dann $\varphi$ nicht rektifizierbar. Betrachtet man die Zerlegung aus dem Hinweis, so erhält man:

$$\begin{aligned}
\operatorname{var}(Z; f) &= \left|f\left(\frac{1}{\sqrt{n}}\right)\right| + \sum_{i=2}^{n}\left|f\left(\frac{1}{\sqrt{n-i+1}}\right) - f\left(\frac{1}{\sqrt{n-i+2}}\right)\right| \\
&= \left|\frac{1}{n}\cos(n\pi)\right| \\
&\quad + \sum_{i=2}^{n}\left|\frac{1}{n-i+1}\cos\left((n-i+1)\pi\right) - \frac{1}{n-i+2}\cos\left((n-i+2)\pi\right)\right| \\
&= \left|\frac{1}{n}\cos(n\pi)\right| \\
&\quad + \sum_{i=2}^{n}\left|\frac{1}{n-i+1}\cos\left((n-i+1)\pi\right) + \frac{1}{n-i+2}\cos\left((n-i+1)\pi\right)\right| \\
&= \underbrace{|\cos(n\pi)|}_{=1} \cdot \left|\frac{1}{n}\right| + \sum_{i=2}^{n} \underbrace{|\cos\left((n-i+1)\pi\right)|}_{=1} \cdot \left|\frac{1}{n-i+1} + \frac{1}{n-i+2}\right|
\end{aligned}$$

$$= \frac{1}{n} + \sum_{i=2}^{n} \left| \frac{1}{n-i+1} + \frac{1}{n-i+2} \right|$$
$$= 1 + 2 \cdot \sum_{i=2}^{n} \frac{1}{i}$$
$$\geq \sum_{i=1}^{n} \frac{1}{i}.$$

Beim 3. Gleichheitszeichen benutzt man, dass $\cos(x+2\pi) = -\cos(x+\pi)$. Insgesamt hat man gezeigt, dass die (divergente) Folge der Partialsummen der harmonischen Reihe eine Minorante von $\mathrm{var}(Z; f)$ ist, so dass für $(n \to \infty)$ $\mathrm{var}(Z; f)$ nicht beschränkt bleibt, und damit $f$ nicht von beschränkter Variation sein kann.

## Aufgabe 58

### ► Weglängenberechnung

Sei $a > 0$. Berechnen Sie die Länge von (s. Abb. 1.6)

$$\psi : [-a, a] \ni t \mapsto \left(t, |t|^{3/2}\right) \in \mathbb{R}^2.$$

**Lösung**

Setze $\psi(t) = (\psi_1(t), \psi_2(t))$. Dann ist

$$\psi_1'(t) = 1$$
$$\psi_2'(t) = \begin{cases} \frac{3}{2}t^{1/2} & , \quad t > 0 \\ -\frac{3}{2}(-t)^{1/2} & , \quad t < 0 \\ 0 & , \quad t = 0 \end{cases}$$

also

$$\left(\psi_1'(t)\right)^2 = 1, \quad \left(\psi_2'(t)\right)^2 = \frac{9}{4}|t|.$$

Man erhält damit

$$L(\psi) = \int_{-a}^{a} \sqrt{1 + \frac{9}{4}|t|}\, dt = 2 \int_{0}^{a} \sqrt{1 + \frac{9}{4}t}\, dt$$
$$= 2 \int_{1}^{1+\frac{9}{4}a} \frac{4}{9}\sqrt{u}\, du = \frac{8}{9}\left[\frac{2}{3}u^{3/2}\right]_1^{1+\frac{9}{4}a}$$
$$= \frac{16}{27}\left(\left(1 + \frac{9}{4}a\right)^{3/2} - 1\right)$$

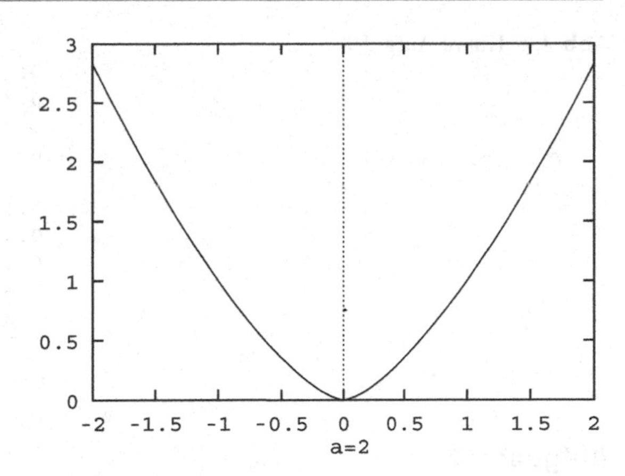


**Abb. 1.6** Kurve Aufg. 58

## Aufgabe 59

► **Weglängenberechnung**

Sei $a > 0$. Berechnen Sie die Länge von (s. Abb. 1.7)

$$\varphi : [-a, a] \ni t \mapsto \left( \frac{1}{1+t^2}, \frac{t}{1+t^2} \right) \in \mathbb{R}^2.$$

**Lösung**

Es ist

$$\varphi_1'(t) = \frac{2t}{(1+t^2)^2}$$
$$\varphi_2'(t) = \frac{1}{1+t^2} - \frac{2t^2}{(1+t^2)^2} = \frac{1-t^2}{(1+t^2)^2}$$

und somit

$$\varphi_1'(t)^2 = \frac{4t^2}{(1+t^2)^4}$$
$$\varphi_2'(t)^2 = \frac{t^4 - 2t^2 + 1}{(1+t^2)^4}.$$

Für die Länge von $\varphi$ ergibt sich also

$$L(\varphi) = \int_{-a}^{a} \sqrt{\varphi_1'(t)^2 + \varphi_2'(t)^2}\, dt = \int_{-a}^{a} \sqrt{\frac{4t^2 + t^4 - 2t^2 + 1}{(1+t^2)^4}}\, dt$$
$$= \int_{-a}^{a} \frac{1}{1+t^2}\, dt = \arctan(a) - \arctan(-a) = 2\arctan(a).$$

**Abb. 1.7** Kurve Aufg. 59

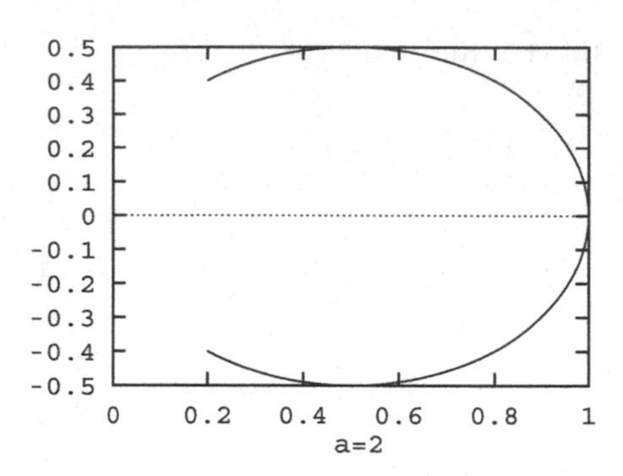


## Aufgabe 60

**Peano-Kurven**

Die Funktion $g : \mathbb{R} \to \mathbb{R}$ sei definiert durch

$$g(t) := \begin{cases} 0, & 0 \le t \le \frac{1}{3} \\ 3t - 1, & \frac{1}{3} \le t \le \frac{2}{3} \\ 1, & \frac{2}{3} \le t \le 1 \end{cases}$$

und

$$g(-t) = g(t) = g(t-2) \text{ für alle } t \in \mathbb{R}.$$

Ferner sei

$$\phi : I = [0, 1] \to \mathbb{R}^2$$

durch

$$\phi(t) = \left( \sum_{k=0}^{\infty} \frac{g(4^{2k+1}t)}{2^{k+1}}, \sum_{k=0}^{\infty} \frac{g(4^{2k+2}t)}{2^{k+1}} \right).$$

definiert. Zeigen Sie:

a) Die Funktion $\phi$ ist stetig.
b) Für $t = \sum\limits_{i=1}^{\infty} \frac{a_i}{4^i}$ mit $a_i \in \{0, 1\}$ ist $g(4^m t) = a_m$ $(m \in \mathbb{N})$
   und $\phi(t) = \left( \sum\limits_{k=0}^{\infty} \frac{a_{2k+1}}{2^{k+1}}, \sum\limits_{k=0}^{\infty} \frac{a_{2k+2}}{2^{k+1}} \right)$.
c) $\phi(I) = Q := [0, 1]^2$.

*Hinweis:* zu c): Zeigen Sie beide Teilmengenrelationen getrennt. Für $Q \subset \phi(I)$ verwende man b) und [17], 5.18 (für 2-adische Entwicklungen); für $\phi(I) \subset Q$ benutze man eine geeignete Abschätzung.

*Bemerkung:* In der Aufgabe wird gezeigt, dass durch $\phi$ ein Weg im $\mathbb{R}^2$ definiert wird, dessen zugehörige Kurve das Einheitsquadrat vollständig ausfüllt. Solche Kurven nennt man *Peano-Kurven*.

**Lösung**

a) Die Stetigkeit der Funktion $g$ lässt sich durch eine einfache Betrachtung der Nahtstellen überprüfen. Wegen $|g(t)| \leq 1$, $t \in \mathbb{R}$ ist die Reihe $\sum\limits_{k=0}^{\infty} \frac{1}{2^{k+1}}$ eine konvergente Majorante beider Komponenten von $\phi$. Nach dem Weierstraßschen Majorantenkriterium ist dann jede Komponente von $\phi$ absolut und gleichmäßig konvergent und (da jeder Summand stetig ist) auch stetig.

b) Sei $t = \sum\limits_{i=1}^{\infty} \frac{a_i}{4^i}$ mit $a_i \in \{0, 1\}$, $i \in \mathbb{N}$ und $m \in \mathbb{N}$. Dann erhält man unter Beachtung der Tatsachen, dass $g(t) = g(t + 2l)$, $l \in \mathbb{N}_0$, und $g(0) = g(0 + r)$, $|r| \leq \frac{1}{3}$ sowie $g(1) = g(1 + r)$, $|r| \leq \frac{1}{3}$, die Beziehungen

$$\begin{aligned} g(4^m t) &= g\left(4^m \sum_{i=1}^{\infty} \frac{a_i}{4^i}\right) = g\left(\sum_{i=1}^{\infty} \frac{a_i}{4^{i-m}}\right) \\ &= g\left(\underbrace{\frac{a_m}{4^0}}_{a_m} + \underbrace{\sum_{j=1}^{m-1} 4^j a_{m-j}}_{=2l_0,\, l_0 \in \mathbb{N}_0} + \underbrace{\sum_{j=1}^{\infty} \frac{a_{j+m}}{4^j}}_{\leq \sum_{j=1}^{\infty} \frac{1}{4^j} = \frac{1}{3}}\right) \\ &= g(a_m) = a_m. \end{aligned}$$

Es folgt unmittelbar, wenn man für $m$ jeweils $2k + 1$ bzw. $2k + 2$ einsetzt:

$$\phi(t) = \left(\sum_{k=0}^{\infty} \frac{a_{2k+1}}{2^{k+1}}, \sum_{k=0}^{\infty} \frac{a_{2k+2}}{2^{k+1}}\right).$$

c) In a) wurde schon eine Majorante beider Komponenten von $\phi$ gefunden. Man hat nämlich:

$$\sum_{k=0}^{\infty} \frac{g(4^{2k+1}t)}{2^{k+1}} \leq \sum_{k=0}^{\infty} \frac{1}{2^{k+1}} = 1$$

und

$$\sum_{k=0}^{\infty} \frac{g(4^{2k+2}t)}{2^{k+1}} \leq \sum_{k=0}^{\infty} \frac{1}{2^{k+1}} = 1$$

Daraus folgt $\phi(I) \subset Q$. Es bleibt noch $Q \subset \phi(I)$ zu zeigen. Sei dazu $(x, y)$ in $Q$ beliebig. Nach [17], 5.18, haben $x$ und $y$ eine 2-adische Entwicklung, d. h. man hat:

$$x = \sum_{j=0}^{\infty} \frac{b_j}{2^{j+1}} \quad \text{und} \quad y = \sum_{j=0}^{\infty} \frac{c_j}{2^{j+1}}$$

mit $b_j, c_j \in \{0,1\}$, $j \in \mathbb{N}$. Definiere nun $a_{2k+1} := b_k$, $a_{2k+2} := c_k$, $k \geq 0$ und $t := \sum\limits_{i=1}^{\infty} \frac{a_i}{4^i}$. Dann gilt nach b)

$$\begin{aligned}\phi(t) &= \left(\sum_{k=0}^{\infty} \frac{a_{2k+1}}{2^{k+1}}, \sum_{k=0}^{\infty} \frac{a_{2k+2}}{2^{k+1}}\right) \\ &= \left(\sum_{k=0}^{\infty} \frac{b_k}{2^{k+1}}, \sum_{k=0}^{\infty} \frac{c_k}{2^{k+1}}\right) = (x, y)\,.\end{aligned}$$

Daraus folgt die Behauptung.

## Aufgabe 61

### ► Weg, Geschwindigkeit, Weglänge

Ein Massenpunkt durchlaufe den nachfolgenden Weg $\varphi$:

$$\varphi : [0,1] \ni t \longmapsto (x_1 + t(x_2 - x_1), y_1 + t(y_2 - y_1)) \in \mathbb{R}^2,$$

zu gegebenen Punkten $(x_1, y_1), (x_2, y_2) \in \mathbb{R}^2$.

Berechnen Sie den Geschwindigkeitsvektor, dessen Betrag (= Geschwindigkeit des Massenpunktes) und die Weglänge $L(\varphi)$.

**Lösung**

Der Geschwindigkeitsvektor ist

$$\dot{\varphi} = (x_2 - x_1, y_2 - y_1),$$

sein Betrag

$$\|\dot{\varphi}\| = \|(x_2 - x_1, y_2 - y_1)\| = \sqrt{(x_2 - x_1)^2 + (y_2 - y_1)^2},$$

und die Weglänge beträgt daher

$$L(\varphi) = \int_0^1 \sqrt{(x_2 - x_1)^2 + (y_2 - y_1)^2}\, dt = \sqrt{(x_2 - x_1)^2 + (y_2 - y_1)^2};$$

sie ist also gleich dem Abstand der beiden gegebenen Punkte (bzgl. der euklidischen Norm).

## Aufgabe 62

► **Ellipse**

Eine *Ellipse* lässt sich durch folgende Zuordnungsvorschrift in Polardarstellung erzeugen:

$$[0, 2\pi] \ni \vartheta \mapsto r = \frac{p}{1 + \varepsilon \cos(\vartheta)}, \quad p > 0, \varepsilon \in (0, 1).$$

Dieselbe Ellipse kann man in kartesischen Koordinaten durch

$$\frac{(x + e)^2}{a^2} + \frac{y^2}{b^2} = 1$$

beschreiben (s. Abb. 1.8), wobei $a$ den *großen* und $b$ den *kleinen Halbmesser* und $e$ die *lineare Exzentrizität* (oder *Brennweite*) bezeichnen. Bestimmen Sie $a, b, e$ in Abhängigkeit von $p, \varepsilon$ und umgekehrt $p, \varepsilon$ in Abhängigkeit von $a, b, e$.

**Lösung**

Sei die Polardarstellung der Ellipse gegeben. Wir bestimmen zunächst zwei verschiedene Punkte der Ellipse in kartesischen Koordinaten mit $\vartheta = 0$ $\left(\Rightarrow r = \frac{p}{1+\varepsilon}\right)$:

$$x = r\cos(\vartheta) = \frac{p}{1 + \varepsilon}, \quad y = r\sin(\vartheta) = 0.$$

Eingesetzt in die Ellipsengleichung in kartesischen Koordinaten ergibt sich

$$\frac{\left(\frac{p}{1+\varepsilon} + e\right)^2}{a^2} = 1 \quad \Longrightarrow \quad a = \frac{p}{1 + \varepsilon} + e. \tag{1.7}$$

(Man beachte, dass alle vorkommenden Größen hier positiv sind!).

Für $\vartheta = \pi$ $\left(\Rightarrow r = \frac{p}{1-\varepsilon}\right)$ erhält man:

$$x = r\cos(\vartheta) = \frac{-p}{1 - \varepsilon}, \quad y = r\sin(\vartheta) = 0.$$

Wieder setzt man ein und erhält:

$$\frac{\left(\frac{-p}{1-\varepsilon} + e\right)^2}{a^2} = 1 \quad \Longrightarrow \quad a = \left|\frac{-p}{1 - \varepsilon} + e\right|$$

Man setzt beide Beziehungen für $a$ gleich und erhält:

$$\frac{p}{1 + \varepsilon} + e = \pm\left(\frac{-p}{1 - \varepsilon} + e\right)$$

Das positive Vorzeichen auf der rechten Seite dieser Gleichung kann nicht auftreten, da sonst

$$\begin{aligned} & \frac{p}{1+\varepsilon} + e = \frac{-p}{1-\varepsilon} + e \\ \Longrightarrow\ & p(1-\varepsilon) = -p(1+\varepsilon) \\ \Longrightarrow\ & 2p = 0 \Longrightarrow\ p = 0 \end{aligned}$$

im Widerspruch zu $p > 0$. Daher muss gelten

$$\begin{aligned} & \frac{p}{1+\varepsilon} + e = \frac{p}{1-\varepsilon} - e \\ \Longrightarrow\ & e = \frac{p}{2}\left(\frac{1}{1-\varepsilon} - \frac{1}{1+\varepsilon}\right) \\ \Longrightarrow\ & e = \frac{p\varepsilon}{(1-\varepsilon)(1+\varepsilon)} \\ \overset{(1.7)}{\Longrightarrow}\ & a = e + \frac{p}{1+\varepsilon} \\ \Longrightarrow\ & a = \frac{p}{(1-\varepsilon)(1+\varepsilon)} \end{aligned}$$

$b$ berechnet sich nun nach der bekannten Formel

$$e^2 = a^2 - b^2$$

zu

$$b = \sqrt{a^2 - e^2} = \sqrt{\frac{p^2(1-\varepsilon^2)}{(1-\varepsilon)^2(1+\varepsilon)^2}} = p\sqrt{\frac{1}{(1-\varepsilon)(1+\varepsilon)}}.$$

Setzt man $D := (1-\varepsilon)(1+\varepsilon)$, so hat man die gesuchte Darstellung von $a, b, e$ in Abhängigkeit von $p, \varepsilon$:

$$a = \frac{p}{D} \tag{1.8}$$

$$b = p\sqrt{\frac{1}{D}} \tag{1.9}$$

$$e = \frac{p\varepsilon}{D} \tag{1.10}$$

Aus (1.8) folgt $p = aD$. Setzt man dies in (1.10) ein, so führt dies auf

$$e = \frac{aD\varepsilon}{D} = a\varepsilon \Longrightarrow \varepsilon = \frac{e}{a}$$

Mit (1.8) hat man schließlich

$$p = aD = a(1-\varepsilon)(1+\varepsilon) = a\left(1 - \frac{e}{a}\right)\left(1 + \frac{e}{a}\right)$$

und damit auch die geforderte Darstellung von $\varepsilon, p$ mit Hilfe von $a, b, e$.

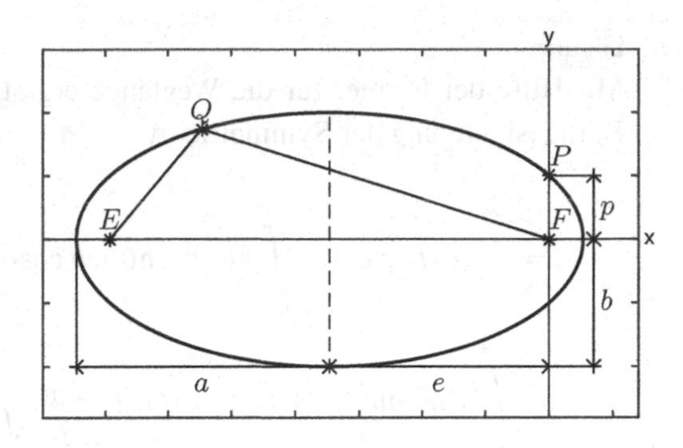


**Abb. 1.8** Ellipse (Aufg. 62)

## Aufgabe 63

### ► Ellipsenumfang

Leiten Sie mit Hilfe der Formel für die Weglänge den folgenden Ausdruck für den Umfang $U$ einer Ellipse mit

$$x = a\cos(t),\ y = b\sin(t), \quad a > b > 0,\ t \in [0, 2\pi],$$

her:

$$U = 4a \int_0^{\pi/2} \sqrt{1 - \varepsilon^2 \cos^2(t)} dt.$$

Dabei ist die *numerische Exzentrizität* der Ellipse $\varepsilon$ definiert durch

$$\varepsilon^2 := \frac{a^2 - b^2}{a^2}.$$

Zeigen Sie weiter, dass man $U$ in eine Potenzreihe der Form

$$U = 2\pi a \left(1 - \left(\frac{1}{2}\right)^2 \varepsilon^2 - \frac{1}{3}\left(\frac{1 \cdot 3}{2 \cdot 4}\right)^2 \varepsilon^4 - \frac{1}{5}\left(\frac{1 \cdot 3 \cdot 5}{2 \cdot 4 \cdot 6}\right)^2 \varepsilon^6 - \ldots\right)$$

entwickeln kann. Berechnen Sie die Koeffizienten bis zum Summanden mit $\varepsilon^4$ und geben Sie eine Abschätzung für den Abbruchfehler an.

*Hinweis:* Entwickeln Sie an geeigneter Stelle $\sqrt{1+x}$ in eine Talorreihe und diskutieren Sie deren Konvergenzradius.

**Lösung**

Mit Hilfe der Formel für die Weglänge ergibt sich als Umfang für die Ellipse unter Berücksichtigung der Symmetrie

$$\begin{aligned} U &= \int_0^{2\pi} \|\dot{\varphi}(t)\|_2 dt = \int_0^{2\pi} \|(-a\sin(t), b\cos(t))\|_2 dt \\ &= \int_0^{2\pi} \sqrt{a^2\sin^2(t) + b^2\cos^2(t)} dt = 4a\int_0^{\pi/2} \sqrt{(1-\cos^2(t)) + \frac{b^2}{a^2}\cos^2(t)} dt \\ &= 4a\int_0^{\pi/2} \sqrt{1 - \left(1 - \frac{b^2}{a^2}\right)\cos^2(t)} dt = 4a\int_0^{\pi/2} \sqrt{1-\varepsilon^2\cos^2(t)} dt. \end{aligned}$$

Da dieses Integral nicht analytisch zu lösen ist, entwickelt man nun den Ausdruck $\sqrt{1+x}$ in eine Taylorreihe an der Stelle $x = 0$. Dies liefert

$$\sqrt{1+x} = \sum_{k=0}^{\infty} \frac{1}{k!} \left(\sqrt{1+x}\right)^{(k)}_{x=0} (x-0)^k = \sum_{k=0}^{\infty} \frac{x^k}{k!} \frac{1}{2^k} \prod_{l=2}^{k} (-1)(2l-3).$$

Aufgrund von

$$\sum_{k=0}^{\infty} \left| \frac{x^k}{k!} \frac{1}{2^k} \prod_{l=2}^{k} (-1)(2l-3) \right| \leq \sum_{k=0}^{\infty} |x|^k < \infty,$$

für $|x| < 1$, ist die Reihe wegen $\varepsilon^2 < 1$ und $|\cos(t)| \leq 1$ für

$$x = -\varepsilon^2\cos^2(t) \in \left[-\frac{a^2-b^2}{a^2}, 0\right] \subset (-1, 1)$$

absolut konvergent, sodass die Integration mit der Summation vertauscht werden darf. Man erhält also für das elliptische Integral

$$U = 4a\int_0^{\pi/2} \sqrt{1-\varepsilon^2\cos^2(t)} dt = 4a\sum_{k=0}^{\infty} \frac{(-1)^k}{2^k k!} \left(\prod_{l=2}^{k} (-1)(2l-3)\right) \int_0^{\pi/2} \varepsilon^{2k}\cos^{2k}(t) dt.$$

Für die ersten drei Summanden $S_i$, $i \in \{0, 1, 2\}$, liefert dies

$$S_0 = 4a \int_0^{\pi/2} 1 dt = 2\pi a;$$

$$S_1 = -4a \int_0^{\pi/2} \frac{1}{2}\varepsilon^2 \cos^2(t) dt = -2a\varepsilon^2 \frac{1}{2}(t + \sin(t)\cos(t))\Big|_0^{\pi/2} = -\frac{1}{2}a\pi\varepsilon^2;$$

$$S_2 = -4a \int_0^{\pi/2} \frac{1}{8}\varepsilon^4 \cos^4(t) dt = -\frac{1}{2}a\varepsilon^4 \int_0^{\pi/2} \frac{1}{8}(3 + 4\cos(2t) + \cos(4t))\, dt$$
$$= -\frac{1}{2}a\varepsilon^4\left(\frac{\pi}{4} - \frac{\pi}{16}\right) = -\frac{3}{32}a\pi\varepsilon^4.$$

Insgesamt gilt somit

$$U = 2\pi a\left(1 - \left(\frac{1}{2}\right)^2 \varepsilon^2 - \frac{1}{3}\left(\frac{1\cdot 3}{2\cdot 4}\right)^2 \varepsilon^4 - \ldots\right)$$
$$= 2\pi a\left(1 - \sum_{k=1}^{\infty} \frac{\varepsilon^{2k}}{2k-1}\left(\frac{\prod_{l=1}^{k}(2l-1)}{\prod_{l=1}^{k} 2l}\right)^2\right).$$

Für den Abbruchfehler erhält man also

$$R_2 := U - 2\pi a\left(1 - \left(\frac{1}{2}\right)^2 \varepsilon^2 - \frac{1}{3}\left(\frac{1\cdot 3}{2\cdot 4}\right)^2 \varepsilon^4\right)$$
$$= 2\pi a \sum_{k=3}^{\infty} \frac{\varepsilon^{2k}}{2k-1}\left(\frac{\prod_{l=1}^{k}(2l-1)}{\prod_{l=1}^{k} 2l}\right)^2$$
$$\leq 2\pi a \sum_{k=3}^{\infty} \varepsilon^{2k} = 2\pi a\varepsilon^6 \sum_{k=0}^{\infty} (\varepsilon^2)^k = 2\pi a \frac{\varepsilon^6}{1-\varepsilon^2}.$$

## Aufgabe 64

► **Zusammenhängende topologische Räume**

Sei $(X, \mathcal{T}_X)$ ein topologischer Raum. Wir definieren:
$X$ heißt *zusammenhängend*

$$:\Longleftrightarrow (A \subset X \text{ offen und abgeschlossen } \Longrightarrow A \in \{\emptyset, X\}).$$

Zeigen Sie die folgende Äquivalenz:

(a) $X$ ist zusammenhängend.
(b) Es gilt nicht:

$$\exists A, B \subset X, A, B \text{ offen und nichtleer mit } A \cap B = \emptyset \text{ und } A \cup B = X.$$

*Bemerkung:* Gilt die letzte Eigenschaft – die hier zu verneinen ist – dann nennt man $X$ auch *unzusammenhängend*. Ein zusammenhängender topologischer Raum ist also nicht unzusammenhängend (vgl. auch [8], 160.)

**Lösung**

$\neg(b) \Rightarrow \neg(a)$: Angenommen (b) gilt nicht, d. h. $X$ ist unzusammenhängend:

$$\exists A, B \subset X, A, B \text{ offen und nichtleer mit } A \cap B = \emptyset \text{ und } A \cup B = X.$$

Es ist

$$\begin{aligned} X \setminus A &= (A \cup B) \setminus A \\ &= B \setminus \underbrace{(A \cap B)}_{=\emptyset} \\ &= B \text{ offen und nichtleer.} \end{aligned}$$

Also ist $A$ offen und abgeschlossen und $A \neq \emptyset$ und $A \neq X$, d. h. es gilt nicht (a).

$\neg(a) \Rightarrow \neg(b)$: Angenommen (a) gilt nicht, d. h.

$$\exists A \subset X \text{ offen und abgeschl. mit } A \notin \{\emptyset, X\}.$$

$A$ ist also insbesondere offen und nichtleer.
Setze nun $B := X \setminus A$. Dann ist $B$ offen, da $A$ abgeschlossen ist, und nichtleer, da $A \neq X$, und es gilt:

$$A \cap B = \emptyset \quad \text{und} \quad A \cup B = X.$$

Dies bedeutet aber, dass (b) nicht gilt.

## Aufgabe 65

**Bogenweise zusammenhängende topologische Räume**

Sei $(X, \mathcal{T}_X)$ ein topologischer Raum. Wir definieren:

$X$ heißt *bogenweise zusammenhängend* (oder *bogenzusammenhängend*)

$$:\Longleftrightarrow \forall x, y \in X \; \exists \varphi \in C([0,1], X) \quad \text{mit} \quad \varphi(0) = x, \; \varphi(1) = y.$$

Zeigen Sie:

Seien $(X, \mathcal{T}_X)$, $(Y, \mathcal{T}_Y)$ topologische Räume, sei $f : X \to Y$ stetig, und sei $X$ bogenweise zusammenhängend bzw. zusammenhängend. Dann ist $f(X)$ bogenweise zusammenhängend bzw. zusammenhängend.

*Hinweis:* Vgl. auch [8], 161. Ein zusammenhängender topologischer Raum ist in Aufg. 64 definiert.

**Lösung**

a) Sei $X$ zunächst bogenweise zusammenhängend. Zu zeigen ist: $f(X)$ ist bogenweise zusammenhängend.
Es seien $a = f(x), b = f(y) \in f(X)$. Dann existiert eine stetige Funktion

$$\varphi : [0,1] \to X \quad \text{mit} \quad \varphi(0) = x, \; \varphi(1) = y.$$

Definiere $\gamma := f \circ \varphi, \gamma : [0,1] \to f(X)$. $\gamma$ ist als Komposition stetiger Funktionen wieder stetig mit

$$\gamma(0) = f \circ \varphi(0) = f(x) \quad \text{und} \quad \gamma(1) = f \circ \varphi(0) = f(y).$$

Also ist $f(X)$ bogenweise zusammenhängend.

b) Sei $X$ nun zusammenhängend. Zu zeigen ist: $f(X)$ ist zusammenhängend.
Sei $B \subset f(X)$ offen und abgeschlossen. Da $f$ stetig ist, gilt (vgl. [18], 2.1):

$$\begin{aligned} &f^{-1}(B) \text{ offen und abgeschlossen in } X \\ &\quad \Rightarrow f^{-1}(B) = \emptyset \text{ oder } f^{-1}(B) = X \text{ (da } X \text{ n. Vorauss. zusammenhängend)} \\ &\quad \Rightarrow B \in \{\emptyset, f(X)\}. \end{aligned}$$

## Aufgabe 66

### ► Beispiele bogenweise zusammenhängender Mengen

Eine Teilmenge $M$ von $\mathbb{R}^n$ heißt *bogenweise zusammenhängend,* wenn es zu allen Punkten $x, y \in M$ einen Weg $\varphi : [0, 1] \to \mathbb{R}^n$ gibt mit:

$$\Gamma_\varphi \subset M, \quad \varphi(0) = x, \varphi(1) = y.$$

Sind der *Kreis* mit der Gleichung

a) $x^2 + y^2 - 1 = 0$

und die *Hyperbel* (s. Abb. 1.9) mit der Gleichung

b) $x^2 - y^2 - 1 = 0$

bogenweise zusammenhängend?

Hierbei bezeichnet $\Gamma_\varphi = \varphi([0, 1])$ die durch $\varphi$ erzeugte Kurve $\mathbb{R}^n$ mit Anfangspunkt $\varphi(0)$ und Endpunkt $\varphi(1)$,

$$\Gamma_\varphi := \{x \in \mathbb{R}^n \mid \exists t \in [0, 1] : \varphi(t) = x\}.$$

**Lösung**

a) Kreis:

1. Zunächst wird gezeigt, dass durch

$$\varphi : [0, 2\pi) \ni t \mapsto (\cos(t), \sin(t)) \in K := \{(x, y)|x^2 + y^2 = 1\}$$

ein Jordan-Weg erklärt wird mit zugehöriger Kurve $\Gamma_\varphi = K$. $\varphi$ ist offensichtlich stetig. Sei nun $\varphi(t) = \varphi(s)$; o. B. d. A. $t \geq s$. D. h. $\cos(t) = \cos(s)$, $\sin(t) = \sin(s)$.

$$\Rightarrow \cos(t - s) = \cos(t)\cos(s) + \sin(t)\sin(s) = 1$$

also $t - s = 0$, da $t - s \in [0, 2\pi)$.

2. Nach obiger Überlegung gilt:

$$\forall (x_i, y_i) \in K, i = 1, 2\, \exists! a_i \in [0, 2\pi) : \varphi(a_i) = (x_i, y_i),\ i = 1, 2.$$

Setze $a = a_1, b = a_2 - a_1$ und $\gamma(t) := (\cos(a + bt), \sin(a + bt))$. Dann ist $\gamma$ ein Weg, $\Gamma_\gamma \subset K$ und

$$\gamma(0) = \varphi(a) = (x_1, y_1),\ \gamma(1) = \varphi(a + b) = \varphi(a_2) = (x_2, y_2).$$

Der Kreis ist also bogenweise zusammenhängend.

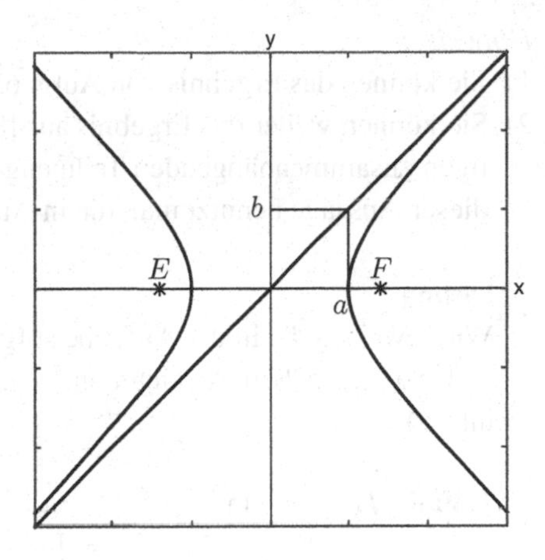


**Abb. 1.9** Hyperbel mit $a = b = 1$ (Aufg. 66b)

b) Hyperbel: Die Hyperbel $H$ besteht aus den Punkten $(x, y) \in \mathbb{R}^2$ mit

$$x = \pm\sqrt{y^2 + 1}.$$

Für alle diese Punkte gilt also $|x| \geq 1$. Betrachte nun die Punkte $(-1, 0)$ und $(1, 0)$, die beide auf der Hyperbel liegen. Ein stetiger Weg $\gamma$ mit $\gamma(0) = (-1, 0)$ und $\gamma(1) = (1, 0)$ ist insbesondere komponentenweise stetig, und die erste Komponentenfunktion $\gamma_1$ erfüllt $\gamma_1(0) = -1$ und $\gamma_1(1) = 1$. Nach dem Zwischenwertsatz existiert also ein $t_0 \in (0, 1)$ mit $\gamma_1(t_0) = 0$. Dann ist aber $\gamma(t_0) \notin H$, denn $|\gamma_1(t_0)| < 1$. Es kann also keinen stetigen Weg $\gamma$ mit $\gamma(0) = (-1, 0)$, $\gamma(1) = (1, 0)$ und $\Gamma_\gamma \subset H$ geben. Die Hyperbel $H$ ist also nicht bogenweise zusammenhängend.

## Aufgabe 67

### ► Stetige Abbildungen auf zusammenhängenden topologischen Räumen

Zeigen Sie mit den Bezeichnungen aus Aufgabe 64:

Sei $(X, \mathcal{T}_X)$ zusammenhängender topologischer Raum, und sei $f : X \to \mathbb{R}$ stetig. Dann gilt für $x, y \in X$:

$$[f(x), f(y)] \subset f(X), \quad \text{falls } f(x) \leq f(y),$$
$$[f(y), f(x)] \subset f(X), \quad \text{falls } f(y) \leq f(x).$$

*Hinweise:*

1) Sie können das Ergebnis von Aufg. 65 benutzen.
2) Sie können weiter das Ergebnis aus [8], 160.1, benutzen, dass nämlich die mehrpunktigen zusammenhängenden Teilmengen von $\mathbb{R}$ genau die Intervalle sind. Zum Beweis dieser Aussage benutzt man die in Aufg. 64 gezeigte Äquivalenz.

**Lösung**

Wir beweisen die in der Aufgabe aufgestellte Behauptung mithilfe der Hinweise.

Dazu sei o. B. d. A. angenommen, dass $f(x) \leq f(y)$ (andernfalls vertausche $x$ und $y$).

**1. Fall:** $f(x) = f(y)$

$$\Rightarrow [f(x), f(y)] = \{f(x)\} \subset f(X).$$

**2. Fall:** $f(x) < f(y)$

Nach Aufgabe 65 ist $f(X)$ als Bild eines zusammenhängenden topologischen Raums unter einer stetigen Funktion wieder zusammenhängend und somit in diesem Fall zusammenhängende Teilmenge von $\mathbb{R}$, die wegen $f(x) \neq f(y)$ auch mehrpunktig ist. Nach dem 2. Hinweis existiert dann ein Intervall $I \subset \mathbb{R}$ mit $f(X) = I$. Wegen $f(x), f(y) \in I = f(X)$ folgt dann aber auch

$$[f(x), f(y)] \subset f(X).$$

## Aufgabe 68

### ► Negativbeispiel für stetige Abbildungen

Zeigen Sie: Es gibt keine stetige, bijektive Abbildung von $\mathbb{R}^2$ nach $\mathbb{R}$.

*Hinweis:* Betrachten Sie Mengen $\mathbb{R}^2 \setminus \{z\}$ mit geeigneten $z \in \mathbb{R}^2$ und verwenden Sie das Ergebnis von Aufgabe 65.

**Lösung**

Angenommen, es gibt eine stetige, bijektive Abbildung $f$ von $\mathbb{R}^2$ nach $\mathbb{R}$. Dann ist $f\left(\mathbb{R}^2\right) = \mathbb{R}$. Nach Aufgabe 65 bildet $f$ bogenweise zusammenhängende Mengen auf bogenweise zusammenhängende Mengen ab. Betrachte nun die bogenweise zusammenhängende Menge $M = \mathbb{R}^2 \setminus \{(0,0)\}$. Da $f$ bijektiv ist, gilt mit $a = f(0,0) \in \mathbb{R}$ gerade $f(M) = \mathbb{R} \setminus \{a\}$. Die Menge $\mathbb{R} \setminus \{a\}$ ist jedoch nicht bogenweise zusammenhängend (siehe unten), also erhalten wir einen Widerspruch. Es gibt also keine stetige, bijektive Abbildung von $\mathbb{R}^2$ nach $\mathbb{R}$.

Es bleibt noch zu zeigen, dass für beliebiges $a \in \mathbb{R}$ die Menge $A = \mathbb{R} \setminus \{a\}$ nicht bogenweise zusammenhängend ist. Seien dazu $b, c \in A$ mit $b < a < c$. Wäre $A$

bogenweise zusammenhängend, so gäbe es einen Weg $\varphi : [0,1] \to \mathbb{R}$ mit $\varphi(0) = b$, $\varphi(1) = c$ und $\varphi([0,1]) \subset A$. Nach dem Zwischenwertsatz gäbe es dann aber ein $t_0 \in (0,1)$ mit $\varphi(t_0) = a \notin A \Rightarrow \varphi([0,1]) \not\subset A$, was einen Widerspruch darstellt.

## Aufgabe 69

### ► Vektoren minimaler Norm in $\mathbb{R}^2$

Sei $\|\cdot\|$ eine der Normen $\|\cdot\|_1$, $\|\cdot\|_2$, $\|\cdot\|_\infty$ in $\mathbb{R}^2$ (vgl. z. B. Stummel-Hainer [16], 5.1). Sei $K := \{(x_1, x_2) \in \mathbb{R}^2 \mid x_1 - x_2 = 4\}$. Zeigen Sie:

a) $\alpha := \inf\{\|v\| \mid v \in K\} \leq 4$.
b) Es gibt ein $u \in K$ mit $\|u\| = \alpha$.
c) Berechnen Sie ein $u$ mit $\|u\| = \alpha$.

**Lösung**

Die Menge $K$ lässt sich auch schreiben als

$$\{(x, x-4) \in \mathbb{R}^2 \mid x \in \mathbb{R}\}$$

a) Wähle $v = (4,0) \in K$. Dann ist:

$$\begin{aligned} \|v\|_\infty &= \max\{|4|, |0|\} = 4, \\ \|v\|_1 &= |4| + |0| = 4, \\ \|v\|_2 &= \sqrt{4^2 + 0^2} = 4. \end{aligned}$$

Dann muss aber für das Infimum gelten:

$$\inf\{\|v\| \mid v \in K\} \leq 4.$$

b) Allgemein erhalten wir für die Normen von Elementen aus $K$:

$$f(x) := \|(x, x-4)\|_\infty = \max\{|x|, |x-4|\}$$

$$= \begin{cases} \max\{(-x), (-x+4)\} = 4 - x, & x \leq 0, \\ \max\{x, (-x+4)\} \quad = \begin{cases} 4 - x, & 0 < x \leq 2, \\ x, & 2 < x < 4, \end{cases} & 0 < x < 4, \\ \max\{x, x-4\} \quad = x, & 4 \leq x. \end{cases}$$

$$g(x) := \|(x, x-4)\|_1 = |x| + |x-4|$$
$$= \begin{cases} -x + (-x+4) = 4 - 2x, & x \leq 0, \\ x + (-x+4) \quad = 4, & 0 < x < 4, \\ x + x - 4 \qquad = 2x - 4, & 4 \leq x. \end{cases}$$
$$h(x) := \|(x, x-4)\|_2 = \sqrt{x^2 + (x-4)^2}$$
$$= \left(2x^2 - 8x + 16\right)^{1/2} = \left(2\left((x-2)^2 + 4\right)\right)^{1/2}.$$

Da alle drei Funktionen ihr Minimum auf dem kompakten Intervall $[-1, 5]$ annehmen, existieren auf Grund der Stetigkeit der Funktionen Elemente $u \in K$, bei denen der minimale Abstand zum Nullpunkt angenommen wird.

c) Wie man aus der Darstellung der Funktionen sofort entnimmt (s. Abb. 1.10), wird das jeweilige Minimum bei $x_1 = 2$, d. h. im Punkt $(2, -2)$, angenommen. Im Fall der Norm $\| \cdot \|_1$ ist dieser Minimalpunkt nicht eindeutig.

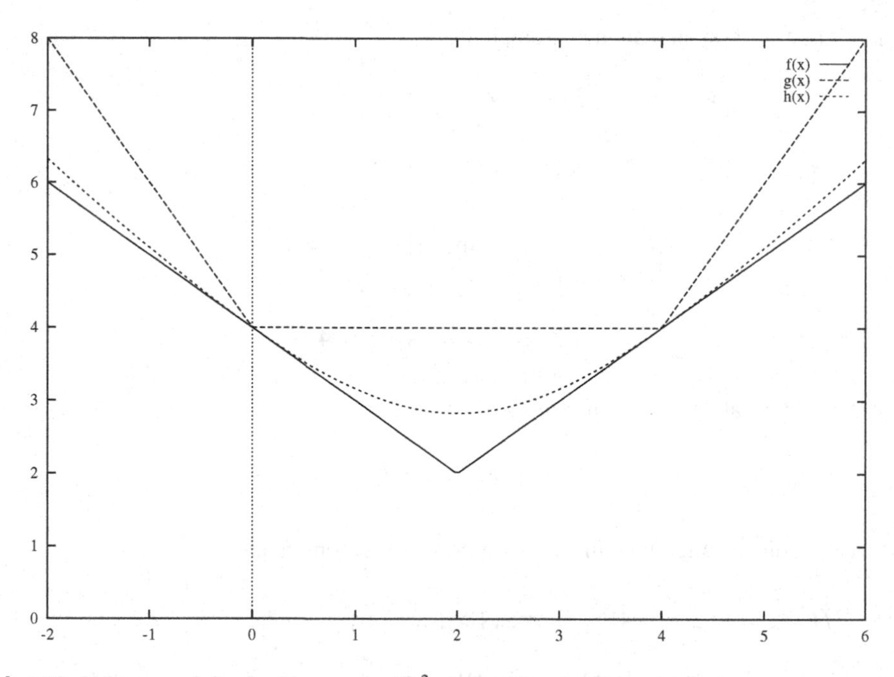


**Abb. 1.10** Vektoren minimaler Normen auf $\mathbb{R}^2$, Aufg. 69

## 1.8 Differenzierbarkeit: Partielle und totale Ableitungen

### Aufgabe 70

► **Stetigkeit partieller Ableitungen**

Die Funktion $f : \mathbb{R}^2 \to \mathbb{R}$ sei definiert durch (vgl. Aufg. 41)

$$f(x,y) := \left\{ \begin{array}{ll} \dfrac{x^3}{x^2+y^2}, & (x,y) \neq (0,0) \\ 0, & (x,y) = (0,0) \end{array} \right\}.$$

a) Berechnen Sie die partiellen Ableitungen von $f$ für alle $(x,y) \in \mathbb{R}^2$.
b) Überprüfen Sie die partiellen Ableitungen auf Stetigkeit bei $(x,y) = (0,0)$.

**Lösung**

a) Die partiellen Ableitungen für $(x,y) \neq (0,0)$ lauten

$$\frac{\partial}{\partial x} f(x,y) = \frac{3x^2(x^2+y^2) - 2x \cdot x^3}{(x^2+y^2)^2} = \frac{x^4 + 3x^2y^2}{(x^2+y^2)^2};$$
$$\frac{\partial}{\partial y} f(x,y) = \frac{-2x^3y}{(x^2+y^2)^2};$$

und für $(x,y) = (0,0)$:

$$\frac{\partial}{\partial x} f(0,0) = \lim_{x\to 0} \frac{f(x,0) - f(0,0)}{x} = \lim_{x\to 0} 1 = 1;$$
$$\frac{\partial}{\partial y} f(0,0) = \lim_{x\to 0} \frac{f(0,y) - f(0,0)}{y} = \lim_{y\to 0} 0 = 0.$$

b) Die partiellen Ableitungen sind im Nullpunkt unstetig, denn es gilt:

$$\lim_{y\to 0} \frac{\partial}{\partial x} f(0,y) = 0 \neq 1 = \frac{\partial}{\partial x} f(0,0);$$
$$\lim_{n\to\infty} \frac{\partial}{\partial y} f\left(\frac{1}{n}, \frac{1}{n}\right) = \lim_{n\to\infty} \frac{\frac{-2}{n^4}}{\left(\frac{2}{n^2}\right)^2} = -\frac{1}{2} \neq 0 = \frac{\partial}{\partial y} f(0,0).$$

## Aufgabe 71

► **Stetigkeit, partielle Ableitungen, totale Differenzierbarkeit**

Die Funktion $f : \mathbb{R}^2 \to \mathbb{R}$ sei definiert durch

$$f(x,y) := \begin{cases} xy\,\dfrac{x^2-y^2}{x^2+y^2}, & (x,y) \neq (0,0) \\ 0, & (x,y) = (0,0) \end{cases}$$

Zeigen Sie, dass $f$ überall zweimal partiell differenzierbar ist, dass aber

$$\frac{\partial^2 f(0,0)}{\partial x \partial y} \neq \frac{\partial^2 f(0,0)}{\partial y \partial x}$$

gilt. Ist $f$ im Nullpunkt stetig?

**Lösung**

a) Es genügt, die Differenzierbarkeit der partiellen Funktionen $f_1 = f(.,y^0)$, $f_2 = f(x^0,.)$ (vgl. z. B. [8], 162.) bei beliebigem $x^0 \in \mathbb{R}$ bzw. $y^0 \in \mathbb{R}$ zu zeigen. Wir unterscheiden dabei zwei Fälle:

**1. Fall:** $x^0 = y^0 = 0$

$f_1$ ist differenzierbar bei $x^0 = 0$, denn es gilt:

$$\begin{aligned} \lim_{h\to 0} \frac{f_1\left(x^0+h\right) - f_1\left(x^0\right)}{h} &= \lim_{h\to 0} \frac{f\left(x^0+h, y^0\right) - f\left(x^0, y^0\right)}{h} \\ &= \lim_{h\to 0} \frac{f\left(h,0\right) - f\left(0,0\right)}{h} = 0 \end{aligned}$$

$f_2$ ist differenzierbar bei $y^0 = 0$, denn es gilt:

$$\begin{aligned} \lim_{h\to 0} \frac{f_2\left(y^0+h\right) - f_2\left(y^0\right)}{h} &= \lim_{h\to 0} \frac{f\left(x^0, y^0+h\right) - f\left(x^0, y^0\right)}{h} \\ &= \lim_{h\to 0} \frac{f\left(0,h\right) - f\left(0,0\right)}{h} = 0 \end{aligned}$$

**2. Fall:** $\left(x^0, y^0\right) \neq (0,0)$

In diesem Fall sind die partiellen Funktionen nach den Standardableitungsregeln der eindimensionalen Analysis differenzierbar (der Nenner kann in diesem Fall nicht verschwinden).

Insgesamt erhält man für die ersten partiellen Ableitungen:

$$\frac{\partial f}{\partial x}(x,y) = \begin{cases} \frac{y(x^4-y^4+4x^2y^2)}{(x^2+y^2)^2}, & (x,y) \neq (0,0) \\ 0, & (x,y) = (0,0) \end{cases}$$

und

$$\frac{\partial f}{\partial y}(x,y) = \begin{cases} \frac{x(x^4-y^4-4x^2y^2)}{(x^2+y^2)^2}, & (x,y) \neq (0,0) \\ 0, & (x,y) = (0,0) \end{cases}$$

Daraus folgt als Spezialfall

$$\frac{\partial f}{\partial x}(0,y) = -y \qquad \text{und} \qquad \frac{\partial f}{\partial y}(x,0) = x$$

sowie

$$\frac{\partial f}{\partial x}(x,0) = 0 \quad \forall x, \qquad \frac{\partial f}{\partial y}(0,y) = 0 \quad \forall y.$$

b) Die zweiten partiellen Ableitungen existieren für $(x,y) \neq (0,0)$ und lassen sich ebenfalls nach den bekannten Ableitungsregeln berechnen. Im Nullpunkt erhält man zunächst $\partial^2 f/\partial x^2(0,0) = 0 = \partial^2 f/\partial y^2(0,0)$. Man berechnet nun leicht die gemischten partiellen Ableitungen zweiter Ordnung im Nullpunkt:

$$\frac{\partial^2 f}{\partial x \partial y}(0,0) = \lim_{h\to 0} \frac{\frac{\partial f}{\partial y}(h,0) - \frac{\partial f}{\partial y}(0,0)}{h} = \lim_{h\to 0} \frac{h-0}{h} = 1$$

und

$$\frac{\partial^2 f}{\partial y \partial x}(0,0) = \lim_{h\to 0} \frac{\frac{\partial f}{\partial x}(0,h) - \frac{\partial f}{\partial x}(0,0)}{h} = \lim_{h\to 0} \frac{-h-0}{h} = -1$$

c) Die Funktion $f$ selbst ist offenbar im Nullpunkt stetig. Zum Beweis sei $\varepsilon > 0$ beliebig; wähle $\delta := \sqrt{\frac{\varepsilon}{4}}$. Dann folgt für $(x,y)$ mit

$$\|(x,y)\| = (x^2+y^2)^{\frac{1}{2}} < \delta \; (\Longrightarrow |x| < \delta, |y| < \delta),$$

dass

$$\begin{aligned} |f(x,y)| &= \left| xy\frac{x^2-y^2}{x^2+y^2} \right| = \left| \frac{x^3y - xy^3}{x^2+y^2} \right| \\ &\leq \frac{|x^3y| + |xy^3|}{x^2+y^2} \leq \frac{|x^3y|}{x^2} + \frac{|xy^3|}{y^2} = 2|xy| \\ &\leq (|x|+|y|)^2 \leq 4\delta^2 \leq \varepsilon. \end{aligned}$$

*Bemerkung:* Auf analoge Weise zeigt man, dass die partiellen Ableitungen erster Ordnung im Nullpunkt stetig sind, so dass es sich insgesamt um eine $C^1$-Funktion handelt.

## Aufgabe 72

### ► Elektrische Widerstände

Werden $n$ elektrische Widerstände $R_1, \ldots, R_n$ parallel geschaltet, so wird der Gesamtwiderstand $R$ des Systems bestimmt durch die Gleichung

$$\frac{1}{R} = \frac{1}{R_1} + \frac{1}{R_2} + \ldots + \frac{1}{R_n}.$$

Drücken Sie die Änderungsrate $\frac{\partial R}{\partial R_k}$ von $R$ bezüglich $R_k$ durch $R$ und $R_k$ aus.

**Lösung**

Aus der gegebenen Gleichung folgt durch Bilden des Kehrwerts:

$$R = \frac{1}{\frac{1}{R_1} + \frac{1}{R_2} + \ldots + \frac{1}{R_n}}$$

Anwendung der Quotientenregel liefert:

$$\frac{\partial R}{\partial R_k} = \frac{\frac{1}{R_k^2}}{\frac{1}{R^2}} = \frac{R^2}{R_k^2}.$$

## Aufgabe 73

### ► Totale Differenzierbarkeit

Die Funktion $f : \mathbb{R}^2 \to \mathbb{R}$ sei definiert durch

$$f(x, y) := \left\{ \begin{array}{ll} (x^2 + y^2) \sin\left(\frac{1}{\sqrt{x^2+y^2}}\right), & (x, y) \neq (0,0) \\ 0, & (x, y) = (0,0) \end{array} \right\}.$$

a) Zeigen Sie, dass $f$ im Nullpunkt total differenzierbar ist.
b) Zeigen Sie, dass $f \notin C^1(\mathbb{R}^2)$ ist.
*Hinweis:* Zeigen Sie dazu die Unstetigkeit einer der partiellen Ableitungen im Nullpunkt.

*Bemerkung:* Diese Funktion ist somit ein Beispiel für eine total differenzierbare Funktion, die keine $C^1$-Funktion ist.

**Lösung**

a) Mit Hilfe von

$$\left|\frac{f(x,0)-f(0,0)}{x}\right| = \left|\frac{x^2\sin\left(\frac{1}{|x|}\right)}{x}\right| = |x|\left|\sin\left(\frac{1}{|x|}\right)\right| \le |x| \to 0\ (x\to 0),$$

$$\left|\frac{f(0,y)-f(0,0)}{y}\right| = \left|\frac{y^2\sin\left(\frac{1}{|y|}\right)}{y}\right| = |y|\left|\sin\left(\frac{1}{|y|}\right)\right| \le |y| \to 0\ (y\to 0),$$

erhält man für die partiellen Ableitungen im Nullpunkt

$$\frac{\partial}{\partial x}f(0,0) = 0 = \frac{\partial}{\partial y}f(0,0).$$

Nach bekannten Eigenschaften kommt nur der Gradient von $f$ für die (totale) Ableitung in Frage. Mit dem Gradienten gilt offenbar (Bez. $\vec{x} = (x,y)^\top$), $\|\cdot\|$ eine beliebige Norm auf $\mathbb{R}^2$)

$$\left|\frac{f(x,y)-f(0,0)-0\cdot x-0\cdot y}{\|\vec{x}\|}\right| = \frac{|f(x,y)|}{\|\vec{x}\|} = \frac{\left|\|\vec{x}\|^2\sin\left(\frac{1}{\|\vec{x}\|}\right)\right|}{\|\vec{x}\|} \le \|\vec{x}\| \to 0$$

für $\|\vec{x}\|\to 0$; also ist $f$ im Nullpunkt total differenzierbar.

b) Die partielle Ableitung nach $x$ ergibt sich für $(x,y)\neq(0,0)$ wie folgt:

$$\begin{aligned}\frac{\partial}{\partial x}f(x,y) &= 2x\sin\left(\frac{1}{\sqrt{x^2+y^2}}\right) + (x^2+y^2)\frac{-2x}{2(x^2+y^2)^{3/2}}\cos\left(\frac{1}{\sqrt{x^2+y^2}}\right)\\ &= 2x\left(\sin\left(\frac{1}{\sqrt{x^2+y^2}}\right) - \frac{1}{2\sqrt{x^2+y^2}}\cos\left(\frac{1}{\sqrt{x^2+y^2}}\right)\right).\end{aligned}$$

Man erhält schließlich für $x>0,\ y=0$, dass der rechte Grenzwert der partiellen Ableitung nach $x$ für $x\to 0$ nicht existiert,

$$\frac{\partial}{\partial x}f(x,0) = 2x\left(\sin\left(\frac{1}{x}\right) - \frac{1}{2x}\cos\left(\frac{1}{x}\right)\right) = 2x\sin\left(\frac{1}{x}\right) - \cos\left(\frac{1}{x}\right),$$

da $\cos(z)$ für $z\to\infty$ keinen Grenzwert besitzt. Also kann diese Ableitung im Nullpunkt nicht stetig sein, und $f$ kann somit auch keine $C^1$-Funktion sein.

## Aufgabe 74

### ► Differenzierbare Funktion auf $\mathbb{R}^n$

Zeigen Sie, dass die Abbildung $f : \mathbb{R}^n \to \mathbb{R}^n$, $f(x) = \|x\|\, x$ auf $\mathbb{R}^n$ differenzierbar ist, und berechnen Sie $f'(x)$. ($\|\cdot\|$ bezeichnet hier die euklidische Norm.)

*Hinweis:* „Differenzierbarkeit" bedeutet hier und im Folgenden immer „totale Differenzierbarkeit".

**Lösung**

Außerhalb des Nullpunkts ist $f$ offenbar stetig partiell nach allen $x_i$, $1 \leq i \leq n$, differenzierbar. Die Komponenten der Jacobi-Matrix errechnet man leicht mit Hilfe elementarer Differenzierbarkeitsregeln der eindimensionalen Analysis:

$$\frac{\partial f_j}{\partial x_k} = \left\{ \begin{array}{ll} \dfrac{x_k^2}{\|x\|} + \|x\| & , \quad k = j \\ \dfrac{x_j x_k}{\|x\|} & , \quad k \neq j \end{array} \right\}, \ 1 \leq j,\, k \leq n,\ x \neq 0.$$

Bekanntlich folgt aus der Existenz und Stetigkeit der partiellen Ableitungen zunächst die (totale) Differenzierbarkeit jeder Komponente von $f$ (vgl. z. B. [18], Satz 3.9), was gleichbedeutend mit der totalen Differenzierbarkeit von $f$ ist, wie man sich leicht klarmacht.

Weiter ist $f$ auch im Nullpunkt mit der $n \times n$-Nullmatrix $N$ als Ableitung total differenzierbar, denn für alle $1 \leq k \leq n$ hat man

$$|h_k| = \sqrt{h_k^2} \leq \sqrt{h_1^2 + \ldots + h_n^2} = \|h\| \to 0 \quad (\|h\| \to 0)$$

und deshalb

$$\lim_{\|h\| \to 0} \frac{f(h) - f(0) - Nh}{\|h\|} = \lim_{\|h\| \to 0} \frac{\|h\|\, h}{\|h\|} = \lim_{\|h\| \to 0} h = 0\,.$$

## Aufgabe 75

### ► Partielle Ableitungen und totale Differenzierbarkeit

Sei $f : \mathbb{R}^2 \longrightarrow \mathbb{R}$ gegeben durch $f(x, y) := \left(|x| y^2\right)^{1/2}$ (s. Abb. 1.11).

a) Zeigen Sie: $f$ ist in $(0, 0)$ differenzierbar.
b) Ist $f$ in $(0, 1)$ und $(1, 0)$ differenzierbar? (mit Begründung!)

c) Geben Sie eine Folge $((x_n, y_n))_{n\in\mathbb{N}}$ an mit

$$x_n \cdot y_n > 0,\ n \in \mathbb{N}, \quad \lim_n x_n = \lim_n y_n = 0, \quad \lim_n \frac{\partial f}{\partial x}(x_n, y_n) \neq \frac{\partial f}{\partial x}(0,0).$$

*Bemerkung:* Die hier betrachtete Funktion liefert ein Beispiel für eine Funktion, die an der Stelle $(0,0)$ differenzierbar ist (vgl. a)), deren partielle Ableitung nach $x$ an dieser Stelle aber nicht stetig ist (vgl. c)). Es liegt auch keine globale Differenzierbarkeit vor (vgl. b)).

**Lösung**

a) Um zu zeigen, dass $f$ in $(0,0)$ differenzierbar ist, muss man die Beziehung

$$f(x,y) = f(0,0) + \langle \operatorname{grad} f(0,0), (x,y)\rangle + r(x,y)$$

mit

$$\lim_{(x,y)\to(0,0)} \frac{r(x,y)}{\|(x,y)\|} = 0$$

nachweisen. $\big(\langle\cdot,\cdot\rangle$ bezeichnet das *euklidische Skalarprodukt*, $\|\cdot\|$ eine beliebige Norm auf $\mathbb{R}^2$.$\big)$ Betrachtet man die Differenzenquotienten zur Berechnung der partiellen Ableitungen in $(0,0)$, so sieht man sofort, dass gilt

$$\operatorname{grad} f(0,0) = (0,0).$$

Also müssen wir zeigen, dass für eine Norm $\|\cdot\|$ auf $\mathbb{R}^2$

$$\lim_{(x,y)\to(0,0)} \frac{r(x,y)}{\|(x,y)\|} = \lim_{(x,y)\to(0,0)} \frac{f(x,y)}{\|(x,y)\|} = 0$$

gilt. Man erhält (für die euklidische Norm $\|\cdot\|_2$ und $(x,y) \neq (0,0)$)

$$\begin{aligned}\frac{f(x,y)}{\|(x,y)\|_2} &= \frac{\left(|x|y^2\right)^{1/2}}{(x^2+y^2)^{1/2}} \\ &= \frac{|x|^{1/2}}{\left(\frac{x^2}{y^2}+1\right)^{1/2}} \to 0\ ((x,y)\to 0).\end{aligned}$$

Damit gilt die obige Beziehung für das Restglied für jede beliebige Norm, da alle Normen auf $\mathbb{R}^2$ äquivalent sind.

b) Wir betrachten Differenzenquotienten für die partiellen Funktionen bei $(0,1)$ und $(1,0)$. Für $x > 0$ gilt

$$\frac{f(x,1)-f(0,1)}{x} = \frac{\sqrt{x}}{x} = \frac{1}{\sqrt{x}} \to \infty \ (x \to 0),$$

und

$$\frac{f(1,y)-f(1,0)}{y} = \frac{|y|}{y} = \begin{cases} +1 & \text{für } y > 0 \\ -1 & \text{für } y < 0. \end{cases}$$

Also ist $f$ in beiden Punkten nicht partiell differenzierbar und damit auch nicht total differenzierbar.

c) $f$ und deren partiellen Ableitungen lassen sich außerhalb $(0,0)$ schreiben als

$$f(x,y) = |y| \begin{cases} x^{1/2} & \text{für } x > 0 \\ -|x|^{1/2} & \text{für } x < 0, \end{cases}$$

$$\frac{\partial f}{\partial x}(x,y) = |y| \begin{cases} \frac{1}{2}x^{-1/2}, & x > 0 \\ -\frac{1}{2}|x|^{-1/2}, & x < 0, \end{cases} \quad \frac{\partial f}{\partial y}(x,y) \quad = \begin{cases} |x|^{1/2}, & y > 0 \\ -|x|^{1/2}, & y < 0. \end{cases}$$

Für $(x_n, y_n) := \left(\frac{1}{n^2}, \frac{1}{n}\right)$ erhält man dann

$$\frac{\partial}{\partial x} f(x_n, y_n) = \frac{1}{n}\frac{1}{2}\left(n^2\right)^{1/2} = \frac{1}{2} \ \forall n \text{ und } \lim_n \frac{\partial f}{\partial x}(x_n, y_n) = \frac{1}{2}.$$

Nach a) ist aber $\frac{\partial}{\partial x} f(0,0) = 0$.

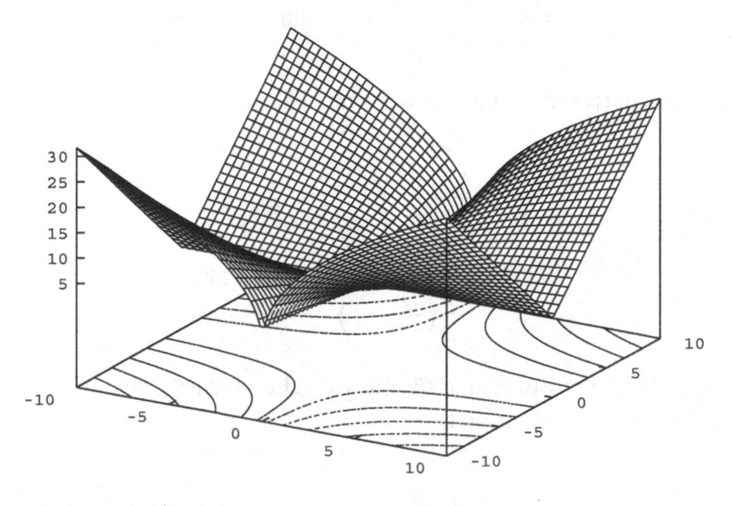


**Abb. 1.11** Beispiel $\left(|x|y^2\right)^{1/2}$ (Aufg. 75)

## Aufgabe 76

► **Stetige Differenzierbarkeit im $\mathbb{R}^2$**

Zeigen Sie, dass die Funktion

$$f(x,y) = \begin{cases} x^2\cos\left(\frac{1}{x}\right) + y^2\cos\left(\frac{1}{y}\right) & \text{für} \quad x \neq 0 \text{ und } y \neq 0, \\ 0 & \text{für} \quad x = 0 \text{ oder } y = 0, \end{cases}$$

bei $(0,0)$ differenzierbar mit Ableitung $f'(0,0) = (0,0)$ aber nicht stetig differenzierbar ist.

**Lösung**

Die Differenzierbarkeit im Nullpunkt folgt aus

$$\begin{aligned} \left|\frac{f(h,k) - f(0,0) - h\cdot 0 - k\cdot 0}{\sqrt{h^2+k^2}}\right| &= \left|\frac{h^2\cos\left(\frac{1}{h}\right) + k^2\cos\left(\frac{1}{k}\right)}{\sqrt{h^2+k^2}}\right| \\ &\leq \frac{h^2+k^2}{\sqrt{h^2+k^2}} = \|(h,k)\| \to 0 \quad (\|(h,k)\| \to 0) \end{aligned}$$

mit der euklidischen Norm $\|\cdot\|$. Andererseits ist für $y \neq 0$

$$\begin{aligned} \frac{\partial f}{\partial x}(0,y) &= \lim_{h\to 0} \frac{f(h,y) - f(0,y)}{h} \\ &= \lim_{h\to 0}\left(h\cos\left(\frac{1}{h}\right) + \frac{y^2\cos\left(\frac{1}{y}\right)}{h}\right) \neq 0, \end{aligned}$$

und im Nullpunkt gilt

$$\frac{\partial f}{\partial x}(0,0) = \lim_{h\to 0}\frac{f(h,0) - f(0,0)}{h} = 0\,.$$

Folglich ist die partielle Ableitung erster Ordnung nach $x$ im Nullpunkt nicht stetig, also ist $f$ nicht stetig differenzierbar.

## Aufgabe 77

### ▶ Stetigkeit von partiellen Ableitungen

Berechnen Sie sämtliche partiellen Ableitungen bis zur Ordnung 2 von $f(x, y) = x^y$ und diskutieren Sie deren Stetigkeit.

**Lösung**

Es gilt für $x \in \mathbb{R}, x > 0$ und beliebige $y \in \mathbb{R}$

$$\frac{\partial}{\partial x} f(x, y) = y x^{y-1}$$

$$\frac{\partial}{\partial y} f(x, y) = \ln(x) \cdot x^y,$$

$$\frac{\partial^2}{\partial x^2} f(x, y) = y(y-1)x^{y-2}$$

$$\frac{\partial^2}{\partial y^2} f(x, y) = (\ln(x))^2 x^y,$$

$$\frac{\partial^2}{\partial y \partial x} f(x, y) = \frac{\partial^2}{\partial x \partial y} f(x, y) = x^{y-1}(1 + y\ln(x)).$$

Diese partiellen Ableitungen existieren und sind im angegebenen Definitionsbereich stetig.

## 1.9 Gradienten und Richtungsableitungen

## Aufgabe 78

### ▶ Niveaufläche und Gradient

Sei $U \subset \mathbb{R}^n$ offen und $f : U \to \mathbb{R}$ eine stetig differenzierbare Funktion. Ferner sei $x \in U$ und $c := f(x)$. Zeigen Sie, dass der Gradient $\operatorname{grad} f(x)$ auf der *Niveaufläche*

$$N_f(c) := \{z \in U : f(z) = c\}$$

senkrecht steht, d. h. für jede stetig differenzierbare Kurve $\varphi : [-1, 1] \to \mathbb{R}^n$ mit $\varphi([-1, 1]) \subset N_f(c)$ und $\varphi(0) = x$ gilt

$$\langle \varphi'(0), \operatorname{grad} f(x) \rangle = 0.$$

**Lösung**

Betrachte die Funktion

$$h := (f \circ \varphi) : [-1, 1] \ni t \mapsto f(\varphi(t)) \in \mathbb{R}.$$

Dann gilt für alle $t \in [-1, 1]$:

$$h(t) = (f \circ \varphi)(t) = f(\underbrace{\varphi(t)}_{\in N_f(c)}) = c,$$

und damit ist $h$ differenzierbar in $(-1, 1)$ mit Ableitung

$$h'(t) = 0 \qquad \forall t \in (-1, 1).$$

Andererseits gilt für die Ableitung von $h$ nach der Kettenregel:

$$h'(t) = f'(\varphi(t)) \cdot \varphi'(t) = \langle \operatorname{grad} f(\varphi(t)), \varphi'(t) \rangle ;$$

also für $t = 0$

$$0 = h'(0) = \langle \operatorname{grad} f(x), \varphi'(0) \rangle .$$

Somit folgt die Behauptung.

## Aufgabe 79

### ▶ Niveaulinien, Gradient

Seien $f$ und $g$ definiert durch (Bez.: $\vec{x} = (x, y)^\top$)

$$f : \mathbb{R}^2 \to \mathbb{R},\ f(\vec{x}) = \sqrt{|xy|}; \quad g : \mathbb{R}^2 \to \mathbb{R},\ g(\vec{x}) = |x| + |y|.$$

a) Bestimmen Sie für geeignete $c$ *Niveaulinien*, d.h. $\{\vec{x} \in \mathbb{R}^2 | f(\vec{x}) = c\}$ bzw. $\{\vec{x} \in \mathbb{R}^2 | g(\vec{x}) = c\}$.
b) Berechnen Sie $\nabla f$ bzw. $\nabla g$ für $\vec{x} \in \mathbb{R}^2$, sofern diese existieren.

*Hinweis:*
Es wird vorgeschlagen, für a) zur Veranschaulichung Zeichnungen für einige $c$ zu erstellen (mit geeigneten Computerprogrammen).

**Lösung**

a) Es gilt $f(\vec{x}) \geq 0$, also muss $c \geq 0$ sein:

$$c = 0: \; f(\vec{x}) = 0 \;\Leftrightarrow\; \sqrt{|xy|} = 0 \;\Leftrightarrow\; x = 0 \,\vee\, y = 0;$$

$$c > 0: \; f(\vec{x}) = c \;\Leftrightarrow\; \sqrt{|xy|} = c \;\Leftrightarrow\; |xy| = c^2 \overset{x \neq 0}{\Leftrightarrow} |y| = \frac{c^2}{|x|} \;\Leftrightarrow\; y = \pm\frac{c^2}{|x|}.$$

Es gilt $g(\vec{x}) \geq 0$, also muss $c \geq 0$ sein:

$$\begin{aligned} c \geq 0: \; g(\vec{x}) = c \;&\Leftrightarrow\; |x| + |y| = c \;\Leftrightarrow\; |y| = c - |x| \\ &\Leftrightarrow\; y = \pm(c - |x|) \,\wedge\, -c \leq x \leq c. \end{aligned}$$

b) Die partiellen Ableitungen von $f$ für $x, y \neq 0$ ergeben sich wie folgt:

$$\frac{\partial}{\partial x} f(x,y) = \sqrt{|y|}\,\frac{\text{sign}(x)}{2\sqrt{|x|}}, \quad \frac{\partial}{\partial y} f(x,y) = \sqrt{|x|}\,\frac{\text{sign}(y)}{2\sqrt{|y|}},$$

und im Nullpunkt

$$\frac{\partial}{\partial x} f(0,0) = 0, \quad \frac{\partial}{\partial y} f(0,0) = 0.$$

Damit erhält man für den Gradient im Nullpunkt

$$\nabla f(0,0) = \begin{pmatrix} 0 \\ 0 \end{pmatrix}$$

und für $x, y \neq 0$

$$\nabla f(x,y) = \begin{pmatrix} \sqrt{|y|}\,\frac{\text{sign}(x)}{2\sqrt{|x|}} \\ \sqrt{|x|}\,\frac{\text{sign}(y)}{2\sqrt{|y|}} \end{pmatrix}.$$

Für die partiellen Ableitungen von $g$ für $x \neq 0,\; y \in \mathbb{R}$ erhält man

$$\frac{\partial}{\partial x} g(x,y) = \text{sign}(x),$$

und für $x \in \mathbb{R},\; y \neq 0$

$$\frac{\partial}{\partial y} g(x,y) = \text{sign}(y),$$

denn die Betragsfunktion ist an der Stelle Null nicht differenzierbar. Somit existiert der Gradient nur für $x, y \neq 0$ und lautet dann

$$\nabla g(x,y) = \begin{pmatrix} \text{sign}(x) \\ \text{sign}(y) \end{pmatrix}.$$

## Aufgabe 80

### ► Niveaulinien

$$\text{Sei } f : \mathbb{R}^2 \longrightarrow \mathbb{R},\ (x_1, x_2) \longmapsto \begin{cases} 0 & , \text{ falls } x_1 = x_2 = 0, \\ \dfrac{x_1 x_2}{x_1^2 + x_2^2} & , \text{ sonst.} \end{cases}$$

a) Ist $f$ stetig in $x^0 := (0,0)$ ?

b) Zeigen Sie: $f$ ist konstant auf jeder Geraden durch den Nullpunkt (ohne den Nullpunkt selbst), und es gilt:

$$f(\mathbb{R}^2) = \left[-\frac{1}{2}, \frac{1}{2}\right].$$

c) Wie sehen die Niveaulinien $\{(x_1, x_2) \in \mathbb{R}^2 \mid f(x_1, x_2) = c\}$, $c \in \mathbb{R}$, aus?

*Hinweise:* Sie können benutzen, dass für $a, b \in (0, \infty)$ und $\alpha, \beta \in (0,1)$ mit $\alpha + \beta = 1$ gilt $a^\alpha b^\beta \leq \alpha a + \beta b$ (vgl. z. B. [14], Aufg. 170). Die Funktion $f$ ist zusammen mit ihren Niveaulinien in Abb. 1.12 dargestellt.

**Lösung**

a) $f$ ist nicht stetig in $(0,0)$. Betrachte zum Beispiel die Nullfolge $(\frac{1}{n}, \frac{1}{n})$. Es ist

$$f\left(\frac{1}{n}, \frac{1}{n}\right) = \frac{1}{2}\ \forall n \in \mathbb{N} \Rightarrow \lim_{n\to\infty} f\left(\frac{1}{n}, \frac{1}{n}\right) = \frac{1}{2} \neq f(0,0).$$

b) Wir betrachten zunächst Geraden durch den Nullpunkt der Form

$$x_2 = m \cdot x_1,$$

wobei $m$ die Steigung der Geraden angibt. Die Punkte der Geraden sind dann durch $(x_1, mx_1)$ gegeben, und wir erhalten für $x_1 \neq 0$

$$f(x_1, mx_1) = \frac{mx_1^2}{x_1^2 + m^2 x_1^2} = \frac{m}{1+m^2}.$$

Für die Gerade, die durch $x_1 = 0$ gegeben ist, gilt

$$f(0, x_2) = 0\ \forall\, x_2 \in \mathbb{R}.$$

Die Funktion ist also konstant auf allen Geraden durch den Ursprung – wenn man den Ursprung selbst ausschließt. Außerdem gilt

$$|f(x_1, x_2)| = \left|\frac{x_1 \cdot x_2}{x_1^2 + x_2^2}\right| \leq \frac{1}{2},$$

da $|x_1 \cdot x_2| \leq \frac{1}{2}(x_1^2 + x_2^2)$ (vgl. den Hinweis mit $a = x_1^2, b = x_2^2, \alpha = \beta = \frac{1}{2}$).

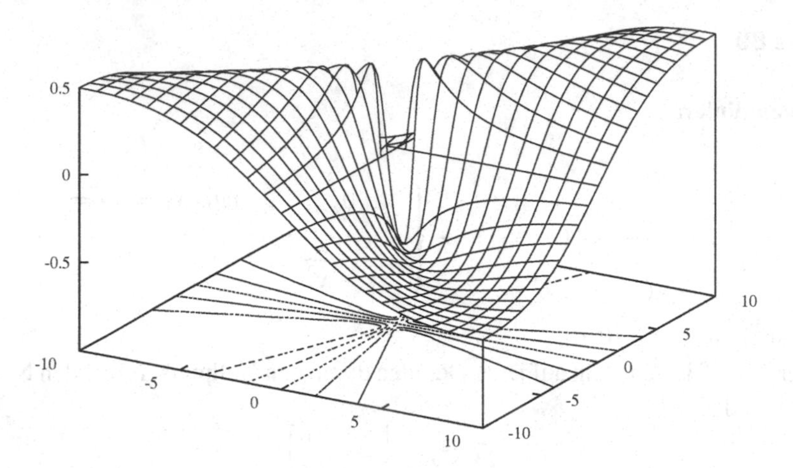


**Abb. 1.12** Niveaulinien und Funktion, Beispiel Aufg. 80

Damit haben wir gezeigt, dass

$$f(\mathbb{R}) \subset \left[-\frac{1}{2}, \frac{1}{2}\right].$$

Dass jeder Wert in diesem Intervall wirklich angenommen wird, d. h. $f$ surjektiv ist, zeigen wir in Aufgabenteil c).

c) **1. Fall:** $c \notin \left[-\frac{1}{2}, \frac{1}{2}\right]$
In diesem Fall gibt es keine Niveaulinien (siehe die entsprechende Abschätzung in Teil b)).
**2. Fall:** $c \in \left[-\frac{1}{2}, \frac{1}{2}\right]$
In Aufgabenteil b) haben wir gezeigt, dass die Gerade(n) durch den Ursprung (den Ursprung ausgenommen), deren Steigung $m$ für $c \neq 0$ die Bedingung

$$c = \frac{m}{1 + m^2} \Leftrightarrow m = \frac{1}{2c}\left(1 \pm \sqrt{1 - 4c^2}\right)$$

erfüllt, in der Menge der Niveaulinien zum Wert $c$ liegt.
Für $c = 0$ liegen die Geraden $x_1 = 0$ und $x_2 = 0$ in der Menge der Niveaulinien.
Wir müssen nun noch zeigen, dass dadurch die Mengen der Niveaulinien bereits vollständig beschrieben werden.
Man rechnet leicht nach, dass für $c \neq 0$ und $x_1^2 + x_2^2 \neq 0$ gilt:

$$f(x_1, x_2) = c \Leftrightarrow x_2 = \underbrace{\frac{1}{2c}\left(1 \pm \sqrt{1 - 4c^2}\right)}_{=m} \cdot x_1,$$

Dazu löst man (wie in a)) die Gleichung $f(x_1, x_2) = c$ nach $x_2$ auf – über die Lösung einer quadratischen Gleichung für $x_2$. Damit liegt also $(x_1, x_2)$ auf einer Niveaulinie, wenn $(x_1, x_2)$ auf einer der oben beschriebenen Geraden liegt.
Der Fall $c = 0$ impliziert $x_1 \cdot x_2 = 0$. Diese Bedingung wird nur auf den Geraden $x_1 = 0$, $x_2 = 0$ erfüllt.

## Aufgabe 81

### ▶ Gradienten

Berechnen Sie die Gradienten der folgenden Funktionen:

a)

$$f : \mathbb{R}^2 \longrightarrow \mathbb{R},\ f(x_1, x_2) = x_1^3 - 3x_1x_2^2,$$

b)

$$g : \mathbb{R}^2 \longrightarrow \mathbb{R},\ g(x_1, x_2) = e^{x_1}\cos(x_2) + \ln\left(1 + x_2^2\right).$$

**Lösung**

a)

$$\frac{\partial}{\partial x_1} f(x_1, x_2) = 3x_1^2 - 3x_2^2$$

$$\frac{\partial}{\partial x_2} f(x_1, x_2) = -6x_1x_2$$

$$\Rightarrow \text{grad } f(x_1, x_2) = \left(3\left(x_1^2 - x_2^2\right), -6x_1x_2\right)^\top.$$

b)

$$\frac{\partial}{\partial x_1} g(x_1, x_2) = e^{x_1}\cos(x_2)$$

$$\frac{\partial}{\partial x_2} g(x_1, x_2) = -e^{x_1}\sin(x_2) + \frac{2x_2}{1 + x_2^2}$$

$$\Rightarrow \text{grad } g(x_1, x_2) = \left(e^{x_1}\cos(x_2), -e^{x_1}\sin(x_2) + \frac{2x_2}{1 + x_2^2}\right)^\top.$$

## Aufgabe 82

► **Totale Differenzierbarkeit und Richtungsableitungen**

Sei

$$f(x,y) = \begin{cases} \dfrac{xy^2}{x^2+y^4}, & (x,y) \neq (0,0), \\ 0, & (x,y) = (0,0). \end{cases}$$

Zeigen Sie, dass $f$ nicht (total) differenzierbar im Nullpunkt ist, dort jedoch Richtungsableitungen in alle Richtungen besitzt.

*Hinweis:* Verwenden Sie die Tatsache, dass eine in einem Punkt unstetige Funktion an dieser Stelle nicht differenzierbar sein kann (vgl. z. B. [18], 3.8).

*Bemerkung:* Das Beispiel dieser Aufgabe zeigt, dass die Umkehrung von Satz 166.1 in [8] oder Satz 3.12 in [18] i. A. nicht gilt.

**Lösung**

Wähle $(x_n, y_n) = \left(\frac{1}{n^2}, \frac{1}{n}\right)$. Dann gilt $\lim\limits_{n\to\infty}(x_n, y_n) = (0,0)$, aber

$$\lim_{n\to\infty} f(x_n, y_n) = \lim_{n\to\infty} \frac{\frac{1}{n^2}\cdot\frac{1}{n^2}}{\frac{1}{n^4}+\frac{1}{n^4}} = \lim_{n\to\infty}\frac{n^4}{2n^4} = \frac{1}{2} \neq 0 = f(0,0)\,.$$

$f$ ist daher unstetig im Nullpunkt, dort also nach dem Hinweis auch nicht (total) differenzierbar.

Für jeden normierten Richtungsvektor $v = (v_1, v_2) \in \mathbb{R}^2$ erhält man jedoch

$$\begin{aligned} \lim_{t\to 0, t\neq 0} \frac{f(0+tv) - f(0)}{t} &= \lim_{t\to 0, t\neq 0} \frac{\frac{tv_1 t^2 v_2^2}{t^2v_1^2 + t^4 v_2^4}}{t} \\ &= \lim_{t\to 0, t\neq 0} \frac{v_1 v_2^2}{v_1^2 + t^2 v_2^4} \\ &= \begin{cases} 0, & v_1 = 0, \\ \dfrac{v_2^2}{v_1}, & v_1 \neq 0, \end{cases} \end{aligned}$$

so dass $f$ Richtungsableitungen in jede Richtung besitzt.

## Aufgabe 83

### ► Richtungsableitungen

Zeigen Sie mit Hilfe der Definition, dass für die folgenden Funktionen die Richtungsableitungen an jeder Stelle und in jede Richtung existieren. Berechnen Sie dann die Richtungsableitung an der Stelle $\vec{x}_0$ in Richtung $\vec{v}$:

a) $f : \mathbb{R}^2 \to \mathbb{R},\ f(\vec{x}) = x^2 + y^2;\ \vec{x}_0 = \begin{pmatrix} 1 \\ 1 \end{pmatrix};\ \vec{v} = \begin{pmatrix} -1 \\ -1 \end{pmatrix};$

b) $g : \mathbb{R}^3 \to \mathbb{R},\ g(\vec{x}) = x^2 + ze^y;\ \vec{x}_0 = \begin{pmatrix} 0 \\ 0 \\ 1 \end{pmatrix};\ \vec{v} = \begin{pmatrix} -1 \\ 0 \\ 1 \end{pmatrix}.$

*Hinweis:* Hier bezeichnet $\vec{u} \cdot \vec{v}$ das euklidische Skalarprodukt und $\vec{x} = (x, y)^\top$ bzw. $\vec{x} = (x, y, z)^\top$.

**Lösung**

a)

$$\begin{aligned}
\lim_{t\to 0} \frac{f(\vec{x} + t\vec{v}) - f(\vec{x})}{t} &= \lim_{t\to 0} \frac{(x + tv_1)^2 + (y + tv_2)^2 - (x^2 + y^2)}{t} \\
&= \lim_{t\to 0} \frac{x^2 + 2xtv_1 + t^2v_1^2 + y^2 + 2ytv_2 + t^2v_2^2 - x^2 - y^2}{t} \\
&= \lim_{t\to 0}(2xv_1 + tv_1^2 + 2yv_2 + tv_2^2) \\
&= 2xv_1 + 2yv_2 = \nabla f(\vec{x}) \cdot \vec{v},
\end{aligned}$$

wobei $\nabla f(\vec{x}) = (2x, 2y)$. Für die angegebenen $\vec{v}$ und $\vec{x}_0$ erhält man

$$\|\vec{v}\|_2 = \sqrt{(-1)^2 + (-1)^2} = \sqrt{2}; \quad \hat{\vec{v}} := \frac{\vec{v}}{\|\vec{v}\|_2} = \frac{1}{\sqrt{2}} \begin{pmatrix} -1 \\ -1 \end{pmatrix};$$

die Richtungsableitung lautet somit

$$\nabla f(\vec{x}_0) \cdot \hat{\vec{v}} = \begin{pmatrix} 2 \\ 2 \end{pmatrix} \cdot \frac{1}{\sqrt{2}} \begin{pmatrix} -1 \\ -1 \end{pmatrix} = -2\sqrt{2}.$$

b)

$$\begin{aligned}
\lim_{t\to 0} \frac{g(\vec{x} + t\vec{v}) - g(\vec{x})}{t} &= \lim_{t\to 0} \frac{(x + tv_1)^2 + (z + tv_3)e^{y+tv_2} - (x^2 + ze^y)}{t} \\
&= \lim_{t\to 0} \left(2xv_1 + tv_1^2 + v_3e^{y+tv_2} + ze^y \frac{e^{tv_2} - 1}{t}\right) \\
&= 2xv_1 + ze^y v_2 + e^y v_3 = \nabla g(\vec{x}) \cdot \vec{v},
\end{aligned}$$

wobei $\nabla g(\vec{x}) = (2x, ze^y, e^y)$. Für den angegebenen Richtungsvektor gilt

$$\|\vec{v}\|_2 = \sqrt{(-1)^2 + 0^2 + 1^2} = \sqrt{2}; \quad \hat{\vec{v}} = \frac{1}{\sqrt{2}} \begin{pmatrix} -1 \\ 0 \\ 1 \end{pmatrix};$$

die Richtungsableitung lautet somit

$$\nabla g(\vec{x_0}) \cdot \hat{\vec{v}} = \begin{pmatrix} 0 \\ 1 \\ 1 \end{pmatrix} \cdot \frac{1}{\sqrt{2}} \begin{pmatrix} -1 \\ 0 \\ 1 \end{pmatrix} = \frac{1}{\sqrt{2}}.$$

## Aufgabe 84

► **Richtungsableitung, Gradient**

Die Funktion $f$ sei definiert durch

$$f : \mathbb{R}^2 \to \mathbb{R}, \; f(x, y) = \begin{Bmatrix} \frac{xy^2}{x^2 + y^2}, & (x, y) \neq (0,0) \\ 0 & \text{sonst} \end{Bmatrix}.$$

a) Zeigen Sie, dass die Funktion $f$ in jedem Punkt stetig ist.
b) Berechnen Sie $\nabla f$.
c) Berechnen Sie die Richtungsableitung im Punkt $P = (1, -1)$ in Richtung $\vec{v} = (-4, 3)$.

**Lösung**

a) $f$ ist als Summe, Produkt und Quotient von Polynomen stetig in $\mathbb{R}^2 \setminus \{(0,0)\}$. Weiterhin hat man für $y \neq 0$

$$\lim_{(x,y)\to(0,0)} |f(x, y)| = \lim_{(x,y)\to(0,0)} \left| \frac{xy^2}{x^2 + y^2} \right|.$$
$$= \lim_{(x,y)\to(0,0)} |x| \frac{1}{\frac{x^2}{y^2} + 1} \leq \lim_{(x,y)\to(0,0)} |x| = 0$$

und für $y = 0$

$$\lim_{(x,y)\to(0,0)} f(x, 0) = 0;$$

also insgesamt

$$\lim_{(x,y)\to(0,0)} f(x, y) = 0 = f(0, 0).$$

Somit ist $f$ in $\mathbb{R}^2$ stetig.

b) Die partiellen Ableitungen lauten für $(x, y) \neq 0$

$$\frac{\partial}{\partial x} f(x,y) = \frac{\partial}{\partial x} \frac{xy^2}{x^2+y^2} = \frac{y^2(x^2+y^2) - 2x^2y^2}{(x^2+y^2)^2} = \frac{y^4 - x^2y^2}{(x^2+y^2)^2},$$
$$\frac{\partial}{\partial y} f(x,y) = \frac{\partial}{\partial y} \frac{xy^2}{x^2+y^2} = \frac{2xy(x^2+y^2) - 2xy^3}{(x^2+y^2)^2} = \frac{2x^3y}{(x^2+y^2)^2},$$

und an der Stelle $(x, y) = (0, 0)$

$$\frac{\partial}{\partial x} f(0,0) = \lim_{x\to 0} \frac{f(x,0) - f(0,0)}{x} = \lim_{x\to 0} \frac{0-0}{x} = 0,$$
$$\frac{\partial}{\partial y} f(0,0) = \lim_{y\to 0} \frac{f(0,y) - f(0,0)}{y} = \lim_{y\to 0} \frac{0-0}{y} = 0.$$

c) Für die gesuchte Richtungsableitung erhält man also

$$\nabla f(1,-1) \cdot \frac{1}{\|\vec{v}\|_2} \vec{v} = \frac{1}{5} \begin{pmatrix} 0 \\ -1/2 \end{pmatrix} \cdot \begin{pmatrix} -4 \\ 3 \end{pmatrix} = -0,3.$$

## Aufgabe 85

► **Gradient und Richtungsableitungen**

Sei $f : \mathbb{R}^3 \longrightarrow \mathbb{R}^2$ gegeben durch

$$f_1(x, y, z) = x^2z - 5y, \quad f_2(x, y, z) = 2x^3 + 4y^2z - 3z^2.$$

Bestimmen Sie die Funktionalmatrix $f'(\vec{x})$, und berechnen Sie $f'(\vec{x}^0)\vec{w}$ für $\vec{x}^0 = (-2, 0, 3)^\top$, $\vec{w} = (4, 7, 4)^\top$ und die Richtungsableitungen von $f_i$, $i = 1, 2$, in Richtung $\vec{w}$ an der Stelle $\vec{x}^0$.

**Lösung**

Für die Funktionalmatrix ergibt sich

$$f'(x, y, z) = \begin{pmatrix} 2xz & -5 & x^2 \\ 6x^2 & 8yz & 4y^2 - 6z \end{pmatrix}$$

und deshalb

$$f'(\vec{x}^0)\vec{w} = \begin{pmatrix} -12 & -5 & 4 \\ 24 & 0 & -18 \end{pmatrix} \begin{pmatrix} 4 \\ 7 \\ 4 \end{pmatrix} = (-67, 24)^\top.$$

Um die Richtungsableitungen zu bestimmen muss dieser Vektor nur noch durch die Norm des Richtungsvektors dividiert werden, also durch 9. Man erhält also $-\frac{67}{9}$ als Richtungsableitung von $f_1$ und $\frac{24}{9}$ als Richtungsableitung von $f_2$ jeweils in Richtung von $\vec{w}$ an der Stelle $\vec{x}^0$.

## 1.10 Differentiationsregeln

### Aufgabe 86

**Kettenregel**

Berechnen Sie die Funktionalmatrix $h'(\vec{x})$ (auch *Jacobi-Matrix* genannt) mit Hilfe der Kettenregel, wobei $h$ durch $h = f \circ g$ gegeben ist (Bez.: $\vec{x} = (x, y, z)^\top$, $\vec{y} = (u, v, w)^\top$):

a)

$$g : \mathbb{R}^3 \to \mathbb{R}^3,\ g(\vec{x}) = \begin{pmatrix} x^2 y \\ y^2 z \\ x z^2 \end{pmatrix}; \quad f : \mathbb{R}^3 \to \mathbb{R}^3,\ f(\vec{y}) = \begin{pmatrix} e^{vw} \\ e^{uw} \\ e^{uv} \end{pmatrix};$$

b)

$$g : \mathbb{R}^3 \to \mathbb{R}^3,\ g(\vec{x}) = \begin{pmatrix} x^2 e^z \\ x^2 e^y \\ z e^z \end{pmatrix}; \quad f : \mathbb{R}^3 \to \mathbb{R}^2,\ f(\vec{y}) = \begin{pmatrix} \cos(vw) \\ \sin(uw) \end{pmatrix}.$$

**Lösung**

a) Wir wenden die Kettenregel für Abbildungen von $\mathbb{R}^n$ in $\mathbb{R}^m$ an:

$$g'(\vec{x}) = \begin{pmatrix} 2xy & x^2 & 0 \\ 0 & 2yz & y^2 \\ z^2 & 0 & 2xz \end{pmatrix}; \quad f'(\vec{y}) = \begin{pmatrix} 0 & we^{vw} & ve^{vw} \\ we^{uw} & 0 & ue^{uw} \\ ve^{uv} & ue^{uv} & 0 \end{pmatrix};$$

$$\overset{\text{Kettenregel}}{\Longrightarrow}$$

$$\begin{aligned} h'(\vec{x}) &= (f \circ g)'(\vec{x})) = f'(g(\vec{x}))g'(\vec{x}) \\ &= \begin{pmatrix} 0 & xz^2 e^{xy^2z^3} & y^2 z e^{xy^2z^3} \\ xz^2 e^{x^3yz^2} & 0 & x^2 y e^{x^3yz^2} \\ y^2 z e^{x^2y^3z} & x^2 y e^{x^2y^3z} & 0 \end{pmatrix} \begin{pmatrix} 2xy & x^2 & 0 \\ 0 & 2yz & y^2 \\ z^2 & 0 & 2xz \end{pmatrix} \\ &= \begin{pmatrix} y^2 z^3 e^{xy^2z^3} & 2xyz^3 e^{xy^2z^3} & 3xy^2z^2 e^{xy^2z^3} \\ 3x^2yz^2 e^{x^3yz^2} & x^3 z^2 e^{x^3yz^2} & 2x^3yz e^{x^3yz^2} \\ 2xy^3 z e^{x^2y^3z} & 3x^2y^2z e^{x^2y^3z} & x^2y^3 e^{x^2y^3z} \end{pmatrix}; \end{aligned}$$

b)

$$g'(\vec{x}) = \begin{pmatrix} 2xe^z & 0 & x^2e^z \\ 2xe^y & x^2e^y & 0 \\ 0 & 0 & (1+z)e^z \end{pmatrix};$$

$$f'(\vec{y}) = \begin{pmatrix} 0 & -w\sin(vw) & -v\sin(vw) \\ w\cos(uw) & 0 & u\cos(uw) \end{pmatrix};$$

$$\overset{\text{Kettenregel}}{\Longrightarrow}$$

$$\begin{aligned} h'(\vec{x}) &= (f \circ g)'(\vec{x})) = f'(g(\vec{x}))g'(\vec{x}) \\ &= \begin{pmatrix} 0 & -ze^z\sin(x^2ze^ye^z) & -x^2e^y\sin(x^2ze^ye^z) \\ ze^z\cos(x^2ze^{2z}) & 0 & x^2e^z\cos(x^2ze^{2z}) \end{pmatrix} \\ &\quad \begin{pmatrix} 2xe^z & 0 & x^2e^z \\ 2xe^y & x^2e^y & 0 \\ 0 & 0 & (1+z)e^z \end{pmatrix} \end{aligned}$$

$$= \begin{pmatrix} -2xze^ye^z\sin(x^2ze^ye^z) & -x^2ze^ye^z\sin(x^2ze^ye^z) & -x^2(1+z)e^ye^z\sin(x^2ze^ye^z) \\ 2xze^{2z}\cos(x^2ze^{2z}) & 0 & x^2(1+2z)e^{2z}\cos(x^2ze^{2z}) \end{pmatrix}.$$

## Aufgabe 87

▶ **Kettenregel**

Berechnen Sie die Jacobi-Matrix der Funktion $g \circ f$ an der Stelle $x_0$ jeweils mit und ohne Benutzung der Kettenregel:

a)

$$\begin{aligned} f : \mathbb{R}^2 \ni (x_1, x_2) &\mapsto f(x_1, x_2) = (x_1 \ln(x_2), \tan(x_1 x_2)) \in \mathbb{R}^2 \\ g : \mathbb{R}^2 \ni (y_1, y_2) &\mapsto g(y_1, y_2) = (y_1^2, y_2^2) \in \mathbb{R}^2 \\ x_0 &= (1, e) \end{aligned}$$

b)

$$\begin{aligned} f : \mathbb{R}^3 \ni (x_1, x_2, x_3) &\mapsto f(x_1, x_2, x_3) = (x_1\cos(x_2), x_2\exp(x_1), x_3) \in \mathbb{R}^3 \\ g : \mathbb{R}^3 \ni (y_1, y_2, y_3) &\mapsto g(y_1, y_2, y_3) = y_1 y_2 y_3 \in \mathbb{R} \\ x_0 &= (1, \pi, 2) \end{aligned}$$

**Lösung**

a) Lösung mit Hilfe der Kettenregel:

$$(g \circ f)'(x_0) = g'(\underbrace{f(x_0)}_{(1,\tan(e))}) f'(x_0)$$

$$= \begin{pmatrix} \frac{\partial g_1}{\partial y_1} & \frac{\partial g_1}{\partial y_2} \\ \frac{\partial g_2}{\partial y_1} & \frac{\partial g_2}{\partial y_2} \end{pmatrix}(1, \tan(e)) \begin{pmatrix} \frac{\partial f_1}{\partial x_1} & \frac{\partial f_1}{\partial x_2} \\ \frac{\partial f_2}{\partial x_1} & \frac{\partial f_2}{\partial x_2} \end{pmatrix}(1, e)$$

$$= \begin{pmatrix} 2y_1 & 0 \\ 0 & 2y_2 \end{pmatrix}(1, \tan(e)) \begin{pmatrix} \ln(x_2) & \frac{x_1}{x_2} \\ x_2(1 + \tan^2(x_1x_2)) & x_1(1 + \tan^2(x_1x_2)) \end{pmatrix}(1, e)$$

$$= \begin{pmatrix} 2 & 0 \\ 0 & 2\tan(e) \end{pmatrix} \begin{pmatrix} 1 & \frac{1}{e} \\ e(1 + \tan^2(e)) & (1 + \tan^2(e)) \end{pmatrix}$$

$$= \begin{pmatrix} 2 & \frac{2}{e} \\ 2e\tan(e)(1 + \tan^2(e)) & 2\tan(e)(1 + \tan^2(e)) \end{pmatrix}$$

Lösung ohne Benutzung der Kettenregel:
Es ist

$$(g \circ f)(x) = (x_1^2 \ln^2(x_2), \tan^2(x_1x_2)).$$

Man erhält für die Funktionalmatrix bei $x_0$:

$$(g \circ f)'(x_0)$$
$$= \begin{pmatrix} 2\ln^2(x_2)x_1 & 2\frac{x_1^2}{x_2}\ln(x_2) \\ 2x_2\tan(x_1x_2)(1 + \tan^2(x_1x_2)) & 2x_1\tan(x_1x_2)(1 + \tan^2(x_1x_2)) \end{pmatrix}(1, e)$$
$$= \begin{pmatrix} 2 & \frac{2}{e} \\ 2e\tan(e)(1 + \tan^2(e)) & 2\tan(e)(1 + \tan^2(e)) \end{pmatrix}$$

b) Lösung mit Hilfe der Kettenregel:

$$(g \circ f)'(x_0) = g'(\underbrace{f(x_0)}_{(-1,e\pi,2)}) f'(x_0)$$

$$= \begin{pmatrix} \frac{\partial g}{\partial y_1} & \frac{\partial g}{\partial y_2} & \frac{\partial g}{\partial y_3} \end{pmatrix}(-1, e\pi, 2) \begin{pmatrix} \frac{\partial f_1}{\partial x_1} & \frac{\partial f_1}{\partial x_2} & \frac{\partial f_1}{\partial x_3} \\ \frac{\partial f_2}{\partial x_1} & \frac{\partial f_2}{\partial x_2} & \frac{\partial f_2}{\partial x_3} \\ \frac{\partial f_3}{\partial x_1} & \frac{\partial f_3}{\partial x_2} & \frac{\partial f_3}{\partial x_3} \end{pmatrix}(1, \pi, 2)$$

$$= \begin{pmatrix} y_2y_3 & y_1y_3 & y_1y_2 \end{pmatrix}(-1, e\pi, 2) \begin{pmatrix} \cos(x_2) & -x_1\sin(x_2) & 0 \\ x_2\exp(x_1) & \exp(x_1) & 0 \\ 0 & 0 & 1 \end{pmatrix}(1, \pi, 2)$$

$$= \begin{pmatrix} 2e\pi & -2 & -e\pi \end{pmatrix} \begin{pmatrix} -1 & 0 & 0 \\ e\pi & e & 0 \\ 0 & 0 & 1 \end{pmatrix}$$

$$= \begin{pmatrix} -4e\pi & -2e & -e\pi \end{pmatrix}$$

Lösung ohne Benutzung der Kettenregel:
Es ist

$$(g \circ f)(x) = x_1 x_2 x_3 \cos(x_2) \exp(x_1)$$

Man erhält für die Funktionalmatrix (bzw. den Gradienten) bei $x_0$:

$$(g \circ f)'(x_0) = \begin{pmatrix} x_2 x_3 \cos(x_2) \exp(x_1)(1 + x_1) \\ x_1 x_3 \exp(x_1)(\cos(x_2) - x_2 \sin(x_2)) \\ x_1 x_2 \exp(x_1) \cos(x_2) \end{pmatrix} (1, \pi, 2)$$

$$= \begin{pmatrix} -4e\pi & -2e & -e\pi \end{pmatrix}$$

*Bemerkung:* Diese Beispiele zeigen, dass die theoretische Bedeutung der Kettenregel oft höher ist als ihr praktischer Nutzen bei der Berechnung von Funktionalmatrizen.

## Aufgabe 88

### ▶ Mittelwertsatz für vektorwertige Funktionen

Gegeben sei die Funktion $f : \mathbb{R} \to \mathbb{R}^2$ durch

$$f(x) = \begin{pmatrix} \cos(x) \\ \sin(x) \end{pmatrix}$$

Weiter sei $x^0 = 0$ und $h = 2\pi$. Zeigen Sie, dass es dann **kein** $0 < \vartheta < 1$ gibt, mit dem $f(x^0 + h) - f(x^0) = f'(x^0 + \vartheta h)h$ ist.

*Bemerkung:* Diese Aufgabe zeigt, dass der Mittelwertsatz für vektorwertige Funktionen nicht in Form einer Gleichung mit Hilfe **einer** Zwischenstelle formuliert werden kann, sondern nur in Integralform (vgl. [8], 167.4) oder komponentenweise mit verschiedenen Zwischenstellen.

**Lösung**

Angenommen, es gäbe ein $0 < \vartheta < 1$, mit dem

$$f(x^0 + h) - f(x^0) = f'(x^0 + \vartheta h)h$$

gilt, dann folgte durch Einsetzen der vorgegebenen Werte für $x^0$ und $h$

$$\begin{pmatrix} \cos(2\pi) \\ \sin(2\pi) \end{pmatrix} - \begin{pmatrix} \cos(0) \\ \sin(0) \end{pmatrix} = 2\pi \begin{pmatrix} -\sin(\vartheta\, 2\pi) \\ \cos(\vartheta\, 2\pi) \end{pmatrix}$$

und daraus

$$0 = \sin(2\pi\, \vartheta)$$

und

$$0 = \cos(2\pi\, \vartheta)\,.$$

Es wäre also $2\pi\, \vartheta$ eine gemeinsame Nullstelle von cos und sin, was nicht sein kann. Folglich gilt die Behauptung.

## Aufgabe 89

► **Gradient, Rotation, Divergenz**

Sei $\vec{r} := \begin{pmatrix} x \\ y \\ z \end{pmatrix}$, und $r := \|\vec{r}\|$ die euklidische Norm. Seien $\vec{a}, \vec{b} \in \mathbb{R}^3$. Das skalare Feld $\varphi$ und das Vektorfeld $A$ seien definiert durch

$$\varphi : \mathbb{R}^3 \to \mathbb{R},\ \varphi(\vec{r}) = x^3y^2z; \quad A : \mathbb{R}^3 \to \mathbb{R}^3,\ A(\vec{r}) = \begin{pmatrix} A_1(\vec{r}) \\ A_2(\vec{r}) \\ A_3(\vec{r}) \end{pmatrix} = \begin{pmatrix} -y^2x \\ x^3z^2 \\ -zy^2 \end{pmatrix}.$$

Berechnen Sie die folgenden Ausdrücke:

a) $\nabla(\vec{a} \cdot \vec{r}),\ \nabla r,\ \nabla((\vec{r} \times \vec{a}) \cdot \vec{b})$;
b) $\nabla \cdot \vec{r},\ \nabla \cdot (r\vec{a}),\ \nabla \cdot (r \nabla \frac{1}{r^3})$ für $r \neq 0$;
c) $\nabla \times \vec{r},\ \nabla \times (\vec{b} \times \vec{r})$;
d) $\nabla\varphi(\vec{r}),\ \nabla \cdot A(\vec{r}),\ \nabla \times A(\vec{r}),\ A(\vec{r}) \cdot (\nabla\varphi(\vec{r}))$.

*Hinweise:*

a) $\vec{a} \cdot \vec{b}$ bezeichnet hier das euklidische Skalarprodukt.

b) Durch

$$\vec{a} \times \vec{b} = \begin{pmatrix} a_1 \\ a_2 \\ a_3 \end{pmatrix} \times \begin{pmatrix} b_1 \\ b_2 \\ b_3 \end{pmatrix} := \begin{pmatrix} a_2b_3 - a_3b_2 \\ a_3b_1 - a_1b_3 \\ a_1b_2 - a_2b_1 \end{pmatrix} =: \vec{c}$$

wird das sog. *Kreuzprodukt* (auch: *Vektorprodukt*) für die Vektoren $\vec{a}, \vec{b} \in \mathbb{R}^3$ definiert. Für den Vektor $\vec{c}$ des Kreuzprodukts gilt immer: $\vec{a} \cdot \vec{c} = \vec{b} \cdot \vec{c} = 0$.

c) Betrachtet man den Operator $\nabla$ als Vektor $\nabla := \begin{pmatrix} \frac{\partial}{\partial x} \\ \frac{\partial}{\partial y} \\ \frac{\partial}{\partial z} \end{pmatrix}$, dann ist

$$\operatorname{grad} \varphi(\vec{r}) := \nabla \varphi(\vec{r}) = \begin{pmatrix} \frac{\partial}{\partial x}\varphi(\vec{r}) \\ \frac{\partial}{\partial y}\varphi(\vec{r}) \\ \frac{\partial}{\partial z}\varphi(\vec{r}) \end{pmatrix},$$

$$\operatorname{div} A(\vec{r}) := \nabla \cdot A(\vec{r}) = \frac{\partial}{\partial x} A_1(\vec{r}) + \frac{\partial}{\partial y} A_2(\vec{r}) + \frac{\partial}{\partial z} A_3(\vec{r}),$$

$$\operatorname{rot} A(\vec{r}) := \nabla \times A(\vec{r}) = \begin{pmatrix} \frac{\partial}{\partial y} A_3(\vec{r}) - \frac{\partial}{\partial z} A_2(\vec{r}) \\ \frac{\partial}{\partial z} A_1(\vec{r}) - \frac{\partial}{\partial x} A_3(\vec{r}) \\ \frac{\partial}{\partial x} A_2(\vec{r}) - \frac{\partial}{\partial y} A_1(\vec{r}) \end{pmatrix}.$$

rot liefert die sog. *Rotation* einer Funktion $f : \mathbb{R}^3 \to \mathbb{R}^3$, während div die sog. *Divergenz* einer Funktion $g : \mathbb{R}^3 \to \mathbb{R}^3$ liefert. Die Divergenz lässt sich entsprechend auch für Funktionen $g : \mathbb{R}^n \to \mathbb{R}^n$ definieren.

**Lösung**

Es gilt

$$r = \|\vec{r}\| = \sqrt{x^2 + y^2 + z^2}$$

und (für $\alpha \in \mathbb{Z}$)

$$\frac{\partial}{\partial x} \sqrt{x^2 + y^2 + z^2}^{\alpha} = \alpha x \sqrt{x^2 + y^2 + z^2}^{\alpha - 2},$$

$$\frac{\partial}{\partial y}\sqrt{x^2+y^2+z^2}^{\alpha} = \alpha y\sqrt{x^2+y^2+z^2}^{\alpha-2},$$
$$\frac{\partial}{\partial z}\sqrt{x^2+y^2+z^2}^{\alpha} = \alpha z\sqrt{x^2+y^2+z^2}^{\alpha-2}.$$

a) Mit den Einheitsvektoren $\vec{e}_x = (1,0,0)^\top$, $\vec{e}_y = (0,1,0)^\top$, $\vec{e}_z = (0,0,1)^\top$ erhält man

$$\begin{aligned}
\nabla(\vec{a}\cdot\vec{r}) &= \nabla(a_1x + a_2y + a_3z) \\
&= \frac{\partial}{\partial x}(a_1x + a_2y + a_3z)\vec{e}_x + \frac{\partial}{\partial y}(a_1x + a_2y + a_3z)\vec{e}_y \\
&\quad + \frac{\partial}{\partial z}(a_1x + a_2y + a_3z)\vec{e}_z \\
&= a_1\vec{e}_x + a_2\vec{e}_y + a_3\vec{e}_z = \vec{a}; \\
\nabla r &= \nabla\sqrt{x^2+y^2+z^2} \\
&= \frac{x}{\sqrt{x^2+y^2+z^2}}\vec{e}_x + \frac{y}{\sqrt{x^2+y^2+z^2}}\vec{e}_y \\
&\quad + \frac{z}{\sqrt{x^2+y^2+z^2}}\vec{e}_z = \frac{\vec{r}}{r} =: \hat{\vec{r}}\ (r \neq 0); \\
\nabla((\vec{r}\times\vec{a})\cdot\vec{b}) &= \nabla\left(\left(\begin{pmatrix} x \\ y \\ z \end{pmatrix} \times \begin{pmatrix} a_1 \\ a_2 \\ a_3 \end{pmatrix}\right) \cdot \begin{pmatrix} b_1 \\ b_2 \\ b_3 \end{pmatrix}\right) \\
&= \nabla\left(\begin{pmatrix} ya_3 - za_2 \\ za_1 - xa_3 \\ xa_2 - ya_1 \end{pmatrix} \cdot \begin{pmatrix} b_1 \\ b_2 \\ b_3 \end{pmatrix}\right) \\
&= \nabla((ya_3 - za_2)b_1 + (za_1 - xa_3)b_2 + (xa_2 - ya_1)b_3) \\
&= (-a_3b_2 + a_2b_3)\vec{e}_x + (a_3b_1 - a_1b_3)\vec{e}_y + (-a_2b_1 + a_1b_2)\vec{e}_z \\
&= \vec{a}\times\vec{b}.
\end{aligned}$$

Mit Hilfe zyklischer Vertauschung erhält man mit Obigem entsprechend:

$$\nabla((\vec{r}\times\vec{a})\cdot\vec{b}) = \nabla((\vec{b}\times\vec{r})\cdot\vec{a}) = \nabla((\vec{a}\times\vec{b})\cdot\vec{r}) = \vec{a}\times\vec{b}.$$

b)

$$\nabla \cdot \vec{r} = \frac{\partial}{\partial x} x + \frac{\partial}{\partial y} y + \frac{\partial}{\partial z} z = 1 + 1 + 1 = 3;$$

$$\begin{aligned}
\nabla \cdot (r\vec{a}) &= \frac{\partial}{\partial x} a_1 \sqrt{x^2+y^2+z^2} \\
&\quad + \frac{\partial}{\partial y} a_2 \sqrt{x^2+y^2+z^2} + a_3 \frac{\partial}{\partial z} \sqrt{x^2+y^2+z^2} \\
&= a_1 \frac{x}{\sqrt{x^2+y^2+z^2}} + a_2 \frac{y}{\sqrt{x^2+y^2+z^2}} + a_3 \frac{z}{\sqrt{x^2+y^2+z^2}} \\
&= \frac{1}{r} \vec{a} \cdot \vec{r} = \vec{a} \cdot \hat{\vec{r}} \quad (\text{für } r \neq 0, \text{ wobei } \hat{\vec{r}} := \vec{r}/||\vec{r}||),
\end{aligned}$$

$$\begin{aligned}
\nabla \cdot \left( r \nabla \frac{1}{r^3} \right) &= \nabla \cdot \left( r \nabla \sqrt{x^2+y^2+z^2}^{\,-3} \right) = \nabla \cdot \left( r \frac{1}{r^5} (-3x\vec{e}_x - 3y\vec{e}_y - 3z\vec{e}_z) \right) \\
&= \nabla \cdot \left( \frac{-3}{r^4} \vec{r} \right) = \frac{-3}{r^4} \nabla \cdot \vec{r} + \left( \nabla \frac{-3}{r^4} \right) \cdot \vec{r} = \frac{-3}{r^4} 3 + (-4) \frac{-3}{r^6} \vec{r} \cdot \vec{r} \\
&= \frac{-9}{r^4} + \frac{12}{r^4} = \frac{3}{r^4} \; (r \neq 0).
\end{aligned}$$

c)

$$\nabla \times \vec{r} = \begin{pmatrix} \frac{\partial}{\partial y} z - \frac{\partial}{\partial z} y \\ \frac{\partial}{\partial z} x - \frac{\partial}{\partial x} z \\ \frac{\partial}{\partial x} y - \frac{\partial}{\partial y} x \end{pmatrix} = \vec{0};$$

$$\begin{aligned}
\nabla \times (\vec{b} \times \vec{r}) &= \nabla \times \begin{pmatrix} b_2 z - b_3 y \\ b_3 x - b_1 z \\ b_1 y - b_2 x \end{pmatrix} = \begin{pmatrix} \frac{\partial}{\partial y}(b_1 y - b_2 x) - \frac{\partial}{\partial z}(b_3 x - b_1 z) \\ \frac{\partial}{\partial z}(b_2 z - b_3 y) - \frac{\partial}{\partial x}(b_1 y - b_2 x) \\ \frac{\partial}{\partial x}(b_3 x - b_1 z) - \frac{\partial}{\partial y}(b_2 z - b_3 y) \end{pmatrix} \\
&= \begin{pmatrix} 2b_1 \\ 2b_2 \\ 2b_3 \end{pmatrix} = 2\vec{b}.
\end{aligned}$$

d)

$$\nabla \varphi(\vec{r}) = \nabla \left( x^3 y^2 z \right) = \begin{pmatrix} 3x^2 y^2 z \\ 2x^3 yz \\ x^3 y^2 \end{pmatrix};$$

$$\vec{A}(\vec{r}) \cdot (\nabla \varphi(\vec{r})) = \begin{pmatrix} -y^2 x \\ x^3 z^2 \\ -zy^2 \end{pmatrix} \cdot \begin{pmatrix} 3x^2 y^2 z \\ 2x^3 yz \\ x^3 y^2 \end{pmatrix} = -4x^3 y^4 z + 2x^6 yz^3;$$

$$\nabla \cdot \vec{A}(\vec{r}) = \nabla \cdot \begin{pmatrix} -y^2x \\ x^3z^2 \\ -zy^2 \end{pmatrix} = -y^2 + 0 - y^2 = -2y^2;$$

$$\nabla \times \vec{A}(\vec{r}) = \begin{pmatrix} \frac{\partial}{\partial y}(-zy^2) - \frac{\partial}{\partial z}(x^3z^2) \\ \frac{\partial}{\partial z}(-y^2x) - \frac{\partial}{\partial x}(-zy^2) \\ \frac{\partial}{\partial x}(x^3z^2) - \frac{\partial}{\partial y}(-y^2x) \end{pmatrix} = \begin{pmatrix} -2yz - 2x^3z \\ 0 \\ 3x^2z^2 + 2yz \end{pmatrix}.$$

## Aufgabe 90

### ► Schwingungsgleichung

Sei $c > 0$, $\vec{k} \in \mathbb{R}^n$, $\omega := \|\vec{k}\|_2 c$. Weiterhin sei $f : \mathbb{R} \to \mathbb{R}$ eine zweimal stetig differenzierbare Funktion. Zeigen Sie, dass die Funktion

$$F : \mathbb{R}^n \times \mathbb{R} \to \mathbb{R}, \; F(\vec{x}, t) := f(\vec{k} \cdot \vec{x} - \omega t)$$

eine Lösung der Schwingungsgleichung

$$\Delta F - \frac{1}{c^2} \frac{\partial^2 F}{\partial t^2} = 0$$

ist, wobei $\Delta := \sum\limits_{i=1}^{n} \frac{\partial^2}{\partial x_i^2}$ den sog. *Laplace-Operator* bezeichnet.

*Hinweis:* Verwenden Sie die Kettenregel.

**Lösung**

Setze $z = \vec{k} \cdot \vec{x} - \omega t$, dann gilt

$$\frac{\partial}{\partial x_i} F(\vec{x}, t) = \frac{\partial}{\partial x_i} f(\vec{k} \cdot \vec{x} - \omega t) = \frac{df(z)}{dz} \frac{\partial z(\vec{x}, t)}{\partial x_i} = k_i f'(\vec{k} \cdot \vec{x} - \omega t)$$

$$\Rightarrow \frac{\partial^2}{\partial x_i^2} F(\vec{x}, t) = k_i^2 f''(\vec{k} \cdot \vec{x} - \omega t),$$

$$\frac{\partial}{\partial t} F(\vec{x}, t) = \frac{\partial}{\partial t} f(\vec{k} \cdot \vec{x} - \omega t) = \frac{df(z)}{dz} \frac{\partial z(\vec{x}, t)}{\partial t} = \omega f'(\vec{k} \cdot \vec{x} - \omega t)$$

$$\Rightarrow \frac{\partial^2}{\partial t^2} F(\vec{x}, t) = \omega^2 f''(\vec{k} \cdot \vec{x} - \omega t).$$

Somit erhält man insgesamt

$$\left(\Delta F - \frac{1}{c^2}\frac{\partial^2 F}{\partial t^2}\right)(\vec{x},t) = \left(\sum_{i=1}^{n} \frac{\partial^2 F}{\partial x_i^2} - \frac{1}{c^2}\frac{\partial^2 F}{\partial t^2}\right)(\vec{x},t)$$
$$= \left(\sum_{i=1}^{n} k_i^2 f'' - \frac{\omega^2}{c^2} f''\right)(\vec{k}\cdot\vec{x} - \omega t)$$
$$= \left(\|\vec{k}\|_2^2 - \frac{\omega^2}{c^2}\right) f''(\vec{k}\cdot\vec{x} - \omega t) = 0.$$

## 1.11 Taylorformel im $\mathbb{R}^n$

### Aufgabe 91

**Binomische Formel im $\mathbb{R}^n$**

Beweisen Sie für $x = (x_1, \ldots, x_n) \in \mathbb{R}^n$, $\nu \in \mathbb{N}_0$:

$$(x_1 + \ldots + x_n)^\nu = \nu! \sum_{|\alpha|=\nu} \frac{x^\alpha}{\alpha!}$$

Hierbei ist $\alpha = (\alpha_1, \ldots, \alpha_n) \in \mathbb{N}_0^n$ ein Multiindex der Länge $|\alpha| = \alpha_1 + \ldots + \alpha_n$, und $\alpha! := \prod_{i=1}^n \alpha_i!$, $x^\alpha := \prod_{i=1}^n x_i^{\alpha_i}$.

*Hinweis:* Vollständige Induktion über $n$.

**Lösung**

Wie im Hinweis angegeben, verwenden wir vollständige Induktion über $n$ bei festem $\nu$.

I. A.: Im Fall $n = 1$ ist $x = (x_1)$, $\alpha = (\alpha_1)$, $|\alpha| = \alpha_1$ und folglich die Behauptung wegen

$$x_1^\nu = \nu! \frac{x_1^\nu}{\nu!} = \nu! \sum_{\alpha_1=\nu} \frac{x_1^{\alpha_1}}{\alpha_1!} = \nu! \sum_{|\alpha|=\nu} \frac{x^\alpha}{\alpha!}$$

trivial. Für $n = 2$ hat man nach der binomischen Formel:

$$(x_1 + x_2)^\nu = \sum_{k=0}^{\nu} \binom{\nu}{k} x_1^k x_2^{\nu-k}$$
$$= \sum_{k=0}^{\nu} \frac{\nu!}{k!(\nu-k)!} x_1^k x_2^{\nu-k}$$
$$= \nu! \sum_{k=0}^{\nu} \frac{x_1^k x_2^{\nu-k}}{k!(\nu-k)!} \overset{(\alpha_1,\alpha_2)=(k,\nu-k)}{=} \nu! \sum_{|\alpha|=\nu} \frac{x^\alpha}{\alpha!}.$$

I. V.: Gelte jetzt die Behauptung bis $n-1$, $n \geq 3$, jeweils für alle $\nu \in \mathbb{N}_0$.
I. S.: Dann folgt mit den Bezeichnungen $\tilde{\alpha} = (\alpha_1, \ldots, \alpha_{n-1})$, $\tilde{x} = (x_1, \ldots, x_{n-1})$:

$$\begin{aligned}
(x_1 + \ldots + x_n)^\nu &= (x_n + (x_1 + \ldots + x_{n-1}))^\nu \\
&\overset{\text{bin. F.}}{=} \sum_{\alpha_n=0}^{\nu} \binom{\nu}{\alpha_n} x_n^{\alpha_n} (x_1 + \ldots + x_{n-1})^{\nu-\alpha_n} \\
&= \nu! \sum_{\alpha_n=0}^{\nu} \frac{x_n^{\alpha_n}(x_1 + \ldots + x_{n-1})^{\nu-\alpha_n}}{\alpha_n!(\nu-\alpha_n)!} \\
&\overset{\text{I. V.}}{=} \nu! \sum_{\alpha_n=0}^{\nu} \frac{x_n^{\alpha_n}(\nu-\alpha_n)! \sum\limits_{|\tilde{\alpha}|=\nu-\alpha_n} \frac{\tilde{x}^{\tilde{\alpha}}}{\tilde{\alpha}!}}{\alpha_n!(\nu-\alpha_n)!} \\
&= \nu! \sum_{\alpha_n=0}^{\nu} \sum_{|\tilde{\alpha}|=\nu-\alpha_n} \frac{\tilde{x}^{\tilde{\alpha}} x_n^{\alpha_n}}{\tilde{\alpha}!\alpha_n!} \\
&= \nu! \sum_{|\alpha|=\nu} \frac{x^\alpha}{\alpha!}.
\end{aligned}$$

## Aufgabe 92

► **Taylorformel im Mehrdimensionalen**

Berechnen Sie die Taylorpolynome der folgenden Funktionen bis zum Grad $m$ im Nullpunkt:

a) $f : \mathbb{R}^3 \to \mathbb{R}$, $f(\vec{x}) = 2 + y + xz + 2x^2y + 4xyz^2$, $m = 3$;
b) $g : \mathbb{R}^2 \to \mathbb{R}$, $g(\vec{x}) = \dfrac{e^{x+y}}{e^x + e^y}$, $m = 2$.

**Lösung**

Das Taylorpolynom im $\mathbb{R}^n$ bis zum Grad $m$ mit Entwicklungspunkt $\vec{x} = (x_1, \ldots, x_n)^\top$ lautet

$$T_{f,m,\vec{x}}(\vec{x} + \vec{h}) = \sum_{|\alpha| \leq m} \frac{1}{\alpha!} \vec{h}^\alpha \left( \frac{\partial^\alpha}{\partial \vec{x}^\alpha} f \right)(\vec{x})$$

mit dem Multiindex $\alpha = (\alpha_1, \ldots, \alpha_n)$ und (vgl. auch die Bezeichnungen von Aufg. 91)

$$\vec{h}^\alpha := \prod_{k=1}^{n} h_k^{\alpha_k}, \quad \frac{\partial^\alpha}{\partial \vec{x}^\alpha} := \prod_{k=1}^{n} \left( \frac{\partial}{\partial x_k} \right)^{\alpha_k} \ (=: D^\alpha), \ \vec{h} = (h_1, \ldots, h_n).$$

a) Die partiellen Ableitungen von $f$ bis zur Ordnung $m = 3$ lauten ($\vec{x} = (x, y, z)$):

$$\frac{\partial}{\partial x} f(\vec{x}) = z + 4xy + 4yz^2; \; \frac{\partial}{\partial y} f(\vec{x}) = 1 + 2x^2 + 4xz^2;$$

$$\frac{\partial}{\partial z} f(\vec{x}) = x + 8xyz;$$

$$\frac{\partial^2}{\partial x^2} f(\vec{x}) = 4y; \; \frac{\partial^2}{\partial y^2} f(\vec{x}) = 0; \; \frac{\partial^2}{\partial z^2} f(\vec{x}) = 8xy;$$

$$\frac{\partial^2}{\partial x \partial y} f(\vec{x}) = \frac{\partial^2}{\partial y \partial x} f(\vec{x}) = 4x + 4z^2; \; \frac{\partial^2}{\partial x \partial z} f(\vec{x}) = \frac{\partial^2}{\partial z \partial x} f(\vec{x}) = 1 + 8yz;$$

$$\frac{\partial^2}{\partial y \partial z} f(\vec{x}) = \frac{\partial^2}{\partial z \partial y} f(\vec{x}) = 8xz;$$

$$\frac{\partial^3}{\partial x^3} f(\vec{x}) = 0; \; \frac{\partial^3}{\partial y^3} f(\vec{x}) = 0; \; \frac{\partial^3}{\partial z^3} f(\vec{x}) = 0;$$

$$\begin{aligned} \frac{\partial^3}{\partial x \partial y \partial z} f(\vec{x}) &= \frac{\partial^3}{\partial y \partial x \partial z} f(\vec{x}) = \frac{\partial^3}{\partial x \partial z \partial y} f(\vec{x}) = \frac{\partial^3}{\partial z \partial x \partial y} f(\vec{x}) \\ &= \frac{\partial^3}{\partial y \partial z \partial x} f(\vec{x}) = \frac{\partial^3}{\partial z \partial y \partial x} f(\vec{x}) = 8z; \end{aligned}$$

$$\frac{\partial^3}{\partial x^2 \partial y} f(\vec{x}) = \frac{\partial^3}{\partial x \partial y \partial x} f(\vec{x}) = \frac{\partial^3}{\partial y \partial x^2} f(\vec{x}) = 4;$$

$$\frac{\partial^3}{\partial x^2 \partial z} f(\vec{x}) = \frac{\partial^3}{\partial x \partial z \partial x} f(\vec{x}) = \frac{\partial^3}{\partial z \partial x^2} f(\vec{x}) = 0;$$

$$\frac{\partial^3}{\partial y^2 \partial x} f(\vec{x}) = \frac{\partial^3}{\partial y \partial x \partial y} f(\vec{x}) = \frac{\partial^3}{\partial x \partial y^2} f(\vec{x}) = 0;$$

$$\frac{\partial^3}{\partial y^2 \partial z} f(\vec{x}) = \frac{\partial^3}{\partial y \partial z \partial y} f(\vec{x}) = \frac{\partial^3}{\partial z \partial y^2} f(\vec{x}) - 0;$$

$$\frac{\partial^3}{\partial z^2 \partial x} f(\vec{x}) = \frac{\partial^3}{\partial z \partial x \partial z} f(\vec{x}) = \frac{\partial^3}{\partial x \partial z^2} f(\vec{x}) = 8y;$$

$$\frac{\partial^3}{\partial z^2 \partial y} f(\vec{x}) = \frac{\partial^3}{\partial z \partial y \partial z} f(\vec{x}) = \frac{\partial^3}{\partial y \partial z^2} f(\vec{x}) = 8x.$$

Damit erhält man somit für $m = 3$ und Entwicklungspunkt $\vec{x} = \vec{0}$:

$$\begin{aligned}
T_{f,3,\vec{0}}(\vec{h}) &= \frac{1}{0!}f(\vec{0}) + \frac{1}{1!}(\nabla f)(\vec{0})\cdot\vec{h} + \frac{h_1^2}{2!}\frac{\partial^2}{\partial x^2}f(\vec{0}) + \frac{h_2^2}{2!}\frac{\partial^2}{\partial y^2}f(\vec{0}) + \frac{h_3^2}{2!}\frac{\partial^2}{\partial z^2}f(\vec{0}) \\
&\quad + \frac{h_1h_2}{1!1!}\frac{\partial^2}{\partial y\partial x}f(\vec{0}) + \frac{h_1h_3}{1!1!}\frac{\partial^2}{\partial z\partial x}f(\vec{0}) + \frac{h_2h_3}{1!1!}\frac{\partial^2}{\partial z\partial y}f(\vec{0}) \\
&\quad + \frac{h_1^3}{3!}\frac{\partial^3}{\partial x^3}f(\vec{0}) + \frac{h_2^3}{3!}\frac{\partial^3}{\partial y^3}f(\vec{0}) + \frac{h_3^3}{3!}\frac{\partial^3}{\partial z^3}f(\vec{0}) + \frac{h_1h_2h_3}{1!1!1!}\frac{\partial^3}{\partial z\partial y\partial x}f(\vec{0}) \\
&\quad + \frac{h_1^2h_2}{2!1!}\frac{\partial^3}{\partial y\partial x^2}f(\vec{0}) + \frac{h_1^2h_3}{2!1!}\frac{\partial^3}{\partial z\partial x^2}f(\vec{0}) + \frac{h_1h_2^2}{1!2!}\frac{\partial^3}{\partial x\partial y^2}f(\vec{0}) \\
&\quad + \frac{h_2^2h_3}{2!1!}\frac{\partial^3}{\partial z\partial y^2}f(\vec{0}) + \frac{h_1h_3^2}{1!2!}\frac{\partial^3}{\partial x\partial z^2}f(\vec{0}) + \frac{h_2h_3^2}{1!2!}\frac{\partial^3}{\partial y\partial z^2}f(\vec{0}) \\
&= 2 + (0 + h_2 + 0) + \frac{1}{2}(0+0+0) + (0 + h_1h_3 + 0) \\
&\quad + \frac{1}{6}(0+0+0) + 0 + \frac{1}{2}(4h_1^2h_2 + 0 + 0 + 0 + 0 + 0) \\
&= 2 + h_2 + h_1h_3 + 2h_1^2h_2,
\end{aligned}$$

also

$$T_{f,3,\vec{0}}(\vec{x}) = 2 + y + xz + 2x^2y.$$

b) Die Ableitungen von $g$ bis zur Ordnung $m = 2$ lauten:

$$\begin{aligned}
\frac{\partial}{\partial x}g(\vec{x}) &= \frac{e^{x+y}(e^x+e^y) - e^{x+y}e^x}{(e^x+e^y)^2} = \frac{e^y e^{x+y}}{(e^x+e^y)^2}; \\
\frac{\partial}{\partial y}g(\vec{x}) &= \frac{e^{x+y}(e^x+e^y) - e^{x+y}e^y}{(e^x+e^y)^2} = \frac{e^x e^{x+y}}{(e^x+e^y)^2}; \\
\frac{\partial^2}{\partial x^2}g(\vec{x}) &= \frac{e^{x+2y}(e^x+e^y)^2 - e^{x+2y}2(e^x+e^y)e^x}{(e^x+e^y)^4} = \frac{-e^{2x+2y} + e^{x+3y}}{(e^x+e^y)^3}; \\
\frac{\partial^2}{\partial y^2}g(\vec{x}) &= \frac{e^{2x+y}(e^x+e^y)^2 - e^{2x+y}2(e^x+e^y)e^y}{(e^x+e^y)^4} = \frac{-e^{2x+2y} + e^{3x+y}}{(e^x+e^y)^3}; \\
\frac{\partial^2}{\partial x\partial y}g(\vec{x}) &= \frac{\partial^2}{\partial y\partial x}g(\vec{x}) = \frac{2e^{x+2y}(e^x+e^y)^2 - e^{x+2y}2(e^x+e^y)e^y}{(e^x+e^y)^4} \\
&= \frac{2e^{2x+2y}}{(e^x+e^y)^3};
\end{aligned}$$

Damit erhält man somit für $m = 2$ und $\vec{x} = \vec{0}$:

$$\begin{aligned}T_{g,2,\vec{0}}(\vec{h}) &= \frac{1}{0!}g(\vec{0}) + \frac{1}{1!}(\nabla g)(\vec{0}) \cdot \vec{h} + \frac{h_1^2}{2!}\frac{\partial^2}{\partial x^2}g(\vec{0}) \\ &\quad + \frac{h_2^2}{2!}\frac{\partial^2}{\partial y^2}g(\vec{0}) + \frac{h_1 h_2}{1!1!}\frac{\partial^2}{\partial y \partial x}g(\vec{0}) \\ &= \frac{1}{2} + \frac{1}{4}h_1 + \frac{1}{4}h_2 + \frac{1}{4}h_1 h_2,\end{aligned}$$

also

$$T_{g,2,\vec{0}}(\vec{x}) = \frac{1}{2} + \frac{1}{4}x + \frac{1}{4}y + \frac{1}{4}xy.$$

## Aufgabe 93

**Taylorpolynom**

Berechnen Sie für $f : \mathbb{R}^2 \ni (x, y) \mapsto \exp(x)\sin(y)$ und $k = 3$ das Taylorpolynom

$$T_{f,k,(x_0,y_0)}(\vec{x}^0 + \vec{h}) = \sum_{|\alpha| \le k} \frac{1}{\alpha!}\vec{h}^\alpha (D^\alpha f)(x_0, y_0),$$

wobei $\vec{x}^0 = (x_0, y_0)$, $\vec{h} = (h_1, h_2)$ (vgl. auch Aufg. 92).

**Lösung**

Zu Beginn berechnet man die benötigten partiellen Ableitungen von $f$ bei $(x_0, y_0)$ bis zur dritten Ordnung:

$$\frac{\partial f}{\partial x}(x_0, y_0) = \exp(x)\sin(y)\big|_{(x_0,y_0)} = \exp(x_0)\sin(y_0) = f(x_0, y_0)$$

$$\frac{\partial f}{\partial y}(x_0, y_0) = \exp(x)\cos(y)\big|_{(x_0,y_0)} = \exp(x_0)\cos(y_0) =: g(x_0, y_0)$$

$$\frac{\partial^2 f}{\partial x^2}(x_0, y_0) = \exp(x)\sin(y)\big|_{(x_0,y_0)} = \exp(x_0)\sin(y_0) = f(x_0, y_0)$$

$$\frac{\partial^2 f}{\partial x \partial y}(x_0, y_0) = \exp(x)\cos(y)\big|_{(x_0,y_0)} = \exp(x_0)\cos(y_0) = g(x_0, y_0)$$

$$\frac{\partial^2 f}{\partial y^2}(x_0, y_0) = -\exp(x)\sin(y)\big|_{(x_0,y_0)} = -\exp(x_0)\sin(y_0) = -f(x_0, y_0)$$

$$\frac{\partial^3 f}{\partial x^3}(x_0, y_0) = \exp(x)\sin(y)\big|_{(x_0,y_0)} = \exp(x_0)\sin(y_0) = f(x_0, y_0)$$
$$\frac{\partial^3 f}{\partial x^2 \partial y}(x_0, y_0) = \exp(x)\cos(y)\big|_{(x_0,y_0)} = \exp(x_0)\cos(y_0) = g(x_0, y_0)$$
$$\frac{\partial^3 f}{\partial x \partial y^2}(x_0, y_0) = -\exp(x)\sin(y)\big|_{(x_0,y_0)} = -\exp(x_0)\sin(y_0) = -f(x_0, y_0)$$
$$\frac{\partial^3 f}{\partial y^3}(x_0, y_0) = -\exp(x)\cos(y)\big|_{(x_0,y_0)} = -\exp(x_0)\cos(y_0) = -g(x_0, y_0)$$

Nun berechnet man sukzessive für alle Multiindizes $\alpha = (\alpha_1, \alpha_2)$ mit $|\alpha| \leq 3$ die entsprechenden Terme des Taylorpolynoms:

$$\alpha = (0,0) : \frac{1}{0!0!} h_1^0 h_2^0 (D_1^0 D_2^0 f)(x_0, y_0) = f(x_0, y_0)$$
$$\alpha = (1,0) : \frac{1}{1!0!} h_1^1 h_2^0 (D_1^1 D_2^0 f)(x_0, y_0) = h_1 \frac{\partial f}{\partial x}(x_0, y_0) = h_1 f(x_0, y_0)$$
$$\alpha = (0,1) : \frac{1}{0!1!} h_1^0 h_2^1 (D_1^0 D_2^1 f)(x_0, y_0) = h_2 \frac{\partial f}{\partial y}(x_0, y_0) = h_2 g(x_0, y_0)$$
$$\alpha = (2,0) : \frac{1}{2!0!} h_1^2 h_2^0 (D_1^2 D_2^0 f)(x_0, y_0) = \frac{h_1^2}{2} \frac{\partial^2 f}{\partial x^2}(x_0, y_0) = \frac{h_1^2}{2} f(x_0, y_0)$$
$$\alpha = (1,1) : \frac{1}{1!1!} h_1^1 h_2^1 (D_1^1 D_2^1 f)(x_0, y_0) = h_1 h_2 \frac{\partial^2 f}{\partial x \partial y}(x_0, y_0) = h_1 h_2 g(x_0, y_0)$$
$$\alpha = (0,2) : \frac{1}{0!2!} h_1^0 h_2^2 (D_1^0 D_2^2 f)(x_0, y_0) = \frac{h_2^2}{2} \frac{\partial^2 f}{\partial y^2}(x_0, y_0) = -\frac{h_2^2}{2} f(x_0, y_0)$$
$$\alpha = (3,0) : \frac{1}{3!0!} h_1^3 h_2^0 (D_1^3 D_2^0 f)(x_0, y_0) = \frac{h_1^3}{6} \frac{\partial^3 f}{\partial x^3}(x_0, y_0) = \frac{h_1^3}{6} f(x_0, y_0)$$
$$\alpha = (2,1) : \frac{1}{2!1!} h_1^2 h_2^1 (D_1^2 D_2^1 f)(x_0, y_0) = \frac{h_1^2 h_2}{2} \frac{\partial^3 f}{\partial x^2 \partial y}(x_0, y_0) = \frac{h_1^2 h_2}{2} g(x_0, y_0)$$
$$\alpha = (1,2) : \frac{1}{1!2!} h_1^1 h_2^2 (D_1^1 D_2^2 f)(x_0, y_0) = \frac{h_1 h_2^2}{2} \frac{\partial^3 f}{\partial x \partial y^2}(x_0, y_0) = -\frac{h_1 h_2^2}{2} f(x_0, y_0)$$
$$\alpha = (0,3) : \frac{1}{0!3!} h_1^0 h_2^3 (D_1^0 D_2^3 f)(x_0, y_0) = \frac{h_2^3}{6} \frac{\partial^3 f}{\partial y^3}(x_0, y_0) = -\frac{h_2^3}{6} g(x_0, y_0)$$

Summation liefert für $k = 3$:

$$
\begin{aligned}
&T_{f,k,(x_0,y_0)}(\vec{x}^0 + \vec{h}) \\
&= f(x_0, y_0)\left(1 + h_1 + \frac{h_1^2 - h_2^2(1 + h_1)}{2} + \frac{h_1^3}{6}\right) \\
&\qquad + g(x_0, y_0)\left(h_2 + h_1 h_2 + \frac{h_1^2 h_2}{2} - \frac{h_2^3}{6}\right) \\
&= \exp(x_0)\left(\sin(y_0)\left(1 + h_1 + \frac{h_1^2 - h_2^2(1 + h_1)}{2} + \frac{h_1^3}{6}\right)\right. \\
&\qquad \left. + \cos(y_0)\left(h_2 + h_1 h_2 + \frac{h_1^2 h_2}{2} - \frac{h_2^3}{6}\right)\right)
\end{aligned}
$$

## Aufgabe 94

### ► Taylorpolynom der Ordnung 2

Geben Sie das 2. Taylor-Polynom $T_{f,2,(x_0,y_0)}$ an für die Funktion

$$
f(x, y) := \frac{1 + x}{1 + y}
$$

bzgl. einer Stelle $(x_0, y_0)$ mit $y^0 \neq -1$.

Wie sieht das Taylor-Polynom bzgl. des Entwicklungspunktes $(0, 0)$ aus?

**Lösung**

Man berechnet zunächst die benötigten partiellen Ableitungen bis zur zweiten Ordnung (für $y \neq -1$):

$$
\begin{aligned}
&\frac{\partial f}{\partial x} = \frac{1}{1 + y}, \qquad \frac{\partial^2 f}{\partial x^2} = 0, \\
&\frac{\partial f}{\partial y} = -\frac{1 + x}{(1 + y)^2}, \quad \frac{\partial^2 f}{\partial y^2} = \frac{2(1 + x)}{(1 + y)^3}, \quad \frac{\partial^2 f}{\partial x \partial y} = -\frac{1}{(1 + y)^2}.
\end{aligned}
$$

Für das Taylorpolynom folgt mit der Bezeichnung $h := x - x_0,\ k := y - y_0$:

$$
T_{f,2,(x_0,y_0)}(x, y) = f(x_0, y_0) + \frac{h}{1 + y_0} - \frac{k(1 + x_0)}{(1 + y_0)^2} - \frac{hk}{(1 + y_0)^2} + \frac{k^2(1 + x_0)}{(1 + y_0)^3}.
$$

An der Stelle $(0, 0)$ als Entwicklungspunkt ergibt sich somit:

$$
T_{f,2,(0,0)}(x, y) = 1 + x - y - xy + y^2.
$$

## Aufgabe 95

### ► Taylorpolynom der Ordnung 2

Berechnen Sie das 2. Taylorpolynom für die Funktion

$$f:\mathbb{R}^3\to\mathbb{R},\ f(x,y,z)=xe^{-y}+ze^{-x},$$

an der Stelle $\vec{x}_0=\begin{pmatrix}-1\\-1\\0\end{pmatrix}$.

**Lösung**

Für das 2. Taylorpolynom erhält man mithilfe der Hessematrix $H_f$ auch die Darstellung (vgl. z. B. [18], 3.18)

$$T_{f,2,\vec{x}_0}(\vec{x}_0+\vec{x})=f(\vec{x}_0)+\nabla f(\vec{x}_0)\cdot\vec{x}+\frac{1}{2}H_f(\vec{x}_0)\vec{x}\cdot\vec{x}.$$

Hier hat man (Bez.: $\vec{x}=(x,y,z)^\top$):

$$f(\vec{x}_0)=-e;\quad \nabla f(\vec{x})=\begin{pmatrix}e^{-y}-ze^{-x}\\-xe^{-y}\\e^{-x}\end{pmatrix};\quad \nabla f(\vec{x}_0)=\begin{pmatrix}e\\e\\e\end{pmatrix};$$

$$H_f(\vec{x})=\begin{pmatrix}ze^{-x}&-e^{-y}&-e^{-x}\\-e^{-y}&xe^{-y}&0\\-e^{-x}&0&0\end{pmatrix};$$

$$H_f(\vec{x}_0)=\begin{pmatrix}0&-e&-e\\-e&-e&0\\-e&0&0\end{pmatrix}=-e\begin{pmatrix}0&1&1\\1&1&0\\1&0&0\end{pmatrix}.$$

Somit lautet das Taylorpolynom bis zum Grad 2 mit Entwicklungspunkt $\vec{x}_0$

$$\begin{aligned}T_{f,2,\vec{x}_0}(\vec{x}_0+\vec{x})&=-e+e\begin{pmatrix}1\\1\\1\end{pmatrix}\cdot\begin{pmatrix}x\\y\\z\end{pmatrix}\\&\quad+\frac{1}{2}(-e)\left(\begin{pmatrix}0&1&1\\1&1&0\\1&0&0\end{pmatrix}\begin{pmatrix}x\\y\\z\end{pmatrix}\right)\cdot\begin{pmatrix}x\\y\\z\end{pmatrix}\\&=-e+e(x+y+z)-\frac{1}{2}e\begin{pmatrix}y+z\\x+y\\x\end{pmatrix}\cdot\begin{pmatrix}x\\y\\z\end{pmatrix}\\&=-e\left(1-x-y-z+xy+xz+\frac{1}{2}y^2\right).\end{aligned}$$

## Aufgabe 96

▶ **Lösung eines implizites Gleichungssystem**

Zeigen Sie, dass das Gleichungssystem

$$y_1 + \sin(y_1 y_2) = y_1 x_1 + 1$$
$$\cos(y_1) = x_2 + y_2$$

in einer Umgebung von $(x_1^0, x_2^0, y_1^0, y_2^0) = \left(0, -1, \frac{\pi}{2}, 1\right)$ durch differenzierbare Funktionen $y_1 = g_1(x_1, x_2)$, $y_2 = g_2(x_1, x_2)$ eindeutig aufgelöst werden kann, und berechnen Sie

$$\frac{\partial g_1}{\partial x_1}, \frac{\partial g_1}{\partial x_2}, \frac{\partial g_2}{\partial x_1}, \frac{\partial g_2}{\partial x_2} \quad \text{bei } (0, -1).$$

**Lösung**

Für

$$F = (F_1, F_2) : (x_1, x_2, y_1, y_2) \longrightarrow \mathbb{R}^2$$
$$F_1(x_1, x_2, y_1, y_2) = y_1 + \sin(y_1 y_2) - y_1 x_1 - 1$$
$$F_2(x_2, x_2, y_1, y_2) = \cos(y_1) - x_2 - y_2$$

ist

$$\frac{\partial(F_1, F_2)}{\partial(y_1, y_2)} = \begin{pmatrix} 1 + y_2 \cos(y_1 y_2) - x_1 & y_1 \cos(y_1 y_2) \\ -\sin(y_1) & -1 \end{pmatrix}$$

und

$$\det \frac{\partial(F_1, F_2)}{\partial(y_1, y_2)} = -1 - y_2 \cos(y_1 y_2) + x_1 + y_1 \sin(y_1) \cos(y_1 y_2)$$

$$\det \left. \frac{\partial(F_1, F_2)}{\partial(y_1, y_2)} \right|_{(0,-1,\frac{\pi}{2},1)} = -1.$$

Damit ist die Gleichung $F(x_1, x_2, y_1, y_2) = 0$ in einer Umgebung von $(0, -1, \frac{\pi}{2}, 1)$ eindeutig nach $(y_1, y_2)$ auflösbar (s. z. B. [8], 169.1). Die Spalten der Inversen von

$$\left. \frac{\partial(F_1, F_2)}{\partial(y_1, y_2)} \right|_{(0,-1,\frac{\pi}{2},1)} = \begin{pmatrix} 1 & 0 \\ -1 & -1 \end{pmatrix} =: B$$

erhält man durch Lösung von $Bb^{(i)} = e^{(i)}$, $i = 1, 2$, mit den Einheitsvektoren $e^{(i)} \in \mathbb{R}^2$, $B^{-1} = \left(b^{(1)} \mid b^{(2)}\right)$

$$\Longrightarrow \quad B^{-1} = \begin{pmatrix} 1 & 0 \\ -1 & -1 \end{pmatrix}.$$

Nach der Formel für die Ableitung der implizit definierten Funktion $(g_1, g_2)$ ergibt sich bei $(x_1, x_2) = (0, -1)$, $(y_1, y_2) = (g_1(x_1, x_2),\ g_2(x_1, x_2)) = \left(\frac{\pi}{2}, 1\right)$

$$\left.\begin{pmatrix} \frac{\partial g_1}{\partial x_1} & \frac{\partial g_1}{\partial x_2} \\ \frac{\partial g_2}{\partial x_1} & \frac{\partial g_2}{\partial x_2} \end{pmatrix}\right|_{(0,1)} = -B^{-1} \left.\frac{\partial(F_1, F_2)}{\partial(x_1, x_2)}\right|_{(0,-1,\frac{\pi}{2},1)}$$

$$= -\begin{pmatrix} 1 & 0 \\ -1 & -1 \end{pmatrix} \left.\begin{pmatrix} -y_1 & 0 \\ 0 & -1 \end{pmatrix}\right|_{y_1=\frac{\pi}{2}}$$

$$= -\begin{pmatrix} 1 & 0 \\ -1 & -1 \end{pmatrix} \begin{pmatrix} -\frac{\pi}{2} & 0 \\ 0 & -1 \end{pmatrix} = \begin{pmatrix} \frac{\pi}{2} & 0 \\ -\frac{\pi}{2} & -1 \end{pmatrix}$$

## Aufgabe 97

### ► Implizite Gleichung

Sei $f : \mathbb{R}^3 \longrightarrow \mathbb{R}$ stetig differenzierbar. In einem Punkt $x^0 = (x_1^0, x_2^0, x_3^0) \in \mathbb{R}^3$ gelte:

$$\prod_{i=1}^{3} \frac{\partial f}{\partial x_i}(x^0) \neq 0.$$

$g_i$ sei eine lokale Auflösung der Gleichung $f(x_1, x_2, x_3) = f(x^0)$ nach $x_i$, $i = 1, 2, 3$. Zeigen Sie:

$$\frac{\partial g_1}{\partial x_2}(x_2^0, x_3^0) \cdot \frac{\partial g_2}{\partial x_3}(x_1^0, x_3^0) \cdot \frac{\partial g_3}{\partial x_1}(x_1^0, x_2^0) = -1.$$

### Lösung

$g_1$ ist eine lokale Auflösung der Gleichung

$$f(x_1, x_2, x_3) = f\left(x^0\right),$$

d. h. für alle $x = (x_1, x_2, x_3)$ in einer Umgebung von $x^0 = \left(x_1^0, x_2^0, x_3^0\right)$ gilt

$$f(g_1(x_2, x_3), x_2, x_3) = f\left(x^0\right).$$

(Zur Abkürzung sei $f_{x_i} := \frac{\partial f}{\partial x_i}$, $i = 1, 2, 3$.) Differentiation dieser Gleichung nach $x_2$ ergibt nach der Kettenregel

$$f_{x_1}(g_1(x_2, x_3), x_2, x_3) \frac{\partial}{\partial x_2} g_1(x_2, x_3) + f_{x_2}(g_1(x_2, x_3), x_2, x_3) = 0.$$

Wegen $g_1(x_2^0, x_3^0) = x_1^0$ und $f_{x_1}(x^0) \neq 0$ ergibt sich

$$\frac{\partial}{\partial x_2} g_1(x_2^0, x_3^0) = -\frac{f_{x_2}(x^0)}{f_{x_1}(x^0)}.$$

Völlig analog beweist man die Beziehungen

$$\frac{\partial}{\partial x_3} g_2(x_1^0, x_3^0) = -\frac{f_{x_3}(x^0)}{f_{x_2}(x^0)},$$
$$\frac{\partial}{\partial x_1} g_3(x_1^0, x_2^0) = -\frac{f_{x_1}(x^0)}{f_{x_3}(x^0)}.$$

Multipliziert man nun alle drei Gleichungen miteinander, so ergibt sich gerade

$$\frac{\partial g_1}{\partial x_2}(x_2^0, x_3^0) \cdot \frac{\partial g_2}{\partial x_3}(x_1^0, x_3^0) \cdot \frac{\partial g_3}{\partial x_1}(x_1^0, x_2^0) = -1.$$

## Aufgabe 98

► **Taylorentwicklung der Lösung einer impliziten Gleichung**

Zeigen Sie, dass die Gleichung

$$y^2 + xz + z^2 - e^{xz} - 1 = 0$$

in einer Umgebung von $(x, y, z) := (0, -1, 1)$ eindeutig nach $z$ durch eine Abbildung $g$ auflösbar ist und berechnen Sie die Taylorentwicklung von $g$ im Punkt $(0, -1)$ bis zu den Gliedern 2. Ordnung.

*Hinweis:* Verwenden Sie den Satz über implizite Funktionen (vgl. z. B. [18], 4.5, oder [8], 169.1, 170.1).

**Lösung**

Wir setzen

$$F(x, y, z) := y^2 + xz + z^2 - e^{xz} - 1.$$

Dann ist die Funktion $F$ beliebig oft stetig differenzierbar mit den partiellen Ableitungen (bis zur Ordnung 2):

$$F_x(x, y, z) = z - ze^{xz},$$
$$F_y(x, y, z) = 2y,$$
$$F_z(x, y, z) = x + 2z - xe^{xz},$$
$$F_{xx}(x, y, z) = -z^2 e^{xz},$$

$$F_{xy}(x,y,z) = 0,$$
$$F_{xz}(x,y,z) = 1 - e^{xz} - zxe^{xz},$$
$$F_{yy}(x,y,z) = 2,$$
$$F_{yz}(x,y,z) = 0,$$
$$F_{zz}(x,y,z) = 2 - x^2e^{xz}.$$

Es gilt darüber hinaus:

$$F(0,-1,1) = 0 \quad \text{und} \quad F_z(0,-1,1) = 2.$$

Nach dem Satz über implizite Funktionen existieren dann eine Umgebung $U \subset \mathbb{R}^2$ von $(0,-1)$ und eine Umgebung $V \subset \mathbb{R}$ von 1 und eine beliebig oft stetig differenzierbare Funktion $g : U \to V$ mit den Eigenschaften:

$$g(0,-1) = 1 \quad \text{und} \quad F(x,y,g(x,y)) = 0 \quad \forall\ (x,y) \in U.$$

Für die partiellen Ableitungen (bis zur Ordnung 2) erhält man nach der Kettenregel die Beziehungen:

$$\frac{\partial}{\partial x}(F(x,y,g(x,y))) = F_x + F_z g_x,$$
$$\frac{\partial}{\partial y}(F(x,y,g(x,y))) = F_y + F_z g_y,$$
$$\frac{\partial^2}{\partial x^2}(F(x,y,g(x,y))) = F_{xx} + F_{xz}g_x + \{F_{zx} + F_{zz}g_x\}g_x + F_z g_{xx},$$
$$\frac{\partial^2}{\partial x \partial y}(F(x,y,g(x,y))) = F_{yx} + F_{yz}g_x + \{F_{zx} + F_{zz}g_x\}g_y + F_z g_{yx},$$
$$\frac{\partial^2}{\partial y^2}(F(x,y,g(x,y))) = F_{yy} + F_{yz}g_y + \{F_{zy} + F_{zz}g_y\}g_y + F_z g_{yy}.$$

Dabei ist als Argument der partiellen Ableitungen von $F$ jeweils $(x,y,g(x,y))$ und als Argument der partiellen Ableitungen von $g$ jeweils $(x,y)$ mit $(x,y) \in U$ zu setzen.

Die linken Seiten der letzten Gleichungen sind aber nun jeweils gleich null, da $F(x,y,g(x,y))$ in ganz $U$ verschwindet, und damit erhält man durch Einsetzen von $(x,y) = (0,-1)$ (unter Berücksichtigung von $g(0,-1) = 1$) und Auflösen der Gleichungen nach den partiellen Ableitungen von $g$ die Werte dieser partiellen Ableitungen im Punkt $(0,-1)$. Es ist:

$$F_x(0,-1,1) = 0,$$
$$F_y(0,-1,1) = -2,$$
$$F_z(0,-1,1) = 2,$$
$$F_{xx}(0,-1,1) = -1,$$

$$
\begin{aligned}
F_{xy}(0,-1,1) &= 0,\\
F_{xz}(0,-1,1) &= 0,\\
F_{yy}(0,-1,1) &= 2,\\
F_{yz}(0,-1,1) &= 0,\\
F_{zz}(0,-1,1) &= 2
\end{aligned}
$$

und somit

$$
\begin{aligned}
g_x(0,-1) &= 0,\\
g_y(0,-1) &= 1,\\
g_{xx}(0,-1) &= 1/2,\\
g_{yx}(0,-1) &= 0,\\
g_{yy}(0,-1) &= -2.
\end{aligned}
$$

Für das Taylor-Polynom zweiten Grades von $g$ im Punkte $(0,-1)$ erhalten wir also:

$$
\begin{aligned}
&T_{g,2,(0,-1)}(x,y)\\
&= 1 + (x-0)\cdot 0 + (y-(-1))\cdot 1\\
&\quad + \frac{1}{2}\{(x-0)^2\cdot 1/2 + 2(x-0)(y-(-1))\cdot 0 + (y-(-1))^2\cdot(-2)\}\\
&= 1 + (y+1) + 1/4\cdot x^2 - (y+1)^2.
\end{aligned}
$$

Die folgende Abb. 1.13 erhält man, indem man $f(x,y) = F(x,y,T_{g,2,(0,-1)}(x,y))$ und die Nullebene darstellt. Dabei fasst man das Taylor-Polynom von $g$ als Näherung für $g$ auf. Man sieht, dass $f$ in einer Umgebung der Stelle $(0,-1)$ nahezu Null ist.

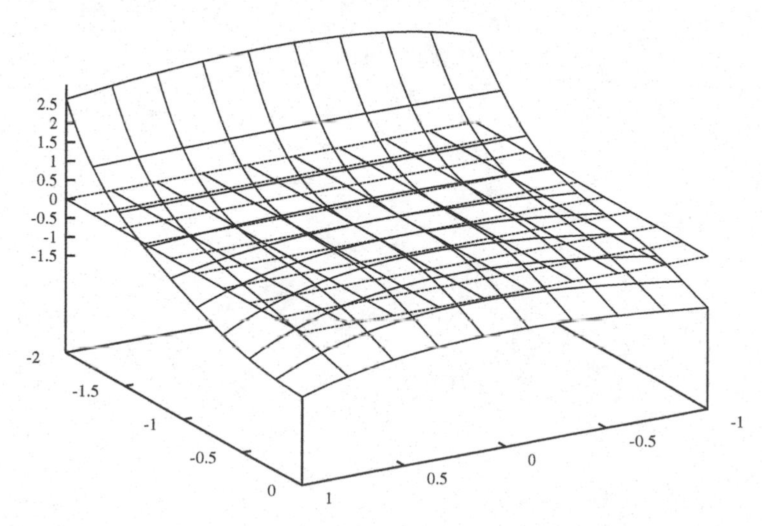


**Abb. 1.13** Abweichung der Zielfunktion $F$ mit Taylorpolynom, Aufg. 98

# Funktionalanalysis

# 2

## 2.1 Abstände von Mengen

### Aufgabe 99

► **Hausdorff-Abstand von abgeschlossenen Mengen**

Sei $M$ ein metrischer Raum, zum Beispiel der $n$-dimensionale Zahlenraum $\mathbb{R}^n$, mit einer Norm $\|\cdot\|$ und der Metrik $|x, y| = \|x-y\|$. Sei $\mathcal{G}$ die Menge aller nichtleeren beschränkten abgeschlossenen Teilmengen von $M$. Zeigen Sie: Für jedes Paar von Mengen $G_1, G_2 \in \mathcal{G}$ existiert dann

$$d_0(G_1, G_2) = \sup_{x \in G_1} |x, G_2|, \quad d(G_1, G_2) = \max\left(d_0(G_1, G_2),\ d_0(G_2, G_1)\right)$$

mit der Abkürzung[1]

$$|x, G| := \inf_{y \in G} |x, y|, \quad x \in M, \quad G \in \mathcal{G}.$$

Die Funktion $d(\cdot, \cdot)$ definiert einen Abstand, den *Hausdorff-Abstand,* für die Mengen in $\mathcal{G}$, so dass $\mathcal{G}$ ein metrischer Raum wird.

**Lösung**

Zu einer beschränkten Menge $G_2 \subset M$, $G_2$ nichtleer, und zu $x \in M$ existiert immer $|x, G_2|$.

Die Menge $D := \{|x, G_2| \mid x \in G_1\}$ ist nichtleer (da $G_1$ nichtleer ist) und nach oben beschränkt, wie man folgendermaßen sieht: Wähle $y_1 \in G_1, y_2 \in G_2$ beliebig,

[1] Bez. vorher auch: $d(x, G)$



H.-J. Reinhardt, *Aufgabensammlung Analysis 2, Funktionalanalysis und Differentialgleichungen*, DOI 10.1007/978-3-662-52954-6_2

aber fest und setze $\delta_3 := |y_1, y_2|$. Seien nun $x_1 \in G_1, x_2 \in G_2$ beliebig. Da $G_1, G_2$ beschränkt sind, gilt:

$$\begin{aligned}\exists \delta_1, \delta_2\ \forall x_1, y_1 \in G_1, x_2, y_2 \in G_2 : |x_1, y_1| \le \delta_1, |x_2, y_2| \le \delta_2 \\ \Rightarrow |x_1, G_2| &\le |x_1, x_2| \\ &\le |x_1, y_1| + |y_1, x_2| \\ &\le |x_1, y_1| + |y_1, y_2| + |y_2, x_2| \\ &\le \delta_1 + \delta_3 + \delta_2 =: \delta.\end{aligned}$$

Also ist $D$ beschränkt.

Laut Vollständigkeitsaxiom besitzt $D$ also ein Supremum, was die Existenz von $d_0(G_1, G_2)$ zeigt. $d(G_1, G_2)$ existiert dann trivialerweise.

Es bleibt noch zu zeigen: Eigenschaften (M1) bis (M3) einer Metrik (vgl. z. B. [7], 10., oder Aufg. 2)

(M1) **Definitheit:** Trivialerweise gilt
$$d(G_1, G_2) = \max(d_0(G_1, G_2), d_0(G_2, G_1)) \ge d_0(G_1, G_2) = \underbrace{\sup_{x \in G_1} \underbrace{|x, G_2|}_{\ge 0}}_{\ge 0} \ge 0.$$

Sei $d(G_1, G_2) = 0$

$$\begin{aligned}&\Rightarrow d_0(G_1, G_2) = 0 && \Rightarrow \sup_{x \in G_1} |x, G_2| = 0 \\ &\Rightarrow |x, G_2| = 0\ \forall x \in G_1 && \Rightarrow G_1 \subset G_2\end{aligned}$$

sowie

$$\begin{aligned}&\Rightarrow d_0(G_2, G_1) = 0 && \Rightarrow \sup_{x \in G_2} |x, G_1| = 0 \\ &\Rightarrow |x, G_1| = 0\ \forall x \in G_2 && \Rightarrow G_2 \subset G_1\end{aligned}$$

Also ist $G_1 = G_2$.
Sei nun $G_1 = G_2$. Wir zeigen $d(G_1, G_2) = 0$. Es gilt $\forall x \in G_1 \subset G_2$:

$$|x, G_2| = \inf_{y \in G_2} |x, y| = |x, x| = 0$$
$$\Rightarrow d_0(G_1, G_2) = 0 = d_0(G_2, G_1) \quad \Rightarrow d(G_1, G_2) = 0$$

(M2) **Symmetrie:** Es gilt

$$\begin{aligned}d(G_1, G_2) &= \max(\sup_{x \in G_1} |x, G_2|, \sup_{x \in G_2} |x, G_1|) \\ &= \max(\sup_{x \in G_2} |x, G_1|, \sup_{x \in G_1} |x, G_2|) = d(G_2, G_1)\end{aligned}$$

(M3) **Dreiecksungleichung:**
Seien $G_1, G_2, G_3 \in \mathcal{G}$ und $x_i \in G_i,\ i = 1, 2, 3$.
Dann folgt wegen $|x_1, x_2\ | \le |x_1, x_3| + |x_3, x_2|$, dass

$$\begin{aligned}
\inf_{x_2 \in G_2} |x_1, x_2| &\le |x_1, x_3| + |x_3, x_2| \\
\Rightarrow |x_1, G_2| &\le |x_1, x_3| + |x_3, G_2| \\
\Rightarrow |x_1, G_2| &\le |x_1, G_3| + d_0(G_3, G_2) \\
\Rightarrow |x_1, G_2| &\le \sup_{x \in G_1} |x, G_3| + d_0(G_3, G_2) \\
\Rightarrow d_0(G_1, G_2) &\le d_0(G_1, G_3) + d_0(G_3, G_2)
\end{aligned}$$

Umnummerierung ergibt:

$$d_0(G_2, G_1) \le d_0(G_2, G_3) + d_0(G_3, G_1)$$

Insgesamt erhält man:

$$\begin{aligned}
d(G_1, G_2) &= \max\{d_0(G_1, G_2), d_0(G_2, G_1)\} \\
&\le \max\{d_0(G_1, G_3), d_0(G_3, G_1)\} + \max\{d_0(G_3, G_2), d_0(G_2, G_3)\} \\
&= d(G_1, G_3) + d(G_3, G_2)
\end{aligned}$$

## Aufgabe 100

### ▶ Gitterpunktmengen

Sei $[a, b]$ ein beschränktes abgeschlossenes Intervall der reellen Zahlengeraden $\mathbb{R}$ und für jedes $h$ aus einer Nullfolge $\Lambda$ sei $G_h$ eine Folge von Gitterpunktmengen der Gestalt

$$G_h = \left\{x \in [a, b] \,\middle|\, x = a + jh,\ j = 0, \ldots, N_h\right\}, \quad \frac{b-a}{h} - 1 < N_h \le \frac{b-a}{h}.$$

Damit beweisen Sie für den Hausdorff-Abstand $d$ (vgl. Aufg. 99) die Beziehung

$$d\,(G_h, [a, b]) \le h \longrightarrow 0 \quad (h \to 0, h \in \Lambda).$$

**Lösung**

Wähle $h \in \Lambda$ beliebig aber fest. Die Metrik in $\mathbb{R}$ sei der übliche Abstand, $|x, y| = |x - y|$. Nach Definition gilt:

$$d(G_h, [a, b]) = \max\{d_0(G_h, [a, b]), d_0([a, b], G_h)\}$$

Da $G_h \subset [a,b]$, gilt $\forall x \in G_h$:

$$|x,[a,b]| = \inf_{y\in[a,b]} |x,y| = 0 \Rightarrow d_0(G_h,[a,b]) = 0.$$

Es genügt also, $d_0([a,b],G_h)$ abzuschätzen. Sei nun $x \in [a,b]$ beliebig.

**1. Fall:** $x \in [a + jh, a + (j+1)h],\ j \in \{0,\dots,N_h - 1\}$

$$\Rightarrow |x,G_h| = \inf_{y\in G_h} |x,y| \le \frac{h}{2}$$

**2. Fall:** $x \in [a + N_h h, b]$

$$\begin{aligned} a + N_h h &> a + (b-a) - h = b - h \\ \Rightarrow b - (a + N_h h) &< b - (b-h) = h \\ \Rightarrow |x,G_h| &= \inf_{y\in G_h} |x,y| < h \end{aligned}$$

Also ist $d_0([a,b],G_h) = \sup_{x\in[a,b]} |x,G_h| \le h$ und insgesamt folgt $d(G_h,[a,b]) \le h$.

## Aufgabe 101

### ► Abstand zu Teilräumen

Sei $X$ ein normierter Raum, $M$ ein Teilraum von $X$ und der „Abstand" durch

$$|x,M| = \inf_{y\in M} \|x-y\|,\ x \in X,$$

erklärt. Beweisen Sie:

a) Falls $|x,M| \neq 0$, dann gilt für $z := x/|x,M|$ die Beziehung $|z,M| = 1$.
b) Falls $y \in M$, dann gilt für beliebiges $x \in X$ und $s = x - y$, dass

$$|x,M| = |s,M|.$$

**Lösung**

a) Es gilt $\forall y \in M$:

$$\begin{aligned} \|z-y\| &= \left\| \frac{x}{|x,M|} - y \right\| \\ &= \frac{1}{|x,M|} \|x - \underbrace{|x,M| \cdot y}_{\in M}\| \\ &\ge \frac{|x,M|}{|x,M|} = 1 \end{aligned}$$

Übergang zum Infimum auf der linken Seite liefert $|z, M| \geq 1$. Weiter ist für beliebiges $y \in M$

$$\begin{aligned} \|x - y\| &= |x, M| \cdot \left\| \frac{x}{|x, M|} - \frac{y}{|x, M|} \right\| \\ &= |x, M| \cdot \|z - \underbrace{\frac{y}{|x, M|}}_{\in M} \| \\ &\geq |x, M| \cdot |z, M| \\ &\overset{\inf}{\Rightarrow} |x, M| \geq |x, M| \cdot |z, M| \Rightarrow 1 \geq |z, M| \end{aligned}$$

Also folgt insgesamt $|z, M| = 1$.

b) Es gilt $\forall\, t \in M,\ \forall\, x \in X, \forall\, y \in M$:

$$\begin{aligned} \|x - t\| &= \|x - y + y - t\| \\ &= \|s - \underbrace{(t - y)}_{\in M}\| \geq |s, M|. \end{aligned}$$

Übergang zum Infimum auf der linken Seite liefert $|x, M| \geq |s, M|$. Weiter gilt:

$$\begin{aligned} \|s - t\| &= \|s + y - (y + t)\| \\ &= \|x - \underbrace{(y + t)}_{\in M}\| \geq |x, M|. \end{aligned}$$

Übergang zum Infimum liefert $|s, M| \geq |x, M|$. Also folgt insgesamt $|x, M| = |s, M|$.

## 2.2 Banach- und Hilberträume

### Aufgabe 102

#### ► Abgeschlossene Teilräume von Banachräumen

Sei $(X, \|.\|)$ ein Banachraum, $Z$ ein linearer Teilraum von $X$. Zeigen Sie: $Z$ ist Banachraum d. u. n. d. wenn $Z$ abgeschlossen ist.

**Lösung**

Es reicht offenbar, zu zeigen:

$$Z \text{ vollständig} \Longleftrightarrow Z \text{ abgeschlossen}$$

„$\Longrightarrow$": Sei $Z$ vollständig, d. h. jede Cauchy-Folge in $Z$ konvergiert gegen ein Element aus $Z$. Um die Abgeschlossenheit von $Z$ zu zeigen, beweisen wir $\overline{Z} \subset Z$. Für beliebiges $\overline{z} \in \overline{Z}$ folgt:

$$\begin{aligned}\inf_{z\in Z} \|\overline{z} - z\| = 0 &\Longrightarrow \exists\, z_n \in Z,\, n \in \mathbb{N} : z_n \to \overline{z} \quad (n \to \infty)\\ &\Longrightarrow z_n \text{ Cauchy-Folge in } Z\\ &\Longrightarrow \exists\, z_1 \in Z : z_n \to z_1 \quad (n \to \infty)\\ &\Longrightarrow \overline{z} = z_1 \in Z \text{ (da Limites eindeutig sind)}\end{aligned}$$

„$\Longleftarrow$": Sei jetzt $Z$ abgeschlossen, d. h. $\overline{Z} = Z$. Zu zeigen ist die Vollständigkeit von $Z$, also die Konvergenz einer beliebigen Cauchy-Folge in $Z$ gegen ein Element aus $Z$. Sei also $z_n \in Z$, $n \in \mathbb{N}$ eine solche Cauchy-Folge. Da die Folge der $z_n$ auch in $X$ eine Cauchy-Folge bildet und $X$ ein Banachraum ist, gilt:

$$\begin{aligned}\exists\, \overline{z} \in X : z_n \to \overline{z} \quad (n \to \infty) &\Longrightarrow \inf_{z\in Z} \|\overline{z} - z\| = 0\\ &\Longrightarrow \overline{z} \in \overline{Z} = Z \Longrightarrow \text{Beh.}\end{aligned}$$

## Aufgabe 103

► **Normen in $\ell^p$**

Sei

$$\ell^p := \Big\{\{x_n\}_{n\in\mathbb{N}} \,\Big|\, x_n \in \mathbb{C} \quad \forall n \in \mathbb{N},\ \sum_{n\in\mathbb{N}} |x_n|^p < \infty\Big\},\ 1 \le p < \infty \quad \text{(vgl. Aufg. 36)}$$

und

$$c_0 := \{(a_n)_{n\in\mathbb{N}} \mid a_n \in \mathbb{R},\ n \in \mathbb{N},\ a_n \to 0\ (n \to \infty)\} \quad \text{(vgl. Aufg. 35).}$$

Zeigen Sie:

a) Für $1 \le p \le q < \infty$ gilt die Inklusion $\ell^p \subset \ell^q$, genauer gilt

$$\|x\|_q \le \|x\|_p \quad \forall x \in \ell^p.$$

(*Hinweis:* Behandeln Sie zunächst den Fall $\|x\|_p = 1$!)

b) $\bigcup_{p<\infty} \ell^p \subset c_0$, und diese Inklusion ist echt.

*Bemerkung:* Für $p = 2$ ist $\ell^p$ ein Hilbertraum (vgl. Aufg. 36 zur Vollständigkeit) mit Skalarprodukt $(x, y)_2 = \sum_{n\in\mathbb{N}} x_n \overline{y_n}$.

**Lösung**

**Zu a):** Wir zeigen zunächst die Gültigkeit der Inklusion für den Fall $\|x\|_p = 1$.

$$\text{Sei } \|x\|_p = 1, \quad \text{d. h.} \quad \left(\sum_{n=1}^{\infty} |x_n|^p\right)^{\frac{1}{p}} = 1 \quad \Rightarrow \sum_{n=1}^{\infty} |x_n|^p = 1$$

$$\Rightarrow |x_n| \leq 1 \; \forall n \in \mathbb{N} \Rightarrow |x_n|^q \leq |x_n|^p \; \forall n \in \mathbb{N} \quad \text{und} \quad 1 < p < q < \infty$$

$$\Rightarrow \sum_{n=1}^{\infty} |x_n|^q \leq \sum_{n=1}^{\infty} |x_n|^p = 1$$

$$\Rightarrow \sum_{n=1}^{\infty} |x_n|^q \leq 1 \quad \Rightarrow \quad \left(\sum_{n=1}^{\infty} |x_n|^q\right)^{\frac{1}{q}} \leq 1 = \left(\sum_{n=1}^{\infty} |x_n|^p\right)^{\frac{1}{p}}$$

Ingesamt erhält man hieraus:

$$\|x\|_q \leq \|x\|_p \quad \text{im Fall} \quad \|x\|_p = 1. \tag{2.1}$$

Wir setzen nun $A := \|x\|_p$, $x^* := \frac{x}{A}$. Offensichtlich ist dann

$$\|x^*\|_p = \left\|\frac{x}{A}\right\|_p = 1.$$

Die Ungleichung lässt sich verallgemeinern, indem man in (2.1) die Folge $x^*$ einsetzt:

$$\|x^*\|_q \leq \|x^*\|_p \quad \Rightarrow \quad \left\|\frac{x}{A}\right\|_q \leq \left\|\frac{x}{A}\right\|_p \quad \Rightarrow \|x\|_q \leq \|x\|_p, \quad \forall\, 1 < p < q < \infty.$$

**Zu b):** Trivialerweise gilt $\ell^p \subset c_0 \forall p$, denn:

$$(x_n)_{n\in\mathbb{N}} \in \ell^p \quad \Rightarrow \sum_{n=1}^{\infty} |x_n|^p \text{ konvergiert} \quad \Rightarrow \lim_{n\to\infty} |x_n|^p = 0$$

$$\Rightarrow \lim_{n\to\infty} |x_n| = 0 \quad \Rightarrow (x_n)_{n\in\mathbb{N}} \in c_0.$$

Wir zeigen nun, dass die Inklusion echt ist. Mit anderen Worten: Es existiert eine Nullfolge $x = (x_n)_{n\in\mathbb{N}}$, so dass für kein $p \in \mathbb{N}$ gilt, dass $x \in \ell^p$ ist.

Definiere $x_n := \frac{1}{\ln(n+1)}, n \in \mathbb{N}$. Dann ist $x$ offenbar eine Nullfolge, da $\ln(n+1) \to \infty$ $(n \to \infty)$. Weiter folgt aus der Regel von de l'Hospital (der Grenzübergang gegen $\infty$ ist hierbei ausdrücklich gestattet; vgl. z. B. [17], 10.11)

$$\lim_{x\to\infty} \frac{\ln(x)}{x^{\frac{1}{p}}} = \lim_{x\to\infty} \frac{\frac{1}{x}}{\frac{1}{p}x^{\frac{1}{p}-1}} = \lim_{x\to\infty} \frac{p}{x^{\frac{1}{p}}} = 0,$$

und somit

$$\exists N \in \mathbb{N} \; \forall n \geq N : \quad \frac{\ln(n+1)}{(n+1)^{\frac{1}{p}}} \leq 1.$$

Daraus folgt

$$\forall\, n \geq N \ : \quad |x_n|^p = \frac{1}{(\ln(n+1))^p} \geq \frac{1}{\left((n+1)^{\frac{1}{p}}\right)^p} = \frac{1}{n+1},$$

und daher (harmonische Reihe!) die Divergenz der Reihe $\sum\limits_{n=1}^{\infty} |x_n|^p$ für beliebiges $p \in \mathbb{N}$.

## Aufgabe 104

### ► Norm $\|\cdot\|_\infty$ als Limes von $\ell^p$-Normen

Zeigen Sie mit den Bezeichnungen aus Aufg. 36 und Aufg. 103, dass für alle $x \in \ell^1$ gilt: $\lim\limits_{p\to\infty} \|x\|_p = \|x\|_\infty$.

*Hinweise:* Es wird vorgeschlagen, zunächst die folgenden Zwischenbehauptungen zu zeigen:

1. Die Funktionen $g_p : [y_0, \infty) \ni y \mapsto g_p(y) := y^{\frac{1}{p}}$, $p \in [1, \infty)$, sind gleichmäßig Lipschitz-stetig, für $y_0 > 0$ beliebig; die Lipschitzkonstante $L$ ist unabhängig von $p$.
2. Für beliebiges $x \in \ell^1$ gilt:
   (a) $x \in \ell^p \ \forall\, p \in \mathbb{N}$;
   (b) $\sum\limits_{n=1}^{\infty} x_n$ ist (absolut) konvergent;
   (c) $\lim\limits_{n\to\infty} x_n = 0$;
   (d) $x \in \ell^\infty$ und $\exists m \in \mathbb{N} \ : \ \|x\|_\infty = \max\limits_{n\in\mathbb{N}} |x_n| = |x_m|$;
   (e) $\forall\, \varepsilon > 0 \, \exists\, k_1 = k_1(\varepsilon) \, \forall\, k \geq k_1 \ : \ \sum\limits_{n=k+1}^{\infty} |x_n| < \frac{\varepsilon |x_m|}{2L}$.
3. Sei $m$ aus (d) und (e) der 2. Behauptung. Sei $k \in \mathbb{N}, k \geq m$ beliebig, aber fest und $\tilde{x}_n := \frac{x_n}{|x_m|}$. Dann gilt für alle $p \in \mathbb{N}$, dass

$$\left(\sum_{n=1}^{k} |\tilde{x}_n|^p\right)^{\frac{1}{p}} \geq 1 \quad \text{und}$$

$$\lim_{p\to\infty} \left(\sum_{n=1}^{k} |\tilde{x}_n|^p\right)^{\frac{1}{p}} = 1.$$

**Lösung**

Wir beginnen mit einigen Vorüberlegungen (s. Hinweise):

**1. Beh.:** Sei $y_0 > 0$ beliebig, aber fest. Definiert man

$$g_p : [y_0, \infty) \ni y \mapsto g_p(y) := y^{\frac{1}{p}},$$

so gilt:

$$\exists\, L > 0\, \forall\, p \in \mathbb{N}\, \forall\, y_1, y_2 \in [y_0, \infty) : \quad |g_p(y_1) - g_p(y_2)| \leq L|y_1 - y_2|. \tag{2.2}$$

Mit anderen Worten sind die Funktionen $g_p$ also gleichmäßig Lipschitz-stetig auf $[y_0, \infty)$.

**Bew.:** Wegen

$$\begin{aligned}
|g_p'(y)| &= \left|\left(y^{\frac{1}{p}}\right)'\right| = \left|\frac{1}{p} y^{\frac{1}{p}-1}\right| \\
&= \frac{1}{p} \exp\left(\ln(y) \cdot \underbrace{\left(\frac{1}{p} - 1\right)}_{\leq 0}\right) \leq \frac{1}{p} \exp\left(\ln(y_0) \cdot \underbrace{\left(\frac{1}{p} - 1\right)}_{-1 \leq . \leq 0}\right) \\
&\leq \begin{cases} \exp(\ln(y_0) \cdot 0), & y_0 \geq 1 \\ \exp(\ln(y_0) \cdot (-1)), & y_0 < 1 \end{cases} = \begin{cases} 1, & y_0 \geq 1 \\ y_0^{-1}, & y_0 < 1 \end{cases} \\
&\leq \max(1, y_0^{-1}) =: L
\end{aligned}$$

ist die Ableitung von $g_p$ gleichmäßig durch $L$ beschränkt. Daraus folgt sofort für beliebige $y_1, y_2 \in [y_0, \infty), p \in [1, \infty)$

$$\begin{aligned}
|g_p(y_1) - g_p(y_2)| &\overset{\text{MWS}}{=} |g_p'(\xi)| \cdot |y_1 - y_2|, \quad \text{mit } \xi \text{ zwischen } y_1 \text{ und } y_2, \\
&\leq L|y_1 - y_2|.
\end{aligned}$$

**2. Beh.:** Ist $x \in \ell^1$ beliebig, so gilt

(a) $x \in \ell^p \;\; \forall\, p \in \mathbb{N}$;

(b) $\sum\limits_{n=1}^{\infty} x_n$ ist (absolut) konvergent;

(c) $\lim\limits_{n\to\infty} x_n = 0$;

(d) $x \in \ell^\infty$ und $\exists m \in \mathbb{N} : \quad \|x\|_\infty = \max\limits_{n\in\mathbb{N}} |x_n| = |x_m|$;

(e)

$$\forall\, \varepsilon > 0\, \exists\, k_1 = k_1(\varepsilon)\, \forall\, k \geq k_1 : \quad \sum_{n=k+1}^{\infty} |x_n| < \frac{\varepsilon |x_m|}{2L}. \tag{2.3}$$

**Bew.:** *Zu* (a): Wir zeigen $\|x\|_p \leq \|x\|_1$: Offenbar gilt für beliebiges $k \in \mathbb{N}$

$$\sum_{n=1}^{k} |x_n|^p \leq \left(\sum_{n=1}^{k} |x_n|\right)^p ,$$

denn auf der rechten Seite taucht nach Ausmultiplizieren jeder Summand der linken Seite auf, und alle Summanden sind nichtnegativ. Man geht auf beiden Seiten zum Grenzwert für $k \to \infty$ über und erhält

$$\sum_{n=1}^{\infty} |x_n|^p \leq \left(\sum_{n=1}^{\infty} |x_n|\right)^p .$$

Es folgt durch Ziehen der $p$-ten Wurzel:

$$\|x\|_p = \left(\sum_{n=1}^{\infty} |x_n|^p\right)^{\frac{1}{p}} \leq \sum_{n=1}^{\infty} |x_n| = \|x\|_1.$$

*Zu* (b): Es ist

$$\sum_{n=1}^{\infty} |x_n| = \|x\|_1 < \infty,$$

so dass (b) unmittelbar klar ist.

*Zu* (c):

Die in einer konvergenten Reihe aufsummierten Folgenglieder müssen notwendigerweise eine Nullfolge bilden.

*Zu* (d):

Da $(x_n)_{n\in\mathbb{N}}$ eine Nullfolge bildet, muss ein betragsgrößtes Folgenelement existieren. Denn wählt man $\varepsilon = \frac{|x_1|}{2}$, dann existiert ein $N \in \mathbb{N}$, so dass für alle $n \geq N$ die Ungleichung $|x_n| \leq \varepsilon = \frac{|x_1|}{2}$ gilt. Also folgt

$$\sup_{n\geq N} |x_n| \leq \frac{|x_1|}{2} < |x_1| \leq \max_{n=1,\ldots,N-1} |x_n|,$$

und daraus

$$\sup_{n\in\mathbb{N}} |x_n| = \max_{n=1,\ldots,N-1} |x_n| = \max_{n\in\mathbb{N}} |x_n| =: |x_m| \quad \text{mit } m \text{ in } 1 \leq m \leq N-1.$$

*Zu* (e): Dies folgt direkt aus der absoluten Konvergenz der Reihe, die in (b) gezeigt wurde.

**3. Beh.:** Sei $m$ aus (d) und (e) der 2. Behauptung. Sei $k \in \mathbb{N}, k \geq m$ beliebig, aber fest und $\tilde{x}_n := \frac{x_n}{|x_m|}$. Dann gilt für alle $p \in \mathbb{N}$, dass

$$\left(\sum_{n=1}^{k} |\tilde{x}_n|^p\right)^{\frac{1}{p}} \geq 1 \quad \text{und}$$

$$\lim_{p\to\infty} \left(\sum_{n=1}^{k} |\tilde{x}_n|^p\right)^{\frac{1}{p}} = 1,$$

das heißt

$$\forall\, \varepsilon > 0\, \exists\, p_0 \in \mathbb{N}\ \forall\, p \geq p_0 : \quad \left(\sum_{n=1}^{k} |\tilde{x}_n|^p\right)^{\frac{1}{p}} - 1 < \frac{\varepsilon}{2}. \tag{2.4}$$

**Bew.:** Man hat für $k \geq m$ die Ungleichungskette

$$|x_m| = (|x_m|^p)^{\frac{1}{p}} \leq \left(\sum_{n=1}^{k} |x_n|^p\right)^{\frac{1}{p}} \leq (k\,|x_m|^p)^{\frac{1}{p}} = k^{\frac{1}{p}}|x_m|;$$

also folgt nach Division durch $|x_m|$

$$1 \leq \left(\sum_{n=1}^{k} |\tilde{x}_n|^p\right)^{\frac{1}{p}} \leq \underbrace{k^{\frac{1}{p}}}_{\to 1\ (p\to\infty)},$$

woraus die beiden Teile der dritten Behauptung sofort abgelesen werden können.

Wir kommen nun zum Beweis der **Behauptung** der Aufgabe:

Sei $\varepsilon > 0$ beliebig und $k := \max(k_1(\varepsilon), m)$, $y_0 := 1$ (mit $m$ bzw. $k_1$ aus (d) bzw. (e) der 2. Beh.). Dann gilt für alle $p \geq p_0$ (mit $\tilde{x}_n$, $p_0$ aus der 3. Beh. bzw. (2.4))

$$\begin{aligned}
\left(\sum_{n=1}^{\infty} |\tilde{x}_n|^p\right)^{\frac{1}{p}} - 1 &= \left(\sum_{n=1}^{k} |\tilde{x}_n|^p + \sum_{n=k+1}^{\infty} |\tilde{x}_n|^p\right)^{\frac{1}{p}} - 1 \\
&\overset{\tilde{x}_n \leq 1}{\leq} \left(\sum_{n=1}^{k} |\tilde{x}_n|^p + \sum_{n=k+1}^{\infty} |\tilde{x}_n|\right)^{\frac{1}{p}} - 1 \\
&\overset{(2.3)}{\leq} \left(\underbrace{\sum_{n=1}^{k} |\tilde{x}_n|^p}_{\geq y_0} + \frac{\varepsilon}{2L}\right)^{\frac{1}{p}} - 1 \\
&\overset{(*)}{\leq} \underbrace{\left(\sum_{n=1}^{k} |\tilde{x}_n|^p\right)^{\frac{1}{p}}}_{\geq y_0} + \frac{\varepsilon}{2} - 1 \\
&\overset{(2.4)}{\leq} \frac{\varepsilon}{2} + \frac{\varepsilon}{2} = \varepsilon.
\end{aligned}$$

Dabei gilt Abschätzung $(*)$ wegen (2.2), denn $\forall y_1, y_2 \geq 0$ hat man

$$g_p(y_1 + y_2) \leq Ly_1 + g_p(y_2), \text{ da } g_p(y_1 + y_2) - g_p(y_2) \overset{(2.2)}{\leq} Ly_1.$$

Setzt man nun $y_2 = \sum\limits_{n=1}^{k} |\tilde{x}_n|^p$, $y_1 = \frac{\varepsilon}{2L}$, dann folgt

$$\Bigg(\underbrace{\sum_{n=1}^{k} |\tilde{x}_n|^p}_{=y_2} + \underbrace{\frac{\varepsilon}{2L}}_{=y_1}\Bigg)^{\frac{1}{p}} - 1 \leq \underbrace{L\frac{\varepsilon}{2L}}_{=\frac{\varepsilon}{2}} + \underbrace{\underbrace{\Bigg(\sum_{n=1}^{k} |\tilde{x}_n|^p\Bigg)^{\frac{1}{p}} - 1}_{=g_p(y_2)}}_{<\frac{\varepsilon}{2}},$$

womit $(*)$ gezeigt ist. Benutzt man noch, dass $|\tilde{x}_n| = \dfrac{|x_n|}{\|x\|_\infty}$, dann ist die Behauptung gezeigt.

## Aufgabe 105

### ► Präkompaktheit in $c_0$

Sei $c_0$ der Raum der Nullfolgen, versehen mit der Supremumsnorm $\|\cdot\|_\infty$ (vgl. Aufg. 35).

Zeigen Sie: Eine Menge $K \subset c_0$ ist genau dann präkompakt, wenn $K$ beschränkt ist, und zu jedem $\varepsilon > 0$ ein Index $n_\varepsilon$ existiert, so dass $|x_n| \leq \varepsilon$ für alle $n \geq n_\varepsilon$ und alle $x = (x_n) \in K$.

*Hinweis:* Die Definition der Präkompaktheit finden Sie in Aufg. 30. Verwenden Sie zum Nachweis der Präkompaktheit das Ergebnis von Aufg. 30.

**Lösung**

„$\Rightarrow$“ Sei $K \subset c_0$ präkompakt.

**a) Z. z.:** Beschränktheit von $K$.

Sei $\varepsilon > 0$ beliebig. Wegen der Präkompaktheit existieren dann endlich viele $x^{(i)} = (x_n^{(i)}), i = 1, \ldots, N$, so dass

$$K \subset \bigcup_{i=1}^{N} K_\varepsilon(x^{(i)}).$$

Für beliebiges $x \in K$ folgt daher die Existenz eines $x^{(i)} = x^{(i)}(x)$, so dass

$$\|x - x^{(i)}(x)\|_\infty \leq \varepsilon.$$

Daraus folgt unmittelbar mit $\tilde{R} := \max_{i=1,\ldots,N} \|x^{(i)}\|_\infty$, $R := \tilde{R} + \varepsilon$, dass

$$\|x\|_\infty \leq \|x - x^{(i)}(x)\|_\infty + \|x^{(i)}(x)\|_\infty \leq \varepsilon + \tilde{R} = R,$$

also die Beschränktheit von $K$.

**b) Z. z.:** $\forall \varepsilon \; \exists n_\varepsilon \quad \forall n \geq n_\varepsilon, \; \forall x \in K : |x_n| < \varepsilon.$
$K$ präkompakt bedeutet (s. Definition), dass $\forall \varepsilon > 0$ existieren endlich viele Elemente $k^{(j)} \in c_0$, $j = 1, \ldots, J$, so dass $\forall x \in K \quad \exists \nu \in \{1, \ldots, J\}$ mit $\|x - k^{(\nu)}\|_\infty < \varepsilon/2$.
Weil $k^{(\nu)} \in c_0$ ist, findet man man zu beliebigem $\varepsilon$ für jedes $\nu \in \{1, \ldots, J\}$ ein $n_\nu \in \mathbb{N}$, so dass $|k_n^{(\nu)}| < \varepsilon/2 \; \forall n \geq n_\nu$. Weil wir nur endlich viele Indizes $\nu$ betrachten, finden wir zu jedem vorgegebenen $\varepsilon$ ein $n_\varepsilon = \max\{n_\nu \mid \nu \in \{1, \ldots, J\}\}$, so dass gilt $|k_n^{(\nu)}| < \varepsilon/2 \; \forall n \geq n_\nu, \; \forall \nu \in \{1, \ldots, J\}$. Daraus folgt unmittelbar:

$$|x_n| \leq |x_n - k_n^{(\nu)}| + |k_n^{(\nu)}| \leq \|x - k^{(\nu)}\|_\infty + |k_n^{(\nu)}| < \varepsilon \quad \forall n \geq n_\varepsilon.$$

„$\Leftarrow$" Wir benutzen das Ergebnis von Aufg. 30. Sei $K \subset c_0$ beschränkt, und es gelte

$$\forall \varepsilon > 0 \; \exists n_\varepsilon \in \mathbb{N} \quad \forall n \geq n_\varepsilon, \; \forall x \in M : |x_n| \leq \varepsilon.$$

Wir zeigen, dass $K$ präkompakt ist. (Die Metrik ist hier $d(x, y) = \|x - y\|_\infty$.) Dazu konstruieren wir ein $\varepsilon$-Netz für $K$. Für ein beliebiges $\varepsilon$ betrachten wir die Menge $P \subset K$ aller Nullfolgen der Gestalt $[x]_{n_\varepsilon} = (x_1, x_2, \ldots, x_{n_\varepsilon}, 0, \ldots)$, wobei $x = (x_n)_{n \in \mathbb{N}} = (x_1, x_2, \ldots, x_{n_\varepsilon}, x_{n_\varepsilon + 1}, \ldots) \in K$ ist. Die Menge $P$ ist relativ kompakt, denn man kann sie als beschränkte Menge in einem endlichdimensionalen Raum auffassen. Insbesondere ist $K$ präkompakt. Gleichzeitig ist $P$ ein $\varepsilon$-Netz für $K$, da

$$\inf_{y \in P} \|x - y\|_\infty = \|x - [x]_{n_\varepsilon}\|_\infty \leq \varepsilon, \qquad \text{aufgrund von } |x_n| \leq \varepsilon \quad \forall n \geq n_\varepsilon.$$

Hierbei bezeichnet $[x]_{n_\varepsilon}$ wieder die Folge $(x_1, x_2, \ldots, x_{n_\varepsilon}, 0, \ldots)$. Zu jedem $\varepsilon > 0$ gibt es also ein präkompaktes $\varepsilon$-Netz $P$ für die Menge $K$. Das ist aber nach Aufg. 30 hinreichend für die Präkompaktheit von $K$.

## Aufgabe 106

### ▶ Projektion in prähilbertschen Räumen

Sei $H$ ein prähilbertscher Raum mit Skalarprodukt $(\cdot,\cdot)$, sei $H_m$ ein $m$-dimensionaler Teilraum und $w_1,\ldots,w_m$ eine orthonormale Basis in $H_m$. Beweisen Sie: Dann wird durch die Vorschrift

$$Pu := \sum_{k=1}^{m}(u,w_k)w_k, \quad u \in H,$$

eine beschränkte lineare Abbildung in $H$ definiert mit den Eigenschaften $P^2 = P$ sowie

a) $Pu = u \Longleftrightarrow u \in H_m$;
b) $(Pu,v) = (u,Pv), \quad u,v \in H_m$;
c) $0 \leq (u,Pu) = \|Pu\|^2 \leq \|u\|^2, \quad u \in H.$

**Lösung**

Die Beschränktheit von $P$ folgt aus Bedingung c), die unten bewiesen wird. Dann gilt nämlich:

$$\sup_{u\neq 0}\frac{\|Pu\|}{\|u\|} \overset{c)}{\leq} \frac{\|u\|}{\|u\|} = 1$$

Linearität:

$$\begin{aligned}
P(\lambda u + \mu v) &= \sum_{k=1}^{m}(\lambda u + \mu v, w_k)w_k \\
&= \sum_{k=1}^{m}(\lambda(u,w_k) + \mu(v,w_k))w_k \\
&= \lambda\sum_{k=1}^{m}(u,w_k) + \mu\sum_{k=1}^{m}(v,w_k)w_k \\
&= \lambda Pu + \mu Pv
\end{aligned}$$

$P^2 = P$ : Es ist für beliebiges $u \in H$

$$\begin{aligned}
P^2u &= \sum_{l=1}^{m}\left(\sum_{k=1}^{m}(u,w_k)w_k, w_l\right)w_l \\
&= \sum_{l=1}^{m}\sum_{k=1}^{m}(u,w_k)(w_k,w_l)w_l \\
&= \sum_{l=1}^{m}(u,w_l)w_l \\
&= Pu
\end{aligned}$$

Es werden nun nacheinander die behaupteten Eigenschaften a) bis c) von $P$ gezeigt:

a) Sei $u \in H$ beliebig. Dann gilt

$$Pu = u \Leftrightarrow \sum_{k=1}^{m} (u, w_k) w_k = u$$

Damit ist $u$ ist mithilfe der Basis $w_1, \ldots, w_m$ darstellbar; also ist $u \in H_m$. Ist umgekehrt $u \in H_m$, dann ist $u$ wie oben als Linearkombination der $w_k$ darstellbar, also $u = Pu$.

b) Seien $u, v \in H$ beliebig. Dann gilt

$$\begin{aligned} (Pu, v) &= \left( \sum_{i=1}^{m} (u, w_i) w_i, v \right) = \sum_{i=1}^{m} (u, w_i)(w_i, v) \\ &= \sum_{i=1}^{m} \overline{(v, w_i)} (u, w_i) = \left( u, \sum_{i=1}^{m} (v, w_i) w_i \right) = (u, Pv) \end{aligned}$$

c) Für beliebiges $u \in H$ erhält man die Beziehungen

$$\begin{aligned} 0 \leq\ & \|P(u)\|^2 = |(Pu, Pu)| \overset{\text{b)}}{=} \left|(u, P^2 u)\right| = |(u, Pu)| \leq \|u\| \|Pu\| \\ \textbf{Fall 1:}\ & \|Pu\| = 0 \Rightarrow \|Pu\| \leq \|u\| \\ \textbf{Fall 2:}\ & \|Pu\| \neq 0 \Rightarrow \text{(Division durch } \|Pu\|) \ \|Pu\| \leq \|u\| \end{aligned}$$

## Aufgabe 107

### ► Orthogonales Komplement

Sei $X$ ein (komplexer) Hilbertraum mit Skalarprodukt $(\cdot, \cdot)$ und zugehöriger Norm $\|u\| = (x, x)^{1/2}$. Zeigen Sie, dass

$$\left(A^{\perp}\right)^{\perp} = A$$

für jeden abgeschlossenen Unterraum $A \subset X$, wobei das *orthogonale Komplement* erklärt ist durch

$$A^{\perp} := \left\{x \in X \middle| (x, z) = 0 \, \forall \, z \in A\right\}.$$

*Hinweis:* Beweisen Sie „$\subset$" und „$\supset$".

**Lösung**

„$\supset$" Es gilt immer $A \subset \left(A^{\perp}\right)^{\perp}$. Für $x \in A$ ist nämlich:

$$(x, z) = 0 \ \forall z \in A^{\perp} \quad \Rightarrow \quad x \in \left(A^{\perp}\right)^{\perp}.$$

„⊂“ Man hat

$$X = A \oplus A^\perp \text{ und } X = A^\perp \oplus \left(A^\perp\right)^\perp,$$

da $A^\perp$ immer abgeschlossen (vgl. z. B. [20], V.3), und $A$ selbst nach Voraussetzung abgeschlossen ist.

Sei nun $y \in \left(A^\perp\right)^\perp$. Dann existieren $y_1 \in A$, $y_2 \in A^\perp$ mit $y = y_1 + y_2$. Wir zeigen, dass für $y_2 = y - y_1$ gilt: $y_2 = 0$. Man hat nämlich

$$\begin{aligned}
&(y - \underbrace{y_1, y_2)}_{=0} = (y_2, y_2) = \|y_2\|^2 \\
&\text{und } (y, y_2) = 0 \quad (\text{da } y_2 \in A^\perp \text{ und } y \in \left(A^\perp\right)^\perp) \\
&\Rightarrow \|y_2\| = 0 \quad \Rightarrow y_2 = 0.
\end{aligned}$$

Damit ist $y = y_1 \in A$ und „⊂“ bewiesen.

## Aufgabe 108

### ▶ Orthogonale Projektionen in Hilberträumen

Seien $U$ und $V$ abgeschlossene Unterräume des Hilbertraums $H$ und $P_U$ und $P_V$ die entsprechenden Orthogonalprojektionen. Zeigen Sie die folgende Äquivalenz:

$$U \subset V \Longleftrightarrow P_U = P_V P_U = P_U P_V.$$

*Hinweise:* Sie können benutzen, dass orthogonale Projektionen $P$ symmetrisch sind, d. h. $(Px, y) = (x, Py) \, \forall x, y \in H$.

**Lösung**

„⇒“ Es sei $U \subset V$. Wir zeigen, dass dann die Relationen $P_U = P_V P_U = P_U P_V$ gelten.

1) Wir zeigen $P_U = P_V P_U$, d. h.
$\forall x \in U$ gilt $P_U x = P_V P_U x$. Offenbar gilt diese Relation, weil $P_U x \in U$ und $P_V|_U = I$ für $U \subset V$ ist. Daraus folgt unmittelbar $P_V P_U x = I P_U x = P_U x$.

2) Jetzt zeigen wir $P_U = P_U P_V$.
Sei $x \in U$ und $a := P_U P_V x - P_U x$. Dann ist $a \in U$, weil $U$ linearer Unterraum ist. Für alle $z \in U$ gilt:

$$\begin{aligned}
(a, z) &= (P_U P_V x - P_U x, z) = (P_U P_V x, z) - (P_U x, z) \\
&\overset{\text{symm.}}{=} (P_V x, P_U z) - (x, P_U z) \overset{z \in U}{=} (P_V x, z) - (x, z) \\
&= (x, P_V z) - (x, z) \overset{z \in U \subset V}{=} (x, z) - (x, z) = 0.
\end{aligned}$$

Also ist $a \in U^{\perp}$, und mit $a \in U$ folgt sofort, dass $a = 0$. D. h. $P_U P_V = P_U$.

„$\Leftarrow$" Sei $P_U = P_U P_V = P_V P_U$. Wir zeigen, dass $U \subset V$ gilt, d. h. $\forall x \in U$ folgt $x \in V$.

Sei $x \in U \Rightarrow x = P_U x \overset{\text{n. Vor.}}{=} P_V P_U x \in V \Rightarrow U \subset V$.

## Aufgabe 109

### Folgen in Hilberträumen

Es sei $H$ ein Hilbertraum mit Skalarprodukt $(\cdot, \cdot)$ und $(x_n)_{n\in\mathbb{N}}$, $(y_n)_{n\in\mathbb{N}}$ zwei Folgen in der offenen Einheitskugel $K_1(0) = \{z \in H \mid \|z\| < 1\}$. Zeigen Sie:

$$\lim_{n\to\infty} (x_n, y_n) = 1 \Longrightarrow \lim_{n\to\infty} \|x_n - y_n\| = 0.$$

**Lösung**

Da $(x_n)_{n\in\mathbb{N}}, (y_n)_{n\in\mathbb{N}} \subset K_1(0)$, gilt

$$\begin{aligned}\|x_n - y_n\|^2 &= (x_n - y_n, x_n - y_n) = \underbrace{\|x_n\|^2}_{<1} - (x_n, y_n) - (y_n, x_n) + \underbrace{\|y_n\|^2}_{<1} \\ &< 2 - (x_n, y_n) - (y_n, x_n) = 2 - (x_n, y_n) - \overline{(x_n, y_n)}.\end{aligned}$$

Wegen der Stetigkeit der Funktion $\mathbb{C} \ni z \mapsto \overline{z} \in \mathbb{C}$ folgt damit

$$\begin{aligned}\lim_{n\to\infty} \|x_n - y_n\|^2 &\le 2 - \lim_{n\to\infty} (x_n, y_n) - \lim_{n\to\infty} \overline{(x_n, y_n)} \\ &= 2 - 1 - \overline{\lim_{n\to\infty} (x_n, y_n)} = 2 - 1 - \overline{1} = 2 - 2 = 0;\end{aligned}$$

$$\Longrightarrow \lim_{n\to\infty} \|x_n - y_n\| = 0.$$

## 2.3 Funktionen in $C^1[a, b]$

### Aufgabe 110

► **Normen in $C^1[0, 1]$**

Für $x \in C^1[0, 1]$ setze

$$|||x|||_1 := |x(0)| + \|x'\|_\infty,$$

$$|||x|||_2 := \max\left\{\left|\int_0^1 x(t)\, dt\right|, \|x'\|_\infty\right\},$$

$$|||x|||_3 := \left(\int_0^1 |x(t)|^2\, dt + \int_0^1 |x'(t)|^2\, dt\right)^{1/2}.$$

Zeigen Sie: $|||\cdot|||_j$ ist jeweils eine Norm auf $C^1[0, 1]$ für $j = 1, 2, 3$.

*Hinweis:* $\|x\|_\infty$ bezeichnet die Max.-Norm in $C[0, 1]$. Die Normeigenschaften von $|||\cdot|||_1$ sind u. a. schon in Aufg. 49 bewiesen worden.

**Lösung**

Wir zeigen, dass $|||\cdot|||_j$, $j = 1, 2, 3$, jeweils eine Norm auf $C^1[0, 1]$ ist. Dazu beweisen wir jeweils die Normeigenschaften (N1) bis (N3) (vgl. [18], 1.7):

1) *Nachweis* für $|||.|||_1$ :
(N1) **Definitheit:** $|||x|||_1 \geq 0$ ist trivial. Z. z.: $|||x|||_1 = 0 \Leftrightarrow x = 0$.
„$\Rightarrow$" Sei $|||x|||_1 = 0 \Rightarrow |x(0)| + \max\limits_{t\in[0,1]} |x'(t)| = 0$

$$\Rightarrow\ x(0) = 0\ \wedge\ x(t) = \text{konst.}\ \Rightarrow\ x(t) \equiv 0$$

„$\Leftarrow$" Sei $x(t) = 0\ \forall t\ \Rightarrow\ |||x|||_1 = 0$.
(N2) **Homogenität:** $|||\lambda x|||_1 = |\lambda||x(0)| + |\lambda|\, \|x'\|_\infty = |\lambda|\, |||x|||_1$.
(N3) **Dreiecksungleichung:**

$$\begin{aligned} |||x + y|||_1 &= |x(0) + y(0)| + \max_{t\in[0,1]} |x'(t) + y'(t)| \\ &\leq |x(0)| + |y(0)| + \|x' + y'\|_\infty \\ &\leq |x(0)| + |y(0)| + \|x'\|_\infty + \|y'\|_\infty \\ &= |||x|||_1 + |||y|||_1. \end{aligned}$$

2) *Nachweis* für $|||.|||_2$ :

(N1) **Definitheit:** $|||x|||_2 \geq 0$ ist trivial. Z. z.: $|||x|||_2 = 0 \Leftrightarrow x = 0$.

„⇒" Sei $|||x|||_2 = 0$.

$$\Rightarrow \max\left\{\left|\int_0^1 x(t)\,dt\right|, \|x'\|_\infty\right\} = 0$$

$$\Rightarrow \int_0^1 x(t)dt = 0 \wedge \|x'\|_\infty = 0$$

$$\Rightarrow \int_0^1 x(t)dt = 0 \wedge x(t) = \text{konst.} \Rightarrow x(t) \equiv 0$$

„⇐" Sei $x(t) = 0 \,\forall\, t \Rightarrow |||x|||_2 = 0$, trivial.

(N2) **Homogenität:** $|||\lambda x|||_2 = \max\left\{\left|\int_0^1 \lambda x(t)dt\right|, \|\lambda x'\|_\infty\right\} = |\lambda|\,|||x|||_2$;

(N3) **Dreiecksungleichung:**

$$\begin{aligned}
|||x+y|||_2 &= \max\left\{\left|\int_0^1 (x(t)+y(t))\,dt\right|, \|(x+y)'\|_\infty\right\} \\
&= \max\left\{\left|\int_0^1 x(t)\,dt + \int_0^1 y(t)\,dt\right|, \|x'+y'\|_\infty\right\} \\
&\leq \max\left\{\left|\int_0^1 x(t)\,dt\right| + \left|\int_0^1 y(t)\,dt\right|, \|x'\|_\infty + \|y'\|_\infty\right\} \\
&\leq \max\left\{\left|\int_0^1 x(t)\,dt\right|, \|x'\|_\infty\right\} + \max\left\{\left|\int_0^1 y(t)\,dt\right|, \|y'\|_\infty\right\} \\
&= |||x|||_2 + |||y|||_2.
\end{aligned}$$

Die letzte Abschätzung gelingt mit Hilfe der Ungleichung

$$\max\{a+b, c+d\} \leq \max\{a,c\} + \max\{b,d\},$$

die offensichtlich für beliebige reelle Zahlen $a, b, c, d$ gilt.

3) *Nachweis* für $|||.|||_3$ :

(N1) **Definitheit:** $|||x|||_3 \geq 0$ ist trivial. Z. z.: $|||x|||_3 = 0 \Leftrightarrow x = 0$

„$\Rightarrow$" Sei $|||x|||_3 = 0$.

$$\Rightarrow \int_0^1 (x(t))^2\, dt = 0 \wedge \int_0^1 (x'(t))^2\, dt = 0 \quad \Rightarrow \quad x(t) = 0\, \forall t \in [0,1]$$

wie man sich leicht indirekt überlegt.

„$\Leftarrow$" Sei $x(t) = 0\, \forall t \in [0,1] \;\Rightarrow\; |||x|||_3 = 0$, trivial.

(N2) **Homogenität:** $|||\lambda x|||_3 = \left(\int_0^1 |\lambda x(t)|^2\, dt + \int_0^1 |\lambda x'(t)|^2\, dt\right)^{1/2} = |\lambda|\, |||x|||_3.$

(N3) **Dreiecksungleichung:**

$$\begin{aligned}
|||x+y|||_3^2 &= \int_0^1 (x(t)+y(t))^2\, dt + \int_0^1 (x'(t)+y'(t))^2 dt \\
&= \int_0^1 (x(t))^2\, dt + \int_0^1 (y(t))^2\, dt + 2\int_0^1 x(t)y(t)\, dt \\
&\quad + \int_0^1 (x'(t))^2\, dt + \int_0^1 (y'(t))^2\, dt + 2\int_0^1 x'(t)y'(t)\, dt \\
&\overset{(*)}{\leq} \underbrace{\int_0^1 (x(t))^2 + (x'(t))^2\, dt}_{=|||x|||_3^2} + \underbrace{\int_0^1 (y(t))^2 + (y'(t))^2\, dt}_{=|||y|||_3^2} \\
&\quad \underbrace{+\, 2\left(\int_0^1 (x^2(t) + (x'(t))^2\, dt \cdot \int_0^1 (y^2(t) + (y'(t))^2\, dt\right)^{\frac{1}{2}}}_{=2|||x|||_3 \cdot |||y|||_3} \\
&= (|||x|||_3 + |||y|||_3)^2
\end{aligned}$$

In der Abschätzung $(*)$ wurde folgende Ungleichung angewendet:

$$\begin{aligned}
&\int_0^1 (x(t)y(t) + x'(t)y'(t))\, dt \\
&\leq \left(\int_0^1 (x^2(t) + (x'(t)))^2\, dt \cdot \int_0^1 (y^2(t) + (y'(t)))^2\, dt\right)^{\frac{1}{2}}
\end{aligned}$$

Diese Ungleichung folgt aus der Tatsache, dass durch die linke Seite ein Skalarprodukt in $C^1[0,1]$ erklärt wird, für das die Cauchy-Schwarzsche Ungleichung gilt.

## Aufgabe 111

### ► Äquivalente Normen in $C^1[0,1]$

In $C^1[0,1]$ seien die Normen $|||x|||_1$, $|||x|||_2$, $|||x|||_3$ wie in Aufgabe 110 erklärt. Zusätzlich sei eine Norm durch

$$|||x||| := \|x\|_\infty + \|x'\|_\infty$$

definiert. Welche Normen $|||\cdot|||_j$, $j = 1,2,3$, sind äquivalent zu $|||\cdot|||$?

*Hinweise:* Benutzen Sie den Hauptsatz der Differential- und Integralrechnung zur Darstellung von $x \in C^1[0,1]$. Sie können benutzen, dass $C^1[0,1]$ vollständig bzgl. $|||\cdot|||$ aber nicht vollständig bzgl. $|||\cdot|||_3$ ist.

**Lösung**

1) Wir zeigen zuerst, dass $|||\cdot|||_1$ äquivalent zu $|||\cdot|||$ ist. Mit anderen Worten ist also zu beweisen, dass mit positiven Konstanten $c, C$ die zweiseitige Ungleichung

$$c|||x||| \le |||x|||_1 \le C|||x|||$$

gilt. Offenbar hat man

$$|||x|||_1 = |x(0)| + \|x'\|_\infty \le \|x\|_\infty + \|x'\|_\infty;$$

also gilt die rechte Ungleichung mit $C = 1$.
Weil $x \in C^1[0,1]$, kann man $x$ mit Hilfe des Hauptsatzes der Differential- und Integralrechnung in der Form

$$x(t) = x(0) + \int_0^t x'(s)\,ds$$

darstellen. Wir schätzen $|x(t)|$ ab:

$$|x(t)| = \left|x(0) + \int_0^t x'(s)\,ds\right| \le |x(0)| + \left|\int_0^1 x'(s)\,ds\right| \le |x(0)| + 1\cdot \max_{s\in[0,1]} |x'(s)|$$

$$\Rightarrow \quad \max_{t\in[0,1]} |x(t)| \le |x(0)| + \max_{t\in[0,1]} |x'(t)|$$

Schließlich folgt die noch benötigte Ungleichung aus:

$$\|x\|_\infty + \|x'\|_\infty \le 2(|x(0)| + \|x'\|_\infty) \quad \Longrightarrow \quad \frac{1}{2}\|x\|_\infty + \|x'\|_\infty \le |x(0)| + \|x'\|_\infty$$

Das heißt, man kann $c := \frac{1}{2}$ wählen.

2) Jetzt zeigen wir, dass $|||\cdot|||_2$ äquivalent zu $|||\cdot|||$ ist. Offenbar gilt

$$\left|\int_0^1 x(t)\,dt\right| \le \int_0^1 |x(t)|\,dt \le 1 \cdot \max_{t\in[0,1]} |x(t)|.$$

Daraus folgt

$$\max\left\{\left|\int_0^1 x(t)\,dt\right|, \|x'\|_\infty\right\} \le \max\{\|x\|_\infty, \|x'\|_\infty\} \le \|x\|_\infty + \|x'\|_\infty.$$

Es reicht nun, noch zu zeigen, dass man $\|x\|_\infty$ mit Hilfe von $\left|\int_0^1 x(t)\,dt\right|$ und $\|x'\|_\infty$ nach oben abschätzen kann.

**Zwischenbeh.**: Wähle $t_0$, so dass $|x(t_0)| = \min_{t\in[0,1]} |x(t)|$. Dann gilt:

$$|x(t_0)| \le \left|\int_0^1 x(t)\,dt\right|.$$

**Beweis:** Wir betrachten drei Fälle:

**Fall 1:** $\forall t$ ist $x(t) \ge 0$. Wähle $t_0$, so dass $x(t_0) = \min_{t\in[0,1]} x(t)$, was in diesem Fall äquivalent zu $|x(t_0)| = \min_{t\in[0,1]} |x(t)|$ ist. Dann folgt

$$|x(t_0)| = \left|\int_0^1 x(t_0)\,dt\right| \le \left|\int_0^1 x(t)\,dt\right|.$$

**Fall 2:** $\forall t$ ist $x(t) \le 0$. Dann folgt $-x(t) \ge 0\ \forall\, t$ und daraus mit dem ersten Fall

$$\min_{t\in[0,1]} |x(t)| = \min_{t\in[0,1]} |-x(t)| \le \left|\int_0^1 x(t)\,dt\right|$$

die Behauptung.

**Fall 3:** $x(t)$ hat einen Vorzeichenwechsel auf $[0,1]$. Dann existiert nach dem Zwischenwertsatz für stetige Funktionen ($x(\cdot)$ ist ja sogar stetig differenzierbar) ein Punkt $t_0 \in [0,1]$, in dem $x(t_0) = 0$. Offenbar ist dann $|x(t_0)| = 0 = \min_{t\in[0,1]} |x(t)|$, also

$$|x(t_0)| = 0 \leq \left| \int_0^1 x(t)\, dt \right|$$

Damit ist die Zwischenbeh. in allen drei Fällen bewiesen.
Wegen $x \in C^1[0,1]$ kann man $x(t)$ mit Hilfe des Hauptsatzes der Differential- und Integralrechnung in der Form

$$x(t) = x(t_0) + \int_{t_0}^{t} x'(s)\, ds, t \in [0,1],$$

darstellen. Wir wählen $t_0$ wie in der Zwischenbeh., so dass $|x(t_0)| = \min_{t\in[0,1]} |x(t)|$, und schätzen $|x(t)|$ ab:

$$\begin{aligned} |x(t)| &= \left| x(t_0) + \int_{t_0}^{t} x'(s)\, ds \right| \leq |x(t_0)| + \left| \int_0^1 x'(s)\, ds \right| \\ &\leq \left| \int_0^1 x(t)\, dt \right| + 1 \cdot \max_{s\in[0,1]} |x'(s)| \\ \Rightarrow \quad \|x\|_\infty &\leq \left| \int_0^1 x(t)\, dt \right| + \|x'\|_\infty . \end{aligned}$$

Daraus folgt:

$$\|x\|_\infty + \|x'\|_\infty \leq 2\left( \left| \int_0^1 x(t)\, dt \right| + \|x'\|_\infty \right) \leq 4 \max \left\{ \left| \int_0^1 x(t)\, dt \right|, \|x'\|_\infty \right\}.$$

3) Wir zeigen schließlich, dass $|\|\cdot|\|_3$ nicht äquivalent zu $|\|\cdot|\|$, ist.
Es ist bekannt, dass $C^1[0,1]$ vollständig bzgl. $|\|x|\| = \|x\|_\infty + \|x'\|_\infty$ aber nicht vollständig bzgl. $|\|.|\|_3$, ist; deswegen sind die betrachteten Normen nicht äquivalent (vgl. z. B. [20], Satz I.2.4).

## Aufgabe 112

► **Gleichgradig stetige Funktionen**

Sei $[a,b]$ ein beschränktes, abgeschlossenes Intervall der reellen Zahlengeraden. Bekanntlich ist eine Folge $u_k \in C^1[a,b]$, $k \in \mathbb{N}$, gleichgradig stetig, falls die Ableitungen gleichmäßig beschränkt sind. Zeigen Sie, dass die Folge $(u_k)$ auch gleichgradig stetig ist, falls mit $0 \le C < \infty$ nur gilt

$$|u_k|_{1,2} := \left( \int_a^b |u_k'(x)|^2 dx \right)^{1/2} \le C, \quad k \in \mathbb{N}.$$

**Lösung**

Sei $-\infty < a < b < \infty$, $(u_k)$ eine Folge von Funktionen aus $C^1[a,b]$ mit

$$|u_k|_{1,2} := \left( \int_a^b |u_k'(x)|^2 \, dx \right)^{1/2} \le C, \quad k \in \mathbb{N}.$$

Z. z.: $(u_k)$ ist gleichgradig stetig.

Es gilt (o. B. d. A. sei $y \ge x$):

$$\begin{aligned}
|u_k(x) - u_k(y)| &= \left| \int_x^y u_k'(\xi) \, d\xi \right| \\
&\le \int_x^y 1 \cdot |u_k'(\xi)| \, d\xi \\
&\overset{\text{C.-S.}}{\le} \left( \int_x^y 1^2 \, d\xi \right)^{1/2} \cdot \left( \int_x^y |u_k'(\xi)|^2 \, d\xi \right)^{1/2} \\
&\le \sqrt{y-x} \cdot |u_k|_{1,2} \\
&\le C\sqrt{y-x} \quad \text{unabhängig von } k.
\end{aligned}$$

Damit ist $(u_k)$ gleichgradig gleichmäßig stetig.

## Aufgabe 113

► **Abgeschlossenheit in $C[a,b]$**

Zeigen Sie: $C^1[a,b]$ ist bzgl. der Maximumnorm nicht abgeschlossen in $C[a,b]$.

**Lösung**

Sei o. B. d. A. $[a,b] = [-1,1]$ und

$$x_n(t) := \left(t^2 + \frac{1}{n}\right)^{1/2} \in C^1[-1,1],\ n \in \mathbb{N},\ x_0(t) := |t|.$$

Wegen

$$|t| \leq \left(t^2 + \frac{1}{n}\right)^{1/2} \leq |t| + \frac{1}{\sqrt{n}} \to |t| \ (n \to \infty, \text{ glm. in t})$$

konvergiert dann die Folge $x_n$ gleichmäßig (also bzgl. der Maximumnorm) gegen $x_0(t)$. Es ist aber offenbar $x_0 \notin C^1[-1,1]$.

## Aufgabe 114

► **Relative Kompaktheit in $C^1$**

Sei $C^m$ der Raum aller $m$-mal stetig differenzierbaren Funktionen von $[0,1]$ in $\mathbb{R}$ mit der Norm

$$\|f\|_{m,\infty} := \max_{0 \leq j \leq m} \sup_{0 \leq x \leq 1} |f^{(j)}(x)|.$$

Sei $A := \{f \in C^2 : |f(0)| \leq 1,\ |f'(0)| \leq 1,\ \sup_{0 \leq x \leq 1} |f''(x)| \leq 1\}$. Zeigen Sie, dass $A$ relativ kompakt in $C^1$ ist.

*Hinweise:* Benutzen Sie den Satz von Arzelà-Ascoli (siehe z. B. [7], 106., vgl. auch Aufg. 48). Sie können außerdem Dieudonné [5], (8.6.3) und (8.6.4), benutzen.

**Lösung**

Man hat die Darstellungen

$$f(x) = f(0) + \int_0^x f'(s)ds,$$

$$f'(x) = f'(0) + \int_0^x f''(s)ds, \quad 0 \leq x \leq 1$$

$$\Longrightarrow |f(x) - f(y)| = \left|\int_y^x f'(s)ds\right| \leq \|f'\|_\infty |x-y|,$$

$$|f'(x) - f'(y)| = \left|\int_y^x f''(s)ds\right| \leq \|f''\|_\infty |x-y|, \quad x, y \in [0,1].$$

Die Mengen $A$ und $A_1 := \{f' : f \in A\}$ sind also gleichgradig stetig. Wegen

$$|f'(x)| \leq |f'(0)| + \|f''\|_\infty \leq 2,$$
$$|f(x)| \leq |f(0)| + \|f'\|_\infty \leq 3, \quad x \in [0,1], \quad f \in A,$$

sind sie auch gleichmäßig beschränkt – also (nach Arzelà-Ascoli) relativ kompakt in $C[0,1]$. Sei nun $(f_n)$ eine Folge aus $A$. Dann ist insbesondere $(f_n)$ und $(f_n')$ in $C[0,1]$ beschränkt, und es existieren $f, g \in C[0,1]$, $\mathbb{N}' \subset \mathbb{N}$ mit

$$\|f_n - f\|_\infty \longrightarrow 0, \quad \|f_n' - g\|_\infty \longrightarrow 0 \; (n \to \infty,\ n \in \mathbb{N}').$$

Anwendung von [5], (8.6.3) und (8.6.4), liefert $f' = g$, was die relative Kompaktheit von $A$ in $C^1$ (bzgl. $\|\cdot\|_{1,\infty}$) beweist.

## 2.4 Weitere Funktionenräume

### Aufgabe 115

#### Trigonometrische Polynome

Sei $\mathcal{L}^2_{2\pi}$ der prähilbertsche Raum der reell- bzw. komplexwertigen, $2\pi$ periodischen stetigen Funktionen auf $\mathbb{R}$ mit dem $L^2$-Skalarprodukt

$$(u, v) = \int_{-\pi}^{+\pi} u(x)\overline{v(x)}\, dx, \quad u, v \in \mathcal{L}^2_{2\pi},$$

und zugehöriger Norm $\|u\| = (u,u)^{1/2}$. Für jedes $m = 1, 2, \ldots$ sei $T_m$ der Teilraum aller trigonometrischen Polynome der Gestalt

$$t_m(x) = \frac{a_0}{2} + \sum_{k=1}^{m} (a_k \cos(kx) + b_k \sin(kx)), \quad x \in \mathbb{R}.$$

Zeigen Sie:

a) Für jede stetige Funktion $f \in \mathcal{L}^2_{2\pi}$ gilt

$$|f, T_m| \longrightarrow 0 \; (m \to \infty).$$

b) Für jede $s$-mal stetig differenzierbare Funktion $f$ aus $\mathcal{L}^2_{2\pi}$ gilt die Beziehung ($s \geq 0$)

$$|f, T_m| = o\left(\frac{1}{(m+1)^s}\right) \; (m \to \infty).$$

*Hinweise:* Für a) können Sie den Satz von Fejér (vgl. z. B. Königsberger [11] oder Werner [20]) benutzen. Der Abstand $|f, T_m|$ ist in Aufg. 101 erklärt und hier bzgl. der $L^2$-Norm gemeint. Für die Definition der *Landau-Symbole* $o$ und $O$ vgl. z. B. [16], 1.3., [18], 2.20.

**Lösung**

Nach dem Satz von Fejér gilt für $f \in \mathcal{L}^2_{2\pi}$ bzgl. der Supremumsnorm:

$$\|f - \tau_m(f)\|_\infty \to 0 \; (m \to \infty),$$

wobei $\tau_m(f)$ die $m$-te Partialsumme der Fourierreihe von $f$ ist mit

$$\tau_m(f)(x) = \frac{a_0(f)}{2} + \sum_{k=1}^{m} a_k(f)\cos(kx) + b_k(f)\sin(kx)$$

$$a_k(f) = \frac{1}{\pi}\int_{-\pi}^{\pi} f(s)\cos(ks)\,ds \qquad k = 0, 1, 2, \ldots$$

$$b_k(f) = \frac{1}{\pi}\int_{-\pi}^{\pi} f(s)\sin(ks)\,ds \qquad k = 1, 2, 3, \ldots$$

Die Fourierkoeffizienten $a_k$, $b_k$ sind eindeutig bestimmt, da die Funktionen $c_k(x) := \cos(kx)$, $s_k(x) := \sin(kx)$ orthogonal bezüglich des obigen Skalarprodukts $(\cdot, \cdot)$ sind. Für die zugehörigen Normen gilt: $\|c_0\|^2 = 2\pi$, $\|c_k\|^2 = \pi = \|s_k\|^2, k = 1, 2, \ldots$ Bekanntlich bildet $\{a_0, a_k, b_k, k \in \mathbb{N}\}$ ein vollständiges Orthogonalsystem in $\mathcal{L}^2_{2\pi}$, und die normierten Funktionen eine Orthonormalbasis.

a) Mit $\tau_m(f) \in T_m$ erhält man für $f \in \mathcal{L}^2_{2\pi}$ die folgende Abschätzung:

$$\begin{aligned} \|f - \tau_m(f)\|^2 &= \int_{-\pi}^{\pi} |f(x) - \tau_m(f)(x)|^2\,dx \\ &\leq 2\pi \|f - \tau_m(f)\|^2_\infty \to 0 \quad (m \to \infty) \\ \Rightarrow |f, T_m| &= \inf_{\tau \in T_m} \|f - \tau\| \leq \|f - \tau_m(f)\| \to 0 \; (m \to \infty) \end{aligned}$$

b) Aus den Voraussetzungen und dem Satz von Fejér folgt:

$$f^{(k)} \in \mathcal{L}^2_{2\pi}, \quad k = 1, \ldots, s, \quad \text{und} \quad \left\| f^{(s)} - \tau_m\left(f^{(s)}\right)\right\| \to 0 \quad (m \to \infty).$$

Für die Fourierkoeffizienten gilt:

$$\left|a_k\left(f^{(s)}\right)\right|, \left|b_k\left(f^{(s)}\right)\right| \in \{k^s\,|a_k(f)|,\; k^s\,|b_k(f)|\}.$$

Diese Eigenschaft erhält man mittels sukzessiver partieller Integration. Es ist z. B.

$$a_k\left(f^{(s)}\right) = \frac{1}{\pi}\int_{-\pi}^{\pi} f^{(s)}(x)c_k(x)\,dx$$

$$\overset{\text{p.I.}}{=} -\frac{1}{\pi}\int_{-\pi}^{\pi} f^{(s-1)}(x)\,k\,(-s_k(x))\,dx \;=\; k\,b_k(f^{(s-1)}).$$

Damit folgt wegen der Orthogonalität

$$\begin{aligned}
&\| f^{(s)} - \tau_m\left(f^{(s)}\right) \|^2 \\
&= \left( \sum_{k=m+1}^{\infty} a_k\left(f^{(s)}\right) c_k + b_k\left(f^{(s)}\right) s_k,\; \sum_{l=m+1}^{\infty} a_k\left(f^{(s)}\right) c_k + b_k\left(f^{(s)}\right) s_k \right) \\
&\overset{\text{orth.}}{=} \sum_{k=m+1}^{\infty} \left( |a_k\left(f^{(s)}\right)|^2 \pi + |b_k\left(f^{(s)}\right)|^2 \pi \right) \quad \text{(Parseval-Gleichung)} \\
&= \pi \sum_{k=m+1}^{\infty} k^{2s}\left(|a_k(f)|^2 + |b_k(f)|^2\right) \\
&\geq \pi(m+1)^{2s} \sum_{k=m+1}^{\infty} \left(|a_k(f)|^2 + |b_k(f)|^2\right) \\
&= (m+1)^{2s}\| f - \tau_m(f)\|^2 \\
&\Rightarrow (m+1)^s \,\| f - \tau_m(f)\| \leq \| f^{(s)} - \tau_m\left(f^{(s)}\right) \| \to 0 \; (m \to \infty) \\
&\Rightarrow \| f - \tau_m(f)\| = o\left(\frac{1}{(m+1)^s}\right) \; (m \to \infty),
\end{aligned}$$

woraus die Behauptung b) folgt.

## Aufgabe 116

### ▶ Lipschitz-stetige Funktionen

Sei $X$ der Vektorraum aller Lipschitz-stetigen Funktionen von $[0, 1]$ nach $\mathbb{R}$. Für $x \in X$ setze

$$\|x\|_{\text{Lip}} := |x(0)| + \sup_{s \neq t}\left|\frac{x(s) - x(t)}{s - t}\right|.$$

Zeigen Sie:

a) $\|\cdot\|_{\text{Lip}}$ ist eine Norm, und es gilt $\|x\|_\infty \leq \|x\|_{\text{Lip}}$ für alle $x \in X$.
b) $(X, \|\cdot\|_{\text{Lip}})$ ist ein Banachraum.

**Lösung**

a) Wir zeigen zuerst, dass $\|\cdot\|_{\text{Lip}}$ eine Norm ist:
Da $X$ der Vektorraum aller Lipschitz-stetigen Funktionen $x$ von $[0,1]$ nach $\mathbb{R}$ ist, existiert zu jedem $x \in X$ eine Konstante $L > 0$, so dass

$$\forall\, s,t \in [0,1] \text{ gilt: } |x(s) - x(t)| \leq L|s-t|.$$

Daraus folgt (Vollständigkeitsaxiom), dass das Supremum existiert:

$$\sup_{s \neq t} \left| \frac{x(s) - x(t)}{s-t} \right| < \infty.$$

Es folgt nun der Beweis der Normeigenschaften (N1) bis (N3) (vgl. z. B. [18], 1.7, auch [16], 5.1):

(N1) **Definitheit:** Es ist trivialerweise

$$\|x\|_{\text{Lip}} = \underbrace{|x(0)|}_{\geq 0} + \underbrace{\sup_{s \neq t} \left| \frac{x(s) - x(t)}{s-t} \right|}_{\geq 0} \geq 0.$$

Es bleibt zu zeigen, dass

$$\|x\|_{\text{Lip}} = 0 \;\Leftrightarrow\; x = 0$$

„$\Rightarrow$"

$$\begin{aligned}\|x\|_{\text{Lip}} = 0 &\Rightarrow |x(0)| + \sup_{s \neq t} \left| \frac{x(s) - x(t)}{s-t} \right| = 0 \\ &\Rightarrow x(0) = 0 \quad \text{und} \quad \sup_{s \neq t} \left| \frac{x(s) - x(t)}{s-t} \right| = 0 \\ &\Rightarrow x(0) = 0 \quad \text{und} \quad x(s) = x(t) \forall s,t \in [0,1] \Rightarrow \quad x(t) \equiv 0\end{aligned}$$

„$\Leftarrow$"

$$x \equiv 0 \;\Rightarrow\; x(0) = 0 \;\text{ und }\; x(s) - x(t) = 0 \;\Rightarrow\; \|x\|_{\text{Lip}} = 0$$

(N2) **Homogenität:**

$$\begin{aligned}\|\lambda x\|_{\text{Lip}} &= |\lambda x(0)| + \sup_{s \neq t} \left| \frac{\lambda x(s) - \lambda x(t)}{s-t} \right| \\ &= \lambda \left( |x(0)| + \sup_{s \neq t} \left| \frac{x(s) - x(t)}{s-t} \right| \right) = \lambda \|x\|_{\text{Lip}}\end{aligned}$$

(N3) **Dreiecksungleichung:**

$$\begin{aligned}\|x+y\|_{\text{Lip}} &= |x(0)+y(0)| + \sup_{s\neq t}\left|\frac{(x(s)+y(s))-(x(t)+y(t))}{s-t}\right| \\ &\leq |x(0)|+|y(0)| + \sup_{s\neq t}\left(\left|\frac{x(s)-x(t)}{s-t}\right| + \left|\frac{y(s)-y(t)}{s-t}\right|\right) \\ &\leq |x(0)| + \sup_{s\neq t}\left|\frac{x(s)-x(t)}{s-t}\right| + |y(0)| + \sup_{s\neq t}\left|\frac{y(s)-y(t)}{s-t}\right| \\ &\leq \|x\|_{\text{Lip}} + \|y\|_{\text{Lip}}.\end{aligned}$$

Es bleibt noch zu zeigen, dass $\|x\|_\infty \leq \|x\|_{\text{Lip}} \;\; \forall\, x \in X$:

$$\begin{aligned}\|x\|_\infty &= \sup_{t\in[0,1]} |x(t)| \leq \sup_{t\in[0,1]} |x(t)-x(0)+x(0)| \leq |x(0)| + \sup_{t\in[0,1]} |x(t)-x(0)| \\ &\leq |x(0)| + \sup_{t\neq s} |x(t)-x(s)| \leq |x(0)| + \sup_{t\neq s} \frac{|x(t)-x(s)|}{|s-t|} = \|x\|_{\text{Lip}}.\end{aligned}$$

Bemerkung: Die letzte Abschätzung gelingt, da für $t, s \in [0,1]$ gilt: $|t-s| \leq 1$.

b) Wir zeigen, dass $(X, \|\cdot\|_{\text{Lip}})$ ein Banachraum ist.
Es sei $(x_n)_{n\in\mathbb{N}}$ Cauchy-Folge in $(X, \|\cdot\|_{\text{Lip}})$. Dann ist sie wegen der eben gezeigten Abschätzung $\|x\|_\infty \leq \|x\|_{\text{Lip}}$ auch Cauchy-Folge in $C^0[0,1]$. Also gibt es wegen der Vollständigkeit von $C^0[0,1]$ ein $x \in C^0[0,1]$ mit $\|x-x_n\|_\infty \to 0$ für $n \to \infty$.
Nun gilt für $t, s \in [0,1], t \neq s, n \in \mathbb{N}$, im Limes $k \to \infty$

$$\frac{|(x_n(s)-x_k(s))-(x_n(t)-x_k(t))|}{|s-t|} \to \frac{|(x_n(s)-x(s))-(x_n(t)-x(t))|}{|s-t|},$$

und mit

$$\frac{|(x_n(s)-x_k(s))-(x_n(t)-x_k(t))|}{|s-t|} \leq \sup_{s\neq t} \frac{|(x_n(s)-x_k(s))-(x_n(t)-x_k(t))|}{|s-t|}$$

erhalten wir durch beidseitigen Übergang zum $\liminf\limits_{k\to\infty}$

$$\frac{|(x_n(s)-x(s))-(x_n(t)-x(t))|}{|s-t|} \leq \liminf_{k\to\infty} \sup_{s\neq t} \frac{|(x_n(s)-x_k(s))-(x_n(t)-x_k(t))|}{|s-t|}.$$

Die rechte Seite hängt nicht mehr von $s$ und $t$ ab, so dass man links zum Supremum übergehen kann:

$$\begin{aligned}&\sup_{s\neq t} \frac{|(x_n(s)-x(s))-(x_n(t)-x(t))|}{|s-t|} \\ &\leq \liminf_{k\to\infty} \sup_{s\neq t} \frac{|(x_n(s)-x_k(s))-(x_n(t)-x_k(t))|}{|s-t|} \to 0 \; (n \to \infty).\end{aligned}$$

Die letzte Grenzwertaussage auf der rechten Seite ergibt sich aus

$$\lim_{n\to\infty} \liminf_{k\to\infty} \sup_{s\neq t} \frac{|(x_n(s) - x_k(s)) - (x_n(t) - x_k(t))|}{|s-t|}$$
$$\leq \lim_{n\to\infty} \liminf_{k\to\infty} \|x_n - x_k\|_{\text{Lip}} = 0,$$

denn die Cauchyfolgeneigenschaft sichert

$$\forall\, \varepsilon > 0 \exists\, N \in \mathbb{N}\, \forall\, n, k \geq N \, : \, \|x_n - x_k\|_{Lip} < \frac{\varepsilon}{2}, \tag{2.5}$$

woraus für alle $n \geq N$ auch

$$\liminf_{k\to\infty} \|x_n - x_k\|_{\text{Lip}} < \varepsilon$$

folgt. Die Annahme

$$\liminf_{k\to\infty} \underbrace{\|x_n - x_k\|_{\text{Lip}}}_{:=a_k^{(n)}} \geq \varepsilon$$

für ein $n \geq N$ führt nämlich zu der Aussage, dass nur endlich viele Folgenglieder von $a_k^{(n)}$ kleiner als $\varepsilon - \frac{\varepsilon}{2} = \frac{\varepsilon}{2}$ sein können im Widerspruch zu (2.5).
Ingesamt bekommt man:

$$\lim_{n\to\infty} \|x_n - x\|_{\text{Lip}}$$
$$= \lim_{n\to\infty} |x_n(0) - x(0)| + \lim_{n\to\infty} \sup_{s\neq t} \frac{|(x_n(s) - x(s)) - (x_n(t) - x(t))|}{|s-t|} = 0,$$

und damit ist die Vollständigkeit des Vektorraums Lipschitz-stetiger Funktionen bewiesen.

## Aufgabe 117

### ► Lebesgue-integrierbare Funktionen

Die Funktion $g : [0, 1] \to [0, 1]$ sei wie folgt definiert ($\mathbb{Q}$ = Menge der rationalen Zahlen),

$$g(x) = 1, \quad x \in \mathbb{Q} \cap [0, 1], \quad g(x) = 0, \quad x \in (\mathbb{R} \setminus \mathbb{Q}) \cap [0, 1].$$

Zeigen Sie:

a) $g$ ist bei allen $x \in (\mathbb{R} \setminus \mathbb{Q}) \cap [0, 1]$ unstetig.
b) $g$ ist Lebesgue-integrierbar und für das Lebesgue-Integral gilt

$$\int_0^1 g\, dx = 0.$$

*Bemerkung:* Die angegebene Funktion ist damit ein Beispiel einer Lebesgue-integrierbaren aber nicht Riemann-integrierbaren Funktion. Eine Funktion ist nämlich genau dann Riemann-integrierbar auf $[0,1]$, wenn sie beschränkt und fast überall stetig ist (vgl. z. B. [8], 199.3). Letzteres ist für $g$ nicht gegeben, wie in a) gezeigt wird.

**Lösung**

a) Sei $x \in (\mathbb{R} \setminus \mathbb{Q}) \cap [0,1]$ beliebig.
Z. z.: $\exists \varepsilon > 0 \forall \delta > 0 \exists y \in [0,1] : |x - y| < \delta \wedge |g(x) - g(y)| > \varepsilon$.
Sei $\varepsilon = \frac{1}{2}$, $x \in (\mathbb{R} \setminus \mathbb{Q}) \cap [0,1]$ beliebig. Da $\mathbb{Q}$ dicht in $\mathbb{R}$ liegt, existiert in jeder $\delta$-Umgebung von $x$ ein $y \in \mathbb{Q}$ mit $|x - y| < \delta$, aber

$$|g(x) - g(y)| = |0 - 1| = 1 > \frac{1}{2} = \varepsilon.$$

$g$ ist also bei $x$ unstetig. Da $x$ beliebig gewählt war, gilt dies für alle irrationalen Zahlen.

b) Sei $\tilde{g} : \mathbb{R} \to [0,1]$ die triviale Fortsetzung von $g$, d. h.

$$\tilde{g}(x) = \begin{cases} g(x), & x \in [0,1], \\ 0, & \text{sonst.} \end{cases}$$

$g$ ist messbar, denn $\tilde{g}$ ist messbar, da $\tilde{g}$ bis auf $\mathbb{Q}$ mit $g_0 \equiv 0$ übereinstimmt, und $\mu(\mathbb{Q}) = 0$, da $\mathbb{Q}$ abzählbar ist (vgl. z. B. [18], 9.4).
Mit

$$f(x) := \begin{cases} 1, & x \in \mathbb{Q}, \\ 0, & x \in \mathbb{R} \setminus \mathbb{Q}, \end{cases}$$

gilt dann: $|\tilde{g}(x)| \leq |f(x)|$, und damit folgt die Integrierbarkeit von $\tilde{g}$ z. B. nach [18], 9.11.,

$$|\tilde{g}(x)| \leq |f(x)| \Rightarrow \left| \int \tilde{g}\, dx \right| \leq \underbrace{\int |f|\, dx}_{=0}.$$

Also ist auch $g$ integrierbar und

$$\int_{[0,1]} g\, dx = \int_{\mathbb{R}} \tilde{g}\, dx = 0.$$

## Aufgabe 118

▶ **Riemann- und Lebesgue-integrierbare Funktionen**

Die Funktion $f : [0,1] \longrightarrow [0,1]$ sei wie folgt definiert,

$$f(x) = \frac{1}{q}, \quad x = \frac{p}{q} \in \mathbb{Q} \cap [0,1], \quad p, q \text{ teilerfremd}, p \in \mathbb{N}_0,\ q \in \mathbb{N},$$
$$f(x) = 0, \quad x \in (\mathbb{R} \setminus \mathbb{Q}) \cap [0,1].$$

a) Zeigen Sie: $f$ ist bei allen $x \in \mathbb{Q} \cap [0,1]$ unstetig und bei allen $x \in (\mathbb{R} \setminus \mathbb{Q}) \cap [0,1]$ stetig.
b) Berechnen Sie das Riemann- und Lebesgue-Integral $\int_{[0,1]} f(x)dx$.

*Hinweis:* $p$ und $q$ heißen *teilerfremd*, wenn es keine natürliche Zahl außer Eins gibt, die beide Zahlen teilt.

**Lösung**

a) Sei $x_0 \in [0,1]$ beliebig rational, $x_0 = \frac{p}{q}$, $p, q$ teilerfremd. Wähle $\varepsilon = \frac{1}{2q}$. Da die irrationalen Zahlen dicht in [0,1] liegen, gilt:

$$\forall \delta > 0\ \exists x \in [0,1], \quad x \text{ irrational } : |x - x_0| < \delta.$$

Andererseits ist $|f(x) - f(x_0)| = |0 - \frac{1}{q}| = \frac{1}{q} > \frac{1}{2q} = \varepsilon$. Dies zeigt die Unstetigkeit von $f$ in $x_0$.
Als nächstes wird gezeigt, dass $f$ in allen irrationalen Punkten aus $[0,1]$ stetig ist. Sei dazu $x_0 \in [0,1]$ beliebig irrational.
Annahme: $f$ ist in $x_0$ nicht stetig.

$$\Rightarrow \exists \varepsilon > 0\ \forall \delta > 0\ \exists x \in [0,1] : |x - x_0| < \delta \wedge |f(x) - f(x_0)| \geq \varepsilon$$
$$\Rightarrow \exists \varepsilon > 0\ \forall \delta > 0\ \exists x \in [0,1] : |x - x_0| < \delta \wedge f(x) \geq \varepsilon$$
$$\Rightarrow x \text{ rational}, \quad x = \frac{p}{q}, \quad \text{da sonst } f(x) = 0 < \varepsilon \text{ wäre.}$$

Es gibt also eine Folge

$$x_i = \frac{p_i}{q_i} \in \mathbb{Q} \cap [0,1],\ i \in \mathbb{N},\ p_i, q_i \text{ teilerfremd},\ p_i \in \mathbb{N}_0,\ q_i \in \mathbb{N}$$

mit $x_i \to x_0\ (i \to \infty)$ und $f(x_i) \geq \varepsilon$, $i \in \mathbb{N}$.

Dann ist $(q_i)_i$ unbeschränkt. Andernfalls wäre $(q_i)_i$ eine beschränkte Folge natürlicher Zahlen, so dass eine Teilfolge $\mathbb{N}' \subset \mathbb{N}$ und ein $q \in \mathbb{N}$ existierten mit $q_i = q$, $i \in \mathbb{N}'$. Damit müsste auch $(p_i)_{i \in \mathbb{N}'}$ beschränkt sein, sonst existierte eine

Teilfolge $\mathbb{N}'' \subset \mathbb{N}'$ mit $p_i \to \infty\,(i \to \infty,\ i \in \mathbb{N}'')$. Dies führt auf den Widerspruch

$$\frac{p_i}{q_i} = \frac{p_i}{q} \to \infty\,(i \to \infty,\ i \in \mathbb{N}''),\ \text{da}\ \frac{p_i}{q_i} \to x_0 \in [0,1]\,(i \to \infty).$$

Also ist auch $(p_i)_{i \in \mathbb{N}'}$ beschränkt, und (wie oben) existiert eine Teilfolge $\mathbb{N}''' \subset \mathbb{N}'$ und ein $p \in \mathbb{N}_0$ mit $p_i = p\ \forall i \in \mathbb{N}'''$. Also ist $x_i = \frac{p_i}{q_i} = \frac{p}{q}$, $i \in \mathbb{N}'''$, was wegen $x_i \to x_0\,(i \to \infty)$, und damit $x_0 = \frac{p}{q}$, einen Widerspruch zu $x_0$ irrational ergibt. Also ist $(q_i)_i$ unbeschränkt, $q_i \to \infty\,(i \to \infty,\ i \in I)$ für eine Teilfolge $I \subset \mathbb{N}$, und es konvergiert $f(x_i) = 1/q_i \to 0\,(i \to \infty,\ i \in I)$. Das ist aber ein Widerspruch zu $f(x_i) \geq \varepsilon$, $i \in \mathbb{N}$, womit gezeigt ist, dass $f$ in allen irrationalen Punkten aus $[0,1]$ stetig ist.

b) Die Menge der Unstetigkeitsstellen von $f$ ist $\mathbb{Q} \cap [0,1]$ und damit eine Menge vom Maß 0. Nach [7], 84.2, ist $f$ dann Riemann-integrierbar. Da jedoch das Riemann-Integral mit dem Lebesgue-Integral übereinstimmen muss (vgl. z. B. [18], 9.7), folgt wegen $f(x) = 0$ fast überall, dass sowohl das Riemann- als auch das Lebesgue-Integral von $f$ den Wert 0 besitzen.

## Aufgabe 119

### ► Normen in $L^p$-Räumen

Sei $E \subset \mathbb{R}^n$ eine messbare Menge und $1 \leq p \leq q < \infty$.

Zeigen Sie: $L^q(E) \subset L^p(E)$.

Beweisen Sie dazu die Ungleichung $\|f\|_p \leq C\,\|f\|_q$ für alle $f \in L^p(E)$, wobei die Norm in $L^p(E)$ erklärt ist durch $\|f\|_p = \left(\int_E |f|^p dx\right)^{1/p}$.

*Hinweis:* Verwenden Sie die *Höldersche Ungleichung für Integrale*

$$\int_E |f\,g| dx \leq \left(\int_E |f|^{p'} dx\right)^{1/p'} \left(\int_E |f|^{q'} dx\right)^{1/q'} \quad \left(\text{für alle } p', q' : \frac{1}{p'} + \frac{1}{q'} = 1\right)$$

**Lösung**

Sei $f \in L^q(E)$. Für $p = q$ ist die behauptete Ungleichung trivial. Sei $p < q$. Dann setzen wir $p' = \frac{q}{p}$ und $q' = \frac{q}{q-p}$. Dann ist $\frac{1}{p'} + \frac{1}{q'} = 1$, und mit der Hölderschen Ungleichung folgt, dass

$$\|f\|_p^p = \int_E |f|^p dx \leq \left(\int_E |f|^{p'p} dx\right)^{\frac{1}{p'}} \left(\int_E 1^{q'} dx\right)^{\frac{1}{q'}} = \|f\|_q^p\,|E|^{\frac{1}{q'}}$$

da $p'p = q$, $1/p' = p/q$. Mit der Konstanten $C = |E|^{\frac{q-p}{pq}}$, $|E| = \mu(E) =$ Volumen von $E$, ist die Ungleichung sowie $L^q(E) \subset L^p(E)$ bewiesen.

## Aufgabe 120

▶ **„Dachfunktionen"**

Für $0 \leq a < b \leq 1$ ist die „Dachfunktion" durch

$$\phi(x) = \begin{cases} 0, & 0 \leq x \leq a, \\ 2(x-a)/(b-a), & a \leq x \leq (a+b)/2, \\ 2(b-x)/(b-a), & (a+b)/2 \leq x \leq b, \\ 0, & b \leq x \leq 1 \end{cases}$$

definiert. Bestimmen Sie eine Lebesgue-integrierbare Funktion $v$, so dass für alle $\varphi \in C^1[0,1]$ gilt

$$\int_0^1 \varphi v \, dx = -\int_0^1 \phi \varphi' \, dx.$$

**Lösung**

Setze

$$v(x) = \begin{cases} 0, & 0 \leq x \leq a, \\ \frac{2}{b-a}, & a < x \leq \frac{a+b}{2}, \\ -\frac{2}{b-a}, & \frac{a+b}{2} < x \leq b, \\ 0, & b < x \leq 1. \end{cases}$$

Dann ist $v$ als Treppenfunktion Lebesgue-integrierbar. Damit gilt für $\varphi \in C^1[0,1]$:

$$\begin{aligned} \int_0^1 \varphi(x) v(x) \, dx &= \int_a^{\frac{a+b}{2}} \varphi(x) \cdot \frac{2}{b-a} \, dx + \int_{\frac{a+b}{2}}^b \varphi(x) \cdot \left(-\frac{2}{b-a}\right) dx \\ &\overset{\text{p.I.}}{=} \varphi(x)\phi(x)\Big|_a^{\frac{a+b}{2}} - \int_a^{\frac{a+b}{2}} \varphi'(x)\phi(x) \, dx \\ &\quad + \varphi(x)\phi(x)\Big|_{\frac{a+b}{2}}^b - \int_{\frac{a+b}{2}}^b \varphi'(x)\phi(x) \, dx \\ &= \varphi\left(\frac{a+b}{2}\right) - \varphi\left(\frac{a+b}{2}\right) - \int_a^b \varphi'(x)\phi(x) \, dx \\ &= -\int_0^1 \varphi'(x)\phi(x) \, dx. \end{aligned}$$

## Aufgabe 121

► **Funktion aus $C_0^\infty(\mathbb{R})$**

Zeigen Sie: Durch

$$f(x) :\ = \begin{cases} \exp\left(-\dfrac{1}{1-|x|^2}\right) & \text{für } |x| < 1, \\ 0 & \text{sonst,} \end{cases}$$

ist eine Funktion $f \in C_0^\infty(\mathbb{R})$ definiert.

*Hinweise:* Beweisen Sie zuerst den im Beweis aufgeführten Hilfssatz und überlegen Sie dann, wie die Ableitungen von $f$ aussehen.

**Lösung**

Um diese Aussage zu beweisen, benötigen wir folgenden
**Hilfssatz:** Die Funktion $f$ sei im Intervall $[a,b)$ $(a < b)$ stetig, in $(a,b)$ differenzierbar, und es gelte $\lim\limits_{x\to a^+} f'(x) = \alpha$. Dann existiert $f'_+(a) = \alpha$, und $f'$ ist an der Stelle $a$ (rechtseitig) stetig. Entsprechendes gilt für den linksseitigen Grenzwert.
**Beweis:** Für den Beweis benutzen wir den Mittelwertsatz, der die Differenzierbarkeit nur im Innern des Intervals verlangt. Dann gilt:

$$\frac{f(x)-f(a)}{x-a} = f'(\xi) \quad \text{mit} \quad \xi : a < \xi < x < b.$$

Für $x \to a^+$ strebt auch $\xi \to a^+$, also $f'(\xi) \to \alpha$, woraus die Behauptung des Hilfssatzes folgt.

Für $|x| < 1$ stellt die gegebene Funktion eine Verkettung dar: $f(x) = g(h(l(x)))$, mit

$$\begin{aligned} g(t) &= \exp(-t), & g &: \mathbb{R} \to \mathbb{R} \\ h(t) &= \frac{1}{t}, & h &: \mathbb{R} \to \mathbb{R} \\ l(x) &= 1-|x|^2, & l &: \mathbb{R} \to \mathbb{R} \end{aligned}$$

Jetzt schreiben wir die Ableitungen der verketteten Funktion aus:

$$\begin{aligned} f(x) &= g(h(l(x))) \\ f'(x) &= g'(h(l)) \cdot h'(l) \cdot l' \\ f''(x) &= g''(h(l)) \cdot (h'(l) \cdot l')^2 + g'(h(l)) \cdot h''(l) \cdot (l')^2 + g'(h(l)) \cdot h'(l) \cdot l'' \\ f^{(3)}(x) &= g^{(3)}(h(l)) \cdot (h'(l) \cdot l')^3 + 3g''(h(l)) \cdot h''(l)h'(l) \cdot (l')^3 \\ &\quad + 3g''(h(l)) \cdot (h'(l))^2 \cdot l''l' + 3g'(h(l)) \cdot h''(l) \cdot l''l' \\ &\quad + g'(h(l)) \cdot h^{(3)}(l) \cdot (l')^3 + g'(h(l)) \cdot h'(l) \cdot l^{(3)}, \end{aligned}$$

usw. Offensichtlich ist $f^{(n)}$ eine Summe von Produkten der Ableitungen der betrachteten Funktionen bis zur Ordnung $n$. Wir rechnen einzelne Ableitungen aus:

$$\begin{aligned}
g(x) &= \exp(-x) \Rightarrow g^{(n)}(x) = (-1)^n \exp(-x) \\
&\Rightarrow g^{(n)}(h(l(x))) = (-1)^n \exp\left(-\frac{1}{1-x^2}\right), \\
h(x) &= \frac{1}{x} \Rightarrow h^{(n)}(x) = (-1)^n n! x^{-(n+1)} \\
&\Rightarrow h^{(n)}(l(x)) = (-1)^n n! (1-x^2)^{-(n+1)}, \\
l(x) &= 1-x^2 \Rightarrow l'(x) = -2x,\ l''(x) = -2,\ l^{(n)}(x) = 0, \quad n \geq 3.
\end{aligned}$$

Die Summe (für $f^{(n)}(x)$) besteht aus Termen der folgenden Art:

$$g^{(k)}(h(l)) \cdot \prod_{i=1}^{n} \left(h^{(i)}(l)\right)^{s_i} \cdot \prod_{j=1}^{2} \left(l^{(j)}(x)\right)^{s_j}, \quad i,j \in \{0,\dots,n\},$$

wobei

$$\begin{aligned}
&g^{(k)}(h(l)) \cdot \prod_{i=1}^{n} \left(h^{(i)}(l)\right)^{s_i} \cdot \prod_{j=1}^{2} \left(l^{(j)}(x)\right)^{s_j} \\
&= (-1)^k \exp\left(-\frac{1}{1-x^2}\right) \cdot \prod_{i=1}^{n} \frac{(-1)^i (i!)^{s_i}}{(1-x^2)^{s_i(i+1)}} \cdot \prod_{j=1}^{2} \left(l^{(j)}(x)\right)^{s_j} \\
&= (-1)^k \exp\left(-\frac{1}{1-x^2}\right) \cdot \frac{M}{(1-x^2)^m} \cdot \prod_{j=1}^{2} \left(l^{(j)}(x)\right)^{s_j} \overset{|x|\to 1^-}{\longrightarrow} 0,
\end{aligned}$$

mit $\frac{M}{(1-x^2)^m} = \prod_i \frac{(-1)^i (i!)^{s_i}}{(1-x^2)^{s_i(i+1)}}$. Hierbei bezeichnet $m$ die maximale Potenz im Nenner, und $M = M(x)$ ist ein Polynom in $x^2$; weiter ist

$$\lim_{|x|\to 1^-} \frac{\exp\left(-\frac{1}{1-x^2}\right)}{(1-x^2)^m} = 0,$$

was sich mit $t = \frac{1}{1-x^2}$ aus $\lim_{t\to\infty} \frac{e^t}{t^{-q}} = \infty$ bzw. $\lim_{t\to\infty} \frac{\exp(-t)}{t^q} = 0\ \forall q \in \mathbb{N}$ ergibt. Wegen $l'(x) \to \mp 2$ ($x \to \pm 1, |x| < 1$) und $l'' = -2$, gilt mit einem gewissen $q$ immer

$$\lim_{|x|\to 1^-} \prod_{j=1}^{2} (l^{(j)}(x))^{s_j} = (-2)^q.$$

Und weil jeder Summand der Funktion $f^{(n)}(x)$ gegen 0 strebt, konvergiert $f^{(n)}(x) \to 0$ für $|x| \to 1^-$. Die Funktion $f(x)$ selbst ist stetig, weil sie außerhalb des Intervals $(-1,1)$ gleich Null ist, und weil offensichtlich $\lim_{|x|\to 1^-} f(x) = 0$.

Mithilfe des Hilfssatzes bekommen wir $f'_+(-1) = 0$ bzw. $f'_-(1) = 0$ (wegen $f'(x) \to 0$, $|x| \to 1^-$ und der Stetigkeit von $f(x)$ auf $[-1, 1]$), d. h. $f'(x)$ ist im Punkt $x = -1$ rechtsseitig stetig und nach Voraussetzung linksseitig stetig. Dasselbe gilt für $x = 1$. Daraus folgt die Stetigkeit von $f'(x)$, $x \in \mathbb{R}$. Auf diese Weise schließt man sukzessive auch auf die Stetigkeit von $f^{(n)}(x)$. Offensichtlich hat die Funktion $f^{(n)}(x)$ kompakten Träger, was $f \in C_0^\infty(\mathbb{R})$ beweist.

## Aufgabe 122

► **Sobolev-Räume $W^{m,p}(X)$**

Sei $X$ eine beschränkte, offene Menge des $\mathbb{R}^n$. Zeigen Sie:

a) $W^{m,p}(X)$ ist vollständig, $1 \le p < \infty$, $m \in \mathbb{N}_0$;
b) $W^{r,k}(X) \subset W^{m,p}(X)$ für $r \ge m,\ k \ge p$.

*Hinweis:* Benutzen Sie in a) die Vollständigkeit von $L^p(X)$. Hinsichtlich der Definitionen von schwachen Ableitungen und Sobolev-Räumen sei z. B. auf Werner [20], V.1, Ciarlet [3], 3.1, u. a. verwiesen; wir verwenden hier die Bezeichnung

$$W^{m,p}(X) := \{u \in L^p(X) : u \text{ besitzt in } L^p(X) \text{ schwache Ableitungen } u^{(\alpha)} = D^\alpha u \text{ bis zur Ordnung } m\}.$$

und für die Normen

$$\|u\|_{m,p} = \left(\int_X \sum_{|\alpha| \le m} |D^\alpha u|^p dx\right)^{1/p}, \quad |u|_{m,p} = \left(\int_X \sum_{|\alpha| = m} |D^\alpha u|^p dx\right)^{1/p},$$

sowie $\|u\|_{0,p} = \|u\|_p$ $(= |u|_{0,p})$ für die $L^p$-Normen.

**Lösung**

a) Z. z.: $W^{m,p}(X)$ ist vollständig bezüglich $\|\cdot\|_{m,p}$.
Für $m = 0$ ist das klar. Sei $m \ge 1$ und $(u_k)$ Cauchy-Folge in $W^{m,p}(X)$ mit schwachen Ableitungen $u_k^{(\alpha)} \in L^p(X)$, d. h.

$$\|u_k - u_j\|_{m,p} \to 0 \quad (j, k \to \infty), \text{ und}$$
$$\int_X u_k D^\alpha \varphi \, dx = (-1)^{|\alpha|} \int_X \varphi u_k^{(\alpha)} \, dx \quad \forall k \in \mathbb{N},\ |\alpha| \le m,\ \forall \varphi \in C_0^\infty(X).$$

Dann gilt: $(u_k^{(\alpha)})$, $|\alpha| \le m$, sind Cauchy-Folgen in $L^p(X)$, denn

$$\left\| u_k^{(\alpha)} - u_j^{(\alpha)} \right\|_p \le \sum_{|\alpha| \le m} \left\| u_k^{(\alpha)} - u_j^{(\alpha)} \right\|_p = \|u_k - u_j\|_{m,p}^p \to 0 \quad (j,k \to \infty).$$

Da $L^p(X)$ vollständig ist, gilt:

$$\forall |\alpha| \le m \; \exists u^{(\alpha)} \in L^p(X) : u_k^{(\alpha)} \to u^{(\alpha)} \, (k \to \infty) \text{ (bzgl. } \| \cdot \|_p).$$

Insbesondere existiert also ein $u = u^{(0)} \in L^p(X)$ mit $\lim\limits_{k \to \infty} \|u_k - u\|_p$.
Es bleibt zu zeigen, dass $u \in W^{m,p}(X)$ ist, d. h. dass $u$ schwache Ableitungen in $L^p(X)$ besitzt. Dies ist richtig, weil

$$\begin{aligned}
\int_X u D^\alpha \varphi \, dx &= \int_X \lim_{k \to \infty} u_k D^\alpha \varphi \, dx \\
&= \lim_{k \to \infty} \int_X u_k D^\alpha \varphi \, dx \\
&= \lim_{k \to \infty} \left( (-1)^{|\alpha|} \int_X \varphi u_k^{(\alpha)} \, dx \right) \\
&= (-1)^{|\alpha|} \int_X \varphi \lim_{k \to \infty} u_k^{(\alpha)} \, dx \\
&= (-1)^{|\alpha|} \int_X \varphi u^{(\alpha)} \, dx \quad \forall |\alpha| \le m, \forall \varphi \in C_0^\infty(X).
\end{aligned}$$

**Zwischenbeh.** zum 2. Gleichheitszeichen: Für eine Folge $(u_k)$ in $L^p(X)$ und $u \in L^p(X)$ mit $\|u_k - u\|_p \to 0 \, (k \to \infty)$ und $\varphi \in C_0^\infty(X)$ gilt

$$\int_X u\varphi \, dx = \lim_{k \to \infty} \int_X u_k \varphi \, dx.$$

**Beweis:** Es gilt: $\left| \int_X (u - u_k)\varphi \, dx \right| \le \int_X |(u - u_k)\varphi| \, dx = \|(u - u_k)\varphi\|_1$.
Für beliebiges $\varphi \in C_0^\infty(X)$ mit supp $\varphi = X$ und beliebiges $q > 0$ gilt:

$$\begin{aligned}
\|\varphi\|_q &= \left( \int_X |\varphi|^q \, dx \right)^{1/q} \\
&\le \max_{x \in X} |\varphi(x)| \left( \int_X 1 \, dx \right)^{1/q} \\
&= \|\varphi\|_\infty \, (\text{vol}(X))^{1/q} =: C_q < \infty.
\end{aligned}$$

Mit der Hölderschen Ungleichung folgt also:

$$\left| \int_X (u - u_k)\varphi \, dx \right| \leq \|u - u_k\|_p \, \|\varphi\|_q \qquad \left(\frac{1}{p} + \frac{1}{q} = 1\right)$$
$$\leq C_q \underbrace{\|u - u_k\|_p}_{\to 0 \ (k \to \infty)} .$$

b) Sei $f \in W^{r,k}(X)$, dann folgt:
1. $f \in L^k(X)$,
2. $f$ besitzt schwache Ableitungen in $L^k(X)$ bis zur Ordnung $r$.

Für $k \geq p$ gilt bekanntlich (s. auch Aufg. 119): $L^k(X) \subset L^p(X)$. Also ist $f \in L^p(X)$, und $f$ besitzt insbesondere schwache Ableitungen bis zur Ordnung $m \leq r$, die in $L^k(X)$, also auch in $L^p(X)$, liegen. Dies beweist $f \in W^{m,p}(X)$.

## Aufgabe 123

### ▶ Poincaré-Friedrichs-Ungleichung

Zeigen Sie für $u \in C^1[a,b]$ mit $u(a) = 0$:

a) $\displaystyle\int_a^b |u(x)|^2 dx \leq (b-a)^2 \int_a^b |u'(x)|^2 dx$ ;

b) $|u|_{0,r} \leq C|u|_{1,p}, \quad 1 \leq r, p < \infty$.

Geben Sie die Konstante $C = C(a,b,r,p)$ genau an.

*Hinweis:* Die Ungleichung in b) heißt *Poincaré-Friedrichs-Ungleichung* und gilt allgemeiner in Sobolev-Räumen $H_0^1(a,b)$ (vgl. [3], 1.2, oder auch Lösung von Aufg. 167).

**Lösung**

Sei $u \in C^1[a,b]$ mit $u(a) = 0$. Dann gilt nach dem Hauptsatz der Differential- und Integralrechnung:

$$u(x) = \underbrace{u(a)}_{=0} + \int_a^x u'(y) \, dy = \int_a^x u'(y) \, dy, \ x \in [a,b];$$

$$\Rightarrow |u(x)| \leq \int_a^x |u'(y)| \, dy \leq \int_a^b |u'(y)| \, dy \tag{2.6}$$

a) Es gilt

$$
\begin{aligned}
0 &\leq \int_a^b |u(x)|^2 \, dx \\
&\overset{(2.6)}{\leq} \int_a^b \left( \int_a^b |u'(y)| \, dy \right)^2 dx \\
&= (b-a) \cdot \left( \int_a^b 1 \cdot |u'(y)| \, dy \right)^2 \\
&\overset{\text{C.-S.}}{\leq} (b-a) \cdot \|1\|_{L^2}^2 \cdot \|u'\|_{L^2}^2 \\
&= (b-a)^2 \cdot \int_a^b |u'(x)|^2 \, dx.
\end{aligned}
$$

b) Es ist

$$
\begin{aligned}
|u|_{0,r} &= \left( \int_a^b |u(x)|^r \, dx \right)^{1/r} \\
&\overset{(2.6)}{\leq} \left( \int_a^b \left( \int_a^b |u'(y)| \, dy \right)^r dx \right)^{1/r} \\
&= (b-a)^{1/r} \cdot \int_a^b 1 \cdot |u'(x)| \, dx \\
&\overset{\text{Hölder}}{\leq} (b-a)^{1/r} \cdot \|u'\|_{L^p} \cdot \|1\|_{L^{p'}}, \qquad \left( \frac{1}{p} + \frac{1}{p'} = 1 \right) \\
&= \underbrace{(b-a)^{1-\frac{1}{p}+\frac{1}{r}}}_{=:C} |u|_{1,p}.
\end{aligned}
$$

## Aufgabe 124

### ► Interpolatorische Projektion in $C[a,b]$

Sei $n \in \mathbb{N}$ und seien $a = x_1 < x_2 < \ldots < x_{n-1} < x_n = b$ Gitterpunkte in $[a,b]$. Mit $\varphi_j$, $j = 1,\ldots,n$, werde die stückweise lineare, stetige Funktion auf $[a,b]$ bezeichnet, die $\varphi_j(x_j) = 1$ und $\varphi_j(x) = 0$ für $x \leq x_{j-1}$ bzw. $x \geq x_{j+1}$ erfüllt (bei sinngemäßer Deutung für $j = 1$ bzw. $n$). Durch die Vorschrift

$$P_n : C[a,b] \ni u \mapsto \sum_{j=1}^{n} u(x_j)\varphi_j$$

wird eine lineare, stetige Projektion im Banachraum $C[a,b]$ erklärt mit $\|P_n\| = 1$.

$\|\cdot\|_\infty$ bezeichnet die Max.-Norm in $C[a,b]$, $h^{(n)}$ die Zahl

$$h^{(n)} = \max\left\{|x_j - x_{j-1}|, \quad j = 2,\ldots,n\right\},$$

und der *Stetigkeitsmodul* von $u$ ist durch

$$\omega(u,\delta) := \sup\{|u(x) - u(x')| : |x - x'| \leq \delta,\ x, x' \in [a,b]\}$$

definiert. Beweisen Sie: Für jede Funktion $u \in C[a,b]$ gilt die Abschätzung

$$\|P_n u - u\|_\infty \leq \omega\left(u, h^{(n)}\right), \quad u \in C[a,b],$$

und $P_n \to I \left(h^{(n)} \to 0\right)$ konvergiert (im Sinne der punktweisen Konvergenz). Ist $u \in C^2[a,b]$, so hat man sogar die Abschätzung

$$\|P_n u - u\|_\infty \leq \frac{1}{2}\left(h^{(n)}\right)^2 \|u''\|_\infty.$$

*Hinweis:* Die Funktionen $\varphi_j$ sind die *Dachfunktionen* über $I_j = [x_{j-1}, x_j]$ (s. Aufg. 120).

**Lösung**

Sei $n \in \mathbb{N}$, $a = x_1 < x_2 < \ldots < x_{n-1} < x_n = b$ Gitterpunkte, $\varphi_j$, $j = 1,\ldots,n$, die Dachfunktionen, und $P_n u$, $\omega(u,\delta)$ wie oben definiert. Offensichtlich ist

$$\sum_{j=1}^{n} \varphi_j(x) = 1.$$

Sei $x \in [x_k, x_{k+1}]$ beliebig vorgegeben. Es gilt für $u \in C[a,b]$:

$$\begin{aligned}(P_n u)(x) - u(x) &= \sum_{j=1}^{n} u(x_j)\varphi_j(x) - \sum_{j=1}^{n} u(x)\varphi_j(x) \\ &= \sum_{j=1}^{n} [u(x_j) - u(x)]\varphi_j(x) \\ &= [u(x_k) - u(x)]\varphi_k(x) + [u(x_{k+1}) - u(x)]\varphi_{k+1}(x) \end{aligned} \tag{2.7}$$

a) Z. z.: $\| P_n u - u \|_\infty \le \omega\left(u, h^{(n)}\right), \quad u \in C[a,b]$.
Es ist $|x_k - x| \le |x_k - x_{k+1}| \le h^{(n)}$ und $|x_{k+1} - x| \le |x_{k+1} - x_k| \le h^{(n)}$.
Damit folgt:

$$\begin{aligned}|(P_n u)(x) - u(x)| &\le \underbrace{|u(x_k) - u(x)|}_{\le \omega(u,h^{(n)})} |\varphi_k(x)| \\ &\quad + \underbrace{|u(x_{k+1}) - u(x)|}_{\le \omega(u,h^{(n)})} |\varphi_{k+1}(x)| \\ &\le \omega(u, h^{(n)}) \underbrace{[\varphi_k(x) + \varphi_{k+1}(x)]}_{=1} \\ &= \omega(u, h^{(n)}),\end{aligned}$$

wobei

$$\begin{aligned}\varphi_k(x) &= \frac{x_{k+1} - x}{x_{k+1} - x_k}, \quad x \in [x_k, x_{k+1}], \\ \varphi_{k+1}(x) &= \frac{x - x_k}{x_{k+1} - x_k}, \quad x \in [x_k, x_{k+1}].\end{aligned}$$

b) Z. z.: $P_n \to I \quad (h^{(n)} \to 0)$ punktweise in $C[a,b]$.
Nach a) gilt $\| P_n u - u \|_\infty \le \omega(u, h^{(n)}) \to 0 \ (h^{(n)} \to 0)$ für alle $u \in C[a,b]$. Also konvergiert $P_n \to I \ (h^{(n)} \to 0)$ punktweise in $C[a,b]$, d. h.

$$P_n u \to u \ (n \to \infty) \ \forall u \in C[a,b].$$

c) Z. z.: $\| P_n u - u \|_\infty \le \frac{1}{2}(h^{(n)}) \| u'' \|_\infty$ für $u \in C^2[a,b]$.
Nach Taylor gilt:

$$\begin{aligned}u(x_k) &= u(x) + (x_k - x)u'(x) + \frac{(x_k - x)^2}{2!} u''(\xi) \quad \text{und} \\ u(x_{k+1}) &= u(x) + (x_{k+1} - x)u'(x) + \frac{(x_{k+1} - x)^2}{2!} u''(\xi')\end{aligned}$$

mit $\xi,\ \xi' \in [x_k, x_{k+1}]$. Einsetzen in (2.7) liefert:

$$\begin{aligned}
&|P_n u(x) - u(x)| \\
&= \left| \left[ (x_k - x)u'(x) + \frac{(x_k - x)^2}{2} u''(\xi) \right] \varphi_k(x) \right. \\
&\quad \left. + \left[ (x_{k+1} - x)u'(x) + \frac{(x_{k+1} - x)^2}{2} u''(\xi') \right] \varphi_{k+1}(x) \right| \\
&\leq \left| \underbrace{-(x - x_k) \frac{x_{k+1} - x}{x_{k+1} - x_k} u'(x) + (x_{k+1} - x) \frac{x - x_k}{x_{k+1} - x_k} u'(x)}_{=0} \right| \\
&\quad + \frac{1}{2} (h^{(n)})^2 \|u''\|_\infty \underbrace{(\varphi_k + \varphi_{k+1})}_{=1}.
\end{aligned}$$

### Aufgabe 125

► **Interpolationsabschätzungen in $C^1[a,b]$**

a) Sei $[a,b]$ ein abgeschlossenes Intervall der reellen Zahlengeraden $\mathbb{R}$ und $a = x_0 < x_1 < \ldots < x_n = b$ Gitterpunkte in $[a,b]$ für $n \in \mathbb{N}$. Für $u \in C[a,b]$ bezeichnet $P_n u$ die lineare Interpolierende von $u$, d. h. $P_n u$ ist die stetige, stückweise lineare Funktion mit $P_n u(x_j) = u(x_j),\ j = 0, \ldots, n$. Zeigen Sie, dass

$$|u - P_n u|_{1,2} \leq |u|_{1,2}, \quad u \in C^1[a,b].$$

*Hinweis:* Zeigen Sie die Ungleichung für jedes Teilintervall $I_j = [x_{j-1}, x_j]$, $j = 1, \ldots, n$, und summieren Sie geeignet auf.

b) Zeigen Sie mit den Bezeichnungen von a), dass für alle $u \in C^1[a,b]$ gilt

$$|P_n u - u|_{0,2} \leq h|u|_{1,2},$$

wobei $h = \max_{1 \leq j \leq n}(x_j - x_{j-1})$.
*Hinweis:* Verwenden Sie Aufg. 123 a).

**Lösung**

a) Sei $[a,b] \subset \mathbb{R}$ kompakt, $a = x_0 < x_1 < \ldots < x_n = b, u \in C[a,b]$ und $P_n u$ die lineare Interpolierende, $I_j = [x_{j-1}, x_j]$ und $h_j = x_j - x_{j-1},\ j = 1, \ldots, n$.
Sei $j$ beliebig. $P_n u$ ist linear auf $I_j$, also gilt

$$(P_n u)'(\xi) = c_j := \frac{u(x_j) - u(x_{j-1})}{h_j} \quad \forall \xi \in I_j \tag{2.8}$$

Weiter ist

$$\begin{aligned}\int_{I_j} u'(s)(P_n u)'(s)\,ds &= c_j \int_{I_j} u'(s)\,ds \\ &= (u(x_j) - u(x_{j-1})) \cdot c_j \\ &= h_j \cdot c_j^2,\end{aligned} \tag{2.9}$$

und damit gilt:

$$\begin{aligned}|P_n u - u|_{1,2,I_j}^2 &= \int_{I_j} |(P_n u(s) - u(s))'|^2\,ds \\ &= \int_{I_j} \left(|u'(s)|^2 - 2u'(s)(P_n u)'(s) + |(P_n u)'(s)|^2\right) ds \\ &\overset{(2.8),(2.9)}{=} |u|_{1,2,I_j}^2 - 2h_j c_j^2 + h_j c_j^2 \\ &\leq |u|_{1,2,I_j}^2\end{aligned}$$

Insgesamt ist

$$\begin{aligned}|P_n u - u|_{1,2}^2 &= \int_a^b |(P_n u(s) - u(s))'|^2\,ds \\ &= \sum_{j=1}^n |P_n u - u|_{1,2,I_j}^2 \\ &\overset{\text{s. o.}}{\leq} \sum_{j=1}^n |u|_{1,2,I_j}^2 = |u|_{1,2}^2\end{aligned}$$

b) Sei $j$ beliebig und $P_n u$ die lineare Interpolierende. Also gilt $(P_n u - u)(x_{j-1}) = 0$. Daher gilt nach Aufgabe 123, Teil a), dass

$$|P_n u - u|_{0,2,I_j}^2 \leq h_j^2\, |P_n u - u|_{1,2,I_j}^2 .$$

Summation über $j$ liefert

$$\begin{aligned} |P_n u - u|_{0,2}^2 &= \sum_{j=1}^{n} |P_n u - u|_{0,2,I_j}^2 \leq \sum_{j=1}^{n} h_j^2 \, |P_n u - u|_{1,2,I_j}^2 \\ &\leq h^2 \, |P_n u - u|_{1,2}^2 \\ \Longrightarrow |P_n u - u|_{0,2} &\leq h \, |P_n u - u|_{1,2} \overset{\text{a)}}{\leq} h \, |u|_{1,2}. \end{aligned}$$

## Aufgabe 126

### ► Interpolatorische Projektion in $W^{1,2}(a,b)$

Mit Hilfe der Sobolevschen Ungleichung läßt sich die stückweise lineare interpolatorische Projektion $P_n u$ (vgl. Aufg. 125 und 124) auch für $u \in W^{1,2}(a,b)$ erklären (s. Hinweis). Zeigen Sie, dass

$$|P_n u|_{0,2} \leq C \, \|u\|_{1,2}, \quad u \in W^{1,2}(a,b),$$

und geben Sie die Konstante $C$ genau an.

*Hinweis:* zur Definition von $P_n u$ für $u \in W^{1,2}(a,b)$: Man hat

$$\begin{aligned} &\forall u \in W^{1,2}(a,b) \; \exists \tilde{u} \in C^0[a,b] : \\ &\tilde{u} = u \quad \text{f.ü. und} \quad \|\tilde{u}\|_{0,\infty} \leq \tilde{C} \, \|u\|_{1,2} \quad \textit{(Sobolevsche Ungleichung)} \end{aligned}$$

Damit gibt es eine stetige Einbettung von $W^{1,2}(a,b)$ in $C^0[a,b]$:

$$I : W^{1,2}(a,b) \to C^0[a,b] \, ; \quad I(u) = \tilde{u}.$$

Punktfunktionale auf $W^{1,2}(a,b)$ sind erklärt durch

$$\delta_j u = u(x_j) \quad \text{im Sinne von} \quad \delta_j u = D_{x_j}^0 u := D_{x_j}^0 \tilde{u} = \tilde{u}(x_j), \; j = 0, 1, \ldots, n \, ;$$

diese sind stetig,

$$|\delta_j u - \delta_j v| = |\tilde{u}(x_j) - \tilde{v}(x_j)| \leq \|\tilde{u} - \tilde{v}\|_{0,\infty} \overset{\text{Sob.}}{\leq} \tilde{C} \cdot \|u - v\|_{1,2}.$$

Damit definiert man für $u \in W^{1,2}(a,b)$ mit den Dachfunktionen $\varphi_j$ auf $I_j = [x_{j-1}, x_j]$ (vgl. Aufg. 120 und 124)

$$P_n u = \sum_{j=0}^{n} (\delta_j u) \varphi_j .$$

**Lösung**

Für beliebiges $x \in [a, b]$ erhält man:

$$P_n u(x) = \sum_{j=0}^{n} (\delta_j u)\varphi_j(x) = \sum_{j=0}^{n} \tilde{u}(x_j)\varphi_j(x)$$

$$\Rightarrow |(P_n u)(x)| \leq \sum_{j=0}^{n} |\tilde{u}(x_j)|\varphi_j(x) \leq \|\tilde{u}\|_{0,\infty} \cdot \underbrace{\sum_{j=0}^{n} \varphi_j(x)}_{=1}$$

$$\Rightarrow |P_n u|_{0,2}^2 = \int_a^b |(P_n u)(x)|^2 \, dx \leq (b-a) \, \|\tilde{u}\|_{0,\infty}^2 \leq (b-a) \cdot \tilde{C}^2 \cdot \|u\|_{1,2}^2$$

$$\Rightarrow |P_n u|_{0,2} \leq \underbrace{\tilde{C} \cdot \sqrt{b-a}}_{=:C} \cdot \|u\|_{1,2}$$

mit $\tilde{C}$ aus der Sobolevschen Ungleichung.

## Aufgabe 127

► **f. ü. definierte Funktionen**

Zeigen Sie, dass für zwei stetige Funktionen $f,\ g \in C[a, b]$ aus

$$f = g \qquad \text{f. ü. in } [a, b]$$

folgt: $f(x) = g(x)$ für alle $x \in [a, b]$.

**Lösung**

Es genügt zu zeigen: Für $f \in C[a, b]$ gilt:

$$f = 0 \text{ f. ü. in } [a, b] \Rightarrow f(x) = 0 \ \forall x \in [a, b]$$

(Indirekter Beweis) Angenommen $\exists x \in [a, b] : c := f(x) > 0$. Wegen der vorausgesetzten Stetigkeit von $f$ folgt:

$$\exists \delta > 0 : \forall y \in [a, b] : |x - y| \leq \delta \Rightarrow |f(x) - f(y)| \leq \frac{c}{2}$$

Damit gilt $\forall y \in \overline{K_\delta}(x) \cap [a, b] =: M$, dass

$$\begin{aligned} |f(y)| &= |f(x) - f(y) - f(x)| \\ &\geq ||f(x) - f(y)| - |f(x)|| \\ &\geq |f(x)| - |f(x) - f(y)| \\ &\geq c - \frac{c}{2} = \frac{c}{2} > 0. \end{aligned}$$

Wir bezeichnen mit $\mu(M)$ = das Maß oder die Länge von $M$ und unterscheiden zwei Fälle:

**1. Fall:** $x = a \vee x = b$. Dann ist $\mu(M) \geq \delta/2 > 0$.
**2. Fall:** $x \in (a,b)$. O. B. d. A. kann dann oben $\delta$ so gewählt werden, dass $\overline{K_\delta}(x) \subset [a,b]$. In diesem Fall ist $\mu(M) \geq \delta > 0$.

In beiden Fällen ergibt sich also ein Widerspruch zu $f = 0$ f. ü. in $[a,b]$.

## Aufgabe 128

### ► Nicht-Kompaktheit in $C[0,1]$ und $L^2(0,1)$

Zeigen Sie, dass

$$D := \{x \in C[0,1] \mid -1 \leq x(t) \leq 1\}$$

in keinem der Funktionenräume $C[0,1]$ und $L^2(0,1)$ kompakt ist.

**Lösung**

Wäre $D$ kompakt, so müsste jede Folge in $D$ eine konvergente Teilfolge enthalten. Diese Teilfolge wiederum wäre in jedem Fall eine Cauchy-Folge in dem jeweils zugrundegelegten Funktionenraum. Wir zeigen nun durch ein Gegenbeispiel, dass dies nicht der Fall ist und folglich $D$ nicht kompakt sein kann.

Betrachte dazu die Funktionenfolge

$$x_n(t) := \cos(n\pi t), t \in [0,1], n \in \mathbb{N}.$$

Hiermit gilt für $n, m \in \mathbb{N}$, $n \neq m$ beliebig (unter Berücksichtigung der Tatsache, dass diese Funktionen ein Orthogonalsystem bzgl. des $L^2$-Skalarprodukts bilden):

$$\begin{aligned}
&\|x_n - x_m\|_{L^2(0,1)} \\
&= \left( \int_0^1 (\cos(n\pi t) - \cos(m\pi t))^2 \, dt \right)^{\frac{1}{2}} \\
&= \left( \underbrace{\int_0^1 \cos^2(n\pi t) \, dt}_{\frac{1}{2}} - 2 \underbrace{\int_0^1 \cos(n\pi t) \cos(m\pi t) \, dt}_{0} + \underbrace{\int_0^1 \cos^2(m\pi t) \, dt}_{\frac{1}{2}} \right)^{\frac{1}{2}} = 1
\end{aligned}$$

Damit kann keine Teilfolge dieser Funktionenfolge eine Cauchy-Folge sein, und es folgt, dass $D$ nicht kompakt in $L^2(0,1)$ ist. Da die in $C[0,1]$ verwendete Maximumnorm $\|\cdot\|_\infty$ wegen

$$\|x_n - x_m\|_{L^2(0,1)} = \left(\int_0^1 (x_n(t) - x_m(t))^2 \, dt\right)^{\frac{1}{2}}$$

$$\leq \|x_n - x_m\|_\infty \left(\int_0^1 dt\right)^{\frac{1}{2}} = \|x_n - x_m\|_\infty$$

nicht kleiner als die $L^2$-Norm ist, kann auch in $C[0,1]$ keine Teilfolge der obigen Folge $(x_n)_{n\in\mathbb{N}}$ eine Cauchy-Folge sein, und folglich ist $D$ auch nicht kompakt in $C[0,1]$.

## Aufgabe 129

### ► Grenzwerte Riemann-integrierbarer Funktionen

Bekanntlich ist die Menge $\mathbb{Q}_{[0,1]} := \mathbb{Q} \cap [0,1]$ abzählbar. Sei $(q_k)_{k\in\mathbb{N}}$ eine Aufzählung von $\mathbb{Q}_{[0,1]}$ und $f_n : [0,1] \to \mathbb{R}$, $n \in \mathbb{N}$, definiert durch

$$f_n(x) = \begin{cases} 1, & \text{falls } x = q_j \text{ für ein } j \leq n, \\ 0, & \text{sonst.} \end{cases}$$

Zeigen Sie: $(f_n)_{n\in\mathbb{N}}$ ist eine Folge von Riemann-integrierbaren Funktionen, deren punktweiser Grenzwert nicht Riemann-integrierbar ist.

*Hinweis:* Sie können benutzen, dass die Dirichlet-Funktion $\chi_{\mathbb{Q}_{[0,1]}}$[2] nicht Riemann-integrierbar ist (vgl. z. B. [17], 9.4).

**Lösung**

Offensichtlich sind alle $f_n$ beschränkt und haben nur endlich viele Unstetigkeitsstellen in $[0,1]$. Also sind die $f_n, n \in \mathbb{N}$, Riemann-integrierbar.

Die Folge $(f_n)_{n\in\mathbb{N}}$ konvergiert gegen die Dirichlet-Funktion $\chi_{\mathbb{Q}_{[0,1]}}$. Denn sei $x \in [0,1]$ beliebig. Ist $x \in \mathbb{Q}$, dann existiert ein Index $j$ mit $x = q_j$, und es gilt für alle $n \geq j$, dass

$$f_n(x) = 1 = \chi_{\mathbb{Q}_{[0,1]}}(x).$$

Andernfalls (d. h. $x \in [0,1] \setminus \mathbb{Q}$) ist $f_n(x) = 0 = \chi_{\mathbb{Q}_{[0,1]}}(x)$ $\forall n \in \mathbb{N}$. Die Folge $f_n$, $n \in \mathbb{N}$ konvergiert also punktweise gegen die Dirichlet-Funktion. Bekanntlich ist die Dirichlet-Funktion nicht Riemann-integrierbar.

---

[2] $\chi_A$ bezeichnet die *charakteristische Funktion*: $\chi_A(x) = 1\ \forall x \in A$; $\chi_A(x) = 0\ \forall x \notin A$.

## Aufgabe 130

► **Stetigkeit eines Integrals, Satz von Lebesgue**

Sei $(a,b) \subset \mathbb{R}$ ein beschränktes, offenes Intervall, $f \in L^1(a,b)$ und $g : [a,b] \to \mathbb{R}$ definiert durch

$$g(x) = \int_a^x f(y)\,dy.$$

Zeigen Sie, dass $g$ stetig ist.

*Anleitung:* Sei $x_0 \in [a,b]$ ein beliebiger Punkt und $x_n \in [a,b], n \in \mathbb{N}$, mit $\lim_{n\to\infty} x_n = x_0$. Zeigen Sie, dass $\chi_{[a,x_n]} f \to \chi_{[a,x_0]} f$ $(n \to \infty)$ f. ü. auf $[a,b]$, und wenden Sie den Satz von Lebesgue an (vgl. z. B. [8], 126.).

*Hinweis:* Die charakteristische Funktion $\chi$ ist in Aufg. 129 erklärt.

**Lösung**

Sei $x_0 \in [a,b]$ ein beliebiger Punkt und $(x_n)_{n\in\mathbb{N}} \subset [a,b]$ mit $\lim_{n\to\infty} x_n = x_0$.

a) Wir zeigen zuerst (s. Anleitung), dass $\chi_{[a,x_n]} f \to \chi_{[a,x_0]} f$ $(n \to \infty)$ f. ü. auf $[a,b]$. Dazu sei $y \in [a,b] \setminus \{x_0\}$ beliebig gewählt. Ist $x_0 = a$ bzw. $x_0 = b$, dann setzen wir $[a,x_0) = \emptyset$ bzw. $(x_0,b] = \emptyset$.
**Fall $y \in [a,x_0)$:** Nach Voraussetzung existiert zu $\varepsilon = \frac{x_0-y}{2} > 0$ ein $N \in \mathbb{N}$, so dass die folgende Implikation gilt:

$$|x_n - x_0| < \varepsilon \quad \Rightarrow \quad y < \frac{x_0+y}{2} = x_0 - \varepsilon < x_n \quad \forall n \geq N.$$

D. h. $y \in [a,x_n)$ $\forall n \geq N$, woraus folgt, dass

$$\chi_{[a,x_n]}(y) f(y) = f(y) = \chi_{[a,x_0]}(y) f(y) \;\forall n \geq N.$$

**Fall $y \in (x_0,b]$:** Nach Voraussetzung existiert zu $\varepsilon = \frac{y-x_0}{2} > 0$ ein $N \in \mathbb{N}$, so dass

$$|x_n - x_0| < \varepsilon \quad \Rightarrow \quad x_n < x_0 + \varepsilon = \frac{x_0+y}{2} =< y \quad \forall n \geq N.$$

D. h. $y \notin [a,x_n)$ $\forall n \geq N$, woraus folgt, dass

$$\chi_{[a,x_n]}(y) f(y) = 0 = \chi_{[a,x_0]}(y) f(y) \;\forall n \geq N.$$

b) Z. z.: $\lim_{n\to\infty} g(x_n) = g(x_0)$

Wegen $|\chi_{[a,x_n]} f| \le |f| \; \forall n \in \mathbb{N}$ folgt mit dem Satz von Lebesgue:

$$\lim_{n\to\infty} g(x_n) = \lim_{n\to\infty} \int_a^{x_n} f(y)dy = \lim_{n\to\infty} \int_a^b \chi_{[a,x_n]}(y) f(y)dy$$

$$= \int_a^b \chi_{[a,x_0]}(y) f(y)dy = \int_a^{x_0} f(y)dy = g(x_0).$$

## 2.5 Integrale im $\mathbb{R}^n$, Gaußscher Integralsatz

### Aufgabe 131

► **Integrale über $\mathbb{R}^2$**

Integrieren Sie $f(x,y) = x^n y^m$, $m, n \in \mathbb{N}$ über

a) das Quadrat $[0,1]^2$;
b) das Dreieck $\Delta^2 := \{(x,y) \in \mathbb{R}^2 \mid x, y \ge 0, \; x + y \le 1\}$.

**Lösung**

a)

$$\int_{[0,1]^2} x^n y^m d(x,y) = \int_0^1 \int_0^1 x^n y^m \, dx \, dy = \int_0^1 \frac{x^{n+1}}{n+1}\Big|_{x=0}^1 y^m \, dy$$

$$= \frac{1}{n+1} \int_0^1 y^m \, dy = \frac{1}{(n+1)(m+1)}.$$

b)

$$\int_{\Delta^2} x^n y^m d(x,y) = \int_0^1 \int_0^{1-y} x^n y^m \, dx \, dy = \int_0^1 \frac{x^{n+1}}{n+1}\Big|_{x=0}^{1-y} y^m \, dy$$

$$= \frac{1}{n+1} \int_0^1 (1-y)^{n+1} y^m \, dy \overset{(*)}{=} \frac{n!m!}{(n+m+2)!}.$$

Wir beweisen die in der letzten Beziehung benutzte

**Behauptung** $(*)$: Für $m \geq 0$ ist $\int\limits_0^1 (1-y)^{n+1} y^m \, dy = \frac{(n+1)!m!}{(n+m+2)!}$.

Die Behauptung läßt sich durch vollständige Induktion über $m$ beweisen.

I. A. $m = 0$ : $\int\limits_0^1 (1-y)^{n+1} \, dy = -\frac{(1-y)^{n+2}}{n+2}\Big|_{y=0}^1 = \frac{1}{n+2} = \frac{(n+1)! \cdot 0!}{(n+0+2)!}$

I. V. Die Behauptung gelte bis $m$ für alle $n \in \mathbb{N}$.

I. S. $m \to m+1$ :

$$\int\limits_0^1 (1-y)^{n+1} y^{m+1} \, dy$$

$$\overset{\text{p.I.}}{=} \overbrace{-\frac{(1-y)^{n+2}}{n+2} y^{m+1}\Big|_{y=0}^1}^{=0} + \frac{m+1}{n+2} \int\limits_0^1 (1-y)^{n+2} y^m \, dy$$

$$\overset{\text{I.V.}}{=} \frac{m+1}{n+2} \left( \frac{(n+2)!m!}{(n+(m+1)+2)!} \right) = \frac{(n+1)!(m+1)!}{(n+(m+1)+2)!}$$

## Aufgabe 132

► **Anwendung des Gaußschen Integralsatzes**

a) Berechnen Sie das Integral

$$\int\limits_G (xy + yz + zx) \, d(x,y,z), \quad G = \{(x,y,z) : x,y,z \geq 0, \ x^2 + y^2 + z^2 \leq 1\}$$

1. direkt und 2. mit Hilfe des Gaußschen Integralsatzes.

b) Berechnen Sie das Oberflächenintegral

$$\int\limits_{\partial Q} (x, y^2, z^3) \cdot \nu \, do, \quad Q = [-1,1]^3, \quad \nu \text{ äußere Normale},$$

1. direkt und 2. mit Hilfe des Gaußschen Integralsatzes.

*Hinweis:* Verwenden Sie in a) Kugelkoordinaten.

**Lösung**

a) Wir benutzen Kugelkoordinaten:

$$\begin{pmatrix} x \\ y \\ z \end{pmatrix} = \begin{pmatrix} r \sin\vartheta \cos\varphi \\ r \sin\vartheta \sin\varphi \\ r \cos\vartheta \end{pmatrix}$$

1. *Direkte Berechnung:*
Anwendung der Substitutionsregel mit $\det\left(\frac{\partial(x,y,z)}{\partial(r,\varphi,\vartheta)}\right) = -r\sin\vartheta$ (s. [18], 7.19) liefert

$$\begin{aligned}
&\int_G (xy + yz + zx)\, d(x,y,z) \\
&= \int_0^{\pi/2}\int_0^{\pi/2}\int_0^1 \left(r^2 \sin^2\vartheta \sin\varphi\cos\varphi + r^2 \sin\vartheta\cos\vartheta\sin\varphi\right. \\
&\qquad \left. + r^2 \sin\vartheta\cos\vartheta\cos\varphi\right) r^2 \sin\vartheta \, dr\, d\vartheta d\varphi \\
&= \int_0^1 r^4 dt \left( \int_0^{\pi/2} \sin^3\vartheta \, d\vartheta \int_0^{\pi/2} \sin\varphi\cos\varphi d\varphi \right. \\
&\qquad + \int_0^{\pi/2} \sin^2\vartheta\cos\vartheta\, d\vartheta \int_0^{\pi/2} \sin\varphi d\varphi \\
&\qquad \left. + \int_0^{\pi/2} \sin^2\vartheta\cos\vartheta\, d\vartheta \int_0^{\pi/2} \cos\varphi d\varphi \right) \\
&= \frac{1}{5}\left(\frac{2}{3}\cdot\frac{1}{2} + \frac{1}{3}\cdot 1 + \frac{1}{3}\cdot 1\right) = \frac{1}{5}.
\end{aligned}$$

Als Stammfunktionen wurden dabei folgende verwendet:

$$\begin{aligned}
\int \sin x \cos x dx &= \frac{1}{2}\sin^2 x \\
\int \sin^2 x \cos x dx &= \frac{1}{3}\sin^3 x \\
\int \sin^3 x dx &= -\frac{1}{3}\cos x\left(\sin^2 x + 2\right)
\end{aligned}$$

2. *Berechnung mit Gaußschem Integralsatz:*
Nach dem Gaußschen Integralsatz ist $\int_G \operatorname{div} F\, dV = \int_{\partial G} F \cdot \nu\, dS$.
Hier ist: $\operatorname{div} F = \sum_{i=1}^{3} \frac{\partial F_i}{\partial x_i} = xy + yz + zx$,
wenn man z. B. $F$ wie folgt wählt: $F(x,y,z) = \frac{1}{2}\begin{pmatrix} x^2y + c_1 \\ y^2z + c_2 \\ z^2x + c_3 \end{pmatrix}$.
O. B. d. A. sei $c_i = 0, \quad 1 \le i \le 3$.
Der äußere Normaleneinheitsvektor an $G$ ist $\nu(x,y,z) = (x,y,z)$.
$\Rightarrow$ (Kugelkoordinaten mit $r = 1$)

$$\begin{aligned}
&\int_G (xy + yz + zx)\, d(x,y,z) \\
&= \int_0^{\pi/2}\int_0^{\pi/2} \frac{1}{2}\begin{pmatrix} \sin^3\vartheta \sin\varphi \cos^2\varphi \\ \sin^2\vartheta \cos\vartheta \sin^2\varphi \\ \sin\vartheta \cos^2\vartheta \cos\varphi \end{pmatrix} \cdot \begin{pmatrix} \sin\vartheta \cos\varphi \\ \sin\vartheta \sin\varphi \\ \cos\vartheta \end{pmatrix} \sin\vartheta\, d\vartheta d\varphi \\
&= \frac{1}{2}\int_0^{\pi/2}\int_0^{\pi/2} (\sin^5\vartheta \sin\varphi \cos^3\varphi + \sin^4\vartheta \cos\vartheta \sin^3\varphi \\
&\qquad + \sin^2\vartheta \cos^3\vartheta \cos\varphi)\, d\vartheta d\varphi \\
&= \frac{1}{2}\left(\int_0^{\pi/2} \sin^5\vartheta\, d\vartheta \int_0^{\pi/2} \sin\varphi \cos^3\varphi d\varphi \right. \\
&\qquad + \int_0^{\pi/2} \sin^4\vartheta \cos\vartheta\, d\vartheta \int_0^{\pi/2} \sin^3\varphi d\varphi \\
&\qquad \left. + \int_0^{\pi/2} \sin^2\vartheta \cos^3\vartheta\, d\vartheta \int_0^{\pi/2} \cos\varphi d\varphi \right) \\
&= \frac{1}{2}\left(\frac{8}{15}\cdot\frac{1}{4} + \frac{1}{5}\cdot\frac{2}{3} + \frac{2}{15}\cdot 1\right) = \frac{1}{5},
\end{aligned}$$

wobei noch die folgenden weiteren Stammfunktionen verwendet wurden,

$$\begin{aligned}
\int \sin^5 x &= -\frac{1}{15}\cos x \left(3\sin^4 x + 4\sin^2 x + 8\right) \\
\int \sin^2 x \cos^2 x dx &= -\frac{1}{15}\sin^3 x \left(3\sin^2 x - 5\right) \\
\int \sin x \cos^3 x dx &= -\frac{1}{4}\cos^4 x \\
\int \sin^4 x \cos x dx &= \frac{1}{5}\sin^5 x
\end{aligned}$$

b) 1. *Direkte Berechnung:*
Wir zerlegen $\int_{\partial Q}(x, y^2, z^3) \cdot \nu \, do$ in sechs Teilintegrale:
(1): $x = \pm 1$

$$\int_{-1}^{1}\int_{-1}^{1} \begin{pmatrix} 1 \\ y^2 \\ z^3 \end{pmatrix} \cdot \begin{pmatrix} 1 \\ 0 \\ 0 \end{pmatrix} dy\, dz = 4 = \int_{-1}^{1}\int_{-1}^{1} \begin{pmatrix} -1 \\ y^2 \\ z^3 \end{pmatrix} \cdot \begin{pmatrix} -1 \\ 0 \\ 0 \end{pmatrix} dy\, dz$$

(2): $y = \pm 1$

$$\int_{-1}^{1}\int_{-1}^{1} \begin{pmatrix} x \\ 1 \\ z^3 \end{pmatrix} \cdot \begin{pmatrix} 0 \\ 1 \\ 0 \end{pmatrix} dx\, dz = 4, \quad \int_{-1}^{1}\int_{-1}^{1} \begin{pmatrix} x \\ 1 \\ z^3 \end{pmatrix} \cdot \begin{pmatrix} 0 \\ -1 \\ 0 \end{pmatrix} dx\, dz = -4$$

(3): $z = \pm 1$

$$\int_{-1}^{1}\int_{-1}^{1} \begin{pmatrix} x \\ y^2 \\ 1 \end{pmatrix} \cdot \begin{pmatrix} 0 \\ 0 \\ 1 \end{pmatrix} dx\, dy = 4 = \int_{-1}^{1}\int_{-1}^{1} \begin{pmatrix} x \\ y^2 \\ -1 \end{pmatrix} \cdot \begin{pmatrix} 0 \\ 0 \\ -1 \end{pmatrix} dx\, dy$$

$$\Rightarrow \int_{\partial Q} \left(x, y^2, z^3\right) \cdot \nu \, do = 16.$$

2. *Berechnung mit Gaußschem Integralsatz:*
Nach dem Gaußschen Integralsatz ist

$$\int_{\partial Q} \left(x, y^2, z^3\right) \cdot \nu \, do = \int_{Q} \operatorname{div} F \, d(x, y, z) \quad \text{mit} \quad F(x, y, z) = \begin{pmatrix} x \\ y^2 \\ z^3 \end{pmatrix},$$

und man erhält

$$\begin{aligned} \int_{Q} \operatorname{div} F \, d^3 v &= \int_{Q} \left(1 + 2y + 3z^2\right) d^3 v \\ &= \int_{-1}^{1}\int_{-1}^{1}\int_{-1}^{1} \left(1 + 2y + 3z^2\right) dx\, dy\, dz \\ &= 2 \int_{-1}^{1}\int_{-1}^{1} \left(1 + 2y + 3z^2\right) dy\, dz \end{aligned}$$

$$= 2\int_{-1}^{1} \left[y + y^2 + 3z^2y\right]_{-1}^{1} dz$$

$$= 2 \cdot 2\int_{-1}^{1} \left(1 + 3z^2\right) dz$$

$$= 4\left[z + z^3\right]_{-1}^{1} = 16.$$

## Aufgabe 133

► **Integrale im $\mathbb{R}^2$**

Berechnen Sie die folgenden Integrale:

a) $\int_B x^2 y \, d(x, y), \quad B = [-1, 1] \times [0, 1];$

b) $\int_B y^2 \, d(x, y), \quad B = \text{Inneres der Ellipse } 4x^2 + y^2 = 4;$

*Hinweise:* Verwenden Sie für a) den Satz von Fubini (vgl. z. B. [8], 200.1). Verwenden Sie für b) verallgemeinerte Polarkoordinaten $(r\cos\theta, 2r\sin\theta)$, $0 \le r \le 1$, $0 \le \theta \le 2\pi$, zur Darstellung der inneren Punkte der Ellipse.

**Lösung**

a) Nach dem Satz von Fubini haben wir:

$$\int_B x^2 y \, d(x, y) \stackrel{\text{Fubini}}{=} \int_{-1}^{1}\int_{0}^{1} x^2 y \, dy dx$$

$$= \int_{-1}^{1} x^2 \left[\frac{y^2}{2}\right]_0^1 dx = \frac{1}{2}\int_{-1}^{1} x^2 dx = \frac{1}{2} \cdot \left[\frac{1}{3}x^3\right]_{-1}^{1} = \frac{1}{3}$$

b) Wir berechnen das Integral mit Hilfe von verallgemeinerten Polarkoordinaten: $(x, y) = \Phi(r, \theta) = (r\cos\theta, 2r\sin\theta)$. Die Determinante der entsprechenden Jacobi-Matrix ist:

$$J(r, \theta) := \det\left(\frac{\partial(x, y)}{\partial(r, \theta)}\right) = \begin{vmatrix} \cos\theta & -r\sin\theta \\ 2\sin\theta & 2r\cos\theta \end{vmatrix} = 2r.$$

Durch diese Transformation wird $B^*$ auf $B$ abgebildet, wobei $B^* = \{0 \leq r \leq 1, 0 \leq \theta \leq 2\pi\}$. Daher bekommt man mit Hilfe der Substitutionsregel:

$$\int_B y^2 \, d(x,y) = \int_{B^*} 4r^2 \sin^2\theta J(r,\theta) d(r,\theta) = \int_0^1 \int_0^{2\pi} 4r^2 \sin^2\theta \cdot 2r \, d\theta \, dr$$

$$= 4 \int_0^1 r^3 \left( \int_0^{2\pi} 2\sin^2\theta \, d\theta \right) dr = 4 \int_0^1 r^3 \left( \int_0^{2\pi} (1 - \cos(2\theta)) \, d\theta \right) dr$$

$$= 4 \int_0^1 r^3 \left[ \theta - \frac{1}{2} \sin 2\theta \right]_0^{2\pi} dr = 8\pi \int_0^1 r^3 \, dr = 8\pi \left[ \frac{r^4}{4} \right]_0^1 = 2\pi.$$

## Aufgabe 134

### ▶ Berechnung eines Flusses in $\mathbb{R}^3$

Die abgeschlossene Kugel $K := \overline{K}(0,r) \subset \mathbb{R}^3$ mit Radius $r > 0$ sei gegeben durch

$$K = \left\{ x \in \mathbb{R}^3 \mid \|x\| \leq r \right\}, \quad \|x\| = \sqrt{x_1^2 + x_2^2 + x_3^2}.$$

Berechnen Sie den Fluss $\int_{\partial K} \langle F(x), \nu(x) \rangle \, dS(x)$ durch $\partial K$ für das Vektorfeld

$$F(x) = e^{-\alpha\|x\|} \begin{pmatrix} -x_2 \\ x_1 \\ 0 \end{pmatrix}, \quad \alpha \in \mathbb{R}.$$

*Hinweis:* Verwenden Sie dazu den Gaußschen Integralsatz.

**Lösung**

Um den Gaußschen Integralsatz anwenden zu können, benötigen wir div $F$. Es gilt

$$\frac{\partial}{\partial x_1} F_1(x) = \frac{\alpha x_1 x_2}{\|x\|} e^{-\alpha\|x\|}, \quad \frac{\partial}{\partial x_2} F_2(x) = -\frac{\alpha x_1 x_2}{\|x\|} e^{-\alpha\|x\|}, \quad \frac{\partial}{\partial x_3} F_3(x) = 0$$

$\Rightarrow \operatorname{div} F(x) = 0.$

Nach dem Integralsatz von Gauß folgt also

$$\int_{\partial K} \langle F(x), \nu(x) \rangle \, dS(x) = \int_K \operatorname{div} F \, dV = 0.$$

## Aufgabe 135

► **Berechnung eines Integrals im $\mathbb{R}^3$**

Seien $F$ und $K$ das Vektorfeld und die Kugel aus Aufgabe 134. Die Oberfläche $\partial K$ von $K$ wird parametrisiert durch

$$\varphi(u,v) = \begin{pmatrix} r\sin(u)\cos(v) \\ r\sin(u)\sin(v) \\ r\cos(u) \end{pmatrix}, \qquad (u,v) \in \mathcal{R} := [0,\pi] \times [0, 2\pi).$$

Damit ist

$$\int\limits_{\partial K} \langle F(x), n(x)\rangle \, dS(x) = \int\limits_{\mathcal{R}} \langle F(\varphi(u,v)), \varphi_u(u,v) \times \varphi_v(u,v)\rangle \, du dv$$

mit den partiellen Ableitungen $\varphi_u$ bzw. $\varphi_v$ von $\varphi$ nach $u$ bzw. $v$ und dem Kreuzprodukt $x \times y = (x_2y_3 - x_3y_2, x_3y_1 - x_1y_3, x_1y_2 - x_2y_1)^\top$, $x, y \in \mathbb{R}^3$. Berechnen Sie das Integral direkt, d. h. ohne den Gaußschen Integralsatz anzuwenden.

**Lösung**

Es gilt:

$$\varphi_u(u,v) = r\begin{pmatrix} \cos(u)\cos(v) \\ \cos(u)\sin(v) \\ -\sin(u) \end{pmatrix}, \quad \varphi_v(u,v) = r\begin{pmatrix} -\sin(u)\sin(v) \\ \sin(u)\cos(v) \\ 0 \end{pmatrix}$$

$$\varphi_u(u,v) \times \varphi_v(u,v) = r^2 \begin{pmatrix} \sin^2(u)\cos(v) \\ \sin^2(u)\sin(v) \\ \sin(u)\cos(u) \end{pmatrix}, \quad \|\varphi(u,v)\| = r,$$

$$F(\varphi(u,v)) = e^{-\alpha r}\begin{pmatrix} -\sin(u)\sin(v) \\ \sin(u)\cos(v) \\ 0 \end{pmatrix}$$

und damit

$$\begin{aligned} &\langle F(\varphi(u,v)), \varphi_u(u,v) \times \varphi_v(u,v)\rangle \\ &= r^3 e^{-\alpha r}\left[-\sin^3(u)\sin(v)\cos(v) + \sin^3(u)\sin(v)\cos(v)\right] = 0. \\ &\Longrightarrow \int\limits_{\mathcal{R}} \langle F(\varphi(u,v)), \varphi_u(u,v) \times \varphi_v(u,v)\rangle \, du dv = 0 \end{aligned}$$

## Aufgabe 136

### ► Wegintegrale

Berechnen Sie die folgenden Wegintegrale:

a) $\int\limits_{\phi} (x+y)\,dx, \quad \int\limits_{\phi} (x-y)\,dy$

längs der von links nach rechts orientierten Parabel $y = x^2$ zwischen $(-1,1)$ und $(1,1)$;

b) $\int\limits_{\phi} xy^2\;dy$ längs der Ellipse $4x^2 + y^2 = 4$ bei vollem Umlauf im positiven Sinn (d. h. entgegen dem Uhrzeigersinn);

c) $\int\limits_{\phi} (x^2+y^2)\,dx + \int\limits_{\phi} (x^2-y^2)\,dy$

längs der Kanten des Dreiecks mit den Eckpunkten $(0,0)$, $(1,0)$, $(0,1)$ bei vollem Umlauf im positiven Sinn.

*Hinweis:* Sei $\phi : I = [a,b] \to \mathbb{R}^n$ ein Weg und $f$ eine reellwertige, auf $\Gamma = \phi(I)$ erklärte Funktion. Dann lassen sich die Wegintegrale von $f$ bzgl. $x_k$ längs des stetig differenzierbaren Weges $\phi$ anhand der folgenden Formel berechnen (vgl. [18], 6.12, [8], 180.):

$$\int\limits_{\phi} f(x)dx_k = \int\limits_a^b f(\phi(t))\frac{d\phi_k(t)}{dt}\,dt$$

**Lösung**

a) Das Parabelstück $\Gamma : y = x^2, -1 \leq x \leq 1$, wird äquivalent in der Parameterdarstellung $\phi(t) = (t, t^2), -1 \leq t \leq 1$, aufgeschrieben. Mit $\frac{dx}{dt} = 1$ und $\frac{dy}{dt} = 2t$ haben wir:

$$\int\limits_{\phi} (x+y)\,dx = \int\limits_{-1}^{1} (t+t^2)\,dt = \left[\frac{t^2}{2} + \frac{t^3}{3}\right]_{-1}^{1} = \left(\frac{1}{2}+\frac{1}{3}\right) - \left(\frac{1}{2}-\frac{1}{3}\right) = \frac{2}{3}.$$

$$\int\limits_{\phi} (x-y)\,dy = \int\limits_{-1}^{1} (t-t^2)\,2t\,dt = 2\int\limits_{-1}^{1} (t^2-t^3)\,dt = 2\left[\frac{t^3}{3} + \frac{t^4}{4}\right]_{-1}^{1}$$
$$= 2\left(\left(\frac{1}{3}-\frac{1}{4}\right) - \left(-\frac{1}{3}-\frac{1}{4}\right)\right) = \frac{4}{3}.$$

b) Die Ellipse $E : 4x^2 + y^2 = 4$ wird äquivalent in der Parameterform als

$$\phi(t) = (\cos(t), 2\sin(t)), 0 \leq t \leq 2\pi,$$

dargestellt. Mit $\frac{dy}{dt} = 2\cos(t)$ haben wir:

$$\begin{aligned}
\int_{\phi} xy^2\, dy &= \int_0^{2\pi} \cos(t) \cdot 4\sin^2(t) \cdot 2\cos(t)\, dt \\
&= 8\int_0^{2\pi} \sin^2(t)\cos^2(t)\, dt = 2\int_0^{2\pi} \sin^2(2t)\, dt \\
&= \int_0^{2\pi} (1 - \cos(4t))\, dt = \left[t - \frac{1}{4}\sin(4t)\right]_0^{2\pi} = 2\pi.
\end{aligned}$$

c) Das Dreieck besteht aus drei Kanten:

$$\begin{aligned}
\phi_1(t) &= (t, 0), 0 \leq t \leq 1, & \frac{dx}{dt} &= 1 \quad \text{und} \quad \frac{dy}{dt} = 0; \\
\phi_2(t) &= (t, 1-t), 1 \geq t \geq 0, & \frac{dx}{dt} &= 1 \quad \text{und} \quad \frac{dy}{dt} = -1; \\
\phi_3(t) &= (0, t), 1 \geq t \geq 0, & \frac{dx}{dt} &= 0 \quad \text{und} \quad \frac{dy}{dt} = 1.
\end{aligned}$$

Das Integral kann man als Summe der drei Wegintegrale längs der einzelnen Kanten ansehen:

$$\begin{aligned}
I_1 &= \int_{\phi_1} (x^2 + y^2)\, dx + \int_{\phi_1} (x^2 - y^2)\, dy = \int_{\phi_1} t^2\, dt = \left[\frac{t^3}{3}\right]_0^1 = \frac{1}{3} \\
I_2 &= \int_{\phi_2} (x^2 + y^2)\, dx + \int_{\phi_2} (x^2 - y^2) dy \\
&= \int_1^0 (t^2 + (1-t)^2) dt + \int_1^0 -(t^2 - (1-t)^2) dt \\
&= -2\int_0^1 ((1-t)^2) dt = \left[2\frac{(1-t)^3}{3}\right]_0^1 = -2/3 \\
I_3 &= \int_{\phi_3} (x^2 + y^2)\, dx + \int_{\phi_3} (x^2 - y^2) dy = \int_1^0 -t^2 dt = \int_0^1 t^2 dt = \frac{1}{3}.
\end{aligned}$$

Ingesamt erhalten wir:

$$\oint (x^2 + y^2)\,dx + \oint (x^2 - y^2)\,dy = I_1 + I_2 + I_3 = \frac{1}{3} - \frac{2}{3} + \frac{1}{3} = 0.$$

## 2.6 Dualräume, lineare Funktionale

### Aufgabe 137

► **Verallgemeinerte Höldersche Ungleichung**

Zeigen Sie: Für beliebige Vektoren $x = (x_1, \ldots, x_n)$, $y = (y_1, \ldots, y_n)$, $z = (z_1, \ldots, z_n) \in \mathbb{K}^n$ und positive reelle Zahlen $p, q, r$ mit $\frac{1}{p} + \frac{1}{q} + \frac{1}{r} = 1$ gilt

$$\sum_{k=1}^{n} |x_k y_k z_k| \leq \left(\sum_{k=1}^{n} |x_k|^p\right)^{\frac{1}{p}} \left(\sum_{k=1}^{n} |y_k|^q\right)^{\frac{1}{q}} \left(\sum_{k=1}^{n} |z_k|^r\right)^{\frac{1}{r}}.$$

*Hinweis:* Sie können die übliche Höldersche Ungleichung für Summen benutzen (s. z. B. [17], 11.23)

**Lösung**

Man wendet zweimal die Höldersche Ungleichung an: Bei der ersten Anwendung setzt man $p' = p$, $q' = \frac{qr}{q+r}$ und erhält $\frac{1}{p'} + \frac{1}{q'} = 1$; beim zweiten Mal $p' = \frac{q+r}{r}$, $q' = \frac{q+r}{q}$, was wiederum $\frac{1}{p'} + \frac{1}{q'} = 1$ ergibt. Dies liefert dann

$$\begin{aligned}
\sum_{k=1}^{n} |x_k y_k z_k| &\overset{\text{Hölder}}{\leq} \left(\sum_{k=1}^{n} |x_k|^p\right)^{\frac{1}{p}} \left(\sum_{k=1}^{n} |y_k z_k|^{\frac{qr}{q+r}}\right)^{\frac{q+r}{qr}} \\
&\overset{\text{Hölder}}{\leq} \left(\sum_{k=1}^{n} |x_k|^p\right)^{\frac{1}{p}} \left(\sum_{k=1}^{n} |y_k|^{\frac{qr}{q+r}\frac{q+r}{r}}\right)^{\frac{q+r}{qr}\frac{r}{q+r}} \left(\sum_{k=1}^{n} |z_k|^{\frac{qr}{q+r}\frac{q+r}{q}}\right)^{\frac{q+r}{qr}\frac{q}{q+r}} \\
&= \left(\sum_{k=1}^{n} |x_k|^p\right)^{\frac{1}{p}} \left(\sum_{k=1}^{n} |y_k|^q\right)^{\frac{1}{q}} \left(\sum_{k=1}^{n} |z_k|^r\right)^{\frac{1}{r}},
\end{aligned}$$

und damit die Behauptung.

## Aufgabe 138

### ▶ Duale Normen auf $\mathbb{R}^n$

Sei $\|\cdot\|$ eine Norm auf $\mathbb{R}^n$. Zeigen Sie:

a) Durch

$$J(x)(y) := \sum_{i=1}^{n} x_i y_i, \quad \text{für } x, y \in \mathbb{R}^n,$$

wird eine beschränkte lineare Abbildung $J : \mathbb{R}^n \to (\mathbb{R}^n, \|\cdot\|)^*$ definiert[3].

b)

$$\|x\|^* := \|J(x)\| \quad \text{für } x \in \mathbb{R}^n,$$

ist eine Norm auf $\mathbb{R}^n$ (man nennt sie die *duale Norm* zu $\|\cdot\|$).

c) $J : (\mathbb{R}^n, \|\cdot\|^*) \to (\mathbb{R}^n, \|\cdot\|)^*$ ist ein isometrischer Isomorphismus.

d) Berechnen Sie für $1 \le p \le \infty$ die dualen Normen zu

$$\|x\|_p := \begin{cases} \left(\sum_{i=1}^{n} |x_i|^p\right)^{\frac{1}{p}} & \text{für } 1 \le p < \infty, \\ \max_{1 \le i \le n} |x_i| & \text{für } p = \infty. \end{cases}$$

**Lösung**

a) • **Linearität:** Für $u, v \in \mathbb{R}^n, \alpha, \beta \in \mathbb{R}$ gilt:

$$\begin{aligned} J(\alpha u + \beta v)(y) &= \sum_{i=1}^{n} (\alpha u_i + \beta v_i) y_i \\ &= \alpha \sum_{i=1}^{n} u_i y_i + \beta \sum_{i=1}^{n} v_i y_i \\ &= \alpha J(u)(y) + \beta J(v)(y) \\ &= (\alpha J(y) + \beta J(v))(y) \quad \forall y \in \mathbb{R}^n. \end{aligned}$$

• **Beschränktheit:** Es gilt

$$|J(x)(y)| = \left| \sum_{i=1}^{n} x_i y_i \right| \overset{\text{C.–S.}}{\le} \|x\|_2 \, \|y\|_2 .$$

[3] Bez. auch $\langle J(x), y \rangle$. Der *Dualraum* $X^*$ eines normierten Raumes $X$ ist per definitionem der Raum der beschränkten linearen Funktionale auf $X$.

Da in $\mathbb{R}^n$ alle Normen äquivalent sind, existiert ein $c > 0$ mit $\|y\|_2 \leq c\,\|y\|$,

$$\Rightarrow |J(x)(y)| \leq c\,\|x\|_2\,\|y\| \Rightarrow \|J(x)\| \leq c\,\|x\|_2\,.$$

Also ist $\sup_{\|y\|=1} |J(x)(y)| < \infty$ für alle $x \in \mathbb{R}^n$.

b) Per definitionem gilt für $J(x) \in (\mathbb{R}^n)^*$, dass $\|J(x)\| = \sup\limits_{\substack{y\in\mathbb{R}^n\\ y\neq 0}} \dfrac{|J(x)(y)|}{\|y\|}$.

**Definitheit:** Es ist zu zeigen, dass gilt:

$$\|x\|^* = 0 \Rightarrow x = 0.$$

Sei $x \in \mathbb{R}^n$ mit

$$\begin{aligned} \|x\|^* = 0 &\iff \|J(x)\| = 0 \\ &\iff \sup_{\substack{y\in\mathbb{R}^n\\ y\neq 0}} \frac{|J(x)(y)|}{\|y\|} = \sup_{\substack{y\in\mathbb{R}^n\\ y\neq 0}} \frac{|\sum_{i=1}^n x_i y_i|}{\|y\|} = 0 \\ &\Rightarrow \left|\sum_{i=1}^n x_i y_i\right| = 0 \quad \forall y \neq 0. \end{aligned}$$

Wählt man speziell für beliebiges $j \in \{1, \ldots, n\}$

$$y \in \mathbb{R}^n : y_i = \begin{cases} 1, & i = j, \\ 0, & \text{sonst.} \end{cases}$$

Dann folgt $|x_j| = 0 \Rightarrow x_j = 0,\ j \in \{1, \ldots, n\} \Rightarrow x = 0$.
Alle anderen Normeigenschaften folgen aus der Linearität von $J$ und den Normeigenschaften von $\|J(x)\|$.

c) **Isometrie:** klar nach Definition von $\|\cdot\|^*$ in b);
**Linearität:** klar nach a);
**Injektivität:** klar nach Beweis in b);
**Surjektivität:** klar auf Grund der endlichen Dimension;
**Bistetigkeit:** klar nach Definition von $\|\cdot\|^*$ in b) bzw. der Isometrie-Eigenschaft.

d) Duale Normen: Für alle $1 \leq p \leq \infty$ gilt

$$\|x\|_p^* = \|J(x)\|_p = \sup_{\|y\|_p=1} |J(x)(y)| = \sup_{\|y\|_p=1} \left|\sum_{i=1}^n x_i y_i\right|.$$

**Fall $p = 1$:** Es ist $\|y\|_1 = \sum_{i=1}^{n} |y_i|$, und deshalb

$$\left|\sum_{i=1}^{n} x_i y_i\right| \leq \sup_{1\leq i\leq n} |x_i| \sum_{j=1}^{n} |y_j| = \|x\|_\infty \, \|y\|_1$$

$$\Rightarrow \|J(x)\|_1 \leq \|x\|_\infty \, .$$

Sei speziell $j$ so, dass $|x_j| = \sup_{1\leq i\leq n} |x_i| = \|x\|_\infty$. Wähle

$$y \in \mathbb{R}^n \quad \text{mit} \quad y_i = \begin{cases} \operatorname{sign}(x_j), & i = j, \\ 0, & \text{sonst.} \end{cases}$$

Dann ist $\|y\|_1 = 1$ und

$$\sum_{i=1}^{n} x_i y_i = \operatorname{sign}(x_j)x_j = |x_j| = \|x\|_\infty \Rightarrow \|J(x)\|_1 \geq \|x\|_\infty \, .$$

Also gilt:

$$\|x\|_1^* = \|J(x)\|_1 = \|x\|_\infty \, .$$

**Fall $p = \infty$:** Nun ist $\|y\|_\infty = \sup_{1\leq i\leq n} |y_i|$ und

$$\left|\sum_{i=1}^{n} x_i y_i\right| \leq \|x\|_1 \, \|y\|_\infty \Rightarrow \|J(x)\|_\infty \leq \|x\|_1 \, .$$

Wähle $y \in \mathbb{R}^n$ mit $y_i = \operatorname{sign}(x_i)$, $i = 1, \ldots, n$. Dann ist $\|y\|_\infty = 1$ und

$$\sum_{i=1}^{n} x_i y_i = \sum_{i=1}^{n} |x_i| = \|x\|_1 \Rightarrow \|J(x)\|_\infty \geq \|x\|_1 \, .$$

Also gilt:

$$\|x\|_\infty^* = \|J(x)\|_\infty = \|x\|_1 \, .$$

**Fall $1 < p < \infty$:** Für die Norm hat man $\|y\|_p = \left(\sum_{i=1}^{n} |y_i|^p\right)^{1/p}$. Nach der *Hölderschen Ungleichung für Summen* gilt (mit $\frac{1}{p} + \frac{1}{q} = 1$):

$$\left|\sum_{i=1}^{n} x_i y_i\right| \leq \left(\sum_{i=1}^{n} |x_i|^q\right)^{1/q} \left(\sum_{i=1}^{n} |y_i|^p\right)^{1/p} = \|x\|_q \, \|y\|_p \Rightarrow \|J(x)\|_p \leq \|x\|_q \, .$$

Wähle $y \in \mathbb{R}^n$ mit

$$y_i = \operatorname{sign}(x_i) \, |x_i|^{q-1}/A, \quad \frac{1}{p} + \frac{1}{q} = 1, \; A := \left(\sum_{i=1}^{n} |x_i|^{p\,(q-1)}\right)^{1/p} .$$

Dann ist

$$\|y\|_p^p = \sum_{i=1}^{n} |y_i|^p = \frac{1}{A} \sum_{i=1}^{n} |x_i|^{p\,(q-1)} = 1.$$

Wegen $p\,(q-1) = q$ folgt:

$$\begin{aligned}\sum_{i=1}^{n} x_i y_i &= \sum_{i=1}^{n} |x_i|\,|x_i|^{q-1}/A \\ &= \frac{\sum_{i=1}^{n} |x_i|^q}{\left(\sum_{i=1}^{n} |x_i|^q\right)^{1/p}} \\ &= \left(\sum_{i=1}^{n} |x_i|^q\right)^{1-1/p} = \|x\|_q \\ \Rightarrow \|J(x)\|_p &\geq \|x\|_q\,.\end{aligned}$$

Also gilt:

$$\|x\|_p^* = \|J(x)\|_p = \|x\|_q\,, \quad \frac{1}{p} + \frac{1}{q} = 1, \quad 1 < p < \infty.$$

Diese Beziehung gilt also auch für $p = 1$ bzw. $p = \infty$, wenn man dann entsprechend $q = \infty$ bzw. $q = 1$ setzt.

## Aufgabe 139

► **Dualraum zu $c_0$**

Es sei $\mathbb{K} = \mathbb{R}$ und

$$c_0 := \left\{x \in \ell^\infty \;\middle|\; \lim_{n\to\infty} x_n = 0\right\},$$

wobei $\ell^\infty := \left\{x = (x_n)_{n\in\mathbb{N}} \;\middle|\; \|(x_n)\|_\infty := \sup_{n\in\mathbb{N}} |x_n| < \infty\right\}$; $c_0$ ist ein Banachraum bzgl. der Norm $\|\cdot\|_\infty$ (vgl. Aufg. 35). Zeigen Sie: Durch die Abbildung $J : \ell^1 \to c_0^*$,

$$J(y)(x) := \sum_{n\in\mathbb{N}} y_n x_n, \quad x = (x_n)_n \in c_0,$$

wird ein isometrischer Isomorphismus definiert.

*Bemerkung:* Man kann deshalb $\ell^1$ mit dem Dualraum von $c_0$ identifizieren.

**Lösung**

1. Z. z.: $J : \ell^1 \to c_0^*$, d. h. $J(y)$ ist beschränktes, lineares Funktional $\forall y \in \ell^1$.
Sei $y \in \ell^1$. Die Linearität von $J(y)$ als Funktion von $x \in c_0$ ist klar. Weiter gilt für beliebiges $x \in c_0$:

$$\begin{aligned} |J(y)(x)| &= \left|\sum_{i\in\mathbb{N}} y_i x_i\right| \\ &\le \sum_{i\in\mathbb{N}} |y_i|\,|x_i| \\ &\le \sup_{i\in\mathbb{N}} |x_i| \sum_{i\in\mathbb{N}} |y_j| \\ &= \|y\|_1\, \|x\|_\infty \end{aligned}$$

$$\Rightarrow \|J(y)\| \le \|y\|_1 < \infty, \text{ also ist } J(y) \text{ beschränkt.}$$

2. Z. z.: $J$ ist linear.
$\sum_{i\in\mathbb{N}} y_i x_i$ ist absolut konvergent für $y \in \ell^1, x \in \ell^\infty$.
Damit gilt für $u, v \in \ell^1,\ \alpha, \beta \in \mathbb{R},\ x \in \ell^\infty$:

$$\begin{aligned} J(\alpha u + \beta v)(x) &= \sum_{i\in\mathbb{N}} (\alpha u_i + \beta v_i) x_i \\ &= \alpha \sum_{i\in\mathbb{N}} u_i x_i + \beta \sum_{i\in\mathbb{N}} v_i x_i \\ &= \alpha J(u)(x) + \beta J(v)(x) \\ &= (\alpha J(u) + \beta J(v))(x). \end{aligned}$$

3. Z. z.: $J$ ist isometrisch.
Für $n \in \mathbb{N}$ definiere $x^{(n)} \in \ell^\infty$ durch

$$x_i^{(n)} = \begin{cases} \operatorname{sign}(y_i), & i \le n, \\ 0, & i > n. \end{cases}$$

Dann ist $\left\|x^{(n)}\right\|_\infty = 1$ und

$$J(y)(x^{(n)}) = \sum_{i\in\mathbb{N}} y_i x_i^{(n)} = \sum_{i\le n} |y_i| \to \|y\|_1 \quad (n \to \infty).$$

Damit hat man

$$\|J(y)\| = \sup_{\|x\|_\infty = 1} |J(y)(x)| \ge \lim_{n\to\infty} |J(y)(x^{(n)})| = \|y\|_1,$$

und zusammen mit 1) folgt: $\|J(y)\| = \|y\|_1$.

4. $J : \ell^1 \to c_0^*$ ist Isomorphismus.
Es ist noch zu zeigen, dass $J$ surjektiv ist.
Sei $F \in c_0^*$ beliebig, d. h. $F : c_0 \to \mathbb{R}$ sei beschränkte Linearform. Für $x \in c_0$ gilt: $x = \sum_{i \in \mathbb{N}} x_i e_i$ bzgl. der $\ell^\infty$-Norm, wobei $e_i = (\delta_{ni})_{n \in \mathbb{N}}$, $i \in \mathbb{N}$, mit dem Kronecker-Symbol $\delta_{ni}$. Man hat nämlich wegen $\lim_{i \to \infty} x_i = 0$, dass

$$\left\| x - \sum_{i=1}^{n} x_i e_i \right\|_\infty = \sup_{i>n} |x_i| \to 0 \, (n \to \infty).$$

Da $F \in c_0^*$, gilt damit:

$$F(x) = \sum_{i \in \mathbb{N}} x_i F(e_i).$$

Setze $y : y_i := F(e_i)$, $i \in \mathbb{N}$. Dann ist $y \in \ell^1$, denn:

$$\begin{aligned} \sum_{i \le n} |y_i| &= \sum_{i \le n} \operatorname{sign}(y_i) \, F(e_i) \\ &\le \|F\| \left\| \sum_{i \le n} \operatorname{sign}(y_i) \, e_i \right\|_\infty \\ &= \|F\| < \infty \; \forall n \in \mathbb{N}. \end{aligned}$$

Damit gilt:

$$J(y)(x) = \sum_{i \in \mathbb{N}} y_i x_i = \sum_{i \in \mathbb{N}} x_i F(e_i) = F(x) \; \forall x \in c_0.$$

D. h. zu $F \in c_0^*$ existiert ein $y \in \ell^1 : J(y) = F$, was die Surjektivität beweist.

## Aufgabe 140

### ► Lineare Funktionale, Biorthogonalität

Sei $E$ ein Vektorraum, $v_1, \ldots, v_m$ ein System von Vektoren in $E$ und $\ell_1, \ldots, \ell_m$ ein System linearer Funktionale auf $E$. Dann wird durch die Vorschrift

$$Pu := \sum_{j=1}^{m} \ell_j(u) v_j, \quad u \in E,$$

eine lineare Abbildung in $E$ definiert. Beweisen Sie: Wenn $v_1, \ldots, v_m$ und $\ell_1, \ldots, \ell_m$ *biorthogonal* sind, das heißt

$$\ell_j(v_k) = \delta_{jk}, \quad j, k = 1, \ldots, m,$$

dann und nur dann ist das System $v_1, \ldots, v_m$ und das System $\ell_1, \ldots, \ell_m$ linear unabhängig (Abk.: l. u.) und $P$ ein Projektionsoperator mit der Eigenschaft

$$P^2 = P, \quad P(E) = [v_1, \ldots, v_m].$$

*Bemerkung:* Sind die linearen Funktionale $\ell_1, \ldots, \ell_m$ noch beschränkt, dann ist auch der Projektionsoperator beschränkt.

**Lösung**

„$\Rightarrow$“: Seien $v_1, \ldots, v_m$ und $\ell_1, \ldots, \ell_m$ biorthogonal, d. h. $\ell_j(v_k) = \delta_{jk}$.

a) **Beh.:** $v_1, \ldots, v_m$ sind l. u.
**Beweis:**

$$\sum_{k=1}^{m} \alpha_k v_k = 0$$

$$\Rightarrow 0 = \ell_j \left( \sum_{k=1}^{m} \alpha_k v_k \right) = \sum_{k=1}^{m} \alpha_k \underbrace{\ell_j(v_k)}_{\delta_{jk}} = \alpha_j \quad \text{für} \quad j = 1, \ldots, m.$$

b) **Beh.:** $\ell_1, \ldots, \ell_m$ sind l. u.
**Beweis:**

$$\sum_{j=1}^{m} \beta_j \ell_j = 0$$

$$\Rightarrow 0 = \left( \sum_{j=1}^{m} \beta_j \ell_j \right) (v_k) = \sum_{j=1}^{m} \beta_j \underbrace{\ell_j(v_k)}_{\delta_{jk}} = \beta_k \quad \text{für} \quad k = 1, \ldots, m.$$

c) **Beh.:** $P^2 = P$
**Beweis:**

$$\begin{aligned} P^2 u &= P \left( \sum_{k=1}^{m} \ell_k(u) v_k \right) \\ &= \sum_{j=1}^{m} \ell_j \left( \sum_{k=1}^{m} \ell_k(u) v_k \right) v_j \\ &= \sum_{j=1}^{m} \sum_{k=1}^{m} \ell_k(u) \underbrace{\ell_j(v_k)}_{\delta_{jk}} v_j \\ &= \sum_{j=1}^{m} \ell_j(u) v_j \; = \; Pu \end{aligned}$$

d) **Beh.:** $P(E) = [v_1, \dots, v_m]$
**Beweis:** Zunächst gilt:

$$P(E) = \{Pu | u \in E\} = \left\{ \sum_{j=1}^{m} \ell_j(u) v_j \;\middle|\; u \in E \right\} \subset [v_1, \dots, v_m].$$

Sei nun $v \in [v_1, \dots, v_m]$, d. h. $v = \sum_{k=1}^{m} \alpha_k v_k$, $\alpha_k \in \mathbb{K}$, $k = 1, \dots, m$.
Dann ist $v \in E$ und

$$\ell_j(v) = \sum_{k=1}^{m} \alpha_k \underbrace{\ell_j(v_k)}_{\delta_{jk}} = \alpha_j, \; j = 1, \dots, m$$

$$\Rightarrow v = \sum_{k=1}^{m} \ell_k(v) v_k = Pv \in P(E)$$

„$\Leftarrow$“: Seien a)–d) erfüllt. Dann gilt $\forall v_k, \forall \ell_j$:

$$v_k \overset{\text{a),d)}}{=} P v_k = \sum_{j=1}^{m} \ell_j(v_k) v_j \quad \overset{\text{a)}}{\Rightarrow} \quad \ell_j(v_k) = \delta_{jk}$$

## Aufgabe 141

### ▶ Lineare Funktionale auf $C[a, b]$

Sei $[a, b]$ ein kompaktes Intervall der reellen Zahlengeraden, und

$$G_n = \left\{ x_0^{(n)}, \dots, x_N^{(n)} \right\}, \; n \in \mathbb{N},$$

seien Gitterpunktmengen in $[a, b]$ mit der Eigenschaft

$$a = x_0^{(n)} < x_1^{(n)} < \dots < x_{N-1}^{(n)} < x_N^{(n)} = b.$$

Seien $\alpha_0^{(n)}, \dots, \alpha_N^{(n)}$ reelle Zahlen. Zeigen Sie: Durch die Vorschrift

$$F_n(u) = \sum_{j=0}^{N} \alpha_j^{(n)} u(x_j), \quad u \in C[a, b],$$

wird eine Folge beschränkter linearer Funktionale auf $C[a, b]$ mit den folgenden Eigenschaften erklärt:

a) Das folgende Maximum existiert, und es gilt die Darstellung

$$\max_{u\in C[a,b],\,\|u\|_\infty=1} |F_n(u)| = \sum_{j=0}^{N} \left|\alpha_j^{(n)}\right|, \qquad n \in \mathbb{N}.$$

b) $F_n$, $n \in \mathbb{N}$, ist dann und nur dann gleichmäßig beschränkt, wenn

$$\sum_{j=0}^{N} \left|\alpha_j^{(n)}\right| \le \beta \quad \text{für alle } n \in \mathbb{N}.$$

**Lösung**

Die Funktionale $F_n$ sind offenbar linear. Wir zeigen Eigenschaft a). Dann sind diese Funktionale auch beschränkt und für die Normen gilt $\|F_n\| = \sum_{j=0}^{N} \left|\alpha_j^{(n)}\right|$, $n \in \mathbb{N}$.

a) Zunächst sieht man unmittelbar ein, dass für eine beliebige Funktion $u \in C[a,b]$ mit $\|u\|_\infty = 1$ gilt:

$$\begin{aligned} |F_n(u)| &= \left|\sum_{j=0}^{n} \alpha_j^{(n)} u(x_j^{(n)})\right| \\ &\le \sum_{j=0}^{n} \left|\alpha_j^{(n)}\right| \underbrace{\left|u(x_j^{(n)})\right|}_{\le 1} \\ &\le \sum_{j=0}^{n} \left|\alpha_j^{(n)}\right|. \end{aligned}$$

Es bleibt noch die Existenz einer Funktion $u_0 \in C[a,b]$ mit $\|u_0\|_\infty = 1$ zu zeigen, die

$$|F_n(u_0)| = \sum_{j=0}^{n} \left|\alpha_j^{(n)}\right|$$

erfüllt (damit ist dann sowohl die Existenz wie auch die behauptete Darstellung des Maximums bewiesen).

Definiere dazu für $x \in \left[x_j^{(n)}, x_{j+1}^{(n)}\right]$, $j = 0, \ldots, N$, $n \in \mathbb{N}$,

$$u_0(x) := c_j^{(n)} \frac{x_{j+1}^{(n)} - x}{x_{j+1}^{(n)} - x_j^{(n)}} + c_{j+1}^{(n)} \frac{x - x_j^{(n)}}{x_{j+1}^{(n)} - x_j^{(n)}}$$

mit

$$c_j^{(n)} := \begin{cases} 1, & \alpha_j^{(n)} \ge 0, \\ -1, & \alpha_j^{(n)} < 0. \end{cases}$$

$u_0$ ist offenbar stetig auf $[a, b]$ und erfüllt auch

$$\|u_0\|_\infty = 1.$$

Man hat nämlich

$$\|u_0\|_\infty = \max_{j=0,\ldots,N-1} \max_{x \in [x_j^{(n)}, x_{j+1}^{(n)}]} \frac{\overbrace{|c_j^{(n)}(x_{j+1}^{(n)} - x) + c_{j+1}^{(n)}(x - x_j^{(n)})|}^{Z_j(x):=}}{\underbrace{x_{j+1}^{(n)} - x_j^{(n)}}_{h_j:=}}$$

Eine Untersuchung von $Z_j(x), x \in \left[x_j^{(n)}, x_{j+1}^{(n)}\right]$, für alle möglichen Vorzeichenkombinationen von $c_j^{(n)}$, $c_{j+1}^{(n)}$ liefert vier Fälle:

**1. Fall:** $c_j^{(n)} = c_{j+1}^{(n)} = 1$
In diesem Fall hat man

$$Z_j(x) = |x_{j+1}^{(n)} - x + x - x_j^{(n)}| = x_{j+1}^{(n)} - x_j^{(n)}$$
$$\Longrightarrow \frac{Z_j(x)}{h_j} = 1.$$

**2. Fall:** $c_j^{(n)} = 1,\ c_{j+1}^{(n)} = -1$
Es ergibt sich

$$\begin{aligned} Z_j(x) &= |x_{j+1}^{(n)} - x - x + x_j^{(n)}| \leq |x_{j+1}^{(n)} - x| + |x_j^{(n)} - x| \\ &= x_{j+1}^{(n)} - x_j^{(n)} \end{aligned}$$
$$\Longrightarrow \frac{Z_j(x)}{h_j} \leq 1.$$

**3. Fall:** $c_j^{(n)} = c_{j+1}^{(n)} = -1$
Betrachtung analog zum 1. Fall (klammere $-1$ aus).

**4. Fall:** $c_j^{(n)} = -1,\ c_{j+1}^{(n)} = 1$
Betrachtung analog zum 2. Fall (klammere $-1$ aus).

Damit hat man zunächst

$$\frac{Z_j(x)}{h_j} \leq 1,\ x \in [x_j^{(n)}, x_{j+1}^{(n)}]$$

gezeigt. Mit Hilfe des unmittelbaren Zusammenhangs

$$\frac{Z_j(x_j^{(n)})}{h_j} = 1$$

folgt dann sofort wie behauptet

$$\|u_0\|_\infty = 1.$$

Schließlich gilt mit dieser Funktion $u_0$

$$\alpha_j^{(n)} u_0(x_j^{(n)}) = \alpha_j^{(n)} c_j^{(n)} = |\alpha_j^{(n)}|, \; j = 0, \ldots, N, \; n \in \mathbb{N},$$

so dass man auf

$$|F_n(u_0)| = \left| \sum_{j=0}^{n} \alpha_j^{(n)} u_0(x_j^{(n)}) \right| = \left| \sum_{j=0}^{n} |\alpha_j^{(n)}| \right| = \sum_{j=0}^{n} \left| \alpha_j^{(n)} \right|$$

geführt wird, was die Behauptung beweist.

b) Es ist zu zeigen:

$$\exists \gamma > 0 \; \forall n \in \mathbb{N} \; \forall u \in C[a,b] \quad |F_n(u)| \le \gamma \|u\|_\infty$$
$$\Longleftrightarrow \exists \beta > 0 \; \forall n \in \mathbb{N} \; \sum_{j=0}^{n} |\alpha_j^{(n)}| \le \beta$$

Wir betrachten nacheinander die beiden Richtungen.
„$\Longrightarrow$“ Mit $\beta := \gamma$ hat man sofort

$$\sum_{j=0}^{n} \left| \alpha_j^{(n)} \right| \overset{\text{a)}}{=} \max_{u \in C[a,b], \|u\|_\infty = 1} |F_n(u)| \le \max_{u \in C[a,b], \|u\|_\infty = 1} \gamma \|u\|_\infty = \beta$$

„$\Longleftarrow$“ Es gilt mit $\gamma := \beta$:

$$|F_n(u)| = \left| \sum_{j=0}^{N} \alpha_j^{(n)} u(x_j) \right| \le \sum_{j=0}^{N} \left| \alpha_j^{(n)} \right| \underbrace{|u(x_j)|}_{\le \|u\|_\infty}$$
$$\le \|u\|_\infty \sum_{j=0}^{N} \left| \alpha_j^{(n)} \right| \le \beta \|u\|_\infty = \gamma \|u\|_\infty$$

## 2.7 Lineare und adjungierte Operatoren

### Aufgabe 142

► **Gleichmäßige Konvergenz von Folgen linearer Abbildungen, Prinzip der gleichmäßigen Beschränktheit**

Sei $X$ ein Banach-Raum, $Y$ ein normierter Raum und $L_n : X \to Y$, $n \in \mathbb{N}$, eine Folge linearer beschränkter Abbildungen, die punktweise gegen Null konvergiert,

$$L_n x \to 0 \, (n \to \infty), \; x \in X.$$

Zeigen Sie: Ist $M \subset X$ eine kompakte Teilmenge, dann konvergiert

$$\sup_{x \in M} \|L_n x\| \to 0 \, (n \to \infty).$$

*Hinweis:* Benutzen Sie für die Lösung dieser Aufgabe das Prinzip der gleichmäßigen Beschränktheit (vgl. z. B. [20], IV.2) sowie das Ergebnis von Aufgabe 165, das natürlich auch für lineare Operatoren gilt.

**Lösung**

Aus $L_n \to 0 \; (n \to \infty)$ punktweise folgt für $x \in X$:

$$\sup_{n \in \mathbb{N}} \|L_n x\| < \infty$$

$\Longrightarrow \exists c > 0 \; \forall n \in \mathbb{N} : \|L_n\| \leq c$ (Prinzip d. glm. Beschr.)
$\Longrightarrow L_n$ gleichgradig stetig in $X$
Mit $M$ kompakt und nach dem in Aufgabe 165 bewiesenen Satz folgt:
$L_n \to 0 \, (n \to \infty)$ gleichmäßig, d. h. $\sup_{x \in M} \|L_n x\| \to 0 \, (n \to \infty)$.

### Aufgabe 143

► **Normen in Banachräumen, Satz von Banach**

Es sei $X$ ein Banachraum bezüglich der **beiden** Normen $\|\cdot\|_1$ und $\|\cdot\|_2$. Zeigen Sie: Existiert eine Konstante $c > 0$ so, dass $\|x\|_1 \leq c \, \|x\|_2 \; \forall x \in X$, dann existiert auch eine Konstante $C > 0$ mit $\|x\|_2 \leq C \, \|x\|_1 \; \forall x \in X$.

*Hinweis:* Benutzen Sie den Satz von Banach (auch: Satz von der stetigen Inversen; vgl. z. B. [20], Kor. IV.3.4, oder Rieder [15], 8.2).

**Lösung**

Wir betrachten die identische Abbildung bzw. Einbettung

$$T : (X, \|\cdot\|_2) \to (X, \|\cdot\|_1),\ Tx = x\ \forall\, x \in X.$$

Offensichtlich ist $T$ linear, bijektiv und wegen $\|Tx\|_1 = \|x\|_1 \leq c\,\|x\|_2\ \forall\, x \in X$, beschränkt. Mit dem Satz von Banach folgt die Stetigkeit der Umkehrfunktion

$$T^{-1} : (X, \|\cdot\|_1) \to (X, \|\cdot\|_2),\ T^{-1}x = x.$$

D. h. es existiert ein $C \geq 0$, so dass

$$\|x\|_2 = \|T^{-1}x\|_2 \leq C\,\|x\|_1\ \forall\, x \in X.$$

Hierbei ist sogar $C > 0$. Für $x \neq 0$ gilt nämlich

$$0 < \frac{1}{c}\,\|x\|_1 \leq \|x\|_2 \leq C\,\|x\|_1 \quad \Longrightarrow \quad 0 < \frac{1}{c} \leq C.$$

## Aufgabe 144

### ► Stetig invertierbare Abbildungen auf Banachräumen

Sei $X$ ein Banachraum und $\Omega$ die Menge aller stetig invertierbaren linearen Operatoren auf $X$.

Zeigen Sie, dass $\Omega$ eine offene Teilmenge von $L(X)$ und die Abbildung $T \mapsto T^{-1}$ stetig auf $\Omega$ ist.

*Hinweis:* (vgl. z. B. [20], II.1): Wie im Endlichdimensionalen gilt in einem beliebigen normierten Raum $X$, dass die *Neumannsche Reihe* $\sum_{n=0}^{\infty} T^n$, falls sie konvergiert, $(I - T)^{-1}$ als Limes besitzt (im Sinne der Normkonvergenz). Ist $X$ ein Banachraum und $\|T\| < 1$, dann konvergiert die Neumannsche Reihe und für die Inverse gilt

$$\|(I - T)^{-1}\| \leq (1 - \|T\|)^{-1}.$$

**Lösung**

**1. Beh.:** Für $T \in \Omega$ und $\rho < \|T^{-1}\|^{-1}$ ist $\overline{K_\rho(T)} \subset \Omega$. Damit ist $\Omega$ offen.
**Beweis:** Für jedes $U, T \in L(X), T \in \Omega$, gilt die Darstellung

$$U = T - T + U = T(I - B), \quad \text{wobei } B := T^{-1}(T - U)$$

Für $U : \|U - T\| \leq \rho < \|T^{-1}\|^{-1}$ hat man (wegen der Submultiplikativität der natürlichen Operatornorm, vgl. z. B. Alt [1], 3.3)

$$\|B\| \leq \|T^{-1}\|\|T - U\| \leq \|T^{-1}\|\rho < 1.$$

Nach dem Hinweis existiert $(I - B)^{-1}$, und damit auch $U^{-1} = (I - B)^{-1}T^{-1}$, und es gelten die Abschätzungen

$$\|U^{-1}\| = \|(I - B)^{-1}T^{-1}\| \leq \underbrace{\|(I - B)^{-1}\|}_{\overset{\text{Neum. Reihe}}{=} \left\|\sum_{n=0}^{\infty} B^n\right\|} \|T^{-1}\|$$

$$\leq \left(\sum_{n=0}^{\infty} \|B\|^n\right) \|T^{-1}\| \leq \frac{1}{1 - \|B\|}\|T^{-1}\|.$$

Damit ist $U^{-1}$ beschränkt und stetig. Ferner ist $\Omega$ offen.

**2. Beh.:** Die Abbildung $T \mapsto T^{-1}$, $T \in \Omega$, ist stetig.

**Beweis:** Sei $\varepsilon > 0$ beliebig und $\delta = \min\left(\frac{\varepsilon}{2\|T^{-1}\|^2}, \frac{1}{2\|T^{-1}\|}\right)$. Sei $U : \|U - T\| < \delta$. Wegen der Einschränkung $\delta \leq \frac{1}{2}\|T^{-1}\|^{-1}$ gilt für $B = T^{-1}(T - U)$, dass

$$\|B\| = \|T^{-1}(T - U)\| \leq \|T^{-1}\|\|T - U\| \leq \frac{1}{2}$$

und

$$\sum_{\nu=0}^{\infty} B^\nu = (I - B)^{-1} \Rightarrow I - (I - B)^{-1} = -\sum_{\nu=1}^{\infty} B^\nu.$$

Wenn man beachtet, dass

$$B = I - T^{-1}U \implies T(I - B) = U \implies U^{-1} = (I - B)^{-1}T^{-1},$$

dann ergibt sich

$$\begin{aligned} T^{-1} - U^{-1} &= T^{-1} - (I - B)^{-1}T^{-1} \\ &= (I - (I - B)^{-1})T^{-1} = \left(-\sum_{\nu=1}^{\infty} B^\nu\right) T^{-1} \\ &= \left(-B\sum_{\nu=0}^{\infty} B^\nu\right) T^{-1} = -B(I - B)^{-1}T^{-1} \end{aligned}$$

und

$$\begin{aligned} \|T^{-1} - U^{-1}\| &\leq \|T^{-1}\|\|B\|\|(I - B)^{-1}\| \\ &\overset{\text{Neum.Reihe}}{\leq} \|T^{-1}\|\|B\|\frac{1}{1 - \underbrace{\|B\|}_{\leq \frac{1}{2}}} \overset{\text{s. o.}}{\leq} 2\|T^{-1}\|^2\|T - U\|. \end{aligned}$$

Für $\|T - U\| < \delta$ wird damit $\|T^{-1} - U^{-1}\| < \varepsilon$.

## Aufgabe 145

► **Adjungierter Operator eines speziellen Integraloperators**

Zeigen Sie für $A : X \longrightarrow Y$,

$$X = \{f \in L^2(0,1) |\, f(1) = 0\}, \quad Y = \{g \in L^2(0,1) |\, g(0) = 0\}$$

definiert durch

$$(Af)(x) := \int_0^x f(t)\,dt,$$

dass der adjungierte Operator $A^* : Y \longrightarrow X$ gegeben ist durch

$$(A^*g)(x) = \int_x^1 g(t)\,dt.$$

### Lösung

Der *adjungierte Operator* $A^*$ zu $A$ muss die Definitionsgleichung

$$(Af, g)_{L^2} = (f, A^*g)_{L^2}$$

erfüllen (vgl. z. B. [20], III.4, V.5). Hierbei bezeichnet $(\cdot,\cdot)_{L^2}$ das $L^2$-Skalarprodukt. Mit Hilfe partieller Integration zeigt man, dass der in der Aufgabenstellung angegebene Operator dieser Gleichung genügt:

$$\begin{aligned}
(Af, g)_{L^2} &= \int_0^1 \left( \int_0^x f(t)dt \right) g(x)dx \\
&= \left( \int_0^x f(t)dt \int_1^x g(t)dt \right) \Bigg|_{x=0}^1 - \int_0^1 f(x) \left( \int_1^x g(t)dt \right) dx \\
&= \int_0^1 \left( \int_x^1 g(t)dt \right) f(x)dx \\
&= (f, A^*g)_{L^2}.
\end{aligned}$$

## Aufgabe 146

► **Adjungierter Operator eines allgemeinen Integraloperators**

a) Sei $(Tf)(s) = \int\limits_0^1 k(s,t) f(t)\, dt$ der lineare Integraloperator $T : L^2(0,1) \longrightarrow L^2(0,1)$ mit Kern $k \in L^2\left((0,1)^2\right)$. Wie sieht der adjungierte Operator $T^*$ aus?
b) Zeigen Sie, dass ein schwach singulärer Integraloperator mit einem Kern

$$k(s,t) = \begin{cases} \dfrac{r(s,t)}{|s-t|^\alpha}, & s \neq t \\ 0, & s = t \end{cases}$$

mit stetigen $r \in C\left([0,1]^2\right)$ und $0 < \alpha < 1/2$ der Voraussetzung in a) genügt. Was passiert im Fall $1/2 \leq \alpha < 1$?

*Hinweis:* Benutzen Sie den Satz von Fubini (vgl. z. B. [20], A.2).

**Lösung**

**Zu a):** Wir zeigen, dass der adjungierte Operator $T^*$ die Gestalt

$$(T^*g)(s) = \int\limits_0^1 k(t,s) g(t) dt$$

hat, indem wir die Definitionsgleichung

$$(Tf, g)_{L^2} = (f, T^*g)_{L^2}$$

des adjungierten Operators überprüfen:

$$\begin{aligned} \int\limits_0^1 \left( \int\limits_0^1 k(s,t) f(t) dt \right) g(s) ds &= \int\limits_0^1 \int\limits_0^1 k(s,t) f(t) g(s) dt ds \\ &\overset{\text{Fubini}}{=} \int\limits_0^1 \left( \int\limits_0^1 k(s,t) g(s) ds \right) f(t) dt \\ &= (f, T^*g)_{L^2} \end{aligned}$$

Dies zeigt Behauptung a).

**Zu b):** Wir werden zeigen, dass der angegebene Kern $k$ im Fall $\alpha \in \left(0, \frac{1}{2}\right)$ der Bedingung $k \in L^2((0,1)^2)$ genügt, und dass dies im Fall $\alpha \in \left[\frac{1}{2}, 1\right)$ nicht mehr gilt.

Sei zunächst $0 < \alpha < \frac{1}{2}$. Wir untersuchen zunächst für festes $t$ das (innere) Integral $\int\limits_0^1 \frac{1}{|s-t|^{2\alpha}}\, ds$ und unterscheiden dabei drei Fälle.

**1. Fall:** $t = 0$

$$\begin{aligned}
\int\limits_0^1 \frac{1}{|s-t|^{2\alpha}}\, ds &\overset{t=0}{=} \int\limits_0^1 \frac{1}{s^{2\alpha}}\, ds = \lim_{\varepsilon\to 0} \int\limits_\varepsilon^1 \frac{1}{s^{2\alpha}}\, ds \\
&= \lim_{\varepsilon\to 0} \left[\frac{1}{1-2\alpha} s^{1-2\alpha}\right]_{s=\varepsilon}^1 = \lim_{\varepsilon\to 0} \frac{1}{1-2\alpha}\left(1^{1-2\alpha} - \varepsilon^{1-2\alpha}\right) \\
&\overset{0<\alpha<\frac{1}{2}}{=} \frac{1}{1-2\alpha} = \frac{1}{1-2\alpha}\left(t^{1-2\alpha} + (1-t)^{1-2\alpha}\right)\Big|_{t=0};
\end{aligned}$$

**2. Fall:** $t \in (0,1)$

$$\begin{aligned}
\int\limits_0^1 \frac{1}{|s-t|^{2\alpha}}\, ds &= \int\limits_0^t \frac{1}{(t-s)^{2\alpha}}\, ds + \int\limits_t^1 \frac{1}{(s-t)^{2\alpha}}\, ds \\
&= \lim_{\varepsilon\to 0} \int\limits_0^{t-\varepsilon} \frac{1}{(t-s)^{2\alpha}}\, ds + \lim_{\varepsilon\to 0} \int\limits_{t+\varepsilon}^1 \frac{1}{(s-t)^{2\alpha}}\, ds \\
&= \lim_{\varepsilon\to 0} \left[-\frac{1}{1-2\alpha}(t-s)^{1-2\alpha}\right]_{s=0}^{t-\varepsilon} \\
&\quad + \lim_{\varepsilon\to 0} \left[\frac{1}{1-2\alpha}(s-t)^{1-2\alpha}\right]_{s=t+\varepsilon}^1 \\
&= \lim_{\varepsilon\to 0} \left(-\frac{1}{1-2\alpha}\left(\varepsilon^{1-2\alpha} - t^{1-2\alpha}\right)\right) \\
&\quad + \lim_{\varepsilon\to 0} \left(\frac{1}{1-2\alpha}\left((1-t)^{1-2\alpha} - \varepsilon^{1-2\alpha}\right)\right) \\
&\overset{0<\alpha<\frac{1}{2}}{=} \frac{1}{1-2\alpha}\left(t^{1-2\alpha} + (1-t)^{1-2\alpha}\right);
\end{aligned}$$

**3. Fall:** $t = 1$

$$\begin{aligned}
\int_0^1 \frac{1}{|s-t|^{2\alpha}}\, ds &\overset{t=1}{=} \int_0^1 \frac{1}{(1-s)^{2\alpha}}\, ds \\
&= \lim_{\varepsilon\to 0} \int_0^{1-\varepsilon} \frac{1}{(1-s)^{2\alpha}}\, ds = \lim_{\varepsilon\to 0} \left[-\frac{1}{1-2\alpha}(1-s)^{1-2\alpha}\right]_{s=0}^{1-\varepsilon} \\
&= \lim_{\varepsilon\to 0} \left(-\frac{1}{1-2\alpha}\left(\varepsilon^{1-2\alpha} - 1^{1-2\alpha}\right)\right) \\
&\overset{0<\alpha<\frac{1}{2}}{=} \frac{1}{1-2\alpha} = \frac{1}{1-2\alpha}\left(t^{1-2\alpha} + (1-t)^{1-2\alpha}\right)\Big|_{t=1}.
\end{aligned}$$

Zusammenfassend ist also für festes aber beliebiges $t \in [0, 1]$ die Gleichung

$$\int_0^1 \frac{1}{|s-t|^{2\alpha}}\, ds = \frac{1}{1-2\alpha}\left(t^{1-2\alpha} + (1-t)^{1-2\alpha}\right)$$

erfüllt.

Daraus folgt dann

$$\begin{aligned}
\int_0^1\int_0^1 \frac{1}{|s-t|^{2\alpha}}\, ds\, dt &= \frac{1}{1-2\alpha}\int_0^1 \left(t^{1-2\alpha} + (1-t)^{1-2\alpha}\right) dt \\
&= \frac{1}{1-2\alpha}\left[\frac{1}{2-2\alpha}t^{2-2\alpha} - \frac{1}{2-2\alpha}(1-t)^{2-2\alpha}\right]_{t=0}^{1} \\
&= \frac{1}{1-2\alpha}\left(\frac{1}{2-2\alpha} + \frac{1}{2-2\alpha}\right) = \frac{1}{1-2\alpha}\,\frac{1}{1-\alpha}.
\end{aligned}$$

Somit hat man, da $r^2$ als stetige Funktion auf einem kompakten Intervall beschränkt ist, die Abschätzung

$$\int_0^1\int_0^1 \frac{r^2(s,t)}{|s-t|^{2\alpha}}\, ds\, dt \le \|r\|_\infty^2 \,\frac{1}{1-2\alpha}\,\frac{1}{1-\alpha},$$

woraus $k \in L^2((0,1)^2)$ folgt. Damit ist für $\alpha \in \left(0, \frac{1}{2}\right)$ alles gezeigt.

Im Fall $\alpha > \frac{1}{2}$ divergieren die uneigentlichen Integrale in den obigen drei Fällen bestimmt gegen $\infty$, so dass, wenn $r$ nicht gerade die Nullfunktion ist (Trivialfall), auch das Integral über $k^2$ divergiert.
Ist $\alpha = \frac{1}{2}$ und $t \in (0, 1)$ beliebig, so führt wegen

$$\begin{aligned}\lim_{\varepsilon \to 0} \int_0^{t-\varepsilon} \frac{1}{t-s}\, ds &= \lim_{\varepsilon \to 0} [-\ln(t-s)]_{s=0}^{t-\varepsilon} \\ &= \lim_{\varepsilon \to 0} (-\ln(\varepsilon) + \ln(t)) = \infty,\end{aligned}$$

und entsprechend $\lim\limits_{\varepsilon \to 0} \int_{t+\varepsilon}^1 \frac{1}{s-t}\, ds = \infty$, eine analoge Argumentation zum Ziel.

## Aufgabe 147

### ► Selbstadjungierte Operatoren in Hilberträumen, positive Operatoren

Sei $S \in L(X)$, $X =$ Hilbertraum mit Skalarprodukt $\langle \cdot, \cdot \rangle_X$.

a) Zeigen Sie, dass $\|S\| = \sup\limits_{\|x\| \le 1} |\langle Sx, x \rangle_X|$, falls $S$ selbstadjungiert ist.
b) Ein Operator $S \in L(x)$ heißt *positiv* (Bez.: $S \ge 0$), wenn

$$\langle Sx, x \rangle_X \ge 0 \ \forall\, x \in X.$$

Zeigen Sie, dass jeder positive Operator (in einem komplexen Hilbertraum $X$) immer selbstadjungiert ist.

**Lösung**

Im Beweis schreiben wir $\langle \cdot, \cdot \rangle$ anstelle von $\langle \cdot, \cdot \rangle_X$.

**Zu a):** 1) Offensichtlich ist

$$\sup_{\|x\| \le 1} |\langle Sx, x \rangle| \overset{\text{C.-S.}}{\le} \sup_{\|x\| \le 1} \|Sx\| \|x\| \le \sup_{\|x\| \le 1} \|Sx\| = \|S\|.$$

2) Wir zeigen, dass $\sup\limits_{\|x\| \le 1} |\langle Sx, x \rangle| \ge \|S\|$ gilt.
Offenbar gilt

$$\left| \left\langle S \frac{y}{\|y\|}, \frac{y}{\|y\|} \right\rangle \right| \le \sup_{\|x\| \le 1} |\langle Sx, x \rangle| \ \forall\, y \in X,$$

woraus

$$|\langle Sy, y\rangle| \leq \sup_{\|x\|\leq 1} |\langle Sx, x\rangle| \, \|y\|^2 \quad \forall y \in X$$

folgt. Wir bezeichnen

$$a := \sup_{\|x\|\leq 1} |\langle Sx, x\rangle|.$$

Jetzt wird gezeigt, dass $\langle Sx, y\rangle$ sich in folgender Form darstellen lässt (zunächst für den **Fall** $\mathbb{K} = \mathbb{R}$):

$$\begin{aligned}
&\frac{1}{4}\left(\langle S(x+y), x+y\rangle - \langle S(x-y), x-y\rangle\right) \\
&= \frac{1}{4}(\langle S(x+y), x\rangle + \langle S(x+y), y\rangle - \langle S(x-y), x\rangle + \langle S(x-y), y\rangle) \\
&= \frac{1}{4}(2\langle Sy, x\rangle + 2\langle Sx, y\rangle) \overset{S=S^*}{=} \langle Sx, y\rangle.
\end{aligned}$$

Daraus folgt

$$\langle Sx, y\rangle = \frac{1}{4}\left(\langle S(x+y), x+y\rangle - \langle S(x-y), x-y\rangle\right).$$

Wir schätzen nun $|\langle Sx, y\rangle|$ unter den Voraussetzungen $\|x\| \leq 1, \ \|y\| \leq 1$ ab:

$$\begin{aligned}
|\langle Sx, y\rangle| &\leq \frac{1}{4}(|\langle S(x+y), x+y\rangle| + |\langle S(x-y), x-y\rangle|) \\
&\leq \frac{1}{4}a(\|x+y\|^2 + \|x-y\|^2) = \frac{1}{4}a(2\|x\|^2 + 2\|y\|^2) \leq a
\end{aligned}$$

Das letzte Gleichheitszeichen gilt wegen der Parallelogrammgleichung[4]. Wir wählen $y = \frac{Sx}{\|S\|}$ für $\|x\| \leq 1$ ($S \neq 0$ vorausgesetzt; sonst ist alles trivial). Offenbar ist $\|y\| \leq 1$; wir können daher dieses $y$ in obige Abschätzung einsetzen und erhalten so

$$\begin{aligned}
|\langle Sx, y\rangle| &= \left|\left\langle Sx, \frac{Sx}{\|S\|}\right\rangle\right| = \frac{1}{\|S\|}\|Sx\|^2 \leq a \\
\Longrightarrow \|S\| &= \frac{1}{\|S\|}\left(\underbrace{\sup_{\|x\|\leq 1}\|Sx\|}_{=\|S\|}\right)^2 = \frac{1}{\|S\|}\sup_{\|x\|\leq 1}\|Sx\|^2 \\
&= \sup_{\|x\|\leq 1}\frac{1}{\|S\|}\|Sx\|^2 \leq a \\
\Longrightarrow \|S\| &\leq \sup_{\|x\|\leq 1}|\langle Sx, x\rangle|
\end{aligned}$$

Zusammen mit 1) folgt die Behauptung im reellen Fall.

[4] vgl. z. B. [20], V.1

Für den **Fall**, dass $X$ ein komplexer Hilbertraum ist, gilt die Aussage auch. Es gilt dann nämlich

$$\langle Sx, y\rangle = \frac{1}{4}\{(\langle S(x+y), x+y\rangle - \langle S(x-y), x-y\rangle) \\ + i\,(\langle S(x+yi), x+yi\rangle - \langle S(x-yi), x-yi\rangle)\}$$

Wie oben schätzen wir ab (für $\|x\| \leq 1, \|y\| \leq 1$)

$$|Re\langle Sx, y\rangle| = \left|\frac{1}{4}\left(\langle S(x+y), x+y\rangle - \langle S(x-y), x-y\rangle\right)\right| \leq a.$$

Mit $y = \frac{Sx}{\|S\|}$ für $\|x\| \leq 1$ haben wir $\|y\| \leq 1$ und

$$\langle Sx, y\rangle = \left\langle Sx, \frac{Sx}{\|S\|}\right\rangle = \frac{1}{\|S\|}\langle Sx, Sx\rangle \geq 0.$$

Daher ist $\langle Sx, y\rangle$ nichtnegativ und reell. Daraus folgt

$$\langle Sx, y\rangle = Re\langle Sx, y\rangle = \frac{1}{\|S\|}\|Sx\|^2 \leq a \quad ,$$

woraus die Behauptung a) folgt.

**Zu b):** Es ist zu zeigen: $\langle Sx, y\rangle = \langle x, Sy\rangle$, falls $S$ positiv ist.
In der Beziehung

$$\langle Sx, y\rangle = \frac{1}{4}\{[\langle S(x+y), x+y\rangle - \langle S(x-y), x-y\rangle] \\ + i\,[\langle S(x+yi), x+yi\rangle - \langle S(x-yi), x-yi\rangle]\}$$

sind nämlich die Ausdrücke in eckigen Klammern reell, falls $\langle Sx, x\rangle$ für jedes $x \in X$ reell ist – was für einen positiven Operator $S$ zutrifft. Durch Vertauschung von $x$ und $y$ folgt unter Verwendung der elementaren Eigenschaften einer Sesquilinearform

$$\begin{aligned}\langle Sy, x\rangle &= \frac{1}{4}\{[\langle S(y+x), y+x\rangle - \langle S(y-x), y-x\rangle] \\ &\quad + i[\langle S(y+xi), y+xi\rangle - \langle S(y-xi), y-xi\rangle]\} \\ &= \frac{1}{4}\{[\langle S(x+y), x+y\rangle - \langle S(x-y), x-y\rangle] \\ &\quad - i\,[\langle S(x+yi), x+yi\rangle - \langle S(x-yi), x-yi\rangle]\} = \overline{\langle Sx, y\rangle}\end{aligned}$$

Es ergibt sich somit

$$\langle Sx, y\rangle = \overline{\langle Sy, x\rangle} = \langle x, Sy\rangle,$$

was zu zeigen war.

## Aufgabe 148

► **Selbstadjungierte Operatoren in Hilberträumen, Satz vom abgeschlossenen Graphen**

Es sei $H$ ein Hilbertraum über $\mathbb{C}$ mit Skalarprodukt $\langle\cdot,\cdot\rangle$. Zeigen Sie:

a) Für jedes Element $x \in H$ ist die Abbildung $\langle x,\cdot\rangle : H \to \mathbb{C}$ gleichmäßig stetig.
b) Ist $T : H \to H$ eine lineare Abbildung mit der Eigenschaft $\langle x, Ty\rangle = \langle Tx, y\rangle \; \forall x, y \in H$, dann ist die Abbildung $T$ stetig.

*Hinweis* zu b): Benutzen Sie a) und den Satz vom abgeschlossenen Graphen (vgl. z. B. [20], IV.3).

**Lösung**

a) Sei $x \in H$ beliebig gewählt. Falls $x = 0$, ist $\langle 0, y\rangle = 0 \; \forall y \in H$ und $\langle 0,\cdot\rangle$ offenbar gleichmäßig stetig. Sei also $x \neq 0$ und $\varepsilon > 0$ beliebig vorgegeben. Setze $\delta = \frac{\varepsilon}{\|x\|} > 0$. Dann gilt für alle $y, y' \in H$ mit $\|y - y'\| \leq \delta$ wegen der Cauchy-Schwarzschen Ungleichung

$$|\langle x, y\rangle - \langle x, y'\rangle| = |\langle x, y - y'\rangle| \leq \|x\|\,\|y - y'\| \leq \|x\|\,\delta = \varepsilon.$$

b) Nach dem Satz vom abgeschlossenen Graphen genügt es zu zeigen, dass

$$G(T) = \{(x, Tx) \in H \times H \,|\, x \in H\}$$

in $H \times H$ abgeschlossen ist. (In $H \times H$ wird die übliche Produktnorm $\|(x, y)\| = \|x\| + \|y\|$ zugrunde gelegt.) Dazu sei $((x_n, Tx_n))_{n\in\mathbb{N}} \subset G(T)$ eine konvergente Folge, etwa $(x, y) = \lim\limits_{n\to\infty}(x_n, Tx_n)$. Dann gilt nach Voraussetzung und Teil a)

$$\begin{aligned}
\langle Tx - y, Tx\rangle &\overset{\text{Vor.}}{=} \langle T(Tx - y), x\rangle = \left\langle T(Tx - y), \lim_{n\to\infty} x_n\right\rangle \\
&\overset{\text{a)}}{=} \lim_{n\to\infty} \langle T(Tx - y), x_n\rangle \overset{\text{Vor.}}{=} \lim_{n\to\infty} \langle Tx - y, Tx_n\rangle \\
&\overset{\text{a)}}{=} \langle Tx - y, \lim_{n\to\infty} Tx_n\rangle = \langle Tx - y, y\rangle
\end{aligned}$$

$$\Longrightarrow 0 = \langle Tx - y, Tx - y\rangle = \|Tx - y\|^2 \Longrightarrow Tx = y$$
$$\Longrightarrow (x, y) \in G(T).$$

## 2.8 Kompakte und abgeschlossene Abbildungen

### Aufgabe 149

► **Lineare, kompakte Abbildungen**

Seien $E, E_1, F, F_1$ normierte Räume, $L_1 : E_1 \to E$, $L_2 : F \to F_1$ lineare beschränkte Abbildungen und $K : E \to F$ ein linearer kompakter Operator.[5] Zeigen Sie:

$$L_2 K L_1 : E_1 \to F_1 \quad \text{ist linear und kompakt.}$$

**Lösung**

a) **Linearität:** klar

b) **Kompaktheit:**
$L := L_2 K L_1$ ist kompakt, falls gilt: Das Bild jeder beschränkten Folge enthält eine konvergente Teilfolge.
Sei $(x_n)_{n\in\mathbb{N}} \subset E_1$ beschränkte Folge. Da $L_1$ beschränkt ist, ist $(y_n)_{n\in\mathbb{N}} \subset E$, $y_n := L_1 x_n$, $n \in \mathbb{N}$, eine beschränkte Folge. Da $K$ kompakt ist, enthält $(z_n)_{n\in\mathbb{N}} \subset F$, $z_n := K y_n$, $n \in \mathbb{N}$, eine konvergente Teilfolge. O. B. d. A. sei $(z_n)$ konvergent mit $\lim z_n = z \in F$. Damit ist auch $w_n := L_2 w_n$, $n \in \mathbb{N}$, konvergent mit Grenzwert $w = L_2 z$, denn

$$\|w_n - w\| = \|L_2 z_n - L_2 z\| \le \|L_2\| \, \|z_n - z\| \to 0 \quad (n \to \infty).$$

### Aufgabe 150

► **Vollstetige Operatoren in Hilberträumen**

Seien $X, Y, Z$ separable, unendlichdimensionale Hilberträume. Weiter seien zwei beschränkte lineare Operatoren $A \in L(X, Y)$ bzw. $B \in L(X, Z)$ gegeben, die mit einer Konstanten $C > 0$ der Abschätzung

$$\|Ax\|_Y \le C \|Bx\|_Z \quad \forall x \in X$$

genügen. Zeigen Sie:
Ist $B$ vollstetig, dann ist auch $A$ vollstetig.[6]

---

[5] Eine nicht notwendig lineare Abbildung ist *kompakt*, wenn jede beschränkte Menge in eine relativ kompakte Menge abgebildet wird.

[6] Eine nicht notwendig lineare Abbildung ist *vollstetig*, wenn sie kompakt und stetig ist. Lineare kompakte Abbildungen sind immer auch vollstetig.

*Hinweis:* Benutzen Sie die Aussage, dass in separablen Hilberträumen $X, Y$ eine Abbildung $A \in L(X, Y)$ dann und nur dann vollstetig ist, wenn für jede in $X$ schwach konvergente Folge (i. Z. $x_n \rightharpoonup x_0$ $(n \to \infty)$) die Bildfolge (stark) konvergiert, $Ax_n \to Ax_0$ $(n \to \infty)$. Hierbei heißt eine Folge $x_n \in X$, $n \in \mathbb{N}$ *schwach konvergent* gegen $x_0 \in X$, falls

$$\forall g \in X \quad \langle x_n, g\rangle_X \to \langle x_0, g\rangle_X \ (n \to \infty)$$

gilt.

**Lösung**

Sei $(x_n)_{n\in\mathbb{N}}$, $x_n \in X$, schwach konvergent gegen $x_0 \in X$ für $n \to \infty$. Da $B$ vollstetig ist, gilt, nach dem Hinweis, die Konvergenz

$$Bx_n \to Bx_0 \quad (n \to \infty) \quad \Longleftrightarrow \quad \|Bx_n - Bx_0\|_Z \to 0 \quad (n \to \infty).$$

Es folgt

$$\begin{aligned}\|Ax_n - Ax_0\|_Y &= \|A(x_n - x_0)\|_Y \le C\,\|B(x_n - x_0)\|_Z \\ &= \|Bx_n - Bx_0\|_Z \to 0\,(n \to \infty).\end{aligned}$$

Wiederum laut Hinweis bedeutet dies aber schon die Vollstetigkeit von $A$.

## Aufgabe 151

### ► Eine vollstetige Abbildung in $\ell^2$

Sei $(a_n)_{n\in\mathbb{N}}$ eine beschränkte Folge reeller Zahlen, und sei für $x \in \ell^2 = \ell^2(\mathbb{R})$ eine Folge $Ax$ durch $(Ax)_j := a_j x_j$, $j \in \mathbb{N}$, definiert. Zeigen Sie:

a) $A : \ell^2 \to \ell^2$ ist stetig.
b) $A$ ist kompakt genau dann, wenn $\lim\limits_{n\to\infty} a_n = 0$.

*Hinweise zu* b): Sie können benutzen, dass beschränkte lineare Abbildungen mit endlichdimensionalem Bild vollstetig sind, sowie das Ergebnis aus [20], Korollar II.3.3, zu gleichmäßigen Limites von vollstetigen Abbilungen, und dass punktweise konvergente, gleichgradig stetige Abbildungen auf kompakten Mengen auch gleichmäßig konvergieren (s. z. B. Dieudonné [4], Satz 7.5.6, und Aufg. 165).

**Lösung**

In $\ell^2$ bezeichnen wir das Skalarprodukt mit $\langle\cdot,\cdot\rangle$ und die zugehörige Norm mit $\|\cdot\|_2$ (vgl. Aufg. 36). Die Abbildung $A$ ist offensichtlich linear.

a) $A$ ist beschränkt, und damit stetig, da

$$\|Ax\|_2^2 = \sum_{j\in\mathbb{N}}(a_jx_j)^2 \leq C^2\sum_{j\in\mathbb{N}} x_j^2 = C^2\|x\|_2^2,$$

weil $|a_j| \leq C$, $j \in \mathbb{N}$, nach Voraussetzung.

b) Vorbereitend zeigen wir 1) und 2). Die Behauptung wird dann in 3) und 4) bewiesen.

1) Zu zeigen: Für $P_kx := (x_1, \ldots, x_k, 0, 0, \ldots)$, $x \in \ell^2$, gilt

$$P_kx \to x\,(k \to \infty) \quad \forall x \in \ell^2.$$

Man hat nämlich

$$x - P_kx = (0, 0, \ldots, 0, x_{k+1}, x_{k+2}, \ldots)$$

und deshalb

$$\|x - P_kx\|_2^2 = \sum_{j=k+1}^{\infty} x_j^2 \to 0\,(k \to \infty)$$

nach Definition der Reihenkonvergenz.

2) Definiert man $A_k := P_kA$, d. h.

$$A_kx = (a_1x_1, \ldots, a_kx_k, 0, 0, \ldots),$$

dann ist

$$(A - A_k)x = (0, \ldots, 0, a_{k+1}x_{k+1}, a_{k+2}x_{k+2}, \ldots)$$

und

$$\langle (A - A_k)x, x\rangle = \sum_{j=k+1}^{\infty} a_jx_j^2.$$

Folglich gilt – da $A$ und $A_k$ selbstadjungiert sind, und das Ergebnis von Aufg. 147 benutzt wird:

$$\|A - A_k\| = \sup_{\|x\|_2\leq 1} |\langle (A - A_k)x, x\rangle| = \sup_{\|x\|_2\leq 1}\left|\sum_{j=k+1}^{\infty} a_jx_j^2\right|$$

3) Zu zeigen: Wenn $a_n \to 0\,(n \to \infty)$, dann ist $A$ vollstetig.
**Bew.:** Zunächst ist nach 2)

$$\|A - A_k\| \leq \sup_{j\geq k+1}|a_j| \sup_{\|x\|_2\leq 1} \underbrace{\sum_{j=k+1}^{\infty}|x_j|^2}_{\leq\|x\|_2} \leq \sup_{j\geq k+1}|a_j| \to 0\,(k \to \infty).$$

Da jedes $A_k$ vollstetig ist (jedes $A_k$ ist beschränkt und hat endlichdimensionales Bild!), folgt, dass auch $A$ vollstetig ist (vgl. z. B. [10], IX.2, Satz 3, oder [20], Korollar II.3.3)

4) Zu zeigen: Wenn $A$ vollstetig ist, dann konvergiert $a_n \to 0$ $(n \to \infty)$.
**Bew.:** Da $P_k \overset{s}{\to} I$ $(k \to \infty)$ (punktweise bzw. stark in $\ell^2$), ist $P_k, k \in \mathbb{N}$, nach dem Prinzip der gleichmäßigen Beschränktheit gleichmäßig beschränkt (und damit gleichgradig stetig); $\ell^2$ ist vollständig (vgl. Aufg. 36). Da $A$ als kompakt vorausgesetzt wird, ist $A(B)$ relativ kompakt (in $\ell^2$) für $B = \{x \in \ell^2 \mid \|x\|_2 \leq 1\}$. Auf der kompakten Menge $\overline{A(B)}$ sind punktweise konvergente, gleichgradig stetige Abbildungen auch gleichmäßig konvergent (s. Hinweis), also

$$\sup_{y \in \overline{A(B)}} \|P_k y - y\| \to 0 \quad (k \to \infty)$$

$$\Longrightarrow \sup_{\|x\|_2 \leq 1} \|P_k Ax - Ax\| \to 0 \quad (k \to \infty).$$

Damit konvergiert auch $A_k$ gegen $A$ gleichmäßig, also

$$\|A_k - A\| = \sup_{\|x\|_2 \leq 1} \left| \sum_{j=k+1}^{\infty} a_j x_j^2 \right| \to 0 \quad (k \to \infty).$$

Sei $x^{(k)} = (0, \ldots, 0, 1, 0, \ldots)$, d. h. $x_j^{(k)} = \delta_{j,k}$, $j, k \in \mathbb{N}$. Dann ist $\|x^{(k)}\|_2 = 1$ und

$$|a_{k+1}| = \left| \sum_{j=k+1}^{\infty} a_j (x_j^{(k+1)})^2 \right| \leq \|A_k - A\| \to 0 \ (k \to \infty).$$

## Aufgabe 152

► **Quadraturformelapproximationen von linearen Integraloperatoren, Satz von Arzelà-Ascoli**

Seien $G_n \subset [a, b]$, $n \in \mathbb{N}$, endliche Gitterpunktmengen, $\alpha_n(y)$, $y \in G_n$, $n \in \mathbb{N}$, positive Gewichte, so dass (mit $\beta \geq 0$)

$$\sum_{y \in G_n} \alpha_n(y) \leq \beta, \ n \in \mathbb{N}.$$

Die Operatoren $K_n : C[a, b] \to C[a, b]$, $n \in \mathbb{N}$, seien durch

$$(K_n u)(x) := \sum_{y \in G_n} \alpha_n(y) k(x, y) u(y), \ x \in [a, b], \ u \in C[a, b], \ n \in \mathbb{N},$$

erklärt, wobei $k(\cdot, \cdot)$ einen stetigen Kern darstellt. Zeigen Sie: Ist $(u_n)_{n \in \mathbb{N}}$ eine beschränkte Folge in $C[a, b]$, dann ist $(K_n u_n)_{n \in \mathbb{N}}$ eine kompakte Folge.

*Hinweis:* Benutzen Sie den Satz von Arzelà-Ascoli (vgl. z. B. Aufg. 48).

**Lösung**

Sei $(u_n)_{n\in\mathbb{N}}$ beschränkte Folge in $C[a,b]$ mit $\|u_n\|_\infty \le \gamma$, $n \in \mathbb{N}$.

Z. z.: $(K_n u_n)_{n\in\mathbb{N}}$ ist kompakte Folge,
d. h. $\{K_n u_n : n \in \mathbb{N}\} =: H \subset C[a,b]$ ist relativ kompakt.

a) **Beh.:** $H \subset C[a,b]$ ist gleichmäßig beschränkt.
**Bew.:** Seien $x \in [a,b]$, $n \in \mathbb{N}$, beliebig. Dann gilt

$$\begin{aligned} |K_n u_n(x)| &= \left| \sum_{y\in G_n} \alpha_n(y) k(x,y) u_n(y) \right| \\ &\le \sum_{y\in G_n} \alpha_n(y) \underbrace{|k(x,y)|}_{\le M} \underbrace{|u_n(y)|}_{\le\gamma} \le \gamma\, M\, \beta \end{aligned}$$

$$\Longrightarrow \quad \|K_n u_n\|_\infty \le \gamma\, M\, \beta.$$

b) **Beh.:** $H$ ist gleichgradig stetig.
**Bew.:** Sei $x \in [a,b]$ beliebig, $\varepsilon > 0$ beliebig.
Z. z.:

$$\exists\, \delta > 0\ \forall\, n\ \forall\, x' \in [a,b] : |x - x'| < \delta \Longrightarrow |K_n u_n(x) - K_n u_n(x')| < \varepsilon.$$

Der Kern $k : [a,b] \times [a,b]$ ist stetig, also auch gleichmäßig stetig, auf dem kompakten Rechteck $[a,b] \times [a,b]$, d. h. (o. E. sei: $\beta\,\gamma \neq 0$)

$$\exists \delta > 0\ \forall\, \xi,\ \xi' \in [a,b]^2 : \|\xi - \xi'\| < \delta \Longrightarrow |k(\xi) - k(\xi')| < \frac{\varepsilon}{\beta\,\gamma},$$

wobei $\|\xi\| = \max\{|\xi_1|, |\xi_2|\}$ für $\xi = (\xi_1, \xi_2)$ ist.
Mit diesem $\delta$ gilt $\forall n \in \mathbb{N}$, $\forall x' \in [a,b]$ mit $|x - x'| < \delta$:

$$\begin{aligned} |K_n u_n(x) - K_n u_n(x')| &= \left| \sum_{y\in G_n} \alpha_n(y)[k(x,y) - k(x',y)] u_n(y) \right| \\ &\le \sum_{y\in G_n} \alpha_n(y) |k(x,y) - k(x',y)|\, |u_n(y)| \\ &< \gamma\, \frac{\varepsilon}{\gamma\,\beta}\, \beta = \varepsilon, \end{aligned}$$

da $\|(x,y) - (x',y)\| = |x - x'| < \delta$ ist.

c) $H(x) = \{K_n u_n(x) : n \in \mathbb{N}\}$ ist für alle $x \in [a,b]$ relativ kompakt, da beschränkt in $\mathbb{R}$, was nach a) klar ist.

Nach dem Satz von Arzelà-Ascoli ist $H$ relativ kompakt in $C[a,b]$, und damit ist $(K_n u_n)_{n\in\mathbb{N}}$ eine kompakte Folge.

## Aufgabe 153

### ► Abgeschlossene Abbildungen

Seien $X$, $Y$ normierte Räume. Zeigen Sie:

a) Eine injektive, lineare Abbildung $T : D(T) \subset X \longrightarrow Y$ ist genau dann abgeschlossen, wenn $T^{-1} : T(X) \longrightarrow X$ abgeschlossen ist.
b) Sei $D \subset X$ ein Untervektorraum, und sei $T : D \longrightarrow Y$ durch $Tx = 0$ definiert. Ist $T$ abgeschlossen?

*Hinweise:* Eine lineare Abbildung $T : D(T) \subset X \longrightarrow Y$ heißt *abgeschlossen*, wenn

$$\forall x_n \in D(T), n \in \mathbb{N}, \text{ mit } x_n \to x,\ Tx_n \to y\ (n \to \infty) \text{ folgt: } x \in D(T) \text{ und } Tx = y.$$

Unterscheiden Sie in b), ob $D$ abgeschlossen ist oder nicht.

**Lösung**

a) Sei $T$ abgeschlossen und $y_n \in R(T)$, $n \in \mathbb{N}$, mit

$$\begin{aligned} Tx_n = y_n \to y, \quad x_n = T^{-1}y_n \to x(n \to \infty) \\ \Longrightarrow x \in D(T) = R(T^{-1}) \quad \text{und} \quad Tx = y \quad (\text{da } T \text{ abgeschlossen}) \\ \Longrightarrow y \in D(T^{-1}) = R(T), \quad T^{-1}y = x \end{aligned}$$

Also ist auch $T^{-1}$ abgeschlossen. Die Umkehrung folgt analog.

b) Es ist leicht zu sehen, dass $T$ linear ist.
Laut Definition ist eine lineare Abbildung abgeschlossen, wenn

$$\begin{aligned} &\forall\, x_n \in D(T),\ n \in \mathbb{N}, \quad \text{mit } x_n \to x, \quad Tx_n \to y\ (n \to \infty) \\ &\text{folgt: } x \in D(T) \quad \text{und} \quad Tx = y. \end{aligned}$$

Wir unterscheiden zwei Fälle, je nachdem, ob $D = D(T)$ abgeschlossen ist oder nicht.
**1. Fall:** $D$ abgeschlossen.
Aus $D \ni x_n \to x$ und $Tx_n \to y\ (n \to \infty)$ folgt wegen der Abgeschlossenheit von $D$, dass $x \in D$, und wegen $Tx_n = 0 \to 0\ (n \to \infty)$ folgt $y = 0 = Tx$, also insgesamt die Abgeschlossenheit von $T$.
**2. Fall:** $D$ nicht abgeschlossen.
Dann ist $T$ nicht abgeschlossen, denn es existiert eine Folge $x_n \in D$, $n \in \mathbb{N}$, mit $x_n \to x\ (n \to \infty)$ aber $x \notin D$. Neben der Konvergenz von $(x_n)_{n\in\mathbb{N}}$ gilt auch die Konvergenz von $Tx_n = 0 \to 0 = y\ (n \to \infty)$. Also sind beide Voraussetzungen aus der Definition der Abgeschlossenheit erfüllt, aber $x \notin D$.

## Aufgabe 154

### ► Abgeschlossene Abbildung in $\ell^2$

Sei $X = Y = \ell^2$. Betrachte $T : D \longrightarrow Y,\ D \subset X$, definiert durch $T(s_n) = (ns_n)$, wobei zwei Fälle betrachtet werden sollen:

1. $D = \{(s_n) \in \ell^2 \mid (ns_n) \in \ell^2\}$,
2. $D = d := \{(t_n) \mid t_n \in \mathbb{K},\ t_n \neq 0$ für höchstens endlich viele $n\}$.

Untersuchen Sie, ob $T$ abgeschlosssen ist.

**Lösung**

Offenbar ist $T$ eine lineare Abbildung.

1. Im diesem Fall, also $D = \{(s_n) \in \ell^2 : (ns_n) \in \ell^2\}$, ist $T$ abgeschlossen.
   Zum Beweis sei $\left(s_n^{(m)}\right)$ eine in $\ell^2$ gegen $\left(s_n^{(0)}\right)$ konvergente Folge (für $m \to \infty$), und weiter konvergiere $T\left(s_n^{(m)}\right) = \left(ns_n^{(m)}\right)$ in $\ell^2$ gegen $(y_n)$. Dann hat man
   (1) $\left(s_n^{(0)}\right) \in D$, d. h. $\left(ns_n^{(0)}\right) \in \ell^2$, und
   (2) $T\left(s_n^{(0)}\right)\left(= \left(ns_n^{(0)}\right)\right) = (y_n)$
   zu zeigen. Offenbar reicht es wegen $(y_n) \in \ell^2$ lediglich (2) zu zeigen, woraus dann (1) sofort folgt.
   Wir beweisen (2) indirekt, nehmen also an:
   $$\exists N \in \mathbb{N}\, \exists \varepsilon > 0 : \quad \left|Ns_N^{(0)} - y_N\right| = \varepsilon.$$
   Aus der Konvergenz von $\left(s_n^{(m)}\right)$ gegen $\left(s_n^{(0)}\right)$ folgt nun die Existenz eines $M_1 \in \mathbb{N}$, so dass für alle $m \geq M_1$
   $$\left|s_N^{(m)} - s_N^{(0)}\right|^2 \leq \left\|\left(s_n^{(m)}\right) - \left(s_n^{(0)}\right)\right\|_{\ell^2}^2 \leq \frac{\varepsilon^2}{16N^2} \quad \Longrightarrow \quad \left|s_N^{(m)} - s_N^{(0)}\right| \leq \frac{\varepsilon}{4N}$$
   gilt. Wegen der Konvergenz von $\left(ns_n^{(m)}\right)$ gegen $(y_n)$ hat man die Existenz eines $M_2$, so dass für alle $m \geq M_2$
   $$\left|Ns_N^{(m)} - y_N\right|^2 \leq \left\|\left(ns_n^{(m)}\right) - (y_n)\right\|_{\ell^2}^2 \leq \frac{\varepsilon^2}{16} \quad \Longrightarrow \quad \left|Ns_N^{(m)} - y_N\right| \leq \frac{\varepsilon}{4}$$
   richtig ist. Aus beiden Abschätzungen zusammen folgt für $m \geq \max(M_1, M_2)$
   $$\left|Ns_N^{(0)} - y_N\right| \leq \left|Ns_N^{(0)} - Ns_N^{(m)}\right| + \left|Ns_N^{(m)} - y_N\right| \leq \frac{\varepsilon}{4} + \frac{\varepsilon}{4} = \frac{\varepsilon}{2}$$
   im Widerspruch zur Annahme.

2. Wir nutzen im zweiten Fall jeweils aus, dass Reihen der Form $\sum_{n=1}^{\infty} \frac{1}{n^\alpha}$ für $\alpha > 1$ konvergieren, die Reihenreste $\sum_{n=m+1}^{\infty} \frac{1}{n^\alpha}$ im Fall $\alpha > 1$ für $m \to \infty$ also gegen 0 konvergieren. Setze nun

$$t_n^{(m)} := \begin{cases} \frac{1}{n^2}, & n \leq m, \\ 0, & n > m. \end{cases}$$

Offenbar ist dann für jedes $m \in \mathbb{N}$ die Folge $\left(t_n^{(m)}\right)$ in $d$, da $t_n^{(m)}$ nur für endlich viele $n \in \mathbb{N}$ nicht verschwindet. Andererseits hat man mit $\tilde{t}_n := \frac{1}{n^2}$, $n \in \mathbb{N}$, wegen

$$\left\| \left(t_n^{(m)}\right) - (\tilde{t}_n) \right\|_{\ell^2}^2 = \sum_{n=m+1}^{\infty} \frac{1}{n^4} \to 0 \quad (m \to \infty),$$

dass $\lim\limits_{m\to\infty} \left(t_n^{(m)}\right) = (\tilde{t}_n)$. Mit $y_n := \frac{1}{n}$, $n \in \mathbb{N}$, gilt wegen

$$\left\| \left(n t_n^{(m)}\right) - (y_n) \right\|_{\ell^2}^2 = \sum_{n=m+1}^{\infty} \frac{1}{n^2} \to 0 \quad (m \to \infty)$$

auch, dass $\lim\limits_{m\to\infty} T\left(t_n^{(m)}\right) = \lim\limits_{m\to\infty} \left(n t_n^{(m)}\right) = (y_n) \in \ell^2$. Aber offensichtlich ist $(\tilde{t}_n)$ nicht in $d$, da $\tilde{t}_n \neq 0 \; \forall n \in \mathbb{N}$; somit ist $T$ auf $d$ nicht abgeschlossen.

## 2.9 Inverse Probleme

### Aufgabe 155

► **Integralgleichungen, höhere Ableitungen**

Zeigen Sie:

a) Die Bestimmung der $n$-ten Ableitung $x = f^{(n)}$ einer Funktion $f \in C^n[0,1]$ mit $f(0) = f'(0) = \ldots = f^{(n-1)}(0) = 0$ ist äquivalent zur Lösung der folgenden Integralgleichung

$$(A_n x(t) :=) \int_0^t \frac{1}{(n-1)!}(t-s)^{n-1} x(s) ds = f(t).$$

b) Das Problem $A_n x = f$ ist bzgl. der Maximumnorm inkorrekt gestellt, wobei $A_n$ den obigen (Volterraschen) Integraloperator bezeichnet.

*Hinweis:* Zeigen Sie b) direkt, indem Sie eine geeignete Funktion angeben, für die $A_n^{-1}$ nicht stetig ist.

Die Aussage in b) erhält man auch, weil der obige Integraloperator mit stetigem Kern kompakt ist (nach dem Satz von Arzelà-Ascoli, vgl. z. B. [20], II.3, [15], 2.2), und Operatorgleichungen erster Art mit kompaktem Operator immer auf schlecht gestellte Probleme führen (siehe z. B. [15], Satz 2.2.8).

## Lösung

a) **Beweis:** (durch vollständige Induktion)

I. A. $n = 1$: Sei $f \in C[0,1]$ mit $f(0) = 0$.

$$x = f' \iff \int_0^t x(s)\,ds = f(t) - f(0) = f(t)$$
$$\iff A_1 x(t) = f(t)$$

I. V. Für ein $n \geq 1$ und $f \in C^n[0,1]$ mit $f(0) = \ldots = f^{(n-1)}(0) = 0$ gelte:

$$x = f^{(n)} \iff A_n x = f.$$

I. S. $n \to n+1$: Sei $f \in C^{n+1}[0,1]$ mit $f(0) = \ldots = f^{(n)}(0) = 0$. Dann gilt:

$$x = f^{(n+1)} \iff \exists g : x = g' \quad \text{und} \quad g = f^{(n)}$$
$$\overset{\text{I. V.}}{\iff} \exists g : x = g' \quad \text{und} \quad A_n g = f \qquad (*)$$

**Behauptung:**

1. $(*) \Rightarrow A_{n+1}x = f$
2. $A_{n+1}x = f \Rightarrow (*)$

**Beweis:**

1. Wegen $(*)$ folgt

$$\begin{aligned} f(t) &= A_n g(t) \\ &= \int_0^t \frac{(t-s)^{n-1}}{(n-1)!} g(s)\,ds \\ &\overset{\text{p. I.}}{=} \left[-\frac{(t-s)^n}{n!} g(s)\right]_{s=0}^t + \int_0^t \frac{(t-s)^n}{n!} \cdot \underbrace{g'(s)}_{=x(s)}\,ds \\ &= 0 + A_{n+1}x(t), \quad \text{da } g(0) = f^{(n)}(0) = 0. \end{aligned}$$

2. Umgekehrt gelte nun

$$\begin{aligned} f(t) &= A_{n+1}x(t) \\ &= \int_0^t \frac{(t-s)^n}{n!} x(s)\,ds \\ &\overset{\text{p.I.}}{=} \left[\frac{(t-s)^n}{n!}\int_0^s x(\tau)\,d\tau\right]_{s=0}^t + \int_0^t \frac{(t-s)^{n-1}}{(n-1)!} \underbrace{\int_0^s x(\tau)\,d\tau}_{=g(s)}\,ds \\ &= A_n g(t) \end{aligned}$$

mit $g(t) = \int_0^t x(\tau)\,d\tau \Rightarrow g'(t) = x(t)$. Also gilt $(*)$.

b) Sei $n \in \mathbb{N}$ fest vorgegeben, $f \in C^n[0,1]$ beliebig, $\delta > 0$ beliebig (o. B. d. A. $\delta < \left(\frac{1}{2\pi}\right)^n$).
Definiere $f_\delta(x) := f(x) + \delta \sin(tx)$, $x \in [0,1]$, mit $t = \sqrt[n]{1/\delta} > 2\pi$. Dann gilt $\|f - f_\delta\|_\infty \le \delta$.
Aber mit

$$a_n := \begin{cases} \sin(tx), & \text{falls } n \equiv 0 \bmod 4 \\ \cos(tx), & \text{falls } n \equiv 1 \bmod 4 \\ -\sin(tx), & \text{falls } n \equiv 2 \bmod 4 \\ -\cos(tx), & \text{falls } n \equiv 3 \bmod 4 \end{cases}$$

gilt:

$$\begin{aligned} \left\|A_n^{-1}f - A_n^{-1}f_\delta\right\|_\infty &\overset{\text{a)}}{=} \left\|f^{(n)} - f_\delta^{(n)}\right\|_\infty \\ &= \left\|f^{(n)} - f^{(n)} + \delta t^n a_n\right\|_\infty \\ &= \|a_n\|_\infty \underbrace{\delta t^n}_{=1} \\ &= 1 =: \varepsilon_0 \end{aligned}$$

## Aufgabe 156

### ► Ein schlecht gestelltes Problem in $C[0,\pi] \to \ell^2$

Sei $f(x) := x - x^2, x \in [0,\pi]$. Setze $a_n := \frac{2}{\pi}\int\limits_0^\pi f(x)\sin(nx)\,dx,\ n \in \mathbb{N}$.

a) Berechnen Sie $a_n, n \in \mathbb{N}$ und zeigen Sie: $f(x) = \sum\limits_{n\in\mathbb{N}} a_n \sin(nx),\ x \in [0,\pi)$.

b) Sei $\widetilde{a}_n \in \mathbb{R}$ eine Näherung von $a_n$ mit $|a_n - \widetilde{a}_n| \le \frac{\varepsilon}{n}, n \in \mathbb{N}, \varepsilon > 0$.

Zeigen Sie: $\sum\limits_{n\in\mathbb{N}} (a_n - \widetilde{a}_n)^2 \le \varepsilon^2 \frac{\pi^2}{6}$.

c) Zeigen Sie: „I. A.“ ist $\tilde{f}(x) := \sum\limits_{n\in\mathbb{N}} \widetilde{a}_n \sin(nx),\ x \in [0,\pi)$, divergent.

d) Zeigen Sie: $\int\limits_0^\pi \left|f(x) - \tilde{f}(x)\right|^2\,dx \le \varepsilon^2\,\frac{\pi^3}{12}$.

e) Zeigen Sie:
Mit $X := C[0,\pi], Y := \ell^2 := \left\{(\beta_n) : \sum_{n\in\mathbb{N}} \beta_n^2 < \infty\right\}$, $\|\cdot\|_X := \|\cdot\|_\infty =$ Max.-Norm, $\|(\beta_n)\|_Y := \|\cdot\|_2 = \ell^2$-Norm und $A : X \to Y$ definiert durch $Af := (a_n)_{n\in\mathbb{N}}$ ($a_n$ siehe oben) ist das Problem

$$Af = a, \quad a \in Y,$$

schlecht gestellt.

*Hinweise:* Die Konvergenz der Sinus-Reihe in a) sowie die Darstellung von $f$ durch eine Sinus-Reihe wird am Ende mit Verweisen auf die Literatur diskutiert. Zur Anwendung entsprechender Ergebnisse sollte die gegebene Funktion als gerade, $2\pi$-periodische Funktion fortgesetzt werden.

**Lösung**

a) Zur Ermittlung der Fourierkoeffizienten berechnet man zunächst

$$\begin{aligned}
\alpha_n^{(1)} &:= \int\limits_0^\pi x\sin(nx)\,dx \\
&= \underbrace{\left[\frac{1}{n^2}\sin(nx)\right]_0^\pi}_{=0} - \left[\frac{x}{n}\cos(nx)\right]_0^\pi \\
&= -\frac{1}{n}(\pi\cos(n\pi) - 0) \\
&= -\frac{\pi}{n}\cos(n\pi)
\end{aligned}$$

$$\begin{aligned}
\alpha_n^{(2)} &:= \int_0^\pi x^2 \sin(nx)\,dx \\
&= \underbrace{\left[\frac{1}{n^2} 2x \sin(nx)\right]_0^\pi}_{=0} - \left[\left(\frac{x^2}{n} - \frac{2}{n^3}\right)\cos(nx)\right]_0^\pi \\
&= -\left(\frac{\pi^2}{n} - \frac{2}{n^3}\right)\cos(n\pi) - \frac{2}{n^3} \\
&= \frac{2}{n^3}(\cos(n\pi) - 1) - \frac{\pi^2}{n}\cos(n\pi)
\end{aligned}$$

und erhält somit

$$\begin{aligned}
a_n &= \frac{2}{\pi}(\alpha_n^{(1)} - \alpha_n^{(2)}) \\
&= \frac{2}{\pi}\left[\left(\frac{\pi^2}{n} - \frac{2}{n^3}\right)\cos(n\pi) + \frac{2}{n^3} - \frac{\pi}{n}\cos(n\pi)\right] \\
&= \begin{cases} \frac{2}{\pi}\left[\left(\frac{\pi^2}{n} - \frac{2}{n^3}\right) + \frac{2}{n^3} - \frac{\pi}{n}\right], & n \text{ gerade} \\ \frac{2}{\pi}\left[-\left(\frac{\pi^2}{n} - \frac{2}{n^3}\right) + \frac{2}{n^3} + \frac{\pi}{n}\right], & n \text{ ungerade} \end{cases} \\
&= \begin{cases} \frac{2}{\pi}\frac{\pi}{n}(\pi - 1) = \frac{1}{m}(\pi - 1), & n = 2m \text{ gerade} \\ \frac{2}{\pi}\left[-\frac{\pi}{n}(\pi - 1) + \frac{4}{n^3}\right] = \frac{2}{n}(1 - \pi) + \frac{8}{\pi n^3}, & n \text{ ungerade} \end{cases}
\end{aligned}$$

Wir zeigen nun, dass die obigen $a_k$ gerade die Fourierkoeffizienten von $f$ sind, die bekanntlich gegeben sind durch

$$\alpha_k = \frac{1}{\pi}\int_{-\pi}^{\pi} f(x)\cos(kx)\,dx, \quad \beta_k = \frac{1}{\pi}\int_{-\pi}^{\pi} f(x)\sin(kx)\,dx.$$

Mit den Bemerkungen zur Konvergenz von Fourierreihen am Ende ergibt sich damit die behauptete Konvergenz und Darstellung von $f$.
Bei einer ungeraden Funktion sind alle $\alpha_k = 0$, $k = 0, 1, 2, \ldots$. Ist, wie im vorliegenden Fall, die auf $(0, \pi)$ definierte Funktion $f$ ungerade fortgesetzt – und weil sin selbst eine ungerade Funktion ist – dann erhält man über Variablensubstitution (mit $g(x) = -x$, $g'(x) = -1$)

$$\begin{aligned}
\int_{-\pi}^{0} f(x)\sin(kx)\,dx &= -\int_{-\pi}^{0} f(-x)(-\sin(-kx))\,dx \\
&= \int_{-\pi}^{0} f(-x)\sin(-kx)\,dx
\end{aligned}$$

$$= -\int_{-\pi}^{0} f(-x)\sin(-kx)g'(x)\,dx$$

$$= -\int_{\pi}^{0} f(t)\sin(kt)\,dt$$

$$= \int_{0}^{\pi} f(t)\sin(kt)\,dt.$$

Für die Fourierkoeffizienten ergibt sich

$$\begin{aligned}\beta_k &= \frac{1}{\pi}\int_{-\pi}^{\pi} f(x)\sin(kx)\,dx\\ &= \frac{1}{\pi}\left(\int_{-\pi}^{0} f(x)\sin(kx)\,dx + \int_{0}^{\pi} f(x)\sin(kx)\,dx\right)\\ &= \frac{2}{\pi}\int_{0}^{\pi} f(x)\sin(kx)\,dx.\end{aligned}$$

Also ist $\beta_k = a_k$ mit obigen $a_k$, $k \in \mathbb{N}$.

b) Ist $|a_n - \widetilde{a}_n| \leq \frac{\varepsilon}{n}$, $n \in \mathbb{N}$, $\varepsilon > 0$, so gilt:

$$\sum_{n\in\mathbb{N}} (a_n - \widetilde{a}_n)^2 \leq \sum_{n\in\mathbb{N}} \frac{\varepsilon^2}{n^2} = \varepsilon^2 \frac{\pi^2}{6}$$

c) Sei $f = \sum\limits_{n\in\mathbb{N}} a_n \sin(n\,\cdot)$ konvergent in $[0,\pi)$, und

$$\widetilde{a}_n = \begin{cases} a_n, & n \text{ gerade},\\ a_n + (-1)^m \frac{\varepsilon}{n}, & n = 2m+1 \text{ ungerade}.\end{cases}$$

Wir machen die Widerspruchsannahme, dass $\tilde{f} := \sum_{n\in\mathbb{N}} \widetilde{a}_n \sin(n\cdot)$ konvergiert. Es folgt dann, dass auch die durch gliedweise Subtraktion aus $\tilde{f}$ und $f$ entstehende Reihe konvergiert, und es gilt:

$$\tilde{f}(x) - f(x) = \varepsilon \sum_{m=0}^{\infty} (-1)^m \frac{\sin((2m+1)x)}{2m+1}, \quad x \in [0,\pi).$$

Andererseits hat man etwa bei $x = \frac{\pi}{2}$, dass

$$\sum_{m=0}^{N}(-1)^m \frac{\sin((2m+1)x)}{2m+1}\bigg|_{x=\frac{\pi}{2}} = \sum_{m=0}^{N}\frac{1}{2m+1} \to \infty\ (N \to \infty)$$

(Widerspruch!).

d) Die Funktionenfamilie

$$\left\{\frac{1}{\pi}, \frac{2}{\pi}\cos(kx), \frac{2}{\pi}\sin(kx)\right\}$$

bildet eine Orthonormalbasis von $L^2(0,\pi)$; mit den zugehörigen Fourierkoeffizienten $\hat{\alpha}_k, \hat{\beta}_k$ gilt die Besselsche Gleichung[7]

$$\|f\|_{L^2} = \left(\left(\frac{\hat{\alpha}_0}{2}\right)^2 + \sum_{k=1}^{\infty}\left(\hat{\alpha}_k^2 + \hat{\beta}_k^2\right)\right)^{\frac{1}{2}}$$

Liegen Sinusreihen vor, d. h. $\hat{\alpha}_k = 0\ \forall k$, dann folgt

$$\left\|f - \tilde{f}\right\|_{L^2}^2 = \frac{\pi}{2}\sum_{n\in\mathbb{N}}(a_n - \widetilde{a}_n)^2 \le \frac{\pi}{2}\varepsilon^2\frac{\pi^2}{6} = \varepsilon^2\frac{\pi^3}{12}.$$

e) Zu zeigen ist:

$$\exists a = (a_n) \in Y, \exists \varepsilon_0 > 0\ \forall \delta > 0\ \exists \tilde{a} = (\widetilde{a}_n) : \|a - \tilde{a}\|_Y \le \delta \wedge \|f - \tilde{f}\|_\infty \ge \varepsilon_0.$$

Zu beliebigem $(a_n) \in Y$ sei $\tilde{a} = (\widetilde{a}_n)$ wie oben in c) (mit $\delta$ beliebig und $\varepsilon > 0$ so, dass $\varepsilon\frac{\pi^2}{6} \le \delta$). Nach b), c) ist dann

$$\|(a_n) - (\widetilde{a}_n)\|_Y \le \delta \quad \text{und} \quad \|f - \tilde{f}\|_\infty = \infty;$$

also ist die obige Behauptung für beliebiges $\varepsilon_0 > 0$ gezeigt.

**Zur Konvergenz von Fourierreihen:**
Eine in $(0,\pi)$ erklärte Funktion $f$ läst sich gerade oder ungerade auf ganz $\mathbb{R}$ zu einer $2\pi$-periodischen Funktion fortsetzen. Bezeichnet man die entsprechenden Fortsetzungen mit $f_g$ bzw. $f_u$, so ist

$$f_g(x) = f(-x) \quad \text{bzw.} \quad f_u(x) = -f(-x) \quad \text{für } -\pi < t < 0$$

[7] Wegen des Normierungsfaktors $\frac{2}{\pi}$ – verglichen mit a) – ist $f(x) = \sum_{n\in\mathbb{N}} \frac{\pi}{2}a_n\frac{2}{\pi}\sin(nx)$, also $\hat{\beta}_n = \frac{\pi}{2}\beta_n = \frac{\pi}{2}a_n, n \in \mathbb{N}$.

Bei der geraden Fortsetzung unterliegen die Werte $f_g(0)$ und $f_g(\pi) = f_g(-\pi)$ keiner Einschränkung, falls sie nicht von vorneherein gegeben sind. Dagegen führt die Forderung, dass $f$ ungerade und $2\pi$-periodisch ist, auf die Funktionswerte $f_u(0) = 0$, $f_u(\pi) = f_u(-\pi) = 0$. Gegebenenfalls muß man die Funktionswerte dort entsprechend abändern. Die Fourierreihe von $f_g$ ist eine Cosinusreihe, die von $f_u$ eine Sinusreihe.

Zur Konvergenz von Fourierreihen gibt es verschiedene positive und negative Ergebnisse (vgl. z. B. Walter [18], §10, Werner [20]). Z. B. gibt es stetige, $2\pi$-periodische Funktionen, deren Fourierreihen nicht in jedem Punkt konvergieren. Ist dagegen $f$ $2\pi$-periodisch und absolutstetig mit Ableitung $f' \in L^2(-\pi, \pi)$, so konvergiert deren Fourierreihe in $\mathbb{R}$ absolut und gleichmäßig gegen $f$. Ist $f \in L(-\pi, \pi)$ und $a \in \mathbb{R}$ eine Unstetigkeitsstelle, so konvergiert die Fourierreihe gegen $\frac{1}{2}[f(a+) + f(a-)]$. An solchen Stellen ist der Funktionswert entsprechend so zu erklären. Ist $f \in L^2(-\pi, \pi)$, $2\pi$-periodisch und in einem offenen Intervall $I$ gleich einer $C^2(I)$-Funktion $g$, so konvergiert ihre Fourierreihe in jedem kompakten Teilintervall gleichmäßig gegen $g$. Die letzte Aussage ist auf die Funktion $f(x) = x - x^2$ anzuwenden. Um eine Sinusreihe zu erhalten, muss die Funktion ungerade fortgesetzt werden. Bei $x = \pi$ erklären wir $f(\pi) = 0$. Dann konvergiert die Reihe

$$\sum_{n \in \mathbb{N}} a_n \sin(nx)$$

mit obigen $a_n$ auf jedem kompakten Teilintervall von $(0, \pi)$ gegen $f$. An den Unstetigkeitsstellen $x = (2k+1)\pi$ der fortgesetzten $2\pi$-periodischen Funktion konvergiert die Reihe gegen 0. Die Fourierkoeffizienten einer $2\pi$-periodischen Funktion $f$ sind üblicherweise erklärt durch

$$\alpha_k = \frac{1}{\pi} \int_{-\pi}^{\pi} f(x) \cos(kx)\, dx, \quad \beta_k = \frac{1}{\pi} \int_{-\pi}^{\pi} f(x) \sin(kx)\, dx$$

*Weitere Bemerkungen:*

1. Wählt man in $X$ die $L^2$-Norm, dann ist das Problem gut gestellt (siehe d), wegen der Bessel-Gleichung).
2. Man könnte $f$ auch gerade fortsetzen. In diesem Fall erhält man eine Cosinusreihe $f(x) = \frac{\alpha_0}{2} + \sum\limits_{k=1}^{\infty} \alpha_k \cos(kx)$ mit den Fourierkoeffizienten

$$\alpha_k = \frac{1}{\pi} \int_{-\pi}^{\pi} f(x) \cos(kx)\, dx,\ k = 0, 1, 2, \ldots$$

## Aufgabe 157

► **Verallgemeinerte Inverse in $\mathbb{R}^{n,m}$**

Sei $A \in \mathbb{R}^{n,m}$ mit $n \geq m$ und $\text{rg}(A) = m$, d. h. die Spalten von $A$ sind linear unabhängig. Zeigen Sie:

a) $C := A^*A \in \mathbb{R}^{m,m}$ ist positiv definit.
b) Für die verallgemeinerte Inverse[8] gilt die Darstellung

$$A^\dagger = (A^*A)^{-1}A^*.$$

*Hinweis* zu b): Benutzen Sie für eine injektive Matrix die Tatsache, dass $x = A^\dagger y$ Lösung der *Normalgleichung* $A^*Ax = A^*y$ ist[9] (vgl. auch Hinweise zu Aufg. 158).
c) Berechnen Sie die verallgemeinerte Inverse von

$$A = \begin{pmatrix} 1 & 0 & 1 \\ 0 & 2 & 2 \end{pmatrix} \in \mathbb{R}^{2,3}.$$

*Hinweis:* Benutzen Sie Aufgabenteil b) für $A^*$ anstelle von $A$ sowie $(A^*)^\dagger = (A^\dagger)^*$.

*Bemerkung:* In a) stellt $Ax = y$ ein „überbestimmtes Gleichungssystem" dar, in c) (wegen $n < m$) ein „unterbestimmtes Gleichungssystem".

**Lösung**

Nach Voraussetzung $\text{rg}(A) = m$ ist $A$ injektiv, da die Spalten von $A$ linear unabhängig sind und deshalb $[Ax = 0 \iff x = 0]$.

a) Für $x \in \mathbb{R}^m$ gilt (in $\mathbb{R}$ ist $A^* = A^\top$) mit dem euklidischen Skalarprodukt $\langle \cdot, \cdot \rangle$ und der euklidischen Norm $\| \cdot \|$:

$$\langle x, Cx \rangle = \langle x, A^\top Ax \rangle = \langle Ax, Ax \rangle = \|Ax\|^2 \geq 0$$

$\Rightarrow C$ positiv semidefinit (und symmetrisch).
Es ist

$$\|Ax\| = 0 \iff Ax = 0 \overset{A \text{ inj.}}{\iff} x = 0$$

$\Rightarrow C$ positiv definit.

[8] Auch „Moore-Penrose-Inverse" oder „Pseudoinverse" genannt; für Matrizen heißt $A^\dagger$ auch die „Matrix-Pseudoinverse".
[9] Eine Lösung der Normalgleichung heißt auch „Quasilösung" oder „Minimum-Norm-Lösung".

b) Da $A$ injektiv ist, gilt:

$$x = A^{\dagger} y \Rightarrow A^{\top} A x = A^{\top} y \qquad \text{(Normalgleichung)}$$

$C = A^{\top} A$ ist positiv definit und somit regulär

$$\Rightarrow x = (A^{\top} A)^{-1} A^{\top} y$$

ist die einzige Lösung der Normalgleichung und demzufolge gilt:

$$x = A^{\dagger} y.$$

Also ist

$$A^{\dagger} = (A^{\top} A)^{-1} A^{\top}$$

c) Folgt man dem Hinweis, dann gilt für $B = A^* = A^{\top}$ wegen $\text{rg}(B) = 2$ nach Teil b), dass

$$\begin{aligned}
B^{\dagger} &= (B^* B)^{-1} B^* \\
&= (A A^*)^{-1} A \\
&= \left( \begin{pmatrix} 1 & 0 & 1 \\ 0 & 2 & 2 \end{pmatrix} \begin{pmatrix} 1 & 0 \\ 0 & 2 \\ 1 & 2 \end{pmatrix} \right)^{-1} \begin{pmatrix} 1 & 0 & 1 \\ 0 & 2 & 2 \end{pmatrix} \\
&= \begin{pmatrix} 2 & 2 \\ 2 & 8 \end{pmatrix}^{-1} \begin{pmatrix} 1 & 0 & 1 \\ 0 & 2 & 2 \end{pmatrix} \\
&= \frac{1}{6} \begin{pmatrix} 4 & -1 \\ -1 & 1 \end{pmatrix} \begin{pmatrix} 1 & 0 & 1 \\ 0 & 2 & 2 \end{pmatrix} \\
&= \frac{1}{6} \begin{pmatrix} 4 & -2 & 2 \\ -1 & 2 & 1 \end{pmatrix}
\end{aligned}$$

$$\Rightarrow A^{\dagger} = (B^*)^{\dagger} = (B^{\dagger})^* = \frac{1}{6} \begin{pmatrix} 4 & -1 \\ -2 & 2 \\ 2 & 1 \end{pmatrix}$$

*Bemerkung:* Damit gilt dann auch

$$A\,A^{\dagger} = \frac{1}{6} \begin{pmatrix} 1 & 0 & 1 \\ 0 & 2 & 2 \end{pmatrix} \begin{pmatrix} 4 & -1 \\ -2 & 2 \\ 2 & 1 \end{pmatrix} = \begin{pmatrix} 1 & 0 \\ 0 & 1 \end{pmatrix}$$

## Aufgabe 158

▶ **Matrix-Pseudoinverse**

Sei $A \in \mathbb{R}^{n,m}$ und $Q$ die Orthogonalprojektion auf $R(A)$ (bzgl. des euklidischen Skalarprodukts). Zeigen Sie folgende Charakterisierung einer Matrix-Pseudoinversen:

$$z = A^{\dagger} y \Longleftrightarrow Az = Qy \text{ und } z \in R(A^*)$$

*Hinweise:* Beweisen Sie dazu zuerst die Tatsache, dass jede Quasilösung $x$ (zu $y$) die Darstellung $x = t + s$ hat, wobei $t \in R(A^*)$ Quasilösung und $s \in N(A)$ ist.

Eine *Quasilösung* erfüllt per definitionem $Ax = Qy$ oder äquivalent die Normalgleichung (s. Aufg. 157). Für die *verallgemeinerte Inverse*, oder *Matrix-Pseudoinverse*, $A^{\dagger}$ gilt per definitionem, dass $x = A^{\dagger} y$ die (eindeutig bestimmte) Quasilösung mit minimaler Norm ist (vgl. z. B. [15], 2.1, [9], 3.1.5, [6], 12., [2], 4.3).

### Lösung

Wir führen den Beweis in zwei Schritten. (Setze $X = \mathbb{R}^m, Y = \mathbb{R}^n$.)

**1. Behauptung:**

$$\forall\, y \in Y\, \exists!\, t \in R(A^*)\, \forall \text{ Quasilösungen } x \text{ (zu } y)\, \exists\, s \in N(A) : x = t + s$$

**Beweis:** Sei $x$ Quasilösung zu $y$, d. h. $Ax = Qy$. Da $\mathbb{R}^m = N(A) \oplus R(A^*)$ (wegen $R(A^*)^{\perp} = N(A)$), existieren $s \in N(A), t \in R(A^*)$ mit $x = s + t$. Außerdem ist $At = Qy$ (da $As = 0$), d. h. $t$ ist Quasilösung. $t$ ist einzige Quasilösung in $R(A^*)$, denn angenommen es gäbe noch ein $t'$, das ebenfalls Quasilösung in $R(A^*)$ wäre, so folgte:

$$At' = Qy \Longrightarrow A(t - t') = 0 \Longrightarrow t - t' \in N(A) \cap R(A^*) = \{0\}$$

**2. Behauptung:**

$$z = A^{\dagger} y \Longleftrightarrow Az = Qy \quad \text{und} \quad z \in R(A^*)$$

**Beweis:** Nach der ersten Behauptung existiert eine eindeutig bestimmte Quasilösung $t$ in $R(A^*)$, so dass

$$\forall \text{ Quasilösungen } x \text{ (zu } y)\, \exists s \in N(A) : x = t + s.$$

Es folgt nach Satz des Pythagoras (mit der euklidischen Norm $\|\cdot\|_2$), dass $\|x\|_2^2 = \|t\|_2^2 + \|s\|_2^2$. Also hat $t$ unter allen Quasilösungen offenbar minimale Norm, so dass $t = z = A^\dagger y$ und daraus $Az = Qy$ und $z \in R(A^*)$ folgt. Ist umgekehrt $Az = Qy$ und $z \in R(A^*)$, so folgt (siehe erste Behauptung), dass $z$ eindeutig bestimmt ist (zu $y$) und für alle Quasilösungen $x = z + s$ gilt:

$$\|x\|_2^2 = \|z\|_2^2 + \|s\|_2^2 \geq \|z\|_2^2,$$

woraus unmittelbar $z = A^\dagger y$ folgt.

## Aufgabe 159

### ► Berechnung von Matrix-Pseudoinversen

Die Charakterisierung in Aufgabe 158 ergibt einen Algorithmus zur Berechnung von $A^\dagger$. Die Spalten von $A^\dagger$ sind nämlich gegeben durch $x^{(j)} = A^\dagger e^{(j)}$, $j = 1, \ldots, n$, mit den Einheitsvektoren $e^{(j)} \in \mathbb{R}^n$, d. h. $A^\dagger = \left(x^{(1)} | \cdots | x^{(r)}\right)$. Hierbei ist zu beachten, dass $N(A)^\perp = R(A^*)$.

Der Algorithmus beinhaltet also die folgenden Schritte:

1) Bestimme $R(A)$ und $N(A) = [a^{(1)}, \ldots, a^{(r)}]$ $\quad (r = \dim N(A))$.
2) Berechne $Qe^{(j)}$, $j = 1, \ldots, n$.
3) Löse $Ax^{(j)} = Qe^{(j)}$ und $(x^{(j)}, a^{(i)})_2 = 0$, $i = 1, \ldots, r$.

Berechnen Sie mit dieser Methode die Pseudoinversen der folgenden Matrizen:

a) $A = a \in \mathbb{R}^{n,1}$ (Spaltenvektor $a \neq 0$)
b) $A = d \in \mathbb{R}^{1,m}$ (Zeilenvektor $d \neq 0$)
c)

$$A = \begin{pmatrix} 1 & 0 & 1 & 1 \\ 0 & 1 & -1 & 0 \\ 1 & 1 & 0 & 1 \end{pmatrix} \in \mathbb{R}^{3,4}$$

**Lösung**

Sei $(\cdot,\cdot) = \langle \cdot,\cdot \rangle$ das euklidische Skalarprodukt in $\mathbb{R}^n$.

a) Da nach Voraussetzung $A = a \in \mathbb{R}^{n,1}, a \neq 0$, folgt $A^\dagger \in \mathbb{R}^{1,n}$, also ist $A$ ein Spalten- und $A^\dagger$ ein Zeilenvektor. Offenbar gilt

$$\begin{aligned} R(A) = [a],\, N(A) = \{t \in \mathbb{R}^1 : At = ta = 0\} = \{0\} \\ \Longrightarrow R(A^*) = N(A)^\perp = \mathbb{R}^1. \end{aligned}$$

Nun betrachtet man die Projektion $Q : Y = \mathbb{R}^n \to R(A) = [a]$. Per definitionem gilt:

$$(\underbrace{Qy}_{\mu a}, v) = (y, v) \quad \forall y \in \mathbb{R}^n,\ v \in R(A) = [a]$$

$$\iff (\mu a, a) = (y, a) \Longrightarrow \mu = \frac{(y, a)}{\|a\|^2}$$

Wir setzen für $y$ die Einheitsvektoren $e^{(j)}$ ein und erhalten:

$$Qe^{(j)} = \mu^{(j)} a = \frac{(e^{(j)}, a)}{\|a\|^2} = \frac{a_j}{\|a\|^2} a,\ j = 1, \ldots, n.$$

Löst man nun mit $x^{(j)} \in \mathbb{R}^1$

$$Ax^{(j)} = Qe^{(j)},\ j = 1, \ldots, n,$$

so folgt

$$x^{(j)} a = \mu^{(j)} a \Longrightarrow x^{(j)} = \mu^{(j)} = \frac{a_j}{\|a\|^2},\ j = 1, \ldots, n,$$

und somit für den Zeilenvektor $A^\dagger \in \mathbb{R}^{1,n}$

$$A^\dagger = \frac{a^\top}{\|a\|^2}.$$

b) Jetzt sei $(\cdot, \cdot)$ das euklidische Skalarprodukt in $\mathbb{R}^m$. Sei $A = d \in \mathbb{R}^{1,m} \neq 0$ ein Zeilenvektor. Offenbar ist

$$R(A) = \{y \in \mathbb{R}^1 \mid \exists x \in \mathbb{R}^m : (d, x) = y\} = \mathbb{R}^1,$$

also $Q = E$, und weiter

$$N(A) = \{x \in \mathbb{R}^m \mid (d, x) = 0\} = [d]^\perp$$

sowie

$$R(A^*) = N(A)^\perp = [d^\top] \subset \mathbb{R}^{m,1}$$

Zu $y \in \mathbb{R}^1$ ist $z = A^\dagger y$ genau dann, wenn (vergleiche dazu die vorangegangene Aufgabe 158)

$$\begin{aligned}
&Az = y \quad \text{und} \quad z \in R(A^*) = [d^\top] \\
&\iff (d, z) = y \quad \text{und} \quad z = \mu d^\top \\
&\iff \mu(d, d^\top) = y \quad \text{und} \quad z = \mu d^\top \\
&\iff z = \frac{y}{\|d\|^2} d^\top.
\end{aligned}$$

Es folgt also für den Spaltenvektor $A^\dagger \in \mathbb{R}^{m,1}$

$$A^\dagger = \frac{d^\top}{\|d\|^2}$$

c) Weil die ersten beiden Spalten von $A$ linear unabhängig sind, die dritte Spalte die Differenz von erster und zweiter Spalte und die vierte Spalte identisch mit der ersten Spalte ist, folgt, dass $\operatorname{rg}(A) = 2$ gilt. Daraus ergibt sich weiter:

$$R(A) = \left[ \begin{pmatrix} 1 \\ 0 \\ 1 \end{pmatrix}, \begin{pmatrix} 0 \\ 1 \\ 1 \end{pmatrix} \right]$$

Die Lösung des Gleichungssystems $Ax = 0$ liefert

$$R(A^*)^\perp = N(A) = \left[ (1,0,0,-1)^\top, (1,-1-1,0)^\top \right].$$

Zur Berechnung der orthogonalen Projektion $Q$ auf $R(A)$ benutzen wir $Q = E - P$, wobei $P$ die orthogonale Projektion auf $R(A)^\perp = N(A^*)$ ist. Diesen Raum berechnet man zunächst (beachte $A^* = A^\top$) zu:

$$\begin{aligned} N(A^*) &= \{y \in \mathbb{R}^3 \mid A^* y = 0\} \\ &= \{y \in \mathbb{R}^3 \mid y_1 + y_3 = 0, y_2 + y_3 = 0, y_1 - y_2 = 0, y_1 + y_3 = 0\} \\ &= \{y \in \mathbb{R}^3 \mid y_3 \text{ bel.}, y_1 = y_2 = -y_3\} \\ &= \left[ \begin{pmatrix} 1 \\ 1 \\ -1 \end{pmatrix} \right] = [a] \end{aligned}$$

mit $a = (1,1,-1)^\top$. Es ergibt sich analog zu Aufgabenteil a)

$$Py = \mu a \Longleftrightarrow \mu = \frac{(y,a)}{\|a\|^2}.$$

Aus

$$Pe^{(1)} = \frac{1}{3}(1,1,-1)^\top, Pe^{(2)} = \frac{1}{3}(1,1,-1)^\top, Pe^{(3)} = -\frac{1}{3}(1,1,-1)^\top,$$

also

$$P = \frac{1}{3} \begin{pmatrix} 1 & 1 & -1 \\ 1 & 1 & -1 \\ -1 & -1 & 1 \end{pmatrix},$$

folgert man mittels $Q = E - P$, dass

$$Q = \frac{1}{3}\begin{pmatrix} 2 & -1 & 1 \\ -1 & 2 & 1 \\ 1 & 1 & 2 \end{pmatrix}.$$

Die Spalten $x^{(j)}$ von $A^\dagger$ sind nun bestimmt durch $A^\dagger x^{(j)} = e^{(j)}$, $j = 1, 2, 3$, d. h.

$$Ax^{(j)} = Qe^{(j)} \wedge x^{(j)} \in N(A)^\perp, \; j = 1, 2, 3.$$

Man löst also das folgende Gleichungssystem für $x^{(j)}$ simultan für $j = 1, 2, 3$:

| | | | | | | | |
|---|---|---|---|---|---|---|---|
| $x^{(j)} \in N(A)^\perp$ | 1 | 0 | 0 | $-1$ | 0 | 0 | 0 |
| $(2 \times 4)$ | 1 | $-1$ | $-1$ | 0 | 0 | 0 | 0 |
| $Ax^{(j)}$ | 1 | 0 | 1 | 1 | $\frac{2}{3}$ | $-\frac{1}{3}$ | $\frac{1}{3}$ |
| $= Qe^{(j)}$ | 0 | 1 | $-1$ | 0 | $-\frac{1}{3}$ | $\frac{2}{3}$ | $\frac{1}{3}$ |
| $(3 \times 4)$ | 1 | 1 | 0 | 1 | $\frac{1}{3}$ | $\frac{1}{3}$ | $\frac{2}{3}$ |

Die fünfte Zeile ist die Summe aus dritter und vierter Zeile, kann also weggelassen werden.
Elimination führt auf

$$\begin{array}{cccc|ccc} 1 & 0 & 0 & -1 & 0 & 0 & 0 \\ & 1 & 1 & -1 & 0 & 0 & 0 \\ & & 1 & 2 & \frac{2}{3} & -\frac{1}{3} & \frac{1}{3} \\ & & & 5 & 1 & 0 & 1 \end{array}$$

Es folgt:

| $x^{(1)}$ | $x^{(2)}$ | $x^{(3)}$ |
|---|---|---|
| $\frac{1}{5}$ | 0 | $\frac{1}{5}$ |
| $-\frac{1}{15}$ | $\frac{1}{3}$ | $-\frac{4}{15}$ |
| $\frac{4}{15}$ | $-\frac{1}{3}$ | $-\frac{1}{15}$ |
| $\frac{1}{5}$ | 0 | $\frac{1}{5}$ |

Hieraus liest man ab:

$$A^\dagger = \frac{1}{15}\begin{pmatrix} 3 & 0 & 3 \\ -1 & 5 & 4 \\ 4 & -5 & -1 \\ 3 & 0 & 3 \end{pmatrix}$$

## Aufgabe 160

### ▶ Überbestimmte Gleichungssysteme, Ausgleichsgerade

Sei $X = \mathbb{R}^n$ bzw. $Y = \mathbb{R}^N$ der $n$- bzw. $N$-dimensionale euklidische Raum. Zu einer gegebenen Matrix $A \in \mathbb{R}^{N \times n}$ mit $N$ Zeilen und $n$ Spalten, $N \geq n$, sowie $\mathrm{rg}(A) = n$, ist die Bestimmung der „Quasilösung" $z$,

$$\|Az - y\|_2 = \min_{x \in X} \|Ax - y\|_2,$$

zu gegebenem $y \in \mathbb{R}^n$, äquivalent zur Lösung des Gleichungssystems (i. e. Normalgleichung, vgl. Aufg. 157 und 158)

$$A^* Az = A^* y$$

mit der adjungierten Matrix $A^*$ zu $A$. Nach bekannten Sätzen ist dies auch äquivalent zur Lösung der Gradientengleichung $\nabla \rho(z) = 0$ mit dem quadratischen Funktional

$$\rho(x_1, \ldots, x_n) := \sum_{i=1}^{N} \left( \sum_{j=1}^{m} a_{ij} x_j - y_i \right)^2 .$$

Bestimmen Sie mit Hilfe einer der beiden Methoden

a) die Quasilösung für $N = 2$, $n = 1$ und $A = \begin{pmatrix} 1 \\ 1 \end{pmatrix}$, $y = \begin{pmatrix} 2 \\ 3 \end{pmatrix}$;

b) die *Ausgleichsgerade* $g(x) = \alpha + \beta x$, so dass

$$\sum_{i=0}^{4} \left| y_i - g(x_i) \right|^2$$

minimal wird, wobei $y_i$ die folgenden Messwerte bei $x_i = i$, $i = 0, \ldots, 4$, bedeuten:

| $x_i$ | 0 | 1 | 2 | 3 | 4 |
|---|---|---|---|---|---|
| $y_i$ | 0,5 | 0,5 | 2 | 3,5 | 4 |

**Lösung**

a) Wir geben beide Lösungsmöglichkeiten an:
Zunächst berechnen wir die Quasilösung mit Hilfe der *Gradientengleichung*.
Es gilt im vorgelegten Beispiel:

$$\rho(x) = \|Ax - y\|_2^2 = (x-2)^2 + (x-3)^2 = 2x^2 - 10x + 13,$$

also

$$\rho'(z) = 4z - 10 = 0 \iff z = 2{,}5$$

Verwendet man die *Normalgleichung*, so wird man mit $A^* = A^\top = (1,\ 1)$ auf

$$A^*Az = 2z = 5 = A^*y \Longleftrightarrow z = 2{,}5$$

geführt. Als Lösung erhält man also das arithmetische Mittel von 2 und 3.

b) Um den zu minimierenden Ausdruck zu erhalten, setzt man

$$a_1 = (1,1,1,1,1)^\top, a_2 = (0,1,2,3,4)^\top, x = (\alpha,\beta)^\top, y = (\tfrac{1}{2},\tfrac{1}{2},2,\tfrac{7}{5},4)^\top$$

und

$$A = \begin{pmatrix} 1 & 1 & 1 & 1 & 1 \\ 0 & 1 & 2 & 3 & 4 \end{pmatrix}^\top.$$

Dann ist

$$\begin{aligned} \sum_{i=1}^{5} |y_i - g(x_i)|^2 &= \sum_{i=1}^{5} |y_i - \alpha - \beta x_i|^2 \\ &= \|y - \alpha a_1 - \beta a_2\|_2^2 = \|y - Ax\|_2^2 \ (=: \rho(\alpha,\beta)). \end{aligned}$$

Wir lösen die Aufgabe zuerst mit Hilfe der *Normalgleichung* nach vorheriger Berechnung von

$$A^*A = \begin{pmatrix} 1 & 1 & 1 & 1 & 1 \\ 0 & 1 & 2 & 3 & 4 \end{pmatrix} \begin{pmatrix} 1 & 0 \\ 1 & 1 \\ 1 & 2 \\ 1 & 3 \\ 1 & 4 \end{pmatrix} = \begin{pmatrix} 5 & 10 \\ 10 & 30 \end{pmatrix}$$

und

$$A^*y = \begin{pmatrix} 10{,}5 \\ 31 \end{pmatrix}.$$

Dies läuft auf das Gleichungssystem

$$A^*Ax = A^*y \Longleftrightarrow \begin{aligned} 5\alpha + 10\beta &= 10{,}5 \\ 10\alpha + 30\beta &= 31 \end{aligned}$$

hinaus. Subtraktion des Doppelten der ersten Zeile von der zweiten Zeile liefert

$$10\beta = 10 \Longrightarrow \beta = 1,$$

und Einsetzen dieses Werts in die zweite Gleichung führt auf

$$10\alpha = 1 \Longrightarrow \alpha = \frac{1}{10},$$

also $g(x) = x + \frac{1}{10}$.

Alternativ lösen wir nun noch die Aufgabe mithilfe der *Gradientengleichung*. Dazu berechnen wir

$$\begin{aligned}\rho(\alpha,\beta) &= \left(\frac{1}{2}-\alpha\right)^2 + \left(\frac{1}{2}-\alpha-\beta\right)^2 + (2-\alpha-2\beta)^2 \\ &\quad + \left(\frac{7}{2}-\alpha-3\beta\right)^2 + (4-\alpha-4\beta)^2 \\ &= \frac{131}{4} - 21\alpha - 62\beta + 20\alpha\beta + 5\alpha^2 + 30\beta^2\end{aligned}$$

mit den zugehörigen partiellen Ableitungen

$$\frac{\partial\rho}{\partial\alpha} = -21 + 20\beta + 10\alpha, \quad \frac{\partial\rho}{\partial\beta} = -62 + 20\beta + 60\alpha.$$

Die Bestimmung eines stationären Punktes von $\nabla\rho$ führt auf das Gleichungssystem

$$\begin{aligned}10\alpha + 20\beta &= 21 \\ 10\alpha + 30\beta &= 31\end{aligned}$$

was (wie oben) auf die Lösung $\alpha = \frac{1}{10}$, $\beta = 1$ führt.

## Aufgabe 161

### ► Verallgemeinerte Inverse

Seien $A : X \to Y$ linear und beschränkt, $X, Y$ Hilberträume.

a) Zeigen Sie für die verallgemeinerte Inverse $A^\dagger$ die Eigenschaft

$$A^\dagger \text{ beschränkt} \Longrightarrow R(A) \text{ abgeschlossen}$$

*Hinweis:* Neben der Stetigkeit von $A^\dagger$ ist die Gleichung $AA^\dagger y = Qy$, $y \in D\left(A^\dagger\right)$, mit der orthogonalen Projektion $Q : Y \to \overline{R(A)}$ zu benutzen.

b) Zeigen Sie, dass die verallgemeinerte Inverse $A^\dagger : D\left(A^\dagger\right) \to X$ eine abgeschlossene Abbildung ist.

c) Beweisen Sie mit dem Satz vom abgeschlossenen Graphen (vgl. z. B. [20], IV.4) und mit Teil b) die Umkehrung der Behauptung von Teil a), d. h.

$$R(A) \text{ abgeschlossen} \Longrightarrow A^\dagger \text{ beschränkt}$$

*Hinweise:* Der Definitionsbereich von $A^\dagger$ ist gegeben durch

$$D\left(A^\dagger\right) = R(A) \oplus R(A)^\perp \; (\subset Y).$$

Der in Teil 1) des Beweises von a) gezeigte Fortsetzungssatz könnte auch als bekannt vorausgesetzt und benutzt werden.

**Lösung**

a) 1) Es wird zunächst gezeigt, dass jede beschränkte, lineare Abbildung $L : \Omega \to F$, $\Omega \subset E$, wobei $E$ ein normierter Raum, $\Omega$ ein linearer Unterraum von $E$ und $F$ ein vollständiger normierter Raum ist, eine beschränkte lineare Fortsetzung $\overline{L} : \overline{\Omega} \to F$ besitzt, für die $\|L\| = \|\overline{L}\|$ gilt (vgl. z. B. Kantorowitsch-Akilov [10], IV.1.2; $\overline{L}$ heißt *stetige Fortsetzung*, oder auch *Abschließung* von $L$ auf $\overline{\Omega}$).

**Beweis:**

Sei $x \in \overline{\Omega}$, dann existiert eine Folge $x_n \in \Omega, n \in \mathbb{N}$, mit $x_n \to x \, (n \to \infty)$. Die Folge $(Lx_n)_{n\in\mathbb{N}}$ ist konvergent in $F$, da

$$\|Lx_n - Lx_m\|_F \le \|L\| \, \|x_n - x_m\|_E \to 0 \quad (n,m \to \infty),$$

also $(Lx_n)_{n\in\mathbb{N}}$ eine Cauchy-Folge ist, und $F$ als vollständig vorausgesetzt ist. Damit existiert $\lim\limits_{n\to\infty} Lx_n$ und dieser Grenzwert hängt nicht von der Wahl der Folge $(x_n)_{n\in\mathbb{N}}$ ab; für jede andere Folge $(x_n')_{n\in\mathbb{N}}$ mit $x_n' \to x \, (n \to \infty)$ erhält man nämlich

$$\|Lx_n' - Lx_n\|_F \le \|L\| \, \|x_n' - x_n\|_E \to 0 \quad (n \to \infty).$$

Setzt man daher

$$\overline{L}x = \lim_{n\to\infty} Lx_n,$$

dann wird dadurch eine lineare Abbildung $\overline{L} : \overline{\Omega} \to F$ erklärt, die auf $\Omega$ mit $L$ übereinstimmt, und für die man auch

$$\|L\| = \|\overline{L}\|$$

zeigt. Zu zeigen ist dabei

$$\sup_{\Omega \ni x \neq 0} \frac{\|Lx\|_F}{\|x\|_E} = \sup_{\overline{\Omega} \ni x \neq 0} \frac{\|\overline{L}x\|_F}{\|x\|_E}.$$

„$\le$“ ist wegen der Fortsetzungseigenschaft von $\overline{L}$ und wegen $\Omega \subset \overline{\Omega}$ unmittelbar klar.

Um „$\ge$“ zu beweisen, sieht man unter Ausnutzung der Stetigkeit der Norm:

$$\begin{aligned}
\|\overline{L}x\|_F &= \|\lim_{n\to\infty} Lx_n\|_F = \lim_{n\to\infty} \|Lx_n\|_F \\
&\le \lim_{n\to\infty} \|L\|\|x_n\|_E = \|L\| \lim_{n\to\infty} \|x_n\|_E = \|L\| \, \|\lim_{n\to\infty} x_n\|_E \\
&= \|L\| \, \|x\|_E
\end{aligned}$$

2) Wir zeigen nun die Abgeschlossenheit von $R(A)$.
Zur beschränkten Pseudoinversen $A^\dagger$ gibt es nach 1) eine stetige Fortsetzung $\overline{A^\dagger}$ auf $\overline{D(A^\dagger)} = Y$. Mit der orthogonalen Projektion $Q : Y \to \overline{R(A)}$ gilt $AA^\dagger y = Qy$, $y \in D(A^\dagger)$. Für die Fortsetzung $\overline{A^\dagger}$ erhält man deshalb zusammen mit der Stetigkeit von $A$ selbst, dass $A\overline{A^\dagger} = Q$ auf ganz $Y$. Ist nämlich $y \in Y$ beliebig, so existieren $y_n \in D(A^\dagger)$, $n \in \mathbb{N}$, mit $y_n \to y\ (n \to \infty)$. Es folgt $A^\dagger y_n \to \overline{A^\dagger} y$ und daraus

$$Qy_n = AA^\dagger y_n \to A\overline{A^\dagger} y \quad \text{und} \quad Qy_n \to Qy \quad (n \to \infty),$$

also

$$A\overline{A^\dagger} y = Qy.$$

Für $y \in \overline{R(A)}$ gilt also:

$$y = Qy = A\overline{A^\dagger} y \in R(A).$$

Es ist folglich $\overline{R(A)} \subset R(A)$ und somit $\overline{R(A)} = R(A)$.

b) Hier ist zu zeigen, dass für beliebige $w_n \in D(A^\dagger)$, $n \in \mathbb{N}$, folgende Beziehung gilt:

$$w_n \to w \in Y, A^\dagger w_n \to x \in X\ (n \to \infty) \Longrightarrow w \in D(A^\dagger),\ A^\dagger w = x.$$

**Beweis:**
$w_n \in D(A^\dagger)$, $n \in \mathbb{N}$, erfüllt $AA^\dagger w_n = Qw_n$ (vgl. Hinweis zu a)). Da $x_n = A^\dagger w_n \in N(A)^\perp\ (= R(A^\dagger))$ und $x_n \to x\ (n \to \infty)$, folgt $x \in N(A)^\perp$ (da $N(A)^\perp$ abgeschlossen), und wegen der Stetigkeit von $A$ konvergiert $AA^\dagger w_n = Ax_n \to Ax\ (n \to \infty)$. Da außerdem noch $Ax_n = Qw_n \to Qw\ (n \to \infty)$ gilt, folgt:

$$Ax = Qw \quad \text{und} \quad x \in N(A)^\perp = R(A^\dagger),$$

d. h. $x$ ist Quasilösung (zu $w$) und hat minimale Norm. Für $x'$ mit $Ax' = Qw$ gilt nämlich $A(x - x') = 0$, d. h. $x - x' \in N(A)$, also mit Hilfe des Satzes von Pythagoras:

$$\|x'\|_X^2 = \|\underbrace{x' - x}_{\in N(A)}\|_X^2 + \underbrace{\|x\|_X^2}_{\in N(A)^\perp} \geq \|x\|_X^2.$$

Damit hat man $A^\dagger w = x$ und somit die Abgeschlossenheit von $A^\dagger$.

c) Der Satz vom abgeschlossenen Graphen sagt aus, dass ein abgeschlossener, linearer Operator $T : B_1 \to B_2$ zwischen zwei Banachräumen $B_1, B_2$ stetig ist. Wenn $R(A)$ abgeschlossen ist, dann ist $D(A^\dagger) = R(A) \oplus R(A)^\perp = Y$, also insbesondere $D(A^\dagger)$ ein Banachraum. Mit $A^\dagger, Y, X$ anstelle von $T, B_1, B_2$ folgt die Behauptung.

## Aufgabe 162

### ▶ Singuläres System

Berechnen Sie das singuläre System der in Aufgabe 157 c) angegebenen Matrix. Stellen Sie damit die Lösung der Pseudoinversen-Gleichung, d. h. $x = A^{\dagger} y$, dar.

*Hinweise:*

1) Für ein singuläres System $\{(\sigma_j; e^{(j)}, f^{(j)})\}_{j \in J}$ sind die folgenden Gleichungen erfüllt:

$$A^* A e^{(j)} = \sigma_j^2 e^{(j)} \quad \text{und} \quad AA^* f^{(j)} = \sigma_j^2 f^{(j)}, \ j \in J,$$

für positive $\sigma_j$, wobei hier $J = \{1, 2\}$ ist. Aus diesen Eigenwertproblemen läßt sich das singuläre System berechnen.

2) Mithilfe eines singulären Systems ergibt sich die Lösung $x = A^{\dagger} y$ durch

$$A^{\dagger} y = \sum_{j \in J} \sigma_j^{-1} \langle y, f^{(j)} \rangle \, e^{(j)},$$

wobei im Endlichdimensionalen $J = \{1, \ldots, \ell\}$ mit $\ell = \mathrm{rg}(A)$ (vgl. z. B. [2], 4.3, [9], 3.1.5).

3) Mit $\langle \cdot, \cdot \rangle$ bzw. $\| \cdot \|_2$ wird das euklidische Skalarprodukt bzw. die euklidische Norm bezeichnet.

---

**Lösung**

Es ist (s. Aufg. 157 c)

$$A = \begin{pmatrix} 1 & 0 & 1 \\ 0 & 2 & 2 \end{pmatrix} : \mathbb{R}^3 \to \mathbb{R}^2$$

und

$$A^* A = \begin{pmatrix} 1 & 0 \\ 0 & 2 \\ 1 & 2 \end{pmatrix} \begin{pmatrix} 1 & 0 & 1 \\ 0 & 2 & 2 \end{pmatrix} = \begin{pmatrix} 1 & 0 & 1 \\ 0 & 4 & 4 \\ 1 & 4 & 5 \end{pmatrix}$$

Zur Bestimmung der Eigenwerte von $A^* A$ berechnet man zuerst das charakteristische Polynom:

$$\begin{aligned} \det(A^* A - \lambda E) &= \begin{vmatrix} 1-\lambda & 0 & 1 \\ 0 & 4-\lambda & 4 \\ 1 & 4 & 5-\lambda \end{vmatrix} \\ &= (1-\lambda) \begin{vmatrix} 4-\lambda & 4 \\ 4 & 5-\lambda \end{vmatrix} + \begin{vmatrix} 0 & 1 \\ 4-\lambda & 4 \end{vmatrix} \\ &= (1-\lambda)[(4-\lambda)(5-\lambda) - 16] - (4-\lambda) \\ &= (1-\lambda)(20 - 4\lambda - 5\lambda + \lambda^2 - 16) - (4-\lambda) \end{aligned}$$

$$\begin{aligned}
&= (1-\lambda)(4-9\lambda+\lambda^2)-(4-\lambda)\\
&= 4-9\lambda+\lambda^2-4\lambda+9\lambda^2-\lambda^3-4+\lambda\\
&= -\lambda^3+10\lambda^2-12\lambda\\
&= -\lambda(\lambda^2-10\lambda+12)
\end{aligned}$$

Die Nullstellen dieses Polynoms, also

$$\lambda_0 = 0, \quad \lambda_{1,2} = 5 \pm \sqrt{25-12} = 5 \pm \sqrt{13},$$

sind die Eigenwerte von $A^*A$. Zu den positiven Eigenwerten $\lambda_i$, $i = 1, 2$, werden nun entsprechende Eigenvektoren $(x_1, x_2, x_3) \in \mathbb{R}^3$ durch Lösung des folgenden Gleichungssystems bestimmt:

$$\begin{aligned}
x_1 + x_3 &= \lambda_i x_1\\
4x_2 + 4x_3 &= \lambda_i x_2\\
x_1 + 4x_2 + 5x_3 &= \lambda_i x_3,\ i = 1,2.
\end{aligned}$$

Man addiert die erste und zweite Gleichung und erhält:

$$x_1 + 4x_2 + 5x_3 = \lambda_i x_3 = \lambda_i(x_1 + x_2) \overset{\lambda_i \neq 0}{\Longrightarrow} x_3 = x_1 + x_2$$

Eingesetzt in die erste und zweite Gleichung ergibt sich:

$$\begin{aligned}
2x_1 + x_2 &= \lambda_i x_1\\
4x_1 + 8x_2 &= \lambda_i x_2
\end{aligned}$$

Man löst die erste dieser Gleichungen nach $x_2$ auf, gewinnt die Beziehung

$$x_2 = (\lambda_i - 2)x_1,$$

die man in die zweite dieser Gleichungen einsetzt und auf

$$4x_1 + (8-\lambda_i)(\lambda_i - 2)x_1 = 0 \iff -\underbrace{\left[12 - 10\lambda_i + \lambda_i^2\right]}_{=0} x_1 = 0$$

stößt. Diese Gleichung ist unabhängig von der Wahl von $x_1$ allgemeingültig. Wähle also $x_1 = c = \text{konst.}$. Dann ergibt sich $x_2 = (\lambda_i - 2)c$ und $x_3 = (\lambda_i - 1)c$ jeweils für $i = 1, 2$.

Wählt man etwa $c = 1$, so ergeben sich die Eigenvektoren zu

$$x^{(1)} = \left(1, 3+\sqrt{13}, 4+\sqrt{13}\right), \quad x^{(2)} = \left(1, 3-\sqrt{13}, 4-\sqrt{13}\right).$$

Wegen

$$\begin{aligned}\|x^{(i)}\|_2^2 &= 1 + \left(9 \pm 6\sqrt{13} + 13\right) + \left(16 \pm 8\sqrt{13} + 13\right) \\ &= 52 \pm 14\sqrt{13} =: c_i,\ i = 1,2,\end{aligned}$$

erhält man die normierten Eigenvektoren

$$e^{(1)} = \frac{1}{\sqrt{c_1}}\left(1, 3 + \sqrt{13}, 4 + \sqrt{13}\right), \quad e^{(2)} = \frac{1}{\sqrt{c_2}}\left(1, 3 - \sqrt{13}, 4 - \sqrt{13}\right).$$

Analog erfolgt die Bestimmung der Eigenvektoren von $AA^* = \begin{pmatrix} 2 & 2 \\ 2 & 8 \end{pmatrix}$ :

Die Eigenwerte berechnen sich aus

$$\begin{vmatrix} 2-\lambda & \lambda \\ 2 & 8-\lambda \end{vmatrix} = (2-\lambda)(8-\lambda) - 4 = 12 - 10\lambda + \lambda^2 = 0$$

zu $\lambda_{1,2} = 5 \pm \sqrt{13}$.

Zur Ermittlung der Eigenvektoren löst man für $i = 1, 2$:

$$\begin{aligned}2y_1 + 2y_2 &= \lambda_i y_1 \\ 2y_1 + 8y_2 &= \lambda_i y_2\end{aligned}$$

Auflösen der ersten Gleichung nach $y_2$ und Einsetzen in die zweite Gleichung führt wie oben auf eine allgemeingültige Gleichung, so dass man wieder $y_1 = c$ frei wählen kann und $y_2^{(i)} = \frac{(-2+\lambda)y_1}{2}$, bzw. speziell für $c = 1$ die Eigenvektoren

$$y^{(i)} = \left(1, \frac{\lambda_i - 2}{2}\right), \; i = 1, 2,$$

erhält. Für die normierten Eigenvektoren gilt, wenn man

$$\|y^{((i))}\|_2^2 = 1 + \frac{1}{4}\left(9 \pm 6\sqrt{13} + 13\right) = \frac{13}{2} \pm \frac{3}{2}\sqrt{13} =: \gamma_{1,2}$$

berücksichtigt:

$$f^{(1)} = \frac{1}{\sqrt{\gamma_1}}\left(1, \frac{3 + \sqrt{13}}{2}\right) \quad f^{(2)} = \frac{1}{\sqrt{\gamma_2}}\left(1, \frac{3 - \sqrt{13}}{2}\right)$$

Wir stellen nun noch einmal das gewonnene singuläre System $\{(\sigma_j, e^{(j)}, f^{(j)})\}_{j=1,2}$ im Überblick dar:

$$\sigma_j = \begin{cases} \sqrt{5+\sqrt{13}}, & j=1 \\ \sqrt{5-\sqrt{13}}, & j=2 \end{cases}$$

$$e^{(j)} = \frac{1}{\sqrt{c_j}} \begin{cases} \left(1, 3+\sqrt{13}, 4+\sqrt{13}\right), & j=1 \\ \left(1, 3-\sqrt{13}, 4-\sqrt{13}\right), & j=2 \end{cases}$$

$$f^{(j)} = \frac{1}{\sqrt{\gamma_j}} \begin{cases} \left(1, \frac{3+\sqrt{13}}{2}\right), & j=1 \\ \left(1, \frac{3-\sqrt{13}}{2}\right), & j=2 \end{cases}$$

mit

$$c_j = \begin{cases} 52+14\sqrt{13}, & j=1 \\ 52-14\sqrt{13}, & j=2 \end{cases}, \quad \gamma_j = \begin{cases} \frac{13+3\sqrt{13}}{2}, & j=1 \\ \frac{13-3\sqrt{13}}{2}, & j=2 \end{cases}.$$

Damit gilt (s. Hinweis 2)):

$$A^\dagger y = \sum_{j=1}^{2} \sigma_j^{-1} \langle y, f^{(j)}\rangle\, e^{(j)} = \sum_{j=1}^{2} \underbrace{\frac{1}{\sqrt{\lambda_j c_j \gamma_j}}}_{b_j:=} \langle y, y^{(j)}\rangle\, x^{(j)}$$

Man rechnet (für $y = (y_1, y_2)$)

$$\left(y, y^{(1)}\right)_2 = y_1 + \frac{3+\sqrt{13}}{2} y_2 \quad \text{und} \quad \left(y, y^{(2)}\right)_2 = y_1 + \frac{3-\sqrt{13}}{2} y_2$$

nach und setzt dies ein, um

$$A^\dagger y = b_1 \left(y_1 + \frac{3+\sqrt{13}}{2} y_2\right) \begin{pmatrix} 1 \\ 3+\sqrt{13} \\ 4+\sqrt{13} \end{pmatrix} + b_2 \left(y_1 + \frac{3-\sqrt{13}}{2} y_2\right) \begin{pmatrix} 1 \\ 3-\sqrt{13} \\ 4-\sqrt{13} \end{pmatrix}$$

zu erhalten.

Weiter ermittelt man

$$(b_1^2 =)\, \lambda_1 c_1 \gamma_1 = 5252 + 1456\sqrt{13}, \quad (b_2^2 =)\, \lambda_2 c_2 \gamma_2 = 5252 - 1456\sqrt{13}$$

sowie

$$\lambda_1 c_1 \gamma_1 \lambda_2 c_2 \gamma_2 = 24.336.$$

Daraus folgt:

$$
\begin{aligned}
(b_1 \pm b_2)^2 &= \frac{\left(\sqrt{\lambda_2 c_2 \gamma_2} \pm \sqrt{\lambda_1 c_1 \gamma_1}\right)^2}{\lambda_1 c_1 \gamma_1 \lambda_2 c_2 \gamma_2} \\
&= \frac{\lambda_2 c_2 \gamma_2 \pm 2 \cdot \sqrt{\lambda_1 c_1 \gamma_1 \lambda_2 c_2 \gamma_2} + \lambda_1 c_1 \gamma_1}{\lambda_1 c_1 \gamma_1 \lambda_2 c_2 \gamma_2} \\
&= \frac{5252 - 1456\sqrt{13} \pm 2 \cdot \sqrt{24.336} + 5252 + 1456\sqrt{13}}{24.336} \\
&= \frac{10.504 \pm 2 \cdot 156}{24.336} \\
&= \begin{cases} \frac{10.816}{24.336} = \frac{4}{9}, & \text{„+“} \\ \frac{10.192}{24.336} = \frac{49}{117}, & \text{„−“} \end{cases}
\end{aligned}
$$

Wenn man noch $0 < b_1 < b_2$ berücksichtigt, dann folgt daraus

$$
b_1 + b_2 = \frac{2}{3} \quad \text{und} \quad b_1 - b_2 = -\frac{7}{3\sqrt{13}}.
$$

Mit Hilfe dieses Ergebnisses bestimmt man nun nacheinander die Komponenten von $A^\dagger y$ (siehe oben):

1. Komponente:

$$
\begin{aligned}
&(b_1 + b_2)y_1 + \frac{1}{2}\left(b_1\left(3 + \sqrt{13}\right) + b_2\left(3 - \sqrt{13}\right)\right) y_2 \\
&= \frac{2}{3} y_1 + \frac{1}{2}\left(2 + (b_1 - b_2)\sqrt{13}\right) y_2 \\
&= \frac{2}{3} y_1 + \frac{1}{2}\left(2 - \frac{7}{3\sqrt{13}}\sqrt{13}\right) y_2 \\
&= \frac{2}{3} y_1 + \frac{1}{2}\left(-\frac{1}{3}\right) y_2 \\
&= \frac{2}{3} y_1 - \frac{1}{6} y_2
\end{aligned}
$$

2. Komponente:

$$\left[\left(3+\sqrt{13}\right) b_1+\left(3-\sqrt{13}\right) b_2\right] y_1+\frac{1}{2}\left[\left(3+\sqrt{13}\right)^2 b_1+\left(3-\sqrt{13}\right)^2 b_2\right] y_2$$
$$=-\frac{1}{3} y_1+\frac{1}{2}\left[9\left(b_1+b_2\right)+6 \sqrt{13}\left(b_1-b_2\right)+13\left(b_1+b_2\right)\right] y_2$$
$$=-\frac{1}{3} y_1+\frac{1}{2}\left[22 \cdot \frac{2}{3}-6 \cdot \frac{7}{3}\right] y_2$$
$$=-\frac{1}{3} y_1+\frac{1}{2}\left[\frac{44}{3}-\frac{22}{3}\right] y_2$$
$$=-\frac{1}{3} y_1+\frac{1}{3} y_2$$

3. Komponente:

$$\left[b_1\left(4+\sqrt{13}\right)+b_2\left(4-\sqrt{13}\right)\right] y_1$$
$$+\frac{1}{2}\left[b_1\left(3+\sqrt{13}\right)\left(4+\sqrt{13}\right)+b_2\left(3-\sqrt{13}\right)\left(4-\sqrt{13}\right)\right] y_2$$
$$=\left[4 \cdot\left(b_1+b_2\right)+\sqrt{13}\left(b_1-b_2\right)\right] y_1$$
$$+\frac{1}{2}\left[12\left(b_1+b_2\right)+7 \sqrt{13}\left(b_1-b_2\right)+13\left(b_1+b_2\right)\right] y_2$$
$$=\left[4 \cdot \frac{2}{3}-\frac{7}{3}\right] y_1+\frac{1}{2}\left[25 \cdot \frac{2}{3}-7 \cdot \frac{7}{3}\right] y_2$$
$$=\frac{1}{3} y_1+\frac{1}{6} y_2$$

*Bem.:* Ein Vergleich mit der in Aufgabe 157 c) berechneten verallgemeinerten Inversen

$$\begin{pmatrix} \frac{2}{3} & -\frac{1}{6} \\ -\frac{1}{3} & \frac{1}{3} \\ \frac{1}{3} & \frac{1}{6} \end{pmatrix}$$

zeigt die Richtigkeit der vorangegangenen Rechnung.

## Aufgabe 163

► **Tikhonov-Regularisierung**

Sei $A : X \to Y$ linear und kompakt, $X, Y$ Hilberträume mit Skalarprodukten $(\cdot,\cdot)_X$ bzw. $(\cdot,\cdot)_Y$ und zugehörigen Normen $\|\cdot\|_X$ bzw. $\|\cdot\|_Y$. Sei $x^\alpha$, $\alpha > 0$, die (eindeutige) Lösung von

$$\min_{x\in X} \|Ax - y\|_Y^2 + \alpha^2\|x\|_X^2.$$

Zeigen Sie: $\|x^\alpha\|_X$ ist monoton fallend in $\alpha$.

*Hinweis:* Verwenden Sie ein singuläres System[10] $\{(\sigma_j; e^{(j)}, f^{(j)})\}_{j\in J}$ von $A$. Zur Definition eines singulären Systems vgl. z. B. [15], 2.3, sowie die Hinweise zu Aufg. 162.

**Lösung**

Sei $\{(\sigma_j; e^{(j)}, f^{(j)})\}_{j\in J}$ ein singuläres System von $A$. Dann folgt, dass $\{(\sigma_j; e^{(j)}, e^{(j)})\}_{j\in J}$ ein singuläres System von $A^*A$ ist, denn

$$A^*Ax = A^*\sum_j \sigma_j\,(x, e^{(j)})_X\, f^{(j)} = \sum_j \sigma_j\,(x, e^{(j)})_X\, \underbrace{A^* f^{(j)}}_{\sigma_j e^{(j)}}$$

und

$$(A^*A)^* = A^*A.$$

Die Lösung $x^\alpha$ hat bekanntlich die Darstellung (vgl. z. B. Baumeister [2], 6.2)

$$x^\alpha = \left(A^*A + \alpha^2 I\right)^{-1} A^*y,$$

wobei die Inverse existiert, da $A^*A$ positiv semidefinit und $B_\alpha := A^*A + \alpha^2 I$ positiv definit ist.

Wegen $A^*y = \sum_j \sigma_j\,(y, f^{(j)})_Y\, e^{(j)}$ ist $x^\alpha \in [e^{(1)}, e^{(2)}, \ldots]$, denn

$$x^\alpha = \sum_j \sigma_j\,(y, f^{(j)})_Y\, \underbrace{\left(A^*A + \alpha^2 I\right)^{-1} e^{(j)}}_{=: z^{(j)}},$$

und $z^{(j)}$ erfüllt:

$$\begin{aligned} &A^*Az^{(j)} + \alpha^2 z^{(j)} = e^{(j)} \\ &\Longrightarrow \sum_i \sigma_i^2\,(z^{(j)}, e^{(i)})_X\, e^{(i)} + \alpha^2 z^{(j)} = e^{(j)} \\ &\Longrightarrow \alpha^2 z^{(j)} = e^{(j)} - \sum_i \sigma_i^2\,(z^{(j)}, e^{(i)})_X\, e^{(i)} \in \left[e^{(i)}\right]_{i=1,2,\ldots} \end{aligned}$$

Es folgt ($\{e^{(j)}\}$ ist ONS)

$$x^\alpha = \sum_j (x^\alpha, e^{(j)})_X\, e^{(j)},$$

[10] $J = \{1, \ldots, \ell\}$ falls $\dim R(A) = \ell$; $J = \mathbb{N}$ sonst.

und weiter

$$\begin{aligned}
&\left(A^*A+\alpha^2 I\right)x^\alpha = A^*y\\
&\Longleftrightarrow \sum\nolimits_j \sigma_j^2\,(x^\alpha,e^{(j)})_X\,e^{(j)} + \alpha^2\sum\nolimits_j (x^\alpha,e^{(j)})_X\,e^{(j)} = \sum\nolimits_j \sigma_j\,\left(y,f^{(j)}\right)_Y e^{(j)}\\
&\Longleftrightarrow \sum\nolimits_j \left(\sigma_j^2+\alpha^2\right)(x^\alpha,e^{(j)})_X\,e^{(j)} = \sum\nolimits_j \sigma_j\,\left(y,f^{(j)}\right)_Y e^{(j)}.
\end{aligned}$$

Damit muss $(x^\alpha, e^{(j)})_X = \frac{\sigma_j}{\sigma_j^2+\alpha^2}\left(y, f^{(j)}\right)_Y$ sein, und man erhält

$$x^\alpha = \sum\nolimits_j \frac{\sigma_j}{\sigma_j^2+\alpha^2}\left(y,f^{(j)}\right)_Y e^{(j)}.$$

Somit hat man

$$\|x^\alpha\|_X^2 = \sum\nolimits_j \frac{\sigma_j^2}{\left(\sigma_j^2+\alpha^2\right)^2}\left|\left(y,f^{(j)}\right)_Y\right|^2.$$

Für $\beta \geq \alpha$ ist

$$\frac{\sigma_j^2}{(\sigma_j^2+\alpha^2)^2} \geq \frac{\sigma_j^2}{(\sigma_j^2+\beta^2)^2},$$

also ist $\|x^\alpha\|_X^2 \geq \left\|x^\beta\right\|_X^2$ für $\beta \geq \alpha$.

## Aufgabe 164

### ► Iterative Regularisierung

Sei $A : X \to Y$ linear und kompakt, $X, Y$ Hilberträume und weiter $\left\{\left(\sigma_j; e^{(j)}, f^{(j)}\right)\right\}_{j\in J}$ ein singuläres System, $\|A\| \leq 1$ und $y \in D\left(A^\dagger\right)$. Zu $x^0 \in X$ betrachten Sie folgende Iteration:

$$x^{n+1} := x^n - A^*Ax^n + A^*y,\ n = 0,1,2,\ldots.$$

Sei $x = A^\dagger y$ und $x - x^0 \in R((A^*A)^m)$ für ein $m \in \mathbb{N}$.

Zeigen Sie:

a)

$$\|x-x^n\|_X^2 = \sum_j \left(\sigma_j^2\right)^{2m}\left(1-\sigma_j^2\right)^{2n}\left|\left(w,e^j\right)_X\right|^2,$$

wobei $x - x^0 = (A^*A)^m w$;

b)

$$\|x-x^n\|_X \leq c\left(1-\frac{m}{m+n}\right)^n\left(\frac{m}{m+n}\right)^m,$$

wobei c unabhängig von $m, n$ ist.

**Lösung**

a) Wir zeigen zunächst induktiv, dass

$$x - x^n = (I - A^*A)^n \left(x - x^0\right) \; \forall n \in \mathbb{N}_0$$

gilt. Für $n = 0$ ist die Behauptung klar; sie gelte bis $n$.
$n \to n+1$:

$$\begin{aligned} x - x^{n+1} &= x - A^*Ax^n - \underbrace{A^*y}_{A^*Ax} \\ &= (I - A^*A)(x - x^n) \\ &\overset{\text{I.V.}}{=} (I - A^*A)^{n+1}(x - x^0) \end{aligned}$$

Wenn man $w$ (n. Vor.) so wählt, dass

$$(A^*A)^m w = x - x^0$$

erfüllt ist, und beachtet, dass für das singuläre System $\left\{\left(\sigma_i; e^{(i)}, f^{(i)}\right)\right\}_{i \in J}$ gilt

$$x - x^0 = \sum_i \sigma_i^{2m} \left(w, e^{(i)}\right)_X e^{(i)},$$

dann folgt:

$$\begin{aligned} \|x - x^n\|_X^2 &= \left\|(I - A^*A)^n \left(x - x^0\right)\right\|_X^2 \\ &= \left\|(I - A^*A)^n \sum_i \sigma_i^{2m} \left(w, e^{(i)}\right)_X e^{(i)}\right\|_X^2 \\ &= \left\|\sum_i \left(1 - \sigma_i^2\right)^n \sigma_i^{2m} \left(w, e^{(i)}\right)_X e^{(i)}\right\|_X^2 \\ &= \sum_i \left(1 - \sigma_i^2\right)^{2n} \left(\sigma_i^{2m}\right)^2 \left|\left(w, e^{(i)}\right)_X\right|^2 \end{aligned}$$

Dies zeigt Behauptung a).

b) Um Behauptung b) zu beweisen definiert man

$$f(x) := \left(1 - x^2\right)^n x^{2m}$$

und bestimmt das Maximum von $f$ auf $[0, 1]$.
Man hat:

$$\begin{aligned} f'(x) &= 2mx^{2m-1} \left(1 - x^2\right)^n + x^{2m} n \left(1 - x^2\right)^{n-1} (-2x) \\ &= x^{2m-1} \left(1 - x^2\right)^{n-1} \left(2m \left(1 - x^2\right) - 2x^2 n\right) \\ &= x^{2m-1} \left(1 - x^2\right)^{n-1} \left(2m - 2x^2 (m + n)\right) \end{aligned}$$

Ein Punkt $x \in [0,1]$ ist also offenbar genau dann Nullstelle der ersten Ableitung von $f$, falls

$$x = x_0 = 0 \quad \vee \quad (x = x_1 = 1 \wedge n \geq 2) \quad \vee \quad x^2 = x_2^2 = \frac{m}{m+n}.$$

An den entsprechenden Stellen rechnet man die Funktionswerte aus:

$$f(0) = 0,\ f(1) = 0,\ f\left(\sqrt{\frac{m}{m+n}}\right) = \left(1 - \frac{m}{m+n}\right)^n \left(\frac{m}{m+n}\right)^m > 0$$

Das Maximum wird also bei $x_2 = \sqrt{m/(m+n)}$ angenommen.
Nach Aufgabenteil a) folgt dann (man beachte $0 < \sigma_i \leq 1$ wegen $\|A\| \leq 1$)

$$\|x - x^n\|_X^2 \leq f(x_2)^2 \sum_i \left|(w, e^{(i)})_X\right|^2 = \left(1 - \frac{m}{m+n}\right)^{2n} \left(\frac{m}{m+n}\right)^{2m} \underbrace{\|w\|_X}_{=:c},$$

also die Behauptung b).

## 2.10 Nichtlineare Abbildungen, Fréchet-Ableitungen

### Aufgabe 165

► **Gleichgradig stetige und konvergente Folgen von Abbildungen**

Zeigen Sie folgenden

**Satz** *Seien $M \subset X$ kompakt, $X, Y$ normierte Räume, $F : M \subset X \to Y$, $F_n : M \subset X \to Y$, $n \in \mathbb{N}$, nicht notwendig lineare Abbildungen, und $F_n$, $n \in \mathbb{N}$, gleichgradig stetig in $M$. Dann folgt aus $F_n(x) \to F(x) (n \to \infty)$, $x \in X$, die gleichmäßige Konvergenz*

$$\sup_{x \in M} \|(F_n - F)(x)\| \to 0\, (n \to \infty).$$

**Lösung**

Zu beliebigen $\varepsilon > 0$, $u \in M$ gibt es eine Umgebung $K_\delta(u) = \{v \in X : \|u - v\| < \delta\}$, so dass $\|F_n(u) - F_n(v)\| \leq \varepsilon/3$ für alle $v \in K_\delta(u)$, $n \in \mathbb{N}$. Die Menge der offenen Kugeln $K_\delta(u)$, $u \in M$, bilden eine Überdeckung von $M$. Wegen der Kompaktheit gibt es endliche viele $u_i \in M$ und zugehörige $\delta_i$, so dass $\{K_{\delta_i}(u_i)\}_{i \in L}$, $L =$ endlich, eine Überdeckung von $M$ bildet. Wegen der punktweisen Konvergenz gibt es ein $n_0$, so dass

$$\|F_n(u_i) - F(u_i)\| \leq \varepsilon/3 \quad \text{für alle} \quad i \in L,\ n \geq n_0.$$

Für beliebiges $v \in M$ gibt es ein $i \in L$, so dass $v \in K_{\delta_i}(u_i)$, und daher ist

$$\|F_n(v) - F_n(u_i)\| \leq \varepsilon/3, \; n \in \mathbb{N}.$$

Im Limes $n \to \infty$ gilt auch $\|F(v) - F(u_i)\| \leq \varepsilon/3$. Zusammen hat man

$$\begin{aligned}\|F_n(v) - F(v)\| \leq \|F_n(v) - F_n(u_i)\| + \|F_n(u_i) - F(u_i)\| \\ + \|F(u_i) - F(v)\| \;\leq\; \varepsilon\end{aligned}$$

für alle $n \geq n_0$ mit $n_0$ unabhängig von $v$.

## Aufgabe 166

**Fixpunkte expandierender Abbildungen**

Sei $X$ ein Banachraum, $A \subset X$ abgeschlossen. Sei $T : A \to A$ *expandierend* (auf $A$), d. h. es gibt ein $q > 1$ mit

$$\|T(x) - T(y)\| \geq q\|x - y\|, \quad \forall\, x, y \in A.$$

Sei $B := T(A)$ abgeschlossen. Zeigen Sie die Äquivalenz der folgenden Bedingungen:

(a) $T$ hat einen Fixpunkt, d. h. es gibt ein $x \in A$ mit $T(x) = x$.
(b) $\bigcap_{n\in\mathbb{N}} T^n(A) \neq \emptyset$ (wobei $T^1 := T,\ T^{n+1} := T \circ T^n$).
(c) Es gibt eine Folge $(x_n)_{n\in\mathbb{N}}$ in $A$ mit $\lim_{n\to\infty} \|x_n - T(x_n)\| = 0$.

**Lösung**

Im Beweis schreiben wir $Tx$ anstelle von $T(x)$.

(a)⇒(b): Sei $x \in A$ Fixpunkt von $T$, dann gilt $x \in T^n(A)\ \forall n \in \mathbb{N}$ und damit die Behauptung.

(b)⇒(c): Aus $T$ expandierend folgt offensichtlich $T$ injektiv, und damit $T : A \to T(A)$ bijektiv. Sei $x \in \bigcap_{n\in\mathbb{N}} T^n(A)$. Dann erhält man

$$x \in T^n(A)\ \forall n \in \mathbb{N} \Rightarrow \forall n \in \mathbb{N}\ \exists x_n \in A \quad \text{mit} \quad x = T^n x_n.$$

Damit folgt weiter (wegen $Tx = x$) für beliebiges $n$

$$\begin{aligned}T^n x_n = T^{n+1} x_{n+1} \Longleftrightarrow T\left(T^{n-1} x_n\right) = T\left(T^n x_{n+1}\right) \\ \Rightarrow T^{n-1} x_n = T^n x_{n+1},\end{aligned}$$

da $T$ injektiv ist. Durch sukzessive Anwendung dieses Arguments folgt

$$T^{n-\nu-1}x_n = T^{n-\nu}x_{n+1}, \ \nu = 0, 1, \ldots, n-1,$$

und damit (für $\nu = n-1$)

$$x_n = Tx_{n+1} \Longleftrightarrow T^{-1}x_n = x_{n+1} \ \forall n.$$

Aus der letzten Beziehung und der Expansionseigenschaft folgt

$$\begin{aligned}\|x_{n+1} - Tx_{n+1}\| &= \left\|T^{-1}x_n - x_n\right\| \le \frac{1}{q}\|x_n - Tx_n\| \\ &= \frac{1}{q}\left\|T^{-1}x_{n-1} - x_{n-1}\right\| \le \frac{1}{q^2}\|x_{n-1} - Tx_{n-1}\| \\ &= \cdots \le \frac{1}{q^n}\|x_1 - Tx_1\|,\end{aligned}$$

also, wegen $q > 1$,

$$\|x_{n+1} - Tx_{n+1}\| \le \frac{1}{q^n}\|x_1 - Tx_1\| \to 0 \ (n \to \infty).$$

(c)$\Rightarrow$(a): Wir zeigen zuerst, dass $(x_n)_{n\in\mathbb{N}}$ eine Cauchy–Folge ist. Es gilt nämlich

$$\begin{aligned}\|x_n - x_m\| &\le \frac{1}{q}\|Tx_n - Tx_m\| \\ &\le \frac{1}{q}(\|Tx_n - x_n\| + \|x_n - x_m\| + \|x_m - Tx_m\|),\end{aligned}$$

und diese Abschätzung liefert

$$\|x_n - x_m\| \le \frac{1}{q-1}(\|Tx_n - x_n\| + \|x_m - Tx_m\|) \to 0 \ (n, m \to \infty).$$

Da $X$ ein Banachraum ist, konvergiert die Cauchy–Folge $(x_n)_{n\in\mathbb{N}}$ gegen ein Element $x \in X$.
Aus der Ungleichung

$$\|x - Tx_m\| \le \|x - x_m\| + \|x_m - Tx_m\| \to 0 \ (m \to \infty)$$

und der Abgeschlossenheit von $T(A)$ folgt, dass $x \in T(A)$.
Wir betrachten $\left\|T^{-1}x - x\right\|$, nutzen die Expansionseigenschaft und erhalten

$$\begin{aligned}\left\|T^{-1}x - x\right\| &\le \left\|T^{-1}x - T^{-1}x_n\right\| + \left\|T^{-1}x_n - x_n\right\| + \|x_n - x\| \\ &\le \frac{1}{q}\|x - x_n\| + \frac{1}{q}\|x_n - Tx_n\| + \|x_n - x\| \to 0 \ (n \to \infty).\end{aligned}$$

Damit gilt $T^{-1}x = x$. Also ist $x = Tx$, und $x$ ist ein Fixpunkt von $T$.

## Aufgabe 167

### ► Fréchet-Ableitung für ein Randwertproblem

Sei $u \in H^2(0,1) \cap H_0^1(0,1)$ die schwache Lösung des 2-Punkt-Randwertproblems

$$-u'' + cu = f \text{ in } (0,1), \quad u(0) = u(1) = 0,$$

mit $c \in L^2(0,1), c \geq 0$ f. ü. und festem $f \in L^2(0,1)$ (vgl. z. B. [13], 6.1, [3], 1.2). Durch

$$F : D(F) \longrightarrow L^2(0,1), \quad F(c) := u(c),$$

mit $D(F) = \{c \in L^2(0,1) | c \geq 0 \text{ f. ü.}\}$, wird eine nichtlineare Abbildung erklärt.

Zeigen Sie, dass $F$ bei allen $c \in D(F)$ differenzierbar ist und die Fréchet-Ableitung die Darstellung hat

$$F'(c)h = -A(c)^{-1}(hu(c)), \quad h \in L^2(0,1), \tag{2.10}$$

wobei $A(c) : H^2(0,1) \cap H_0^1(0,1) \longrightarrow L^2(0,1)$ erklärt ist durch

$$A(c)\varphi = -\varphi'' + c\,\varphi.$$

*Hinweise:*

1. Zum gegebenen RWP (in schwacher Formulierung) ist folgendes variationelle Problem äquivalent: Gesucht $u \in H_0^1(0,1)$ als Lösung von

$$a(u,v) = (f,v) \quad \forall v \in H_0^1(0,1), \tag{2.11}$$

mit der (reellen) Bilinearform $a(u,v) := \int_0^1 (u'v' + c\,uv)dx$ und dem $L^2$-Skalarprodukt $(f,v) = \int_0^1 f v\,dx$. Die variationelle Gleichung ist eindeutig lösbar, wenn $a(u,v)$ elliptisch und beschränkt ist (vgl. z. B. [6], XVI, [3]).

2. In (2.10) ist $z = A(c)^{-1}(hu(c))$ damit die eindeutige schwache Lösung von

$$-z'' + cz = hu(c) \text{ in } (0,1), \; z(0) = z(1) = 0, \tag{2.12}$$

wobei $u = u(c)$ die eindeutige schwache Lösung von (2.11) bezeichnet.

3. Im Folgenden verwenden wir die Bezeichnungen

$$\|u\|_0 = \left(\int_0^1 |u|^2\,dx\right)^{1/2}, \quad (u,v) = \int_0^1 u\,v\,dx,$$

$$|u|_1 = \left(\int_0^1 |u'|^2\,dx\right)^{1/2}, \quad \|u\|_\infty = \operatorname*{ess\,sup}_{x\in(0,1)} |u(x)|$$

4. Es ist zu zeigen, dass für das Restglied $\Phi := F(c+h) - F(c) + A(c)^{-1}(hu(c))$ gilt $\|\Phi\|_1 \setminus \|h\|_0 \to 0$ $(\|h\|_0 \to 0)$. Um das Restglied abzuschätzen, sollte die Sobolevsche Ungleichung in der Form

$$\|v\|_\infty \leq |v|_1, \quad v \in H_0^1(0,1), \tag{2.13}$$

sowie die Poincaré-Friedrichs-Ungleichung (vgl. z. B. [3], 1.2, und Aufg. 123)

$$\|v\|_0 \leq |v|_1, \; v \in H_0^1(0,1), \tag{2.14}$$

benutzt werden.

**Lösung**

Der Beweis wird in vier Schritte unterteilt:

**a)** Beschränktheit und Elliptizität der Bilinearform $a(\cdot,\cdot)$ sowie eine Stabilitätsungleichung für die Lösung von (2.11).
**b)** Stabilitätsungleichung für die Lösung eines „gestörten" RWP – mit $c+h$ anstelle von $c$.
**c)** Linearität von $A(c)$ sowie die Linearität und Beschränktheit von $A(c)^{-1}$.
**d)** Beweis der Differenzierbarkeit (s. Hinweis 4).

**Zu a):** Für $c \in D(F)$ ist $a(\cdot,\cdot)$ beschränkt und elliptisch. Man erhält hier nämlich

$$a(u,u) = |u|_1^2 + \underbrace{(cu,u)}_{\geq 0} \geq |u|_1^2, \quad u \in H_0^1(0,1).$$

Die Beschränktheit von $a(\cdot,\cdot)$ folgt aus $\big(u, v \in H_0^1(0,1)\big)$

$$\begin{aligned} |a(u,v)| &\leq |u|_1|v|_1 + |(cu,v)| \overset{\text{Hölder}}{\leq} |u|_1|v|_1 + \|c\|_0\|u\|_0\|v\|_\infty \\ &\overset{\text{Sob. Ungl.}}{\leq} |u|_1|v|_1 + \|c\|_0\|u\|_0|v|_1 \overset{\text{P.-F.}}{\leq} |u|_1|v|_1 + \|c\|_0|u|_1|v|_1. \end{aligned}$$

In der vorletzten Ungleichung haben wir die Sobolevsche Ungleichung (2.13) benutzt; in der letzten Ungleichung die Ungleichung von Poincaré-Friedrichs (2.14) (Abk.: P.-F.). Für die eindeutige Lösung $u \in H_0^1(0,1)$ des Variationsproblems (s. Hinweis 1) gilt die Abschätzung

$$|u|_1^2 \leq a(u,u) = (f,u) \leq \|f\|_0\|u\|_0.$$

Aus der Poincaré-Friedrichs-Ungleichung folgt noch

$$|v|_1 \leq \|v\|_1 = \sqrt{\|v\|_0^2 + |v|_1^2} \leq \sqrt{2}\,|v|_1, \; v \in H_0^1(0,1)\,;$$

die Normen $|\cdot|_1$ und $\|\cdot\|_1$ sind also auf $H_0^1(0,1)$ äquivalent. Wegen $|u|_1^2 \leq \|f\|_0\|u\|_0 \leq \|f\|_0|u|_1$ folgt daraus – nochmals wegen P.-F. – die folgende Stabilitätsungleichung für die Lösung des Variationsproblems (2.11)

$$|u|_1 \leq \|f\|_0. \tag{2.15}$$

**Zu b):** Mit $h \in L^2(0,1)$, $\|h\|_0 < 1$, und $b = c + h$, $c \in D(F)$, anstelle von $c$ ist die zugehörige Bilinearform $\tilde{a}(u,v) = (u',v') + (bu,v)$ beschränkt und elliptisch. Wegen der Ungleichungen von Poincaré-Friedrichs und Sobolev gilt nämlich für $u, v \in H_0^1(0,1)$

$$(bu,u) \leq \left| \int_0^1 bu^2 dx \right| \overset{\text{Hölder}}{\leq} \|b\|_0 \|u\|_0 \|u\|_\infty \overset{\text{Sob., P.-F.}}{\leq} \|b\|_0 |u|_1^2$$

und

$$\begin{aligned}
\tilde{a}(u,u) &= |u|_1^2 + \underbrace{(cu,u)}_{\geq 0} + (hu,u) \geq |u|_1^2 - |(hu,u)| \\
&\geq |u|_1^2 - \|h\|_0\|u\|_\infty\|u\|_0 \geq |u|_1^2 - \|h\|_0|u|_1^2 = (1 - \|h\|_0)|u|_1^2.
\end{aligned}$$

Die Beschränktheit von $\tilde{a}(\cdot,\cdot)$ folgt aus

$$\begin{aligned}
|\tilde{a}(u,v)| &\leq |u|_1|v|_1 + |(bu,v)| \overset{\text{Hölder}}{\leq} |u|_1|v|_1 + \|c+h\|_0\|u\|_0\|v\|_\infty \\
&\overset{\text{Sob. Ungl.}}{\leq} |u|_1|v|_1 + \|c+h\|_0\|u\|_0|v|_1 \\
&\overset{\text{P.-F.}}{\leq} |u|_1|v|_1 + \|c+h\|_0|u|_1|v|_1 \\
&\leq (1 + \|c+h\|_0)|u|_1|v|_1 \\
&\leq (1 + \|c\|_0 + \underbrace{\|h\|_0}_{<1})|u|_1|v|_1, \quad u, v \in H_0^1(0,1).
\end{aligned}$$

Für jedes $c \in D(F)$ und $h \in L^2(0,1)$ mit $\|h\|_0 < 1$ hat daher das RWP

$$-\tilde{v}'' + (c+h)\tilde{v} = f \;\text{ in } (0,1), \quad \tilde{v}(0) = \tilde{v}(1) = 0,$$

eine eindeutige schwache Lösung, und es gilt die Stabilitätsabschätzung (vgl. (2.15))

$$|\tilde{v}|_1 \leq \frac{1}{1 - \|h\|_0}\|f\|_0. \tag{2.16}$$

Die Funktion $z = A(c)^{-1}(hu(c))$ ist als eindeutige schwache Lösung von

$$-z'' + cz = hu(c) \text{ in } (0,1), \quad z(0) = z(1) = 0,$$

für alle $h \in L^2(0,1)$ erklärt (s. Hinweis 2). Zum Nachweis von

$$F'(c)h = -A(c)^{-1}(hu(c)) \quad \text{für } c \in D(F)$$

wird $h$ eingeschränkt, und zwar so, dass $\|h\|_0 < 1$ ist.

**Zu c):** Z. z.: $A(c)$ und $A(c)^{-1}$ sind linear.
*Zu* $A(c)$: $A(c)(\varphi + \phi) = -(\varphi + \phi)_{xx} + c(\varphi + \phi) = A(c)\varphi + A(c)\phi$
*Zu* $A(c)^{-1}$: Seien $k = A(c)^{-1}(f + g)$ und $m = A(c)^{-1}f$, $n = A(c)^{-1}g$. Es gilt

$$\begin{aligned} -k'' + ck &= f + g, & k(0) &= k(1) = 0,\\ -m'' + cm &= f, & m(0) &= m(1) = 0,\\ -n'' + cn &= g, & n(0) &= n(1) = 0. \end{aligned}$$

D. h. $m + n$ erfüllt

$$-(m+n)'' + c(m+n) = f + g, \quad (m+n)(0) = (m+n)(1) = 0.$$

Damit ist $k = m + n$, und $A(c)^{-1}$ linear. Wegen der Stabilitätsungleichung (2.15) ist

$$A(c)^{-1} : (L^2(0,1), \|\cdot\|_0) \to (H^2(0,1) \cap H_0^1(0,1), \|\cdot\|_1)$$

außerdem beschränkt, wenn man noch beachtet, dass $|\cdot|_1$ und $\|\cdot\|_1$ auf $H_0^1(0,1)$ äquivalent sind.

**Zu d):** Entsprechend Hinweis 4 zeigen wir schließlich, dass $\dfrac{\|\Phi\|_1}{\|h\|_0} \to 0 \ (\|h\|_0 \to 0)$ mit dem Restglied $\Phi$.

**Beweis:**
Sei $\tilde{v} = F(c + h) \in H_0^1(0,1)$ für $\|h\|_0 < 1$, d. h. $\tilde{v}$ ist die Lösung von (s. b)),

$$-\tilde{v}'' + (c+h)\tilde{v} = f \text{ in } (0,1), \quad \tilde{v}(0) = \tilde{v}(1) = 0.$$

Weiter sei $v = F(c) \in H_0^1(0,1)$, d. h. $v$ löst

$$-v'' + cv = f \text{ in } (0,1), \quad v(0) = v(1) = 0.$$

Für $e := \tilde{v} - v$ erhält man also

$$\begin{aligned} & -\tilde{v}'' + v'' + (c+h)\tilde{v} - cv = 0 \\ \Rightarrow \quad & -(\tilde{v}'' - v'') + c(\tilde{v} - v) = -h\tilde{v} \\ \Rightarrow \quad & -e'' + ce = -h\tilde{v} \ \text{ in } (0,1), \quad e(0) = e(1) = 0. \end{aligned}$$

Mit anderen Worten ist $e = A(c)^{-1}(-h\tilde{v})$. Für das Restglied (s. Hinweis 4)

$$\Phi = F(c+h) - F(c) + A(c)^{-1}(hu(c)) = \tilde{v} - v + A(c)^{-1}(hv)$$

erhält man

$$\Phi = A(c)^{-1}(-h\tilde{v}) + A(c)^{-1}(hv) = A(c)^{-1}(-h(\tilde{v} - v)).$$

Damit löst $\Phi$ das Randwertproblem

$$-\Phi'' + c\Phi = -h(\tilde{v} - v) \text{ in } (0,1), \quad \Phi(0) = \Phi(1) = 0.$$

Laut Stabilitätsungleichung (2.15) und wegen der Äquivalenz der Normen $|\cdot|_1$ und $\|\cdot\|_1$ gelten folgende Abschätzungen

$$\begin{aligned} \|e\|_1 &\overset{a)}{\leq} \sqrt{2}\|-h\tilde{v}\|_0 \leq \sqrt{2}\|h\|_0\|\tilde{v}\|_0, \\ \|\Phi\|_1 &\overset{a)}{\leq} \sqrt{2}\|-he\|_0 \leq \sqrt{2}\|h\|_0\|e\|_0 \leq \sqrt{2}\|h\|_0\|e\|_1 \leq 2\|h\|_0^2\|\tilde{v}\|_0. \end{aligned}$$

Es bleibt zu zeigen, dass $\|\tilde{v}\|_0$ für (bzgl. der $L^2$-Norm) kleine $h$ beschränkt bleibt. Dies ist richtig, weil $\tilde{v}$ die Lösung des RWP

$$-\tilde{v}'' + (c+h)\tilde{v} = f \text{ in } (0,1), \quad \tilde{v}(0) = \tilde{v}(1) = 0,$$

ist, und für $\|h\|_0 \leq 1/2$ die folgende Abschätzung gilt (s. (2.16)):

$$|\tilde{v}|_1 \leq \frac{1}{1 - \|h\|_0}\|f\|_0 \leq 2\|f\|_0.$$

Über die P.-F.-Ungleichung ist dann auch $\|\tilde{v}\|_0$ abgeschätzt, und man erhält

$$\|\Phi\|_1 \leq 2\|h\|_0^2\|\tilde{v}\|_0 \overset{\text{P.-F.}}{\leq} 2\|h\|_0^2|\tilde{v}|_1 \leq 2\frac{1}{1 - \|h\|_0}\|h\|_0^2\|f\|_0 \leq 4\|h\|_0^2\|f\|_0.$$

Die Behauptung $\frac{\|\Phi\|_1}{\|h\|_0} \to 0 \ (\|h\|_0 \to 0)$ ergibt sich offenbar aus der letzten Ungleichungskette. Damit ist gezeigt, dass $F'(c)h = -A(c)^{-1}(hu(c))$ die Fréchet-Ableitung ist.

# Theorie gewöhnlicher und partieller Differentialgleichungen

# 3

## 3.1 Anfangswertaufgaben für gewöhnliche Differentialgleichungen

### Aufgabe 168

► **Differentialoperator bei Anfangswertaufgaben**

Sei $G = [\alpha, \beta]$, mit $\beta > \alpha$, ein beschränktes abgeschlossenes Intervall der reellen Zahlengeraden $\mathbb{R}$ und $X = C^1[\alpha, \beta]$ der Raum der stetig differenzierbaren reell- bzw. komplexwertigen Funktionen auf $[\alpha, \beta]$. Dann wird eine Abbildung $A$ von $X = C^1[\alpha, \beta]$ in $Y = \mathbb{K} \times C[\alpha, \beta]$ definiert durch die Vorschrift ($\mathbb{K} = \mathbb{R}$ oder $\mathbb{K} = \mathbb{C}$)

$$v = Au \iff v = \left( u(\alpha), \frac{du}{dx} \right) \in \mathbb{K} \times C[\alpha, \beta],$$

für jedes $u \in X = C^1[\alpha, \beta]$. Beweisen Sie: Die Abbildung $A : X \to Y$ ist bijektiv, linear und in beiden Richtungen stetig, d. h. es gibt positive Zahlen $\gamma_0, \gamma_1$ mit der Eigenschaft

$$\gamma_0 \|u\|_X \leq \|Au\|_Y \leq \gamma_1 \|u\|_X, \quad u \in X = C^1[\alpha, \beta],$$

mit den Normen

$$\|u\|_X = \max \left( \|u\|_\infty, \left\| \frac{du}{dx} \right\|_\infty \right), \quad \|v\|_Y = \max (|c|, \|d\|_\infty)$$

für jedes $u \in X = C^1[\alpha, \beta]$ und $v = (c, d) \in Y = \mathbb{K} \times C[\alpha, \beta]$; $\| \cdot \|_\infty$ bezeichnet hier die Max.-Norm.



H.-J. Reinhardt, *Aufgabensammlung Analysis 2, Funktionalanalysis und Differentialgleichungen*, DOI 10.1007/978-3-662-52954-6_3

Lösung

a) **Linearität:**
Seien $u, v \in Y, \lambda, \mu \in \mathbb{K}$

$$\begin{aligned}
\Rightarrow A(\lambda u + \mu v) &= \left((\lambda u + \mu v)(\alpha), \frac{d(\lambda u + \mu v)}{dx}\right)\\
&= \left(\lambda u(\alpha) + \mu v(\alpha), \lambda \frac{du}{dx} + \mu \frac{dv}{dx}\right)\\
&= \lambda \left(u(\alpha), \frac{du}{dx}\right) + \mu \left(v(\alpha), \frac{dv}{dx}\right)\\
&= \lambda A(u) + \mu A(v)
\end{aligned}$$

$\Rightarrow$ Linearität

b) **Injektivität:**

$$\begin{aligned}
&\text{Sei } Au = 0\\
&\Rightarrow \left(u(\alpha), \frac{du}{dx}\right) = 0\\
&\Rightarrow u(\alpha) = 0 \quad \text{und} \quad u'(x) = 0 \; \forall x \in [\alpha, \beta]\\
&\Rightarrow u(x) - u(\alpha) = \int_\alpha^x u'(s)ds = 0 \; \forall x \in [\alpha, \beta]\\
&\Rightarrow u(x) = 0 \; \forall x \in [\alpha, \beta]\\
&\Rightarrow u = 0\\
&\Rightarrow \text{Injektivität}
\end{aligned}$$

c) **Surjektivität:**

$$\begin{aligned}
&\text{Sei } V \in Y \text{ beliebig, } V = (\xi, v), \xi \in \mathbb{K}, v \in C[\alpha, \beta]\\
&\text{Definiere nun } u(x) := \xi + \int_\alpha^x v(s)ds, x \in [\alpha, \beta]\\
&\Rightarrow u(\alpha) = \xi \text{ und nach dem Hauptsatz } u'(x) = v(x) \; \forall x \in [\alpha, \beta]\\
&\Rightarrow Au = V\\
&\Rightarrow \text{Surjektivität}
\end{aligned}$$

d) **Stetigkeit** in beiden Richtungen:
Wähle $\gamma_1 = 1$:

$$\Rightarrow \|Au\|_Y = \max\left(u(\alpha), \left\|\frac{du}{dx}\right\|_\infty\right)$$
$$\leq \max\left(\|u\|_\infty, \left\|\frac{du}{dx}\right\|_\infty\right) = \gamma_1 \|u\|_X$$

Zu $\gamma_0 \|u\|_X \leq \|Au\|_Y$:
**1. Fall:** $\|u\|_X = \|u\|_\infty$. Dann gilt:

$$\|u\|_X = \|u\|_\infty = \sup_{x\in[\alpha,\beta]} |u(x)|$$
$$= \sup_{x\in[\alpha,\beta]} \left| \int_\alpha^x u'(s)ds + u(\alpha) \right|$$
$$\leq \max_{x\in[\alpha,\beta]} |u'(x)|(\beta - \alpha) + |u(\alpha)|$$
$$\leq (1 + (\beta - \alpha))\|Au\|_Y$$
$$\Rightarrow \gamma_{0_1} = \frac{1}{1 + (\beta - \alpha)} > 0$$

**2. Fall:** $\|u\|_X = \|\frac{du}{dx}\|_\infty$. Dann gilt:

$$\|u\|_X = \left\|\frac{du}{dx}\right\|_\infty \leq \|Au\|_Y$$
$$\Rightarrow \gamma_{0_2} = 1 > 0$$

Insgesamt gilt die Abschätzung also mit $\gamma_0 := \min(\gamma_{0_1}, \gamma_{0_2}) = \gamma_{0_1} = \frac{1}{1+(\beta-\alpha)}$.

## Aufgabe 169

### ► Temperaturverteilung

Das Newtonsche Abkühl-Gesetz besagt, dass die Abkühlrate $T'(t)$ eines gut wärmeleitenden Körpers zum Zeitpunkt $t \in \mathbb{R}$ proportional ist zur Differenz zwischen seiner Temperatur $T(t)$ und der Umgebungstemperatur $T_a$. Das heißt, es gilt

$$T'(t) = k\,(T(t) - T_a)\,, \ t \in \mathbb{R},$$

mit einer Konstanten $k < 0$.

a) Bestimmen Sie die Lösungen der Differentialgleichung

$$T'(t) = k(T(t) - T_a).$$

b) Wie lange dauert es, bis ein (zum Zeitpunkt $t = 0$) 100° heißer Körper bei einer Außentemperatur von $T_a = 20°$ auf 30° abgekühlt ist, wenn $T(20) = 60°$ gilt?
c) Bestimmen Sie $\lim_{t\to\infty} T(t)$.

*Hinweis:* Verwenden Sie für a) die Methode der Variation der Konstanten. Beachten Sie, dass aus physikalischen Gründen die Körpertemperatur immer größer gleich der Außentemperatur bleibt. Bestimmen Sie zunächst die Konstante $k$ aus den Bedingungen in b).

**Lösung**

a) Die Nullstellen von $T(t) - T_a = 0$ sind offensichtlich die trivialen Lösungen der Differentialgleichung. Daraus folgt, dass $T(t) = T_a$ eine Lösung der Differentialgleichung ist.
Eine weitere, nichtkonstante Lösung erhält man nach der Methode der Variation der Konstanten. Die allgemeine Lösung der homogenen Differentialgleichung $T'(t) = kT(t)$, $t \in \mathbb{R}$, ergibt sich durch

$$T(t) = c\exp(kt).$$

Nach der Methode der Variation der Konstanten erhält man die Lösung der gegebenen inhomogenen Differentialgleichung

$$T'(t) = kT(t) - kT_a$$

durch

$$\begin{aligned} T(t) &= T(0)\exp(kt) + \exp(kt)\int_0^t e^{-ks}(-k)\,T_a\,ds \\ &= T(0)\exp(kt) + T_a\exp(kt)\,(\exp(-kt) - 1) \\ &= T_a + (T(0) - T_a)\exp(kt). \end{aligned}$$

b) Wir bestimmen die Lösung des Anfangswertproblems

$$\begin{cases} T'(t) = k(T(t) - T_a) \\ T(0) = 100 \end{cases} \tag{3.1}$$

Da $T_a = 20°$ gilt, ist

$$T(t) = 20 + 80e^{kt}$$

die eindeutige Lösung des AWP (3.1), denn die (konstante) Lösung $T = T_a (= 20°)$ genügt nicht der Anfangsbedingung $T(0) = 100$. Die Lösung des AWP (3.1) soll der folgenden Bedingung genügen:

$$T(20) = 60°. \tag{3.2}$$

Daraus ergibt sich $k$:

$$20 + 80e^{20k} = 60 \Leftrightarrow e^{20k} = 1/2 \Leftrightarrow k = \frac{1}{20}\ln(1/2) = -\frac{\ln(2)}{20} \tag{3.3}$$

Also ist $T(t) = 20 + 80 \cdot 0{,}5^{(1/20)t}$ die Lösung des AWP (3.1) und (3.2). Weiter findet man $t$, so dass $T(t) = 30$ gilt, wie folgt:

$$\begin{aligned} 20 + 80 \cdot 0{,}5^{(1/20)t} = 30 &\Leftrightarrow 10 = 80 \cdot 0{,}5^{(1/20)t} \\ &\Leftrightarrow \frac{1}{8} = \left(\frac{1}{2}\right)^3 = 0{,}5^{(1/20)t} \Leftrightarrow 3 = (1/20)t \Leftrightarrow t = 60. \end{aligned}$$

c) Weil $k < 0$ ist, gilt für $t \to \infty$

$$\lim_{t\to\infty} T(t) = \lim_{t\to\infty} 20 + 80 \cdot 0{,}5^{(1/20)t} = 20.$$

**Alternative Lösung** zu a):
Nichtkonstante Lösungen erhält man auch mit der Methode der Trennung der Variablen:

$$\begin{aligned} T'(t) &= k(T(t) - T_a) \\ \frac{dT}{k(T - T_a)} &= dt, \text{ falls } T - T_a \neq 0 \\ \int \frac{dT}{k(T - T_a)} &= \int dt \\ 1/k \ln|T - T_a| &= t + c, \quad c = \text{Konstante} \\ e^{\ln|T - T_a|} &= e^{kt + kc} \\ |T - T_a| &= \tilde{c}e^{kt}, \quad \tilde{c} = \text{Konstante} \\ T(t) &= T_a + \tilde{c}e^{kt}, \text{ falls } T(t) - T_a \geq 0 \ \forall t. \end{aligned}$$

Hierbei ist zu beachten, dass aus physikalischen Gründen die Körpertemperatur immer größer gleich der Außentemperatur bleibt. Die Konstante ergibt sich aus der Anfangstemperatur, $\tilde{c} = T(0) - T_a$.

## Aufgabe 170

### ► Umsatzrate

Nach Vidale und Wolfe[1] steht die Umsatzrate $S(t)$, die durch den Verkauf eines Produktes zur Zeit $t > 0$ erzielt wird, mit der Investitionsrate $x(t)$ für Werbemaßnahmen in der Beziehung

$$S' = \rho x \left(1 - \frac{S}{m}\right) - \lambda S, \qquad S(0) = s_0. \tag{3.4}$$

Hierbei ist $m$ eine maximale Umsatzrate, $\lambda$ eine Abnahmerate des Umsatzes und $\rho$ eine Verzögerungsrate der Wirkung der Werbemaßnahme. Ferner ist $s_0$ die Umsatzrate zu Beginn der Werbemaßnahme. Eine Firma plant eine Werbekampagne für ihr neuestes Produkt. Aus der Erfahrung ist bekannt, dass mit $m = 1000\,€/\text{Tag}$, $\lambda = 1/\text{Tag}$ und $\rho = 10/\text{Tag}$ gerechnet werden kann. Die Umsatzrate ohne Werbemaßnahme wird auf $s_0 = 100\,€/\text{Tag}$ geschätzt. Bestimmen Sie $S$ für die Werbestrategie $x(t) = x_0$ für $0 \le t$ mit festem $x_0 \ge 0$. Geben Sie die Lösungen an für $x_0 = 0\,€/\text{Tag}$, $x_0 = 100\,€/\text{Tag}$ und für $x_0 = 300\,€/\text{Tag}$.

**Lösung**

Gl. (3.4) ist eine inhomogene lineare Differentialgleichung und wird mit der Methode der Variation der Konstanten gelöst. Wir betrachten zunächst die zugehörige homogene Differentialgleichung:

$$\begin{aligned} S' &= -\left(\frac{\rho x_0}{m} + \lambda\right) S \\ \Longrightarrow \int \frac{dS}{S} &= \int -\left(\frac{\rho x_0}{m} + \lambda\right) dt \\ \Longrightarrow \ln(|S|) &= -\left(\frac{\rho x_0}{m} + \lambda\right) t + c \\ \Longrightarrow S(t) &= c_1 e^{-\left(\frac{\rho x_0}{m} + \lambda\right)t} \end{aligned}$$

Variation der Konstanten liefert also:

$$S(t) = c(t) e^{-\left(\frac{\rho x_0}{m} + \lambda\right)t} \quad \left(\Longrightarrow S'(t) = c'(t) e^{-\left(\frac{\rho x_0}{m} + \lambda\right)t} - \left(\frac{\rho x_0}{m} + \lambda\right) S(t)\right)$$

$S(t)$ löst die inhomogene Dgl. (3.4) mit konstantem $x = x_0$ genau dann, wenn

$$\begin{aligned} & c'(t) e^{-\left(\frac{\rho x_0}{m} + \lambda\right)t} = \rho x_0 \\ \Longleftrightarrow\ & c(t) = \int \rho x_0 e^{\left(\frac{\rho x_0}{m} + \lambda\right)t} dt = \frac{\rho x_0}{\frac{\rho x_0}{m} + \lambda} e^{\left(\frac{\rho x_0}{m} + \lambda\right)t} + c_0, \quad c_0 = \text{Konst.} \end{aligned}$$

[1] Vidale, M. L., Wolfe, H. B.: An Operations-Research Study of Sales Response to Advertising. Operations Research 5 (3), 370–381 (1957).

Daraus erhalten wir die allgemeine Lösung von (3.4):

$$S(t) = \frac{\rho x_0}{\frac{\rho x_0}{m} + \lambda} + c_0 e^{-(\frac{\rho x_0}{m} + \lambda)t}, \quad c_0 = \text{Konst.}$$

Die Lösung des AWP's erhalten wir durch Einsetzen der Lösung der inhomogenen Differentialgleichung in die Anfangsbedingung $S(0) = s_0$:

$$\frac{\rho x_0}{\frac{\rho x_0}{m} + \lambda} + c_0 = s_0 \quad \Rightarrow \quad c_0 = s_0 - \frac{\rho x_0}{\frac{\rho x_0}{m} + \lambda}$$

$$\Longrightarrow \quad S(t) = \frac{\rho x_0}{\frac{\rho x_0}{m} + \lambda} + \left(s_0 - \frac{\rho x_0}{\frac{\rho x_0}{m} + \lambda}\right) e^{-(\frac{\rho x_0}{m} + \lambda)t}$$

Wir bestimmen nun verschiedene Werbestrategien für $\rho = 10, m = 1000, \lambda = 1, s_0 = 100$:

- $x_0 = 0$: $\quad S(t) = 100\, e^{-t}$
- $x_0 = 100$:

$$S(t) = \frac{1000}{\frac{1000}{1000} + 1} + \left(100 - \frac{1000}{\frac{1000}{1000} + 1}\right) e^{-2t} = 500 - 400\, e^{-2t}$$

- $x_0 = 300$:

$$S(t) = \frac{3000}{\frac{3000}{1000} + 1} + \left(100 - \frac{3000}{\frac{3000}{1000} + 1}\right) e^{-4t} = 750 - 650\, e^{-4t}.$$

**Alternative Lösung:**
Die allgemeine Lösung der homogenen Differentialgleichung mit konstantem $x = x_0$,

$$S'(t) = -(\rho x_0/m + \lambda) S(t), \; t > 0,$$

erhält man durch $S(t) = c \exp(-\beta t)$, wobei $\beta = \rho x_0/m + \lambda$. Nach der Methode der Variation der Konstanten ergibt sich für die Lösung der gegebenen inhomogenen Differentialgleichung

$$\begin{aligned}
S(t) &= S(0)\exp(-\beta t) + \exp(-\beta t) \int_0^t \exp(\beta \tau) \rho x_0 \, d\tau \\
&= S(0)\exp(-\beta t) + \frac{\rho x_0}{\beta} \exp(-\beta t)\,(\exp(\beta t) - 1) \\
&= S(0)\exp(-\beta t) + \frac{\rho x_0}{\beta}\,(1 - \exp(-\beta t)) \\
&= \frac{\rho x_0}{\beta} + \left(s_0 - \frac{\rho x_0}{\beta}\right) \exp(-\beta t).
\end{aligned}$$

Für die angegebenen Zahlenbeispiele von $x_0, \lambda, m$ erhält man

$$\beta = \begin{cases} 1, & x_0 = 0 \\ 2, & x_0 = 100 \\ 4, & x_0 = 300\,; \end{cases} \qquad \frac{\rho x_0}{\beta} = \begin{cases} 0, & x_0 = 0 \\ 500, & x_0 = 100 \\ 750, & x_0 = 300. \end{cases}$$

Für die Lösungen ergeben sich in diesen Fällen (mit $s_0 = 100$)

$$S(t) = \begin{cases} 100\exp(-t), & x_0 = 0, \\ -400\exp(-2t) + 500, & x_0 = 100, \\ -650\exp(-4t) + 750, & x_0 = 300. \end{cases}$$

## Aufgabe 171

### ► Wronski-Determinante

Zeigen Sie für eine Differentialgleichung 2-ter Ordnung

$$u'' + p(t)u' + q(t)u = b(t), \quad t \in J := [\tau, \tau + a],$$

mit $p, q, b \in C(J)$, dass die *Wronski-Determinante* $W(t) = \begin{vmatrix} u_1 & u_2 \\ u_1' & u_2' \end{vmatrix}$ für zwei Lösungen $u_1$, $u_2$ der zugehörigen homogenen Differentialgleichung selbst die Differentialgleichung erster Ordnung

$$W'(t) = -p(t)W(t), \quad t \in J,$$

erfüllt und damit die Darstellung hat,

$$W(t) = W(\tau)\exp\left(-\int_\tau^t p(s)ds\right), \quad t \in J.$$

**Lösung**

Es gilt

$$W(t) = \begin{vmatrix} u_1 & u_2 \\ u_1' & u_2' \end{vmatrix} = u_1u_2' - u_1'u_2. \tag{3.5}$$

Daraus folgt

$$W'(t) = u_1u_2'' + u_1'u_2' - (u_1'u_2' + u_1''u_2), \quad \text{also}$$
$$W'(t) = u_1u_2'' - u_1''u_2. \tag{3.6}$$

Weil $u_1$ und $u_2$ Lösungen der homogenen Differentialgleichung

$$u'' + p(t)u' + q(t)u = 0$$

sind, gilt

$$u_i'' = -p(t)u_i' - q(t)u_i \quad \text{für} \quad i = 1, 2. \tag{3.7}$$

Einsetzen von (3.7) in (3.6) ergibt schließlich

$$\begin{aligned} W'(t) &= u_1(-p(t)u_2' - q(t)u_2) - (-p(t)u_1' - q(t)u_1)u_2 \\ &= -p(t)(u_1u_2' - u_1'u_2) \\ &\overset{(3.5)}{=} -p(t)W(t). \end{aligned}$$

Dass die Wronski-Determinante die Darstellung

$$W(t) = W(\tau)\exp\left(-\int_\tau^t p(s)ds\right)$$

besitzt, erkennt man jetzt unmittelbar durch Differentiation.

## Aufgabe 172

### ▶ Bewegung mit Reibung

Ein Teilchen mit der Masse $m$ bewegt sich auf einer Bahn $z(t)$, wobei $z|_{t=0} = z_0 > 0$ und $z'(t)|_{t=0} = 0$ die Anfangsbedingungen sind. Auf das Teilchen wirken entlang der $z$-Richtung die Gravitationskraft $F_g = -mg$ und die Reibungskraft $F_r = -\alpha z'$ (mit $\alpha > 0$, „Stokessche Reibung“). Nach den Gesetzen der Physik erfüllt das Teilchen bzw. dessen Bahn das Anfangswertproblem 2. Ordnung,

$$mz'' + \alpha z' = -mg, \;\; t > 0, \;\; z(0) = z_0, \;\; z'(0) = 0.$$

a) Berechnen Sie $z(t)$ und $z'(t)$.
b) Zeichnen Sie den Verlauf von $z(t)$ und $v(t) = z'(t)$.
c) Wie lautet der Limes $\lim_{t\to\infty} v(t)$?

**Lösung**

Zur Differentialgleichung

$$mz'' + \alpha z' = -mg, \;\; t > 0,$$

gibt es zwei linear unabhängige Lösungen der homogenen Differentialgleichung, nämlich

$$u_1(t) = 1, \;\; u_2(t) = \exp(-\alpha t/m).$$

Eine *spezielle Lösung* der inhomogenen Differentialgleichung erhält man durch

$$w(t) = -\frac{m}{\alpha}\, gt,$$

weil $w' = -\frac{m}{\alpha} g,\ w'' = 0$, und deshalb

$$mw'' + \alpha w' = -\frac{m}{\alpha}\, g\alpha = -mg.$$

Eine *allgemeine Lösung* der inhomogenen Differentialgleichung ergibt sich deshalb zu $z(t) = \alpha_1 u_1(t) + \alpha_2 u_2(t) + w(t)$. Die Bestimmung von $\alpha_1$ und $\alpha_2$ durch die Anfangsbedingungen ergibt:

$$\begin{aligned} z(0) &= z_0 = \alpha_1 + \alpha_2 \\ z'(0) &= 0 = -\alpha_2 \frac{\alpha}{m} - \frac{m}{\alpha}\, g \Longrightarrow \alpha_2 = -\frac{m^2}{\alpha_2}\, g \\ \Longrightarrow \alpha_1 &= z_0 - \alpha_2 = z_0 + \frac{m^2}{\alpha^2}\, g \end{aligned}$$

Als *Lösung* erhält man schließlich (s. Abb. 3.1 und 3.2)

$$\begin{aligned} z(t) &= \left( z_0 + \frac{m^2}{\alpha^2}\, g \right) - \frac{m^2}{\alpha^2}\, g \exp(-\alpha t/m) - \frac{m}{\alpha}\, gt \\ v(t) &= z'(t) = \frac{m}{\alpha}\, g \exp(-\alpha t/m) - \frac{m}{\alpha}\, g \end{aligned}$$

Im Limes $t \to \infty$ erhält man $\lim_{t\to\infty} v(t) = -\frac{m}{\alpha}\, g$.

**Alternative Lösung:** Gesucht sind $z$ und $z'$ als Lösung des folgenden AWP:

$$mz'' + \alpha z' = -mg, \quad t > 0, \ z(0) = z_0, \ z'(0) = 0 \qquad (*)$$

Setze $y = z'$, dann erfüllt $y$ das folgende AWP:

$$y' = -\frac{\alpha}{m} y - g, \quad y(0) = 0 \qquad (**)$$

*Allgem. Lösung der homogenen Differentialgleichung* (für $y$):

$$y_H(t) = c \exp\left( \int -\frac{\alpha}{m}\, dt \right) = \tilde{c}\, e^{-\frac{\alpha}{m} t}, \quad c, \tilde{c} \in \mathbb{R} \text{ konst.}$$

*Partikuläre Lösung* der inhomogenen Gl. $(**)$: Ansatz: $y_p(t) = k$ (konst.)

$$\Longrightarrow 0 = -\frac{\alpha}{m} k - g \overset{\alpha>0}{\Longleftrightarrow} -\frac{gm}{\alpha} = k.$$

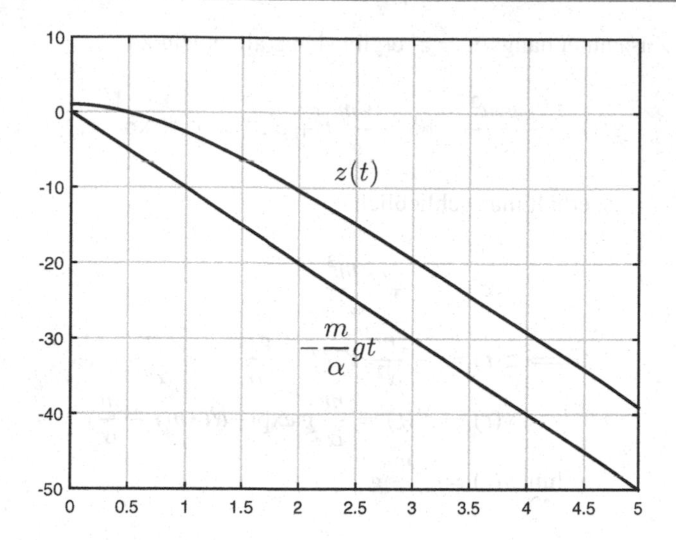


**Abb. 3.1** Bahn $z(t)$ des Masseteilchens mit $z_0 = 1$ (Aufg. 172)

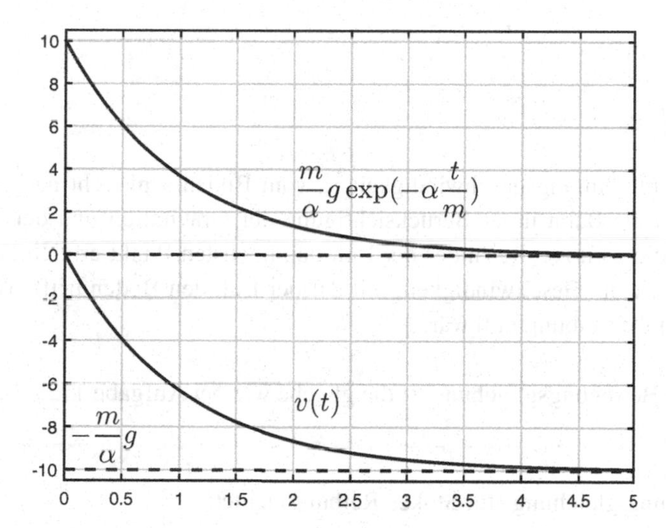


**Abb. 3.2** Geschwindigkeit $v(t) = z'(t)$ (Aufg. 172)

*Allgem. Lösung* von $(**)$:

$$y(t) = y_H(t) + y_p(t) = \tilde{c}\, e^{-\frac{\alpha}{m}t} - \frac{g\,m}{\alpha}.$$

Mit der Anfangsbedingung $y(0) = 0$ erhält man $\tilde{c} = \frac{gm}{\alpha}$;

$$\Longrightarrow y(t) = \frac{g\,m}{\alpha}\, e^{-\frac{\alpha}{m}t} - \frac{g\,m}{\alpha} \quad \text{Lösung von } (**) \ \big(= z'(t) = v(t)\big)\,.$$

Wegen des Zusammenhangs $y = z'$ ergibt sich $z$ allgemein zu

$$z(t) = -\frac{gm^2}{\alpha^2} e^{-\frac{\alpha}{m}t} - \frac{gm}{\alpha} t + c', \quad c' \in \mathbb{R} \text{ konst.},$$

und mit $z(0) = z_0$ erhält man schließlich

$$\begin{aligned} c' &= z_0 + \frac{gm^2}{\alpha^2} \\ \Longrightarrow z(t) &= -\frac{gm^2}{\alpha^2} e^{-\frac{\alpha}{m}t} - \frac{gm}{\alpha} t + \frac{gm^2}{\alpha^2} + z_0 \\ v(t) &= z'(t) = \frac{m}{\alpha} g \exp(-\alpha t/m) - \frac{m}{\alpha} g \\ \Longrightarrow \lim_{t\to\infty} v(t) &= -\frac{m}{\alpha} g \end{aligned}$$

## Aufgabe 173

### ▶ Ballwurf

Ein Ball wird mit Anfangsgeschwindigkeit $v_0$ vom Boden senkrecht nach oben geworfen. Wie lautet die Bahn unter Berücksichtigung der Gravitation und der Luftreibung? Ermitteln Sie die Steigzeit $t_s$, zu der der Ball den höchsten Punkt erreicht, und die Aufprallzeit $t_w$ sowie die Geschwindigkeit, mit der der Ball den Boden trifft. Wie lautet das Resultat, wenn die Reibung null wäre?

*Hinweis:* Die Bewegungsgleichung ist die gleiche wie bei Aufgabe 172.

**Lösung**

Die Bewegungsgleichung (für Stokes-Reibung) lautet:

$$m\ddot{z} = -mg - \lambda \dot{z}, \; t > 0, \quad \text{mit Anfangsbedingungen } z(0) = 0, \; \dot{z}(0) = v_0.$$

Hierbei ist $\lambda \geq 0$ ein konstanter Reibungskoeffizient.

Die *allgemeine Lösung* hat die Form $z(t) = a + be^{-kt} - mg\,t/\lambda$, wobei $k = \lambda/m$. Die Anfangsbedingungen bestimmen die Koeffizienten $a, b$: $a = -b = \frac{1}{k}\left(v_0 + gk^{-1}\right)$. Für die Lösung erhält man also

$$\begin{aligned} z(t) &= (1 - e^{-kt})\frac{1}{k}(gk^{-1} + v_0) - gk^{-1}t \\ \dot{z}(t) &= e^{-kt}(gk^{-1} + v_0) - gk^{-1}. \end{aligned}$$

Die *Steigzeit* $t_s$ ergibt sich aus $\dot{z}(t_s) = 0$, d. h.

$$e^{-kt_s}(gk^{-1} + v_0) = gk^{-1} \quad (\text{setze } \beta := gk^{-1} + v_0)$$

d. h.

$$e^{-kt_s} = \frac{g}{\beta k} \iff -kt_s = \ln\left(\frac{g}{\beta k}\right)$$
$$\iff t_s = \frac{-1}{k}\ln\left(\frac{g}{\beta k}\right) = \frac{1}{k}\ln\left(\frac{\beta k}{g}\right).$$

Hierbei ist $\frac{g}{\beta k} < 1$, da $g < g + v_0 k = (gk^{-1} + v_0)k = \beta k$.

Für $t > t_s$ ist die Geschwindigkeit negativ, d. h. der Ball fliegt nach unten. Es gilt nämlich

$$\dot{z}(t) = e^{-k(t_s+t-t_s)}\beta - gk^{-1}$$
$$= \underbrace{e^{-kt_s}}_{\frac{g}{\beta k}} e^{-k(t-t_s)}\beta - gk^{-1}$$
$$= gk^{-1}e^{-k(t-t_s)} - gk^{-1} = -gk^{-1}(1 - e^{-k(t-t_s)}),$$

wobei $e^{-k(t-t_s)} < 1$ ist für $t > t_s$.

Die *Flugdauer* $t_w$ bestimmt sich aus $z(t_w) = 0$, d. h.

$$(1 - e^{-kt_w})\beta k^{-1} = gk^{-1}t_w$$
$$\iff (1 - e^{-kt_w})\beta = gt_w$$
$$\iff \beta e^{-kt_w} = \beta - gt_w$$
$$\iff e^{-kt_w} = 1 - \frac{g}{\beta}t_w$$

Abgesehen von $t_w = 0$ gibt es eine eindeutig bestimmte Lösung $t_w > 0$ dieser Gleichung, falls $g/\beta < k$, d. h. $g < k\beta = g + v_0 k \iff v_0 k > 0$. Letzteres gilt immer, so dass $t_w$ eindeutig bestimmt ist.

Für die *Aufprallgeschwindigkeit* ergibt sich

$$\dot{z}(t_w) = \beta e^{-kt_w} - gk^{-1} \underset{\text{s. o.}}{=} \beta - gt_w - gk^{-1} = v_0 - gt_w,$$

da $\beta - gk^{-1} = gk^{-1} + v_0 - gk^{-1} = v_0$.

Im *reibungslosen Fall* hat man $\lambda = 0$ (und $k = 0$), und die Bewegungsgleichung hat die Form

$$m\ddot{z} = -mg, t > 0, \quad z(0) = 0, \quad \dot{z}(0) = v_0,$$

mit Lösung $z(t) = v_0 t - \frac{1}{2}gt^2$ und $\dot{z}(t) = v_0 - gt$.

Für die Steigzeit bzw. die Flugdauer ergeben sich dann

$$t_s = \frac{v_0}{g} \quad \text{bzw.} \quad t_w = \frac{2v_0}{g}.$$

Als Aufprallgeschwindigkeit erhält man in diesem Fall

$$\dot{z}(t_w) = v_0 - 2v_0 = -v_0,$$

d. h. diese hat den gleichen Betrag wie die Anfangsgeschwindigkeit nur in umgekehrter Richtung.

## Aufgabe 174

### ► ICE-Bremsweg, Riccati-Differentialgleichung

Es soll der Bremsweg eines Zuges, z. B. ICE, bestimmt werden, der lediglich durch seine Rollreibung und den Luftwiderstand abgebremst wird. Gegeben seien folgende physikalische Größen:

| | Maßeinheit | Daten |
|---|---|---|
| Masse des Zuges $m$ | [t] | 450 |
| Stirnfläche $A$ | [m$^2$] | 11 |
| Luftwiderstandsbeiwert $c_w$ | [–] | 0,2 |
| Rollreibungswert $\mu$ | [–] | 0,01 |
| Luftdichte $\rho_L$ | [kg/m$^3$] | 1,25 |
| Anfangsgeschwindigkeit $v_0$ | [km/h] | 300 |
| entspricht: | [m/s] | 83,33 |
| Erdbeschleunigung $g$ | [m/s$^2$] | 9,81 |

Aus einem Kräftegleichgewicht leitet man die folgende gewöhnliche Differentialgleichung für die Geschwindigkeit her,

$$v'(t) - \frac{c_w A \rho_L}{2m} v^2(t) = -\mu g, \; t > 0. \tag{3.8}$$

Dies ist eine nichtlineare gewöhnliche Differentialgleichung, die man in der Form

$$v'(t) = Bv^2(t) - C, \; t > 0 \tag{3.9}$$

mit $B = c_w A \rho_L/(2m), C = \mu g$ schreiben kann.

Gewöhnliche Differentialgleichungen der Form (3.9) sind Spezialfälle sogenannter Riccati-Differentialgleichungen. Im vorliegenden Fall kann man die Lösung explizit angeben: Durch die Transformation,

$$u(t) = e^{-B \int v(t)\,dt} = e^{-Bx(t)} \tag{3.10}$$

mit $x(t) = \int v(t)\,dt$ = zurückgelegter Weg, geht (3.9) über in eine lineare Differentialgleichung zweiter Ordnung.

$$u'' - \alpha^2 u = 0 \quad \text{mit}\ \alpha = \sqrt{BC}, \tag{3.11}$$

deren allgemeine Lösung durch

$$u(t) = c_1 e^{\alpha t} + c_2 e^{-\alpha t} \tag{3.12}$$

gegeben ist. Die Koeffizienten $c_1, c_2$ bestimmen sich aus den Anfangsbedingungen.

Bestimmen Sie

- $u$ aus den Anfangsbedingungen $x(0) = 0, v(0) = v_0$;
- $x$ und $v$ aus der Transformationsformel (3.10);
- eine Formel für den Zeitpunkt $T$, für den der Zug zum Stillstand kommt;
- für die obigen konkreten Daten den Zeitpunkt $T$ und den Weg $x(T)$.

**Lösung**

Für die Koeffizienten $c_1, c_2$ erhält man aus den Anfangsbedingungen

$$u(0) = u_0 = e^{-Bx(0)} = 1, \quad u'(0) = u_0' = -Bv_0,$$

wenn man $x(0) = 0$ beachtet, dass $c_1 = \frac{1}{2\alpha}(\alpha - Bv_0)$, $c_2 = \frac{1}{2\alpha}(\alpha + Bv_0)$.

Man erhält so

$$u(t) = \frac{1}{2\alpha}\left((\alpha - Bv_0)e^{\alpha t} + (\alpha + Bv_0)e^{-\alpha t}\right) \tag{3.13}$$

Berücksichtigt man (3.10), dann kann man aus (3.13) den Weg $x(t)$ bestimmen, $x(t) = -\frac{1}{B}\ln(u(t))$. Die Lösung $x(\cdot)$ ist eindeutig bestimmt, da $u$ eindeutig bestimmt ist und die Transformation invertierbar ist. Leitet man $x(\cdot)$ ab, so erhält man schließlich die folgende explizite Formel für die Geschwindigkeit,

$$v(t) = -\sqrt{\frac{C}{B}}\,\frac{(\alpha - Bv_0)e^{\alpha t} - (\alpha + Bv_0)e^{-\alpha t}}{(\alpha - Bv_0)e^{\alpha t} + (\alpha + Bv_0)e^{-\alpha t}}. \tag{3.14}$$

Nochmaliges Differenzieren zeigt, dass $v$ in der Tat die nichtlineare Differentialgleichung (3.9) erfüllt.

Will man noch den Zeitpunkt $T$ bestimmen, wann der Zug zum Stillstand kommt, so setzt man einfach $v(T) = 0$. Dies ergibt

$$T = \frac{1}{2\alpha}\ln\left(\frac{\alpha + Bv_0}{\alpha - Bv_0}\right). \tag{3.15}$$

**Tab. 3.1** Beispiel: Bremswegberechnung, Hochgeschwindigkeitszug

| Zugdaten | Maßeinheit | |
|---|---|---|
| Gewicht | [t] | 450 |
| Anströmfläche | [m²] | 11 |
| Luftwiderstandsbeiwert $c_w$ | [–] | 0,2 |
| Rollreibungswert $\mu$ | [–] | 0,01 |
| Anfangsgeschwindigkeit $v_0$ | [km/h] | 300 |
| entspricht: | [m/s] | 83,33 |
| *Umbegungsdaten* | | |
| Luftdichte $\rho_L$ | [kg/m³] | 1,25 |
| Erdbeschleunigung $g$ | [m/s²] | 9,81 |

Hierzu müssen allerdings die physikalischen Größen so sein, dass $\alpha > Bv_0$. Dies ist eine Forderung an die Anfangsgeschwindigkeit, $v_0 < \sqrt{2\mu g m/(c_w A\rho_L)}$. Für $t \leq T$ bleibt auch $v(t) \geq 0$ und $u$ aus (3.13) erfüllt $0 \leq u(t) \leq 1, 0 \leq t \leq T$. In diesem Zeitintervall ist auch die Formel

$$x(t) = -\frac{1}{B} \ln(u(t))$$

sinnvoll, da dann $\ln(u(t))$ negativ bleibt, und damit der Weg positiv wird. Die Wegstrecke, die bis zum Stillstand des Zuges zurückgelegt wird, beträgt dann $x(T) = -\frac{1}{B} \ln(u(T))$.

Mit den obigen Größen (s. Tab. 3.1) ergeben sich

$$B = 3{,}056 \times 10^{-6}, \quad C = 0,0981, \quad \alpha = 5{,}5 \times 10^{-4}$$
$$\Longrightarrow \quad T = 920\,[\text{s}] = 15 : 20\,[\text{min}] \quad (\text{nach } (3.15)).$$

Für die zurückgelegte Wegstrecke (Bremsweg) erhält man

$$u(T) = 0,88537, \quad x(T) = 39.883\,[\text{m}].$$

## Aufgabe 175

### ► Teilchen im eindimensionalen Morse-Potential

Ein Teilchen der Masse $m$ und Energie $E < 0$ bewege sich in einem eindimensionalen *Morse-Potential*

$$V(x) = V_0\left[e^{-2\alpha x} - 2e^{-\alpha x}\right], \; x \in \mathbb{R}; \quad V_0 > 0, \; \alpha > 0, \; 0 > E > -V_0.$$

a) Skizzieren Sie den Potentialverlauf.
b) Berechnen Sie die Umkehrpunkte der Bewegung (Energieerhaltung) und geben Sie eine Formel für die Schwingungsdauer $T$ des Teilchens an.
c) Wie sieht die Bewegung $x(t)$ näherungsweise aus, wenn $E$ nur wenig größer als $-V_0$ ist? Wie lautet nun die Schwingungsdauer $T$?

*Hinweise:* In a) ist eine Kurvendiskussion (mit Skizze) erwünscht. In b) liefert die Energieerhaltung die Bewegungsgleichung

$$E = \frac{m}{2}\dot{x}^2 + V(x),$$

wobei $x(0) = 0$ als Anfangsbedingung angenommen werden kann. Umkehrpunkte sind durch $\dot{x}(t_i) = 0,\ i = 1, 2$, charakterisiert. Für die halbe Schwingungsdauer gilt $T/2 = \int_{t_1}^{t_2} dt$ mit den Umkehrpunkten $x_i = x(t_i)$. In c): Approximieren Sie hierzu das Potential als Parabel, indem die Taylorreihe von $V(x)$ nach dem quadratischen Term in $x$ ($n = 2$) abgebrochen wird, und setzen Sie dies dann in die obige Differentialgleichung ein. Lösen Sie die Differentialgleichung mit der Methode der Separation der Variablen.

**Lösung**

Wir schreiben das Morse-Potential um:

$$V(x) = V_0\left[e^{-2\alpha x} - 2e^{-\alpha x}\right] = V_0\left[(e^{-\alpha x} - 1)^2 - 1\right]$$

Vorauss.: $V_0 > 0,\ \alpha > 0,\ 0 > E > -V_0$

a) Es ist $V'(x) = 2\alpha V_0 e^{-\alpha x}[1 - e^{\alpha x}]$, und $V''(x) = 2\alpha^2 V_0 e^{-\alpha x}[2e^{-\alpha x} - 1]$.
Bei $x = x_0 := 0$ liegt ein Minimum vor, da

$$V'(x_0) = 0 \quad \text{und} \quad V''(x_0) = 2\alpha^2 V_0 > 0; \quad \text{es ist } V(x_0) = -V_0.$$

Ein Wendepunkt $x = x_w$ liegt bei $x_w = \frac{1}{\alpha}\ln(2)$ vor, da

$$\begin{aligned} 0 &= V''(x) \\ \Longleftrightarrow 2e^{-\alpha x} &= 1 \\ \Longleftrightarrow e^{-\alpha x} &= 1/2 \\ \Longleftrightarrow -\alpha x &= \ln(1/2) = -\ln(2) \\ \Longleftrightarrow x &= \frac{1}{\alpha}\ln(2) = \frac{0{,}693}{\alpha}. \end{aligned}$$

Für $x \to \infty$ gilt wegen $e^{-\alpha x} \longrightarrow 0$, dass $V(x) \longrightarrow 0$; für $x \to -\infty$ erhält man $V(x) \longrightarrow \infty$ (Skizze in Abb. 3.3).

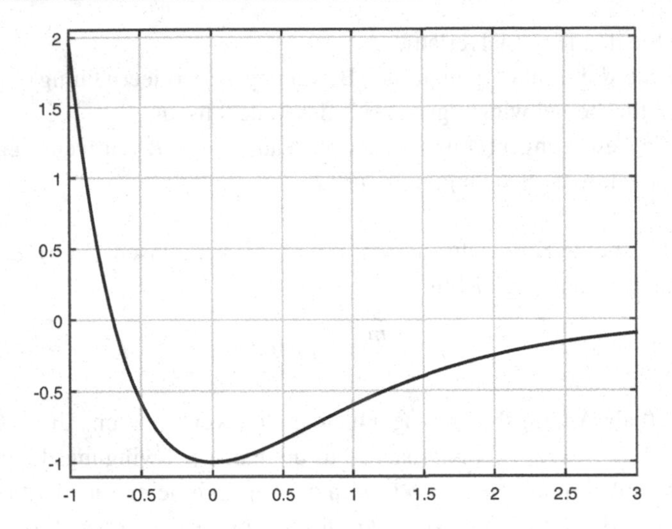


**Abb. 3.3** Potentialverlauf mit $V_0 = 1$, $\alpha = 1$ (Aufg. 175)

b) Die Energieerhaltung liefert die folgende Differentialgleichung für $x$ (s. Hinweis),

$$E = \frac{m}{2}\dot{x}^2 + V(x). \tag{3.16}$$

Als Anfangsbedingung nehmen wir $x(0) = 0$ an. Ein Umkehrpunkt ist definiert durch $\dot{x} = 0$, d. h.

$$E = V(x) \Longleftrightarrow E + V_0 = V_0(e^{-\alpha x} - 1)^2.$$

Die linke Seite ist nach Voraussetzung größer als 0. Wir setzen $\hat{E} := E + V_0$, $\hat{V}(x) := V_0(e^{-\alpha x} - 1)^2 = V(x) + V_0$. Setzt man noch $z = e^{-\alpha x}$, dann ist

$$\hat{E} = V_0(e^{-\alpha x} - 1)^2 \Longleftrightarrow \hat{E} = V_0(z-1)^2 \Longleftrightarrow (z-1)^2 = \hat{E}/V_0$$
$$\Longrightarrow z - 1 = \pm\sqrt{\hat{E}/V_0} \Longrightarrow z_{0,1} = \pm\sqrt{\hat{E}/V_0} + 1,$$

wobei $\hat{E}/V_0 = 1 + \frac{E}{V_0}$. Es gibt also 2 *Umkehrpunkte*, nämlich (nach Logarithmieren)

$$x_{1,2} = -\frac{1}{\alpha}\ln\left(1 \pm \sqrt{\hat{E}/V_0}\right).$$

Über die Differentialgleichung (3.16) erhält man

$$\frac{dx}{dt} = \dot{x} = \sqrt{\frac{2}{m}\,(E - V(x))}. \tag{3.17}$$

Für die *Schwingungsdauer* $T$ bzw. die halbe Schwingungsdauer $T/2$ gilt mit den Umkehrpunkten

$$\frac{T}{2} = \int_{t_1}^{t_2} dt = \int_{x_1}^{x_2} \frac{dx}{\dot{x}} = \int_{x_1}^{x_2} \frac{dx}{\sqrt{2\,(E - V(x))\,/m}}.$$

c) Für kleine $x$ kann man $V(x)$ durch eine Parabel approximieren,

$$V(x) \approx V(0) + \underbrace{V'(0)}_{=0}\,x + \frac{1}{2}V''(0)x^2$$
$$\overset{a)}{=} -V_0 + \alpha^2 V_0 x^2 = V_0(\alpha^2 x^2 - 1)$$
$$\Longrightarrow E - V(x) \approx (E + V_0) - \alpha^2 V_0 x^2.$$

Setzt man dies in (3.17) ein, so erhält man die Differentialgleichung

$$\dot{x} = \sqrt{\frac{2}{m}\left((V_0 + E) - \alpha^2 V_0 x^2\right)} = \sqrt{ax^2 + c}$$

wobei $a = -\frac{2}{m}\alpha^2 V_0$, $c = \frac{2}{m}(V_0 + E)$; es ist $a < 0, c > 0$.
Die Lösung erhält man durch die Methode der Trennung der Variablen:

$$\int \frac{dx}{\sqrt{ax^2 + c}} = \int dt + C.$$

Schreibt man

$$\sqrt{ax^2 + c} = \sqrt{-a}\sqrt{\frac{c}{-a} - x^2} = \sqrt{-a}\sqrt{\tilde{a}^2 - x^2}$$

mit

$$\sqrt{-a} = \alpha\sqrt{\frac{2}{m}V_0}, \quad \tilde{a} = \sqrt{\frac{2}{m}(V_0 + E)/\left(\frac{2}{m}\alpha^2 V_0\right)} = \frac{1}{\alpha}\sqrt{1 + E/V_0}$$

und benutzt mit $z = \arcsin(x/\tilde{a})$, dass

$$\int \frac{dx}{\sqrt{\tilde{a}^2 - x^2}} = \int dz = z,$$

dann erhält man

$$\int \frac{dx}{\sqrt{c + ax^2}} = \frac{1}{\alpha\sqrt{\frac{2}{m}V_0}} \arcsin\left(\frac{\alpha x}{\sqrt{1 + E/V_0}}\right),$$

und für die Lösung $x$

$$\frac{1}{\alpha\sqrt{\frac{2}{m}V_0}}\arcsin\left(\frac{\alpha x}{\sqrt{1+E/V_0}}\right)=t+C$$

wobei, wegen $x(0)=0$ (für $t=0$), $C=0$ sein muss.

$$\Longrightarrow \frac{\alpha x}{\sqrt{1+E/V_0}}=\sin\left(\alpha\sqrt{\frac{2}{m}V_0}\,t\right)$$

$$\Longrightarrow x=\frac{\sqrt{1+E/V_0}}{\alpha}\sin\left(\alpha\sqrt{\frac{2}{m}V_0}\,t\right).$$

Für die Schwingungsdauer erhält man in diesem Spezialfall, d. h. $E+V_0$ ist klein und damit $V_0(1+E/V_0)$ klein – und damit auch $x$ klein, dass

$$\alpha\sqrt{\frac{2}{m}V_0}\,T=2\pi \Longleftrightarrow T=\frac{2\pi}{\alpha\sqrt{2V_0/m}}.$$

## Aufgabe 176

### ► Stabile Kreisbahn im Zentralfeld

Ein Massenpunkt der Masse $m$ bewege sich in einem Zentralkraftfeld $\vec{F}(\vec{r})$ mit Drehimpuls $\vec{L}$ in $z$-Richtung. Dann kann man die Bahnkurve in ebenen Polarkoordinaten beschreiben,

$$\vec{r}=\vec{r}(t)=r(t)\,(\cos\varphi(t),\,\sin\varphi(t),\,0)^{\top},$$

wobei $\vec{r}(t)=(x(t),\,y(t),\,z(t))^{\top}$, $r=\|\vec{r}\|_2=\sqrt{x^2+y^2+z^2}$. Aus den Erhaltungssätzen für den Drehimpuls

$$L=mr^2\dot{\varphi}=\text{konst.}$$

und für die Energie

$$E=\frac{1}{2}m\dot{r}^2+\frac{L^2}{2mr^2}+V(r)=\text{konst.},$$

erhält man Differentialgleichungen für $r$ und $\varphi$,

$$\dot{r}=\sqrt{\frac{2}{m}(E-U(r))},\quad \dot{\varphi}=\frac{L}{mr^2},$$

wobei $U(r)=\frac{L^2}{2mr^2}+V(r)$ und das Potential $V$ durch $\vec{F}(\vec{r})=-\nabla V(r)$ gegeben sind.

a) Wie groß muss der Drehimpuls $L$ sein, damit die Bewegung auf einer Kreisbahn mit Radius $r(t) = R =$ konst. stattfindet? Wie groß ist die Winkelgeschwindigkeit $\omega = \dot{\varphi}$ in diesem Fall?

b) Der Massenpunkt besitze nun den unter a) berechneten Drehimpuls, bewege sich aber auf einer infinitesimal gestörten Kreisbahn $r(t) = R + \rho(t)$, wobei $\rho/R \ll 1$ gilt. Vernachlässigen Sie in der Bewegungsgleichung alle Terme der Größenordnung $\rho^2$ und gewinnen Sie so die Bewegungsgleichung für $\rho$. Lösen Sie diese näherungsweise Bewegungsgleichung.

**Lösung**

a) Ist $r(t) = R$ für alle $t$, dann ist $\dot{r}(t) = 0$ und

$$E = \frac{L^2}{2mr^2} + V(r) \underset{r=R}{\Longleftrightarrow} 2mR^2\,(E - V(R)) - L^2$$

$$\Longrightarrow L = \pm|R|\sqrt{2m\,(E - V(R))}.$$

Für die Winkelgeschwindigkeit ergibt sich

$$\omega = \dot{\varphi} = \frac{L}{mR^2} = \frac{\sqrt{2mR^2\,(E - V(R))}}{mR^2} = \frac{1}{|R|}\sqrt{\frac{2}{m}}\sqrt{E - V(R)}.$$

b) Wegen $\dot{r} = \dot{\rho}$ erhält man mit dem Energieerhaltungssatz

$$\frac{1}{2}m\dot{\rho}^2 = E - V(R + \rho) - \frac{L^2}{2m(R^2 + 2R\rho)}$$

wobei im Nenner des letzten Ausdrucks bei $r^2 = (R + \rho)^2$ Terme mit $\rho^2$ weggelassen wurden. Taylorentwicklung von $V(.)$ um $R$ liefert

$$\begin{aligned} V(R + \rho(t)) &= V(R) + \rho(t)V'(R) + \frac{\rho^2(t)}{2}V''(R) + \ldots \\ &\approx V(R) + \rho(t)V'(R) \end{aligned}$$

Die Taylorreihe bzw. das Taylorpolynom von $f(y) := \frac{1}{1+y}$ mit Entwicklungspunkt $y = 0$ ist gegeben durch

$$T_f(0, y) = \sum_{k=0}^{\infty}(-1)^k y^k \quad \text{bzw.} \quad T_{f,n}(0; y) = \sum_{k=0}^{n}(-1)^k y^k.$$

Damit erhält man für

$$\frac{1}{R+2\rho(t)} = \frac{1}{R}\frac{1}{1+\frac{2\rho(t)}{R}} = \frac{1}{R}f\left(\frac{2\rho(t)}{R}\right)$$

die Darstellung (mit $n = 1$ und $y = 2\rho(t)/R$)

$$\frac{1}{R}f\left(\frac{2\rho(t)}{R}\right) \approx \frac{1}{R}\left(1 - \frac{2\rho(t)}{R}\right),$$

und somit näherungsweise die folgende Differentialgleichung für $\rho$:

$$\begin{aligned}\frac{1}{2}m\dot{\rho}^2 &= E - V(R) - \rho(t)V'(R) - \frac{L^2}{2mR^2}\left(1 - \frac{2\rho(t)}{R}\right)\\ &\overset{\text{a)}}{=} E - V(R) - \rho(t)V'(R) - (E - V(R))\left(1 - \frac{2\rho(t)}{R}\right)\\ &= \left(\frac{2E}{R} - V'(R) - \frac{2V(R)}{R}\right)\rho(t).\end{aligned}$$

Die näherungsweise Bewegungsgleichung ist also gegeben durch

$$\dot{\rho}^2 = \frac{2}{m}\left(\frac{2E}{R} - V'(R) - \frac{2V(R)}{R}\right)\rho(t),$$

und mit der Methode der Trennung der Variablen lässt sich diese Differentialgleichung folgendermaßen lösen: Setze $\beta := \frac{2}{m}\left(\frac{2E}{R} - V'(R) - \frac{2V(R)}{R}\right)$, dann ist (für $\rho \neq 0$)

$$\begin{aligned}\dot{\rho}^2 = \beta\rho \quad &\Longleftrightarrow \quad \dot{\rho} = \pm\sqrt{\beta\rho} \quad &&\Longleftrightarrow \quad \int \frac{1}{\sqrt{\rho}}d\rho = \pm\sqrt{\beta}\int dt\\ &\Longleftrightarrow \quad 2\sqrt{\rho} = \pm\sqrt{\beta}(t+c) \quad &&\Longleftrightarrow \quad \rho(t) = \frac{1}{4}\beta(t+c)^2\end{aligned}$$

Die Konstante $c$ ergibt sich aus dem Anfangszustand, $\rho(0) = \frac{1}{4}\beta c^2$. Eine weitere Lösung ist $\rho \equiv 0$, die hier aber nicht interessiert.

## Aufgabe 177

### ▶ Lösung und Stabilität eines Anfangswertproblems, Gronwall-Lemma

Für das Anfangswertproblem

$$y' = (1 + |y|)^{-1} \quad \text{auf } [0, b], \; y(0) = y_0, \tag{3.18}$$

existiert eine eindeutige Lösung (vgl. Plato [12], Aufg. 7.2). Seien $y$ bzw. $v$ Lösungen der Differentialgleichung (3.18) mit den Anfangswerten $y(0) = y_0$ bzw. $v(0) = v_0$. Weisen

Sie folgende Abschätzung nach:

$$|y(t) - v(t)| \leq e^t |y_0 - v_0| \quad \text{für } t \in [0, b].$$

*Hinweis:* Benutzen Sie das Gronwall-Lemma (s. z. B. Walter [19], § 29). Sie können die folgende Abschätzung für $f(t, y) = 1/(1 + |y|)$ verwenden (s. [12], Aufg. 7.2),

$$|f(t, y) - f(t, v)| \leq |y - v|, \quad (t, y), \ (t, v) \in [0, b] \times \mathbb{R}.$$

**Lösung**

Zur Anwendung des Gronwall-Lemmas setzen wir $\phi(t) := |e(t)|, \ e(t) := y(t) - v(t)$. Dann gilt:

$$\Longrightarrow |e'(t)| = \big|f(t, y(t)) - f(t, v(t))\big| \overset{\text{Hinw.}}{\leq} |y(t) - v(t)|$$

$$\Longrightarrow |e(t) - e(0)| = \left|\int_0^t e'(s)\, ds\right| \leq \int_0^t \big|f(s, y(s)) - f(s, v(s))\big|\, ds$$

$$\leq \int_0^t \overbrace{|e(s)|}^{\phi(s)}\, ds$$

$$\Longrightarrow \phi(t) = |e(t)| \leq \int_0^t \phi(s)\, ds + |e(0)|$$

Anwendung des Gronwall-Lemmas (mit $\alpha = |e(0)|, \ h(t) = 1, \ H(t) = t$ in [19], § 29, VI.) liefert die Behauptung, $|e(t)| \leq |e(0)| e^t$.

## Aufgabe 178

### ► Stabilität von Differentialgleichungen

Betrachten Sie die Differentialgleichung

$$u''(t) = -u(t), \ t > 0.$$

a) Schreiben Sie die Differentialgleichung um als ein System 1. Ordnung, $\underline{v}' = A\underline{v}$, und bestimmen Sie die Eigenwerte der Matrix $A$.
b) Geben Sie die allgemeine Lösung der Differentialgleichung an.
c) Entscheiden Sie, ob das zugehörige AWP (mit $t_0 = 0$) stabil ist.

*Hinweise:* Die Stabilität einer Differentialgleichung ist z. B. in [16], 5.1, 5.2, oder in [13], 2.9, erklärt. Für die Teile b) und c) sei noch das Folgende bemerkt:

b) Schauen Sie entweder in den Anhang A.3 von [13], oder finden Sie ein Fundamentalsystem einfach durch Hinschauen.
c) Sie können entweder [13], Satz 2.41, benutzen oder Bedingung (2.45) aus [13] elementar überprüfen.

**Lösung**

a) Mit $v_1 = u$, $v_2 = u'$ sowie $\underline{v} = (v_1, v_2)^\top$ erhält man

$$u'' = -u \iff \begin{cases} v_1' &= v_2 \\ v_2' &= -v_1 \end{cases} \iff \underline{v}' = \begin{pmatrix} 0 & 1 \\ -1 & 0 \end{pmatrix} \underline{v}.$$

Die Eigenwerte der zugehörigen Matrix $A = \begin{pmatrix} 0 & 1 \\ -1 & 0 \end{pmatrix}$ ergeben sich durch

$$0 = \det(A - \lambda\, E) = \det \begin{pmatrix} -\lambda & 1 \\ -1 & -\lambda \end{pmatrix} = \lambda^2 + 1$$

$$\implies \lambda_{1,2} = \pm i.$$

b) Die allgemeine Lösung der Differentialgleichung ergibt sich bekanntlich durch

$$\underline{v} = \alpha_1 e^{\lambda_1 t} \underline{w}_1 + \alpha_2 e^{\lambda_2 t} \underline{w}_2$$

mit den Eigenvektoren $\underline{w}_k$ zu den Eigenwerten $\lambda_k$, $k = 1, 2$. Die Eigenvektoren bestimmen sich durch die folgenden Gleichungen, wobei die $\lambda_k$ hier ja bekannt sind,

$$\begin{aligned} A\underline{w}_k = \lambda_k \underline{w}_k &\iff (A - \lambda_k E)\, \underline{w}_k = 0, \quad \underline{w}_k = (w_{1k}, w_{2k})^\top, \ k = 1, 2. \\ k = 1:\ w_{12} = i w_{11} &\quad \text{und} \quad - w_{11} = i w_{12}, \\ \text{setze } w_{11} = 1 &\quad \implies \quad w_{12} = i\,;\ \underline{w}_1 = (1, i)^\top\,; \\ k = 2:\ w_{22} = -i w_{21} &\quad \text{und} \quad - w_{21} = -i w_2, \\ \text{setze } w_{21} = 1 &\quad \implies \quad w_{22} = -i\,;\ \underline{w}_2 = (1, -i)^\top. \end{aligned}$$

Aus dem komplexen FS $\{e^{it}, e^{-it}\}$ erhält man durch Real- und Imaginärteil (unter Beachtung von $\lambda_1 = \overline{\lambda_2}$) das reelle FS $\{\cos(t), \sin(t)\}$. Die allgemeine Lösung der gegebenen Differentialgleichung 2. Ordnung ergibt sich deshalb auch durch $u(t) = c_1 \cos(t) + c_2 \sin(t)$.

c) Die Eigenwerte $\lambda_1$, $\lambda_2$ sind einfach; beide haben Realteil null. Anwendung von Satz 2.41 in [13] zeigt, dass das zugehörige AWP stabil ist.
**Alternative Lösung:** Betrachtet man die gegebene Differentialgleichung mit Anfangsbedingungen,

$$u''(t) = -u(t), \quad t > 0, \quad u(0) = u_0, \quad u'(0) = u'_0,$$

bzw. mit gestörten Anfangsbedingungen,

$$z''(t) = -z(t), \quad t > 0, \quad z(0) = u_0 + \delta_0, \quad z'(0) = u'_0 + \delta'_0,$$

dann erfüllt der Fehler $e(t) := z(t) - u(t)$ die Gleichungen

$$e''(t) = -e(t), \quad t > 0, \quad e(0) = \delta_0, \quad e'(0) = \delta'_0.$$

Für die Lösung erhält man (s. Teil a))

$$e(t) = \delta_0 \cos(t) + \delta'_0 \sin(t), \quad e'(t) = -\delta_0 \sin(t) + \delta'_0 \cos(t).$$

Wenn $\|(\delta_0, \delta'_0)\|_\infty \leq \delta$, dann ist also

$$\|(e(t), e'(t))\|_\infty \leq \max(|\delta_0|, |\delta'_0|) = \|(\delta_0, \delta'_0)\|_\infty \leq \delta.$$

Mit $\delta = \varepsilon$ ist damit die Stabilitätsbedingung (2.45) aus [13] erfüllt.

## 3.2 Randwertaufgaben für gewöhnliche Differentialgleichungen

### Aufgabe 179

► **Randwertaufgabe 2. Ordnung**

Seien $z_1$, $z_2$ Lösungen der Differentialgleichung $z'' + pz' + qz = 0$, $x \in [a, b]$, mit

$$z_1(a) = 0 \; z'_1(a) = 1, \quad z_2(b) = 0, \; z'_2(b) = 1.$$

Sei

$$P(x) := \int_a^x p(s)ds, \quad \text{und} \quad D_0 := z_1(a)\, z'_2(a) - z_2(a) z'_1(a).$$

Beweisen Sie: Wenn die homogene Randwertaufgabe

$$z'' + pz' + qz = 0, \quad z(a) = z(b) = 0,$$

nur die triviale Lösung hat, dann ist $z_1(b) \neq 0,\ z_2(a) \neq 0$, und für $w^1 \in C[a,b]$ ist die Funktion

$$u(x) = \frac{\alpha}{z_2(a)} z_2(x) + \frac{\beta}{z_1(b)} z_1(x) + \frac{z_2(x)}{D_0} \int_a^x z_1(s) w^1(s) e^{P(s)} ds$$
$$+ \frac{z_1(x)}{D_0} \int_x^b z_2(s) w^1(s) e^{P(s)} ds, \quad x \in [a,b],$$

die eindeutig bestimmte Lösung der Randwertaufgabe

$$u(a) = \alpha, \quad u(b) = \beta, \quad u'' + pu' + qu = w^1.$$

*Hinweise:* Zeigen Sie zuerst indirekt, dass $z_1(b) \neq 0$ und $z_2(a) \neq 0$ sind. Benutzen Sie dann die Darstellung der Wronski-Determinante aus Aufgabe 171 mit $\tau = a$, und verifizieren Sie, dass die angegebene Funktion $u$ die Differentialgleichung erfüllt und eindeutige Lösung ist.

**Lösung**

Die homogene Differentialgleichung mit homogenen Nebenbedingungen

$$\begin{cases} z'' + pz' + qz = 0 \\ z(a) = z(b) = 0 \end{cases} \tag{3.19}$$

besitze nur die triviale Lösung $z \equiv 0$.

Z. z.: $z_1(b) \neq 0$.

Angenommen $z_1(b) = 0$. Dann ist $z_1$ Lösung von (3.19) und somit $z_1 \equiv 0$. Dann folgt aber auch $z_1'(a) = 0$ – was ein Widerspruch zur Voraussetzung $z_1'(a) = 1$ ist.

Analog zeigt man $z_2(a) \neq 0$.

Es wird nun gezeigt, dass die gegebene Funktion $u(x)$ eine Lösung der Randwertaufgabe

$$u'' + pu' + qu = w^1 \quad \text{mit} \quad u(a) = \alpha \quad \text{und} \quad u(b) = \beta$$

ist.

Die Wronski-Determinante von $z_1$ und $z_2$ besitzt die Darstellung

$$W(x) = \begin{vmatrix} z_1(x) & z_2(x) \\ z_1'(x) & z_2'(x) \end{vmatrix} = z_1(x) z_2'(x) - z_1'(x) z_2(x)$$
$$\overset{\text{Aufg. 171}}{=} W(a) \exp\left( - \int_a^x p(s) ds \right), \quad \text{also}$$
$$W(x) = D_0\, \mathrm{e}^{-P(x)} \quad \text{mit } D_0 = W(a) = -z_2(a) \neq 0. \tag{3.20}$$

Es gilt:

$$\begin{aligned}
u''(x) &= \frac{\alpha}{z_2(a)} z_2''(x) + \frac{\beta}{z_1(b)} z_1''(x) \\
&\quad + \frac{1}{D_0}\left( z_2(x) z_1(x) w^1(x) \mathrm{e}^{P(x)} + z_2'(x) \int_a^x z_1(s) w^1(s) \mathrm{e}^{P(s)} ds \right)' \\
&\quad - \frac{1}{D_0}\left( z_1(x) z_2(x) w^1(x) \mathrm{e}^{P(x)} + z_1'(x) \int_b^x z_2(s) w^1(s) \mathrm{e}^{P(s)} ds \right)' \\
&= \frac{\alpha}{z_2(a)} z_2''(x) + \frac{\beta}{z_1(b)} z_1''(x) \\
&\quad + \frac{1}{D_0}\left( z_2'(x) z_1(x) w^1(x) \mathrm{e}^{P(x)} + z_2''(x) \int_a^x z_1(s) w^1(s) \mathrm{e}^{P(s)} ds \right. \\
&\qquad \left. - z_1'(x) z_2(x) w^1(x) \mathrm{e}^{P(x)} - z_1''(x) \int_b^x z_2(s) w^1(s) \mathrm{e}^{P(s)} ds \right),
\end{aligned}$$

$$\begin{aligned}
pu'(x) &= p\left( \frac{\alpha}{z_2(a)} z_2'(x) + \frac{\beta}{z_1(b)} z_1'(x) + \frac{1}{D_0}\left( z_2'(x) \int_a^x z_1(s) w^1(s) \mathrm{e}^{P(s)} ds \right.\right. \\
&\qquad \left.\left. - z_1'(x) \int_b^x z_2(s) w^1(s) \mathrm{e}^{P(s)} ds \right)\right),
\end{aligned}$$

$$\begin{aligned}
qu(x) &= q\left( \frac{\alpha}{z_2(a)} z_2(x) + \frac{\beta}{z_1(b)} z_1(x) + \frac{1}{D_0}\left( z_2(x) \int_a^x z_1(s) w^1(s) \mathrm{e}^{P(s)} ds \right.\right. \\
&\qquad \left.\left. + z_1(x) \int_x^b z_2(s) w^1(s) \mathrm{e}^{P(s)} ds \right)\right).
\end{aligned}$$

Damit erfüllt $u$ die *Differentialgleichung*:

$$
\begin{aligned}
&u''(x) + pu'(x) + qu(x) \\
=&\frac{\alpha}{z_2(a)}\left(\underbrace{z_2''(x) + pz_2'(x) + qz_2(x)}_{=0}\right) + \frac{\beta}{z_1(b)}\left(\underbrace{z_1''(x) + pz_1'(x) + qz_1(x)}_{=0}\right) \\
&+ \frac{1}{D_0}\left(\int_a^x z_1(s)w^1(s)\mathrm{e}^{P(s)}ds \left(\underbrace{z_2''(x) + pz_2'(x) + qz_2(x)}_{=0}\right)\right. \\
&- \int_b^x z_2(s)w^1(s)\mathrm{e}^{P(s)}ds \left(\underbrace{z_1''(x) + pz_1'(x) + qz_1(x)}_{=0}\right) \\
&\left.+z_2'(x)z_1(x)w^1(x)\mathrm{e}^{P(x)} - z_1'(x)z_2(x)w^1(x)\mathrm{e}^{P(x)}\right) \\
=&\frac{1}{D_0}w^1(x)\mathrm{e}^{P(x)}\left(\underbrace{z_1(x)z_2'(x) - z_1'(x)z_2(x)}_{=W(x)\overset{(3.20)}{=}D_0\,\mathrm{e}^{-P(x)}}\right) = w^1(x)
\end{aligned}
$$

Die *Randbedingungen* sind ebenfalls erfüllt:

$$
u(a) = \frac{\alpha}{z_2(a)}z_2(a) + \frac{\beta}{z_1(b)}z_1(a) + \frac{z_2(a)}{D_0}\underbrace{\int_a^a \ldots ds}_{=0} + \frac{z_1(a)}{D_0}\int_a^b \ldots ds = \alpha,
$$

denn es ist $z_1(a) = 0$ (nach Voraussetzung). Analog gilt $u(b) = \beta$ wegen $z_2(b) = 0$.

*Eindeutigkeit:* Seien $u$ und $v$ zwei Lösungen des inhomogenen Randwertproblems. Dann löst die Differenzfunktion $u - v$ das Problem (3.19). Weil dieses jedoch nach Voraussetzung nur die triviale Lösung besitzt, folgt $u \equiv v$.

## Aufgabe 180

### ► Grundlösung

Verifizieren Sie für die angegebene Funktion $\gamma(x, \xi)$ die Eigenschaften einer Grundlösung (vgl. z. B. [19], § 26, oder [13], A.7) für $u'' + \lambda^2 u = 0$:

$$
\gamma(x, \xi) = \frac{1}{2\lambda}\sin(\lambda\,|x - \xi|), \quad x,\ \xi \in [a, b].
$$

**Lösung**

(i) Die Stetigkeit in $Q = \{a \leq x,\ \xi \leq b\}$ ist klar.

(ii) In jedem der beiden Dreiecke

$$Q_1 = \{(x,\xi)\,|\,a \leq \xi \leq x \leq b\}, \quad Q_2 = \{(x,\xi)\,|\,a \leq x \leq \xi \leq b\}$$

existieren die partiellen Ableitungen

$$\gamma_x(x,\xi) = \frac{1}{2\lambda}\begin{cases} \lambda\cos(\lambda(x-\xi)), & x \geq \xi \\ -\lambda\cos(\lambda(\xi - x)), & x \leq \xi \end{cases} = \frac{1}{2}\begin{cases} \cos(\lambda(x-\xi)), & x \geq \xi \\ -\cos(\lambda(x-\xi)), & x \leq \xi \end{cases}$$

und

$$\gamma_{xx}(x,\xi) = \frac{\lambda}{2}\begin{cases} -\sin(\lambda(x-\xi)), & x \geq \xi \\ \sin(\lambda(x-\xi)), & x \leq \xi \end{cases} = \frac{\lambda}{2}\begin{cases} \sin(\lambda(\xi-x)), & x \geq \xi \\ \sin(\lambda(x-\xi)), & x \leq \xi. \end{cases}$$

(iii) Die Funktion $\gamma$ erfüllt die Differentialgleichung, denn

$$\gamma_{xx}(x,\xi) + \lambda^2\gamma(x,\xi) = \frac{\lambda}{2}\begin{cases} \sin(\lambda(\xi-x)) + \sin(\lambda(x-\xi)), & x \geq \xi \\ \sin(\lambda(x-\xi)) + \sin(\lambda(\xi-x)), & x \leq \xi \end{cases} = 0.$$

(iv) Die Sprungbedingung ist erfüllt. Speziell ist hier nämlich $p(x) = 1$, $q(x) = \lambda^2$, und es gilt

$$\gamma_x(x+0,x) - \gamma_x(x-0,x) = \frac{1}{2} - \left(-\frac{1}{2}\right) = 1 = \frac{1}{p(x)}.$$

## Aufgabe 181

► **Greensche Funktion**

Zeigen Sie mit Hilfe des Ansatzes

$$\Gamma(x,\xi) = \sum_{i=1}^{2}(a_i(\xi) \pm b_i(\xi))\,u_i(x)\begin{cases} \text{„+“ in } Q_1 := \{0 \leq \xi \leq x \leq 1\} \\ \text{„−“ in } Q_2 := \{0 \leq x \leq \xi \leq 1\}, \end{cases}$$

dass die Greensche Funktion für die Randwertaufgabe

$$u'' = 0 \quad \text{in } [0,1],\ u(0) = u(1) = 0,$$

die Gestalt hat

$$\Gamma(x,\xi) = \begin{cases} \xi(x-1), & 0 \le \xi \le x \le 1, \\ x(\xi-1), & 0 \le x \le \xi \le 1 \end{cases}$$

(vgl. z. B. [19], § 26, VI., oder [13], Beispiel A.31).

**Lösung**

Ein Fundamentalsystem ist durch $\{u_1, u_2\} = \{1, x\}$ gegeben. Für die Dirichletschen Randbedingungen erhält man (mit $\ell_0 u := u(0)$, $\ell_1 u := u(1)$)

$$\begin{vmatrix} \ell_0 u_1 & \ell_0 u_2 \\ \ell_1 u_1 & \ell_1 u_2 \end{vmatrix} = \begin{vmatrix} 1 & 0 \\ 1 & 1 \end{vmatrix} = 1 \ne 0.$$

Also ist das zugehörige inhomogene RWP eindeutig lösbar, und das homogene RWP hat nur die triviale Lösung.

*Ansatz:* $\Gamma(x,\xi) = \sum_{i=1}^{2} (a_i(\xi) \pm b_i(\xi))\, u_i(x) \begin{cases} „+\text{“ in } Q_1 \\ „-\text{“ in } Q_2, \end{cases}$

$$b_i: \left.\begin{aligned} b_1(\xi) + b_2(\xi)\xi &= 0 \\ b_1(\xi)0 + b_2(\xi) &= \frac{1}{2} \end{aligned}\right\} \Longrightarrow b_2(\xi) = \frac{1}{2}, \quad b_1(\xi) = -\frac{1}{2}\xi$$

$$\begin{aligned} a_i: a_1(\xi)\overbrace{u_1(0)}^{1} + a_2(\xi)\overbrace{u_2(0)}^{0} &= \overbrace{b_1(\xi)}^{-\xi/2}\,\overbrace{u_1(0)}^{1}, + \overbrace{b_2(\xi)}^{\frac{1}{2}}\,\overbrace{u_2(0)}^{0} \\ a_1(\xi)\underbrace{u_1(1)}_{1} + a_2(\xi)\underbrace{u_2(1)}_{1} &= -\underbrace{b_1(\xi)}_{-\xi/2}\,\underbrace{u_1(1)}_{1} - \underbrace{b_2(\xi)}_{1/2}\,\underbrace{u_2(1)}_{1} \end{aligned}$$

$$\left.\begin{aligned} \Longleftrightarrow a_1(\xi) &= -\xi/2 \\ a_1(\xi) + a_2(\xi) &= \xi/2 - 1/2 \end{aligned}\right\} \Longrightarrow a_2(\xi) = \xi - 1/2$$

$$\begin{aligned} \Longrightarrow \Gamma(x,\xi) &= (a_1(\xi) \pm b_1(\xi))\, u_1(x) + (a_2(\xi) \pm b_2(\xi))\, u_2(x) \\ &= (-\xi/2 \pm (-\xi/2))\, 1 + ((\xi - 1/2) \pm 1/2)\, x \\ &= -(\xi/2 \pm \xi/2) + \left(\xi - \frac{1}{2} \pm \frac{1}{2}\right) x \end{aligned}$$

$$Q_1(\xi \le x): \Gamma(x,\xi) = -\xi + \xi x = \xi(x-1)$$

$$Q_2(x \le \xi): \Gamma(x,\xi) = \left(\underbrace{-\xi/2 + \xi/2}_{=0}\right) + \left(\underbrace{(\xi - 1/2)x - 1/2\,x}_{(\xi-1)\,x}\right)$$

## Aufgabe 182

### ► Gestörtes Randwertproblem

Für eine Funktion $\varphi \in C[0,1]$ betrachte man das Randwertproblem

$$u'' = \varphi(x), \quad u(0) = u(1) = 0. \tag{3.21}$$

Bekanntlich lässt sich dessen Lösung in der Form

$$u(x) = \int_0^1 \Gamma(x,\xi)\varphi(\xi)d\xi, \quad x \in [0,1],$$

schreiben mit der *Greenschen Funktion* (vgl. z. B. [19], § 26, VII., oder Aufg. 181)

$$\Gamma(x,\xi) = \begin{cases} \xi(x-1), & \text{für } 0 \le \xi \le x \le 1, \\ x(\xi-1), & \text{für } 0 \le x \le \xi \le 1. \end{cases} \tag{3.22}$$

Die Funktionen $u$ beziehungsweise $u_\delta$ seien Lösungen des Randwertproblems (3.21) beziehungsweise der fehlerbehafteten Version

$$(u_\delta)'' = \varphi + \varphi_\delta, \quad (u_\delta)(0) = (u_\delta)(1) = 0,$$

mit $\varphi_\delta \in C[0,1]$ und $|\varphi_\delta(x)| \le \varepsilon$ für $x \in [0,1]$. Zeigen Sie:

1) $|(u_\delta - u)(x)| \le \varepsilon x(1-x)/2$ für $x \in [0,1]$;
2) $\|u_\delta - u\|_\infty \le \dfrac{\varepsilon}{8}$.

**Lösung**

Wir setzen $\Delta u := u_\delta - u$. Mit der Darstellung der Lösung des gestörten Randwertproblems über die Greensche Funktion (vgl. (3.22)) erhält man

$$(\Delta u)'' = \underbrace{\varphi - u''}_{=0} + \varphi_\delta, \quad \Delta u(0) = \Delta u(1) = 0,$$

und deshalb

$$\Delta u = \int_0^1 \Gamma(x,\xi)\varphi_\delta(\xi)d\xi.$$

1) Wegen $|\varphi_\delta(\xi)| \leq \varepsilon$ erhalten wir die Abschätzung

$$\begin{aligned}|\Delta u(x)| &\leq \varepsilon \left[ \int_0^x \xi(1-x)d\xi + \int_x^1 x(1-\xi)d\xi \right] \\ &= \varepsilon \left[ (1-x)\frac{\xi^2}{2}\bigg|_0^x + x\left(\xi - \frac{\xi^2}{2}\right)\bigg|_x^1 \right] \\ &= \varepsilon \left[ (1-x)\frac{x^2}{2} + x\left(\frac{1}{2} - \left(x - \frac{x^2}{2}\right)\right)\right] \\ &= \varepsilon x(1-x)/2 \quad \text{für } x \in [0,1].\end{aligned}$$

2) Wir bestimmen das Maximum von $\phi(x) := x - x^2$ in $[0,1]$. Es ist $\phi'(x) = 1 - 2x$, $\phi'' = -2$. Ein Maximum liegt deshalb bei $\tilde{x} = 1/2$ vor, wobei $\phi(\tilde{x}) = 1/4$. Zusammen mit 1) beweist dies die Behauptung.

## Aufgabe 183

### ► Lösbarkeit von Randwertaufgaben

Ein System von Randwertaufgaben 1. Ordnung,

$$\begin{aligned}&\underline{u}'(x) = T(x)\underline{u}(x) + \underline{g}(x), \; x \in [a,b], \\ &A\underline{u}(a) + B\underline{u}(b) = \underline{c}\end{aligned}$$

mit $n \times n$-Matrizen $A, B, T(x)$ ist bekanntlich eindeutig lösbar, d. u. n. d. wenn

$$AX(a) + BX(b) = A + BX(b) \;\text{ regulär} \tag{3.23}$$

ist, wobei $X$ die Matrix des speziellen Fundamentalsystems $X' = TX$, $X(a) = E$ (= Einheitsmatrix), ist (vgl. z. B. [19], § 26, XI.).

a) Zeigen Sie: Für ein Randwertproblem 2. Ordnung

$$\begin{aligned}u''(x) + p(x)u'(x) + q(x)u(x) &= f(x), \;\; x \in [a,b], \\ (\ell_0 u :=)\; \alpha_0 u(a) + \alpha_1 u'(a) &= \eta_0, \\ (\ell_1 u :=)\; \beta_0 u(b) + \beta_1 u'(b) &= \eta_1,\end{aligned}$$

(mit den üblichen Voraussetzung $p, q, f \in C[a,b]$, $\alpha_0^2 + \alpha_1^2 > 0$, $\beta_0^2 + \beta_1^2 > 0$) ist die eindeutige Lösbarkeitsbedingung

$$\det \begin{pmatrix} \ell_0 u_1 & \ell_0 u_2 \\ \ell_1 u_1 & \ell_1 u_2 \end{pmatrix} \neq 0$$

für ein beliebiges Fundamentalsystem $\{u_1, u_2\}$ der homogenen Gleichung äquivalent zur obigen Lösbarkeitsbedingung (3.23), wenn man das RWP 2. Ordnung als System 1. Ordnung umschreibt.

b) Die lineare Differentialgleichung $u''(x) + u(x) = 1$ zweiter Ordnung hat die allgemeine Lösung

$$u(x) = c_1 \sin(x) + c_2 \cos(x) + 1.$$

Überprüfen Sie anhand der drei folgenden Randwertaufgaben, ob das Lösbarkeitskriterium nach a) erfüllt ist:

i) $u(0) = u(\pi/2) = 0$; ii) $u(0) = u(\pi) = 0$; iii) $u(0) = u(\pi) = 1$.

Wieviele Lösungen gibt es jeweils in den drei Beispielen?

**Lösung**

a) Das RWP 2. Ordnung läßt sich schreiben als

$$\underline{u}' = A\underline{u} + \underline{g},\ x \in [a,b], \quad \text{mit } \underline{u} = (u,v),\ v = u',$$

mit

$$A = A(x) = \begin{pmatrix} 0 & 1 \\ -q & -p \end{pmatrix}, \quad \underline{g} = \begin{pmatrix} 0 \\ f \end{pmatrix}$$

sowie

$$C\underline{u}(a) + D\underline{u}(b) = \underline{c}$$

mit

$$C = \begin{pmatrix} \alpha_0 & \alpha_1 \\ 0 & 0 \end{pmatrix}, \ D = \begin{pmatrix} 0 & 0 \\ \beta_0 & \beta_1 \end{pmatrix}, \quad \underline{c} = \begin{pmatrix} \eta_0 \\ \eta_1 \end{pmatrix}.$$

Sei $\{u_1, u_2\}$ ein beliebiges Fundamentalsystem (Abk.: FS) des homogenen Systems und $\{x_1, x_2\}$ das spezielle FS mit $X(a) = E$, wobei

$$X = \begin{pmatrix} x_1 & x_2 \\ x_1' & x_2' \end{pmatrix}, \quad Y = \begin{pmatrix} u_1 & u_2 \\ u_1' & u_2' \end{pmatrix}, \quad E = \begin{pmatrix} 1 & 0 \\ 0 & 1 \end{pmatrix}.$$

Bekanntlich gilt (s. z. B. [13], A.3)

$$Y(t) = X(t)Y(a) \text{ oder } X(t) = Y(t)Y(a)^{-1}.$$

Dann hat man die folgenden Äquivalenzen

$$\begin{aligned}
(3.23) \iff\ & CX(a) + DX(b) \text{ regulär} \\
\iff\ & CY(a)Y(a)^{-1} + DY(b)Y(a)^{-1} \text{ regulär} \\
\iff\ & CY(a) + DY(b) \text{ regulär}
\end{aligned}$$

Für die letzte Matrix erhält man

$$CY(a) = \begin{pmatrix} \alpha_0 & \alpha_1 \\ 0 & 0 \end{pmatrix} \begin{pmatrix} u_1(a) & u_2(a) \\ u_1'(a) & u_2'(a) \end{pmatrix} = \begin{pmatrix} \ell_0 u_1 & \ell_0 u_2 \\ 0 & 0 \end{pmatrix},$$

$$DY(b) = \begin{pmatrix} 0 & 0 \\ \beta_0 & \beta_1 \end{pmatrix} \begin{pmatrix} u_1(b) & u_2(b) \\ u_1'(b) & u_2'(b) \end{pmatrix} = \begin{pmatrix} 0 & 0 \\ \ell_1 u_1 & \ell_1 u_2 \end{pmatrix},$$

und

$$CY(a) + DY(b) = \begin{pmatrix} \ell_0 u_1 & \ell_0 u_2 \\ \ell_1 u_1 & \ell_1 u_2 \end{pmatrix}.$$

Damit gilt (3.23), genau wenn die letzte Matrix regulär bzw. die zugehörige Determinante ungleich null ist.

b) $\{u_1 = \sin, u_2 = \cos\}$ ist FS.

i)

$$\begin{matrix} \sin(0) = 0, & \cos(0) = 1 \\ \sin(\pi) = 0, & \cos\left(\frac{\pi}{2}\right) = 1 \end{matrix} \; ; \det \begin{pmatrix} \ell_0 u_1 & \ell_0 u_2 \\ \ell_1 u_1 & \ell_1 u_2 \end{pmatrix} = \begin{vmatrix} 0 & 1 \\ 1 & 0 \end{vmatrix} = -1 \neq 0$$

$\Longrightarrow$ Lösbarkeitsbedingung ist erfüllt, d. h. es gibt genau eine Lösung.

ii)

$$\begin{matrix} \sin(0) = 0, & \cos(0) = 1 \\ \sin(\pi) = 0, & \cos(\pi) = -1 \end{matrix} \; ; \det \begin{pmatrix} \ell_0 u_1 & \ell_0 u_2 \\ \ell_1 u_1 & \ell_1 u_2 \end{pmatrix} = \begin{vmatrix} 0 & 1 \\ 0 & -1 \end{vmatrix} = 0$$

$\Longrightarrow$ Lösbarkeitsbedingung nicht erfüllt (keine Lösung)

iii) nicht erfüllt (unendlich viele Lösungen)

*Zu* ii) Durch die Randbedingungen bestimmt man die Koeffizienten der allgemeinen Lösung $u = c_1 \sin(x) + c_2 \cos(x) + 1$:

$$\begin{aligned} x = 0 &: c_1 0 + c_2 + 1 = 0 \quad \Longrightarrow \quad c_2 = -1, \; c_1 \text{ bel.} \\ x = \pi &: c_1 0 + -c_2 + 1 = 0 \quad \Longrightarrow \quad c_2 = 1, \; c_1 \text{ bel.} \end{aligned}$$

Dies ist nicht erfüllbar, d. h. es gibt keine Lösung.

*Zu* iii) Wie in ii) bestimmen wir die Koeffizienten der allgemeinen Lösung $u = c_1 \sin(x) + c_2 \cos(x) + 1$:

$$\left.\begin{aligned} x = 0 &: c_1 0 + c_2 + 1 = 1 \quad \Longrightarrow \quad c_2 = 0 \\ x = \pi &: c_1 0 - c_2 + 1 = 1 \quad \Longrightarrow \quad c_2 = 0 \end{aligned}\right\} c_2 = 0, \; c_1 \text{ beliebig}$$

D. h. die Lösung hat die Form $u = c_1 \sin(x) + 1, \; c_1$ beliebig; also gibt es unendlich viele Lösungen.

## 3.3 Partielle Differentialgleichungen: Anfangs- und Randwertprobleme

### Aufgabe 184

► **Klassifizierung partieller Differentialgleichungen**

a) Klassifizieren Sie die Gleichung der Gasdynamik

$$\left(c_0^2 - u_x^2\right) u_{xx} - 2u_x u_y u_{xy} + \left(c_0^2 - u_y^2\right) u_{yy} = 0,$$

mit Hilfe der Mach'schen Zahl

$$M = \left[\frac{1}{c_0^2}\left(u_x^2 + u_y^2\right)\right]^{1/2}.$$

Hierbei bezeichnet $c_0$ die Schallgeschwindigkeit.

b) Bestimmen Sie, in welchem Teil der $xy$-Ebene die Gleichung

$$u_{xx} + 2x\, u_{xy} + \left(1 - y^2\right) u_{yy} = 0$$

hyperbolisch, parabolisch oder elliptisch ist.

*Hinweis:* Zur Klassifizierung von partiellen Differentialgleichungen zweiter Ordnung vergleiche z. B. Zauderer [21], 3.1.

**Lösung**

a) Seien $a = c_0^2 - u_x^2$, $b = -2u_x u_y$ und $c = c_0^2 - u_y^2$. Dann gilt

$$\begin{aligned} b^2 - 4ac &= 4u_x^2 u_y^2 - 4\left(c_0^2 - u_x^2\right)\left(c_0^2 - u_y^2\right) = 4c_0^4\left(\frac{1}{c_0^2}\left(u_x^2 + u_y^2\right) - 1\right) \\ &= 4c_0^4\left(M^2 - 1\right). \end{aligned}$$

Also ist die Gleichung der Gasdynamik hyperbolisch, falls $M > 1$, parabolisch, falls $M = 1$, und elliptisch, falls $M < 1$.

b) Seien $a = 1$, $b = 2x$ und $c = (1 - y^2)$. Dann gilt

$$b^2 - 4ac = 4x^2 - 4(1 - y^2) = 4\{(x^2 + y^2) - 1\}, \ (x, y) \in \mathbb{R}^2,$$

so dass man die in Abb. 3.4 dargestellte Situation erhält.

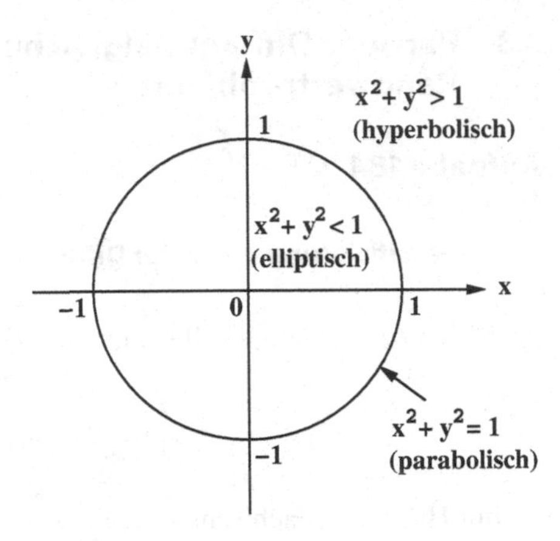


**Abb. 3.4** Gebiete der Klassifizierung für Aufg. 184 b)

## Aufgabe 185

► **Anfangsrandwertaufgaben, Fourier-Methode**

Bestimmen Sie die Lösung der Anfangsrandwertaufgaben

a)

$$\begin{aligned} u_t &= u_{xx},\ x \in (0,1),\ t > 0 \\ u(x,0) &= \sin(\pi x), \quad x \in (0,1) \\ u(0,t) &= u(1,t) = 0,\ t > 0, \end{aligned}$$

b)

$$\begin{aligned} u_t &= u_{xx},\ x \in (0,1),\ t > 0 \\ u(x,0) &= 0, \quad x \in (0,1) \\ u(0,t) &= 1,\ u_x(1,t) = 0,\ t > 0, \end{aligned}$$

mit Hilfe der *Fourier-Methode*. Diese besteht aus den folgenden Schritten:

0) Vorbereitend schreiben Sie das gegebene Problem in eines für $v(x,t)$ mit homogenen Randbedingungen um (falls diese nicht schon homogen sind).
i) Durch den *Separationsansatz*

$$v(x,t) = X(x)T(t)$$

erhalten Sie gewöhnliche Differentialgleichungen für $X, T$, die zunächst von unendlich vielen $X_n, T_n,\ n \in \mathbb{N}$, (ohne Berücksichtigung der Anfangsbedingung) erfüllt werden.

ii) Wählen Sie den Ansatz $v(x,t) = \sum_{n=1}^{\infty} A_n T_n(t) X_n(x)$ (*Superpositionsprinzip*) und bestimmen Sie die Koeffizienten $A_n$, $n \in \mathbb{N}$, als Fourierkoeffizienten der Anfangsfunktion $v_0(x) = v(x,0)$. Dazu müssen Sie $v_0$ geeignet außerhalb von $(0,1)$ fortsetzen.

Wie sehen die Lösungen von a) und b) für negative Zeiten aus?

**Lösung**

a) Schritt 0) ist nicht erforderlich, da die Randbedingungen schon homogen sind.
Schritt i):
Man macht den Ansatz:

$$u(x,t) = X(x)T(t)$$

Aus der Differentialgleichung folgt dann:

$$XT' = X''T$$
$$\Longrightarrow \frac{X''}{X} = \frac{T}{T'} = \text{konst.} = \lambda$$

Man wird also auf ein Eigenwertproblem für ein (entkoppeltes) System von gewöhnlichen Differentialgleichungen der folgenden Gestalt geführt:

$$X'' + \lambda X = 0,\ x \in (0,1),$$
$$T' + \lambda T = 0,\ t > 0.$$

Außerdem sind die Randbedingungen $X(0) = X(1) = 0$ zu erfüllen.
Aus der Theorie gewöhnlicher Differentialgleichungen folgt:

$$X(x) = c_1 \sin(\omega x) + c_2 \cos(\omega x), \quad \text{mit} \quad \omega^2 = \lambda,$$
$$X(0) = c_2 = 0,$$
$$X(1) = c_1 \sin(\omega) = 0, \quad \text{falls} \quad \omega = \pi n, n = 1, 2,$$

also

$$X_n(x) = \sin(\omega_n x), \omega_n = \pi n,\ \lambda = \lambda_n = \omega_n^2,$$
$$T_n(t) = A_n \exp(-\lambda_n t),\ n \in \mathbb{N}.$$

Schritt ii):
Man macht den Ansatz (Superposition):

$$u(x,t) = \sum_{n=1}^{\infty} A_n \exp(-\lambda_n t) \sin(\omega_n x),\ x \in (0,1),\ t > 0$$

Die Anfangsbedingung nimmt dann die Gestalt

$$u(x,0) = \sum_{n=1}^{\infty} A_n \sin(\omega_n x) = \sin(\pi x), \; x \in (0,1),$$

an, woraus durch Koeffizientenvergleich

$$A_1 = 1, \; A_n = 0, \; n \geq 2,$$

folgt. Die Lösung hat demnach die Gestalt:

$$u(x,t) = \exp(-\pi^2 t) \sin(\pi x).$$

b) Schritt 0):
Setze $v := u - 1$. Dann ist äquivalent zum gegebenen ARWP das folgende Problem (mit homogenen Randbedingungen) für $v$ zu lösen:

$$\begin{aligned} v_t &= v_{xx}, \; x \in (0,1), \; t > 0 \\ v(x,0) &= -1, \; x \in (0,1) \\ v(0,t) &= v_x(1,t) = 0, \; t > 0 \end{aligned}$$

Schritt i):
Man verwendet erneut den Separationsansatz

$$v(x,t) = X(x)T(t)$$

und gelangt analog zu Aufgabenteil a) zu einem Anfangswertproblem für ein (entkoppeltes) System gewöhnlicher Differentialgleichungen folgender Gestalt:

$$\begin{aligned} X'' + \lambda X &= 0, \; x \in (0,1), \; X(0) = X'(1) = 0, \\ T' + \lambda T &= 0, \; t > 0. \end{aligned}$$

Die Lösung des RWP für $X$ ergibt sich aus der Theorie gewöhnlicher Differentialgleichungen zu

$$X_n(x) = \sin(\omega_n x), \; \lambda_n = \omega_n^2, \quad \omega_n = \frac{2n-1}{2}\pi, \; n = 1, 2, \ldots$$

Es folgt:

$$T_n(t) = A_n \exp(-\lambda_n t), \; n \in \mathbb{N}, \; A_n \text{ bel.}$$

Schritt ii):
Der Ansatz (Superposition)

$$\sum_{n=1}^{\infty} A_n \exp(-\lambda_n t) \sin(\omega_n x), \ x \in (0,1), \ t > 0,$$

führt mittels der Anfangsbedingung auf

$$\sum_{n=1}^{\infty} A_n \sin(\omega_n x) = -1, \ x \in (0,1).$$

Setzt man die Funktion $v_0(x) = -1, \ x \in (0,1)$ ungerade und mit Periode 2 fort, so ergeben sich die Koeffizienten der Fourier-Sinusreihe durch (vgl. z. B. [18], 10.7)

$$A_n = -\frac{4}{(2n-1)\pi}, \ n \in \mathbb{N}.$$

Die Lösung $u$ des Ausgangsproblems hat daher die Darstellung:

$$\begin{aligned} u(x,t) &= v(x,t) + 1 \\ &= 1 - \sum_{n=1}^{\infty} \frac{4}{(2n-1)\pi} \exp\left(-\frac{(2n-1)^2}{4}\pi^2 t\right) \sin\left(\frac{2n-1}{2}\pi x\right) \end{aligned}$$

Die Lösungen gelten so in beiden Beispielen auch für negative Zeiten. Zu beachten ist dann, dass die Lösungen exponentiell wachsen (wenn $t$ stärker negativ wird).

## Aufgabe 186

### ▶ Exakte Lösungen partieller Differentialgleichungen

Bestimmen Sie die exakten Lösungen der folgenden Randwertaufgaben
$(G = (0,1) \times (0,1))$ :

a)

$$\begin{gathered} u_{xx} + u_{yy} = x^2 + y^2 - x - y \quad \text{in } G, \\ u = 0 \quad \text{auf } \partial G \ ; \end{gathered}$$

b)

$$\begin{aligned} &u_{xx} + u_{yy} = 0 \quad \text{in } G, \\ &u(x,0) = 4x(1-x), \quad u(0,y) = u(1,y) = u(x,1) = 0; \end{aligned}$$

c)

$$\begin{aligned} &u_{xx} = u_{yy} \quad \text{in } G, \\ &u(x,0) = 4x(1-x), \quad u_y(x,0) = 0, \quad 0 \le x \le 1, \\ &u(0,y) = u(1,y) = 0, \quad 0 \le y \le 1. \end{aligned}$$

*Hinweise:* Verwenden Sie in a) Polynom-Ansatz und in b), c) Separationsansatz zusammen mit Superposition.

**Lösung**

a) Polynom-Ansatz: $u(x,y) = \sum_{i,j=0}^{2} a_{ij} x^i y^j$

Zu bestimmen sind die neun Koeffizienten $(a_{ij})_{0 \le i,j \le 2}$. Wegen der Symmetrie der gegebenen Poisson-Gleichung hat man $a_{ij} = a_{ji}$. Einsetzen des Ansatzes in die Differentialgleichung ergibt:

$$
\begin{aligned}
u_{xx} + u_{yy} &= \left(\frac{\partial^2}{\partial x^2} + \frac{\partial^2}{\partial y^2}\right) \sum_{i,j=0}^{2} a_{ij} x^i y^j \\
&= \sum_{i,j=0}^{2} a_{ij} \left\{ \underbrace{\left(\frac{\partial^2}{\partial x^2} x^i\right)}_{=2\,\delta_{i2}} y^j + x^i \underbrace{\left(\frac{\partial^2}{\partial y^2} y^j\right)}_{=2\,\delta_{j2}} \right\} \\
&= 2 \left\{ \sum_{j=0}^{2} a_{2j} y^j + \sum_{i=0}^{2} a_{i2} x^i \right\} \\
&= 2 \left\{ a_{20} + a_{21} y + a_{22} y^2 + a_{02} + a_{12} x + a_{22} x^2 \right\} \\
&\overset{!}{=} y^2 - y + x^2 - x
\end{aligned}
$$

Durch Koeffizientenvergleich ergibt sich

$$
a_{22} = \frac{1}{2}, \quad a_{12} = a_{21} = -\frac{1}{2} \quad \text{und} \quad a_{20} = a_{02} = 0.
$$

$u$ soll den Randbedingungen genügen, d. h.

$$
u(0,y) = \sum_{i,j=0}^{2} a_{ij} 0^i y^j = \sum_{j=0}^{2} a_{0j} y^j = a_{00} + a_{01} y + a_{02} y^2 \overset{!}{=} 0.
$$

Durch Koeffizientenvergleich bzw. Symmetrie ergibt sich hierbei

$$
a_{00} = 0 \quad \text{und} \quad a_{01} = a_{10} = 0.
$$

Die Randbedingung bei $(1, y)$ ergibt

$$
\begin{aligned}
u(1,y) = \sum_{i,j=0}^{2} a_{ij} 1^i y^j &= (\underbrace{a_{00}}_{=0} + \underbrace{a_{10}}_{=0} + \underbrace{a_{20}}_{=0}) + (\underbrace{a_{01}}_{=0} + a_{11} + \underbrace{a_{21}}_{=-1/2}) y \\
&+ (\underbrace{a_{02}}_{=0} + \underbrace{a_{12}}_{=-1/2} + \underbrace{a_{22}}_{=1/2}) y^2 = \left(a_{11} - \frac{1}{2}\right) y \overset{!}{=} 0,
\end{aligned}
$$

woraus man schließlich $a_{11} = \frac{1}{2}$ erhält, und somit insgesamt die Lösung

$$u(x, y) = \frac{1}{2}xy - \frac{1}{2}(xy^2 + x^2y) + \frac{1}{2}x^2y^2.$$

Für $(x, 0)$ und $(x, 1)$ erfüllt diese Lösung ebenfalls die homogenen Randbedingungen.

b) Separationsansatz: $u(x, y) = \varphi(x)\,\psi(y)$
$u$ soll die Laplace-Gleichung erfüllen:

$$\Delta u = \varphi''(x)\psi(y) + \varphi(x)\psi''(y) = 0$$

Es folgt

$$\frac{\varphi''(x)}{\varphi(x)} = -\frac{\psi''(y)}{\psi(y)} = -\lambda, \quad (\lambda \in \mathbb{R})$$

für alle $(x, y) \in G$ mit $\varphi(x) \neq 0 \neq \psi(y)$.
Für $\varphi$ ergibt sich die gewöhnliche Differentialgleichung

$$\varphi''(x) + \lambda\varphi(x) = 0, \; x \in [0, 1].$$

Ausnutzen der Randbedingungen für $u$ liefert:

$$\begin{aligned} u(0, y) &= \varphi(0)\,\psi(y) \stackrel{!}{=} 0 \quad \forall y \in [0, 1] \quad \Longrightarrow \quad \varphi(0) = 0 \\ u(1, y) &= \varphi(1)\,\psi(y) \stackrel{!}{=} 0 \quad \forall y \in [0, 1] \quad \Longrightarrow \quad \varphi(1) = 0 \end{aligned}$$

$\varphi$ ist also Lösung des Randwertproblems

$$\begin{cases} \varphi''(x) + \lambda\varphi(x) = 0, \; x \in [0, 1], \\ \varphi(0) = 0 = \varphi(1). \end{cases}$$

Nichttriviale Lösungen existieren nur im Fall $\lambda > 0$ und haben die Form

$$\varphi(x) = a_1 \exp(i\pi cx) + a_2 \exp(-i\pi cx), \quad c = \sqrt{\lambda}/\pi.$$

Aus den Randbedingungen für $\varphi$ folgt

$$\begin{aligned} a_1 + a_2 = 0 \quad &\Longrightarrow \quad a_1 = -a_2 \quad \Longrightarrow \quad \varphi(x) = 2ia_1 \sin(\pi cx) \\ a_1 \sin(\pi c) = 0 \quad &\Longrightarrow \quad c = \pm m, \quad m \in \mathbb{N}. \end{aligned}$$

Nichttriviale Lösungen sind also

$$\varphi_m(x) = a_m \sin(\pi mx), \quad a_m \in \mathbb{C}, \quad m \in \mathbb{N},$$

d. h. $\lambda = \pi^2 m^2, \; m \in \mathbb{N}$.

Für $\psi$ hat man die gewöhnliche Differentialgleichung

$$\psi''(y) - \lambda\psi(y) = 0, \ y \in [0, 1],$$

mit der allgemeinen Lösung

$$\psi(y) = b_1 \exp(\pi m y) + b_2 \exp(-\pi m y).$$

Ausnutzen der Randbedingungen führt zu

$$\begin{aligned} &u(x, 1) = \varphi(x)\,\psi(1) \stackrel{!}{=} 0 \ \ \forall\ x \in [0, 1] \quad \Longrightarrow \quad \psi(1) = 0 \\ &\Longrightarrow \ \ b_2 \exp(-\pi m) = -b_1 \exp(\pi m) \\ &\Longrightarrow \ \ b_2 = -b_1 \exp(2\pi m). \end{aligned}$$

Einsetzen ergibt:

$$\begin{aligned} \psi(y) &= b_1\{\exp(\pi m y) - \exp(2\pi m)\exp(-\pi m y)\} \\ &= b_1 \exp(\pi m)\{\exp(-\pi m(1 - y)) - \exp(\pi m(1 - y))\} \\ &= -2b_1 \exp(\pi m) \sinh(\pi m(1 - y)). \end{aligned}$$

Die Lösungen sind also

$$\psi_m(y) = b_m \sinh(\pi m(1 - y)), \ m \in \mathbb{N}.$$

Superposition liefert die allgemeine Form

$$u(x, y) = \sum_{m\in\mathbb{N}} c_m \sin(\pi m x) \sinh(\pi m(1 - y)).$$

Zu bestimmen sind nun noch die $c_m$ aus der verbleibenden Randbedingung bei $y = 0$,

$$u(x, 0) = \sum_{m\in\mathbb{N}} c_m \sin(\pi m x) \sinh(\pi m) \stackrel{!}{=} 4x(1 - x). \tag{3.24}$$

Dazu betrachten wir das orthogonale System

$$s_\nu(x) = \sqrt{2}\,\sin(\pi\nu x), \ \nu \in \mathbb{N},$$

bezüglich des $L^2$-Skalarproduktes $(f, g) = \int\limits_0^1 f(x)g(x)\,dx$. (Das Funktionensystem $(s_\nu)_{\nu\in\mathbb{N}}$ ist orthonormal wegen $\frac{1}{\pi}\int\limits_{-\pi}^{\pi} \sin(\nu x)\sin(\mu x)\,dx = \delta_{\nu\mu}$.) Falls die

Summe in (3.24) gleichmäßig konvergiert, gilt für die Koeffizienten mit $g(x) := x(1-x)$:

$$\sum_{m\in\mathbb{N}} c_m \underbrace{(s_m, s_n)}_{=\delta_{mn}} \sinh(\pi m) = 4\sqrt{2}\,(g, s_n)$$

$$\Longrightarrow c_n = 4\sqrt{2}\,\frac{(g, s_n)}{\sinh(\pi n)}.$$

Berechnung von $(g, s_n)$:

$$\begin{aligned}
(g, s_n) &= \int_0^1 x(1-x)\sqrt{2}\sin(\pi n x)\,dx = \sqrt{2}\int_0^1 (x - x^2)\sin(\pi n x)\,dx \\
&= \sqrt{2}\int_0^{\pi n}\left(\frac{s}{\pi n} - \frac{s^2}{\pi^2 n^2}\right)\sin(s)\,\frac{ds}{\pi n} \\
&= \frac{\sqrt{2}}{(\pi n)^3}\int_0^{\pi n}(\pi n s - s^2)\sin(s)\,ds \\
&= \frac{\sqrt{2}}{(\pi n)^3}\left\{\pi n\int_0^{\pi n} s\sin(s)\,ds - \int_0^{\pi n} s^2\sin(s)\,ds\right\} \\
&= \frac{\sqrt{2}}{(\pi n)^3}\Big\{\pi n\Big[-s\cos(s) + \sin(s)\Big]_0^{\pi n} \\
&\qquad - \Big[-s^2\cos(s) + 2(s\,\sin(s) + \cos(s))\Big]_0^{\pi n}\Big\} \\
&= \frac{\sqrt{2}}{(\pi n)^3}\Big\{\pi n\Big[(\pi n)(-1)^{n+1}\Big] - \Big[(\pi n)^2(-1)^{n+1} + 2\left((-1)^n - 1\right)\Big]\Big\} \\
&= \frac{2\sqrt{2}}{(\pi n)^3}\Big[1 - (-1)^n\Big] = \begin{cases} 0, & \text{falls } n \text{ gerade} \\ \dfrac{4\sqrt{2}}{(\pi n)^3}, & \text{falls } n \text{ ungerade} \end{cases}
\end{aligned}$$

Damit ergeben sich die Koeffizienten zu

$$c_n = \begin{cases} \dfrac{32}{\pi^3}\,\dfrac{1}{n^3\sinh(\pi n)}, & \text{falls } n \text{ ungerade,} \\ 0, & \text{falls } n \text{ gerade.} \end{cases}$$

Die Lösung der vorgegebenen partiellen Differentialgleichung mit Dirichletschen Randbedingungen ist somit

$$u(x, y) = \frac{32}{\pi^3} \sum_{\substack{m \in \mathbb{N}\setminus\{0\} \\ n=2m-1}} \frac{1}{n^3 \sinh(\pi n)} \sin(\pi n x) \sinh(\pi n(1-y)).$$

(Die Reihe ist absolut und gleichmäßig konvergent auf $G$.)

c) Separationsansatz: $u(x, y) = \varphi(x)\,\psi(y)$
Damit ergibt sich

$$u_{xx} - u_{yy} = \varphi''(x)\psi(y) - \varphi(x)\psi''(y) \overset{!}{=} 0$$
$$\Longrightarrow \quad \frac{\varphi''(x)}{\varphi(x)} = \frac{\psi''(y)}{\psi(y)} = -\lambda.$$

Analog zu b) erhält man nichttriviale Lösungen

$$\varphi_m(x) = a_m \sin(\pi m x), \quad m \in \mathbb{N},$$

des folgenden RWP für gewöhnliche Differentialgleichungen

$$\begin{cases} \varphi''(x) + \lambda\varphi(x) = 0, \; x \in [0, 1], \\ \varphi(0) = 0 = \varphi(1) \end{cases} \quad \text{mit } \lambda = \pi^2 m^2; \quad m \in \mathbb{N}.$$

$\psi$ hat als Lösung der Differentialgleichung

$$\psi''(y) + \pi^2 m^2 \psi(y) = 0$$

die allgemeine Form

$$\psi(y) = b_1 \exp(i\pi m y) + b_2 \exp(-i\pi m y).$$

Ausnutzen von

$$u_y(x, 0) = \varphi(x)\psi'(0) = 0 \quad \Longrightarrow \quad \psi'(0) = 0$$

liefert

$$(i\pi m)\{b_1 - b_2\} = 0 \quad \Longrightarrow \quad b_1 = b_2.$$

Also gilt $\psi_m(y) = b_m \cos(\pi m y)$.

Durch Superposition bekommt man

$$u(x, y) = \sum_{m \in \mathbb{N}} c_m \sin(\pi m x) \cos(\pi m y).$$

Die Randbedingung bei $y = 0$ fordert schließlich

$$u(x, 0) = \sum_{m \in \mathbb{N}} c_m \sin(\pi m x) = 4x(x-1).$$

Analog zu b) ergibt sich

$$c_n = \begin{cases} \frac{32}{\pi^3} \frac{1}{n^3}, & \text{falls } n \text{ ungerade} \\ 0, & \text{sonst.} \end{cases}$$

Für die Lösung erhält man also

$$u(x, y) = \frac{32}{\pi^3} \sum_{\substack{m \in \mathbb{N} \setminus \{0\} \\ n = 2m-1}} \frac{1}{n^3} \sin(\pi n x) \cos(\pi n y).$$

# Liste von Symbolen und Abkürzungen

| | |
|---|---|
| $\forall$, $\exists$, $\exists!$, $\nexists$ | für alle, es existiert, es existiert genau ein, es existiert kein |
| $\wedge$, $\vee$ | und (Konjunktion), oder (Disjunktion) |
| $\neg$ $\quad \overline{q} = \neg q$ | nicht (Negation) bzw. „nicht $q$“ |
| $\Longrightarrow$, $\Longleftrightarrow$ | daraus folgt bzw. Äquivalenz |
| $\emptyset$ (auch: $\{\}$) | leere Menge |
| $A' := X \setminus A$ | Komplement einer Menge $A$ |
| $A^{\perp}$ | orthogonales Komplement von $A$ |
| $A \oplus B$ | direkte Summe von 2 Mengen |
| $\mathcal{P}(X)$ | Potenzmenge von $X$ |
| $\#X$ (auch: $\mathrm{card}\,(X)$) | Anzahl der Elemente von $X$ |
| $\mathcal{T}$ | Topologie (i. e. Menge der offenen Mengen) |
| $\cap$, $\cup$ | Durchschnitt bzw. Vereinigung von Mengen |
| $\Delta(X)$ | Diagonale von $X$ (s. Aufg. 13) |
| $\sim$ $\quad [x]$ | Äquivalenzrelation bzw. Äquivalenzklasse (für $x$ in topol. Raum) |
| $X/\sim$ (auch: $X/Z$) | Quotientenraum (s. Aufg. 16 und 18) |
| $T^2$ | zweidimensionaler Torus (s. Aufg. 17) |
| $d(\cdot,\cdot)$ $\quad d(x,y)$ | Metrik bzw. Abstand von 2 Elementen (auch: $\lvert x,y \rvert$) |
| $d_2(\cdot,\cdot)$ | euklidische Metrik |
| $U_\varepsilon(x)$ | $\varepsilon$-Umgebung von $x$ |
| $\mathcal{U}(x)$ | Umgebungsfilter, d. h. Menge der Umgebungen von $x$ |
| $K_d(x,\varepsilon)$, $\overline{K_d}(x,\varepsilon)$ | offene Kugel bzw. abgeschlossene Kugel um $x$ (bzgl. Metrik $d$)... |
| (auch: $K_\varepsilon(x)$ bzw. $\overline{K_\varepsilon}(x)$) | ... mit Radius $\varepsilon$ |
| $(a,b)$, $[a,b]$, $[a,b)$ | offenes, abgeschlossenes, halboffenes Intervall in $\mathbb{R}$ |
| $\lim_{x \nearrow a}$, auch $\lim_{x\to a^-}$ | $\lim_{\substack{x\to a\\ x<a}}$ |
| $\lim_{x \searrow a}$, auch $\lim_{x\to a^+}$ | $\lim_{\substack{x\to a\\ x>a}}$ |



H.-J. Reinhardt, *Aufgabensammlung Analysis 2, Funktionalanalysis und Differentialgleichungen*, DOI 10.1007/978-3-662-52954-6

| | |
|---|---|
| $\mathrm{cl}(A)$, $\mathrm{int}(A)$, $\mathrm{bd}(A)$ | Abschluss (auch: $\overline{A}$), Inneres (auch: $A^\circ$) bzw. Rand (auch: $\partial A$) einer Menge $A$ |
| $\mu(A)$, $\chi_A$ | Maß bzw. charakteristische Funktion einer Menge $A$ |
| $d(x, A)$ (auch: $\lvert x, A\rvert$) | Distanzfunktion (s. Aufg. 22 und 99) |
| $d_0(G_1, G_2)$, $d(G_1, G_2)$ | Abstand bzw. Hausdorff-Abstand von Mengen im $\mathbb{R}^n$ (s. Aufg. 99) |
| $\mathbb{N}_0$ | $\mathbb{N} \cup \{0\}$ |
| $g \circ f$ | Hintereinanderausführung von Abbildungen |
| $f^{-1}(D)$ | Urbildmenge von $D$ unter $f$ |
| $id_B$ | identische Abbildung auf $B$ |
| $ab$ (auch: $a \cdot b$) | für die Multiplikation von Zahlen |
| $\lfloor x \rfloor$ | Gauß-Klammer für $x \in \mathbb{R}$ |
| $[f(x)]_a^b$ (auch: $f(x)\big\rvert_a^b$) | $= f(b) - f(a)$ |
| $C[a,b]$, $B[a,b]$ | Raum der stetigen bzw. beschränkten Funktionen auf $[a,b]$ |
| $\lVert \cdot \rVert_\infty$ | Supremum- bzw. Maximum-Norm auf $C[a,b]$ |
| $C(X, \mathbb{R})$ | Raum der reellwertigen, stetigen Funktionen auf $X$ |
| $C^m([a,b], \mathbb{R})$ (od. $C^m[a,b]$ od. $C^m$) | Raum der $m$-mal stetig differenzierbaren, reellwertigen Funktionen |
| $BV[a,b]$ | Raum der Funktionen von beschränkter Variation (s. Aufg. 37) |
| $V_a^b(f)$ | Totalvariation einer Funktion $f$ |
| $\mathcal{L}^2_{2\pi}$ | Raum der $2\pi$-periodischen stetigen Funktionen auf $\mathbb{R}$ |
| $L^p(E)$ | Raum der Lebesgue-integrierbaren Funktionen |
| $\mathcal{P}_n$ | Vektorraum der Polynome $n$-ten Grades |
| $W^{m,p}(X)$, $H^2(0,1)$, $H_0^1(0,1)$ | Sobolev-Räume (s. Aufg. 122, 123, 167) |
| $\lVert \cdot \rVert_{m,p}$, $\lvert \cdot \rvert_{m,p}$ | zugehörige Normen bzw. Halbnormen (auch: $\lVert \cdot \rVert_p = \lVert \cdot \rVert_{0,p}$) |
| $\lVert \cdot \rVert_m$, $\lvert \cdot \rvert_m$ | $= \lVert \cdot \rVert_{m,2}$ bzw. $\lvert \cdot \rvert_{m,2}$ |
| $c_0$ $\ell^2$ | Folgenräume (s. Aufg. 35 bzw. 36) |
| $\vec{x}$ | Spaltenvektor $(x_1, \ldots, x_n)^\top$ in $\mathbb{K}^n$, ($\mathbb{K} = \mathbb{R}$ oder $\mathbb{K} = \mathbb{C}$) |
| $\langle x, y \rangle$ (auch: $\vec{x} \cdot \vec{y}$) | euklidisches Skalarprodukt im $\mathbb{K}^n$ |
| $\lVert \cdot \rVert_p$, $\lVert \cdot \rVert_\infty$ | Normen auf $\mathbb{K}^n$ (s. Aufg. 138) |
| $E$ | Einheitsmatrix |
| $A \in \mathbb{K}^{n,m}$ | Matrix mit $n$ Zeilen, $m$ Spalten und Koeff. in $\mathbb{K} = \mathbb{R}$ bzw. $\mathbb{C}$ |
| $A^*$, $A^\top$ | Adjungierte bzw. Transponierte einer Matrix $A \in \mathbb{K}^{n,m}$ |
| $A^*$ | adjungierter Operator eines linearen Operators |

| | |
|---|---|
| $A^\dagger$ | verallgemeinerte Inverse (auch: Moore-Penrose-Inverse); für $A \in \mathbb{K}^{n,m}$ auch: Matrix-Pseudoinverse ($\in \mathbb{K}^{m,n}$) |
| $D(A)$, $R(A)$, $N(A)$ | Definitionsbereich, Bild bzw. Nullraum einer Matrix $A$ |
| $\text{rg}(A)$ | Rang einer Matrix $A$ (Zeilenrang = Spaltenrang) |
| $T(X)$ (auch: $R(T)$) | Bildbereich einer Abbildung $T : X \to Y$ |
| $L(X, Y)$ | Raum der beschränkten linearen Operatoren |
| $\{(\sigma_j; e^{(j)}, f^{(j)})\}_{j \in J}$ | singuläres System (s. Aufg. 162) |
| $\dot{x}$, $\ddot{x}$ | $\frac{dx}{dt}$ bzw. $\frac{d^2x}{dt^2}$ |
| $u_x$, $u_{xx}$, $u_t$ | partielle Ableitungen von $u = u(x, t)$ |
| $\nabla$, $\Delta$ | Gradient (auch: grad) bzw. Laplace-Operator |
| div, rot | Divergenz bzw. Rotation (s. Aufg. 89) |
| $\underline{u}$ | vektorwertige Funktion $\underline{u}(x) = (u_1(x), \ldots, u_n(x))^\top \in \mathbb{R}^n$ |
| $T_{f,m,\vec{x}}$ (auch: $T_{f,m}(\vec{x}, \cdot)$) | Taylorpolynom im $\mathbb{R}^n$ (s. Aufg. 92) |
| AWP, ARWP, RWP | Anfangswert-, Anfangsrandwert-, bzw. Randwertproblem |
| A.-A. | Arzelà-Ascoli |
| C.-S. | Cauchy-Schwarz'sche Ungleichung |
| Dgl. | Differentialgleichung |
| f. ü. | fast überall, d. h. bis auf eine Menge vom Maß null |
| I. A., I. V., I. S. | Induktionsanfang, -voraussetzung, -schluss |
| l. u. | linear unabhängig |
| MWS | Mittelwertsatz |
| p. I. | partielle Integration |
| P.-F. | Poincaré-Friedrichs-Ungleichung |
| Sob. | Sobolevsche Ungleichung |
| *Re* bzw. *Im* | Real- bzw. Imaginärteil einer komplexen Zahl |
| $\Delta$-Ungl. | Dreiecksungleichung |
| Z. z. | Zu zeigen |
| ! | Forderung bzw. „zu erfüllen" |

# Literatur


1. Alt, H. W.: Lineare Funktionalanalysis. Springer, Berlin (1985)
2. Baumeister, J.: Stable Solution of Inverse Problems. Vieweg, Braunschweig/Wiesbaden (1987)
3. Ciarlet, P. G.: The Finite Element Method for Elliptic Problems. North-Holland, Amsterdam (1978)
4. Dieudonné, J.: Grundzüge der modernen Analysis. Band 1. Vieweg, Braunschweig (1971)
5. Dieudonné, J.: Foundations of modern Analysis. Academic Press, New York (1969)
6. Hanke-Bourgeois, M.: Grundlagen der Numerischen Mathematik und des Wissenschaftlichen Rechnens. Teubner, Stuttgart (2002)
7. Heuser, H.: Lehrbuch der Analysis, Teil 1. Vieweg + Teubner, Wiesbaden (2009)
8. Heuser, H.: Lehrbuch der Analysis, Teil 2. Vieweg + Teubner, Wiesbaden (2008)
9. Hofmann, B.: Mathematik inverser Probleme. Teubner, Stuttgart/Leipzig (1999)
10. Kantorowitsch, L. W., Akilow, G. P.: Funktionalanalysis in normierten Räumen. Akademie-Verlag, Berlin, (1964)
11. Königsberger, K.: Analysis 1. Springer, Berlin/Heidelberg (2004)
12. Plato, R.: Übungsbuch zur Numerischen Mathematik. Vieweg, Braunschweig (2004)
13. Reinhardt, H.-J.: Numerik gewöhnlicher Differentialgleichungen. Anfangs- und Randwertprobleme. De Gruyter, Berlin (2012)
14. Reinhardt, H.-J.: Aufgabensammlung Analysis 1. Springer Spektrum, Heidelberg (2016)
15. Rieder, A.: Keine Probleme mit Inversen Problemen. Vieweg, Wiesbaden (2003)
16. Stummel, F., Hainer, K.: Praktische Mathematik. Teubner, Stuttgart (1982)
17. Walter, W.: Analysis 1. Springer, Berlin/Heidelberg (2004)
18. Walter, W.: Analysis 2. Springer, Berlin/Heidelberg (2002)
19. Walter, W.: Gewöhnliche Differentialgleichungen. Springer, Berlin/Heidelberg (2000)
20. Werner, D.: Funktionalanalysis. Springer, Berlin/Heidelberg (2011)
21. Zauderer, E.: Partial Differential Equations. Wiley, New York (2006)

## Weiterführende Literatur

22. Banks, H. T., Kunisch, K.: Estimation Techniques for Distributet Parameter Systems. Birkhäuser, Boston/Basel/Berlin (1989)
23. Forster, O.: Analysis 2. Springer Spektrum, Berlin/Heidelberg (2013)
24. Forster, O., Szymczak, T.: Übungsbuch zur Analysis 2. Springer Spektrum, Berlin/Heidelberg (2013)
25. Königsberger, K.: Analysis 2. Springer, Berlin/Heidelberg (2004)
26. Strehmel, K., Weiner, R.: Numerik gewöhnlicher Differentialgleichungen. Teubner, Stuttgart (1995)
27. Wloka, J.: Funktionalanalysis und Anwendungen. De Gruyter, Berlin (1971)

# Sachverzeichnis

Printed in the United States
By Bookmasters